HTML5&CSS3 Standard Design Lesson

HTML5&CSS3 標準デザイン講座

Lectures and Exercises
30Lessons

草野 あけみ 著
Akemi Kusano

Published by SHOEISHA CO., LTD.
http://www.shoeisha.co.jp

本書内容に関するお問い合わせについて

このたびは翔泳社の書籍をお買い上げいただき、誠にありがとうございます。弊社では、読者の皆様からのお問い合わせに適切に対応させていただくため、以下のガイドラインへのご協力をお願い致しております。下記項目をお読みいただき、手順に従ってお問い合わせください。

●ご質問される前に

弊社 Web サイトの「正誤表」をご参照ください。これまでに判明した正誤や追加情報を掲載しています。

正誤表　　http://www.shoeisha.co.jp/book/errata/

●ご質問方法

弊社 Web サイトの「刊行物 Q&A」をご利用ください。

刊行物 Q&A　　http://www.shoeisha.co.jp/book/qa/

インターネットをご利用でない場合は、FAX または郵便にて、下記"翔泳社 愛読者サービスセンター"までお問い合わせください。
電話でのご質問は、お受けしておりません。

●回答について

回答は、ご質問いただいた手段によってご返事申し上げます。ご質問の内容によっては、回答に数日ないしはそれ以上の期間を要する場合があります。

●ご質問に際してのご注意

本書の対象を越えるもの、記述個所を特定されないもの、また読者固有の環境に起因するご質問等にはお答えできませんので、予めご了承ください。

●郵便物送付先および FAX 番号

送付先住所　〒 160-0006　東京都新宿区舟町 5
FAX 番号　03-5362-3818
宛先　（株）翔泳社 愛読者サービスセンター

※本書に記載された URL 等は予告なく変更される場合があります。
※本書の出版にあたっては正確な記述につとめましたが、著者や出版社などのいずれも、本書の内容に対してなんらかの保証をするものではなく、内容やサンプルに基づくいかなる運用結果に関してもいっさいの責任を負いません。
※本書に掲載されているサンプルプログラムやスクリプト、および実行結果を記した画面イメージなどは、特定の設定に基づいた環境にて再現される一例です。
※本書に記載されている会社名、製品名はそれぞれ各社の商標および登録商標です。

はじめに

はじめまして。草野あけみと申します。フリーのコーダーをやりつつ、初心者向けのコーディングセミナー講師などをやっています。

この度、何度も増刷させていただくなどご好評いただいた前著『HTML&CSS 標準デザイン講座』(2013年刊)の改訂版を執筆させていただくことになりました。

本書が主に対象としているのは前著と同様、「Webサイト制作スキルをゼロから身につけたい方」「これからWeb制作の現場を目指す方」および「既にWeb制作の現場についているが実務に活かせる正しい知識・技術を基礎からしっかり学び直したい方」です。これまで通り、全てのWeb制作の土台となるHTMLとCSSの知識と技術を基礎からしっかり解説することを重視しています。

とはいえ、ここ数年でHTML5 & CSS3が標準となり、マルチデバイス対応が当たり前になるなど、Web制作を取り巻く環境も大きく変わってきています。それに伴ってWeb制作の現場で求められるスキルも高度化・複雑化していることを踏まえ、今回の改訂にあたっては内容を大幅に追加・変更しました。

改訂前と大きく異なるのは、コーディング技術のベースをXHTML1.0からHTML5を前提としたものに変更した点と、マルチデバイス対応に関する解説・実習を追加した点です。また、改訂前と同じ教材を使った実習でも、制作環境の変化などを反映して、制作手法や考え方などの面で細かい変更も数多く加えています。

結果として内容の半分以上が新規書き下ろしの形になっていますので、改訂前の書籍をお読みいただいた方でも、あらためて「今必要な技術とノウハウ」を身につける本としてお勧めできる内容になっていると思います。

また、本書は最先端の環境だけではなく、レガシーな環境や技術(IE8やHTML5以前のマークアップ規格など)にも、補足情報として最低限は触れるようにしています。全体としてはIE9以上を対象とするモダン環境を前提とした内容となっていますが、古すぎず、かといって最先端すぎない、ベーシックで実用的な技術とノウハウを中心にしっかり解説することを心がけました。実際の仕事では必ず必要になる「技術的な制約」や「環境による差異」などについての情報も可能な限り言及するようにしていますので、実際の制作現場でも役立つものと自負しております。

この本を通じて一人でも多くの方が「今すぐ、そしてこれからも使えるベーシックな技術とノウハウ」を身につけ、広大なWeb制作の世界を渡っていく足がかりとしていただけたら幸いです。

最後に、改訂版執筆の機会を与えてくださった翔泳社の諸橋様、いつものセミナー内容を元に書籍化することを快く了承してくださったサポタントの橋和田様、様々な現場のノウハウ・テクニックを公開してくださっている全てのWeb関係者の方々、そして陰で支えてくれた家族に感謝の意を表します。ありがとうございました。

2015年11月
草野あけみ

CONTENTS

目次

[本書の特徴]
本書は全 9 章・30 の LESSON に分かれています。各 LESSON には、考え方やルールを解説する「講義」と、実際に手を動かしてサンプルサイトを制作する「実習」の 2 種類のパートがあり、HTML5 と CSS3 をより深く理解できるようになっています。少しずつステップアップして学んでいける内容になっていますので、自分のペースで学習を進めていってください。

[学習用サンプルファイルについて]
本書ではサンプルファイルを使って、実際にコードを書きながら学習を進められます。
サンプルファイルは下記の URL からダウンロードできます。
URL http://www.shoeisha.co.jp/book/download/9784798142203
サンプルファイルを使った実習がある LESSON では、使用するファイルの場所を冒頭に記載しています。記載にしたがって該当のファイルを開き、学習を進めてください。

ORIENTATION

レッスンを始める前に

準備するもの

HTML+CSS の学習をするには特別なソフトは必要ありません。最低限、テキストエディタとブラウザがあれば OK です。作成した Web サイトをインターネット上に公開するためには、レンタルサーバの契約と、サーバへデータを転送するための FTP ソフトが必要になりますが、勉強するだけなら自分のパソコンだけあれば大丈夫です。

テキストエディタ

Web ページはテキストエディタを使ってソースコードを書くことで作ります。Windows の方はメモ帳、Mac の方はテキストエディットなどの OS 標準エディタでも制作は不可能ではありませんが、記述ミスが見つけづらかったり対応している文字コードに制限があったりするため、別途テキストエディタをインストールすることをおすすめします。また、Web 開発専用の高機能エディタであれば、入力補完機能などの便利な機能を利用できるので、より効率的な制作ができます。

●一般のテキストエディタ

Windows	Mac
サクラエディタ（無料） http://sakura-editor.sourceforge.net/	CotEditor（無料） http://sourceforge.jp/projects/coteditor/
TeraPad（無料） http://www5f.biglobe.ne.jp/~t-susumu/library/tpad.html	mi（無料） http://www.mimikaki.net/
EmEditor（有料；¥4,000） http://jp.emeditor.com/	Jedit（有料：¥2,940） http://www.artman21.com/jp/

●Web 開発専用の高機能エディタ

Windows	Mac
Adobe Brackets（無料）　http://brackets.io/ ※このエディタが扱える文字コードは UTF-8 のみです。	
Sublime Text（有料 $70 ／機能制限無しで試用可能）　http://www.sublimetext.com/ ※各種設定を行うにはコンソール／ターミナルの利用が必須となります。	
Crescent Eve（無料） http://www.kashim.com/eve/	Coda2（有料 ¥9,800） https://panic.com/jp/coda/

※価格は 2015 年 10 月時点の情報です。

Memo

ホームページ・ビルダーや Adobe Dreamweaver などのホームページ作成ソフトをお持ちの方はそれらを利用しても結構です。ただし、本書はソースコードを手打ちすることが前提ですので、学習の際には各ソフトのソースコード入力画面をご利用ください。

ブラウザ

確認用ブラウザのインストール

Windows 標準のブラウザは Internet Explorer（IE）（Windows10 以降は Edge)、MacOS 標準のブラウザは Safari ですが、それ以外に Google Chrome、Firefox、Opera などの主要なブラウザがあります。Web サイトを制作する場合はできるだけ多くのブラウザをインストールして表示の確認をすることが望ましいと言えます。本書では Windows · Mac 両対応で、世界シェアの大きい Google Chrome を確認用ブラウザとして使用しますので、インストールしていない場合は以下からダウンロードしてインストールしてください。

·「Google Chrome」
公式サイト URL https://www.google.com/intl/ja/chrome/browser/

旧バージョンの IE での表示確認をしたい場合

Internet Explorer の最新版は IE11 ですが、企業ユーザーを中心に旧バージョンを利用している人もまだ一定数存在します。また、前述の主要ブラウザに比べて古い IE（特に IE8 以下）は他のブラウザとは異なる表示をしてしまうことが多いため、古い IE 環境での利用を考慮する必要がある場合は確認環境を用意しておきたいところです。

古い IE での表示を確認するためのツールとしては次の 2 つがおすすめです。

●開発者ツール

最も手軽なのは、IE9 以上に標準でついている「開発者ツール」です。IE を起動して F12 キーを押すと「開発者ツール」が開きます。「動作モード」を選択でき、IE7 までの表示を確認できます。ブラウザのみで古い IE 環境をエミュレートできるため、簡易的な確認であれば最も手軽な確認環境と言えます。

●図 00-1　開発者ツール

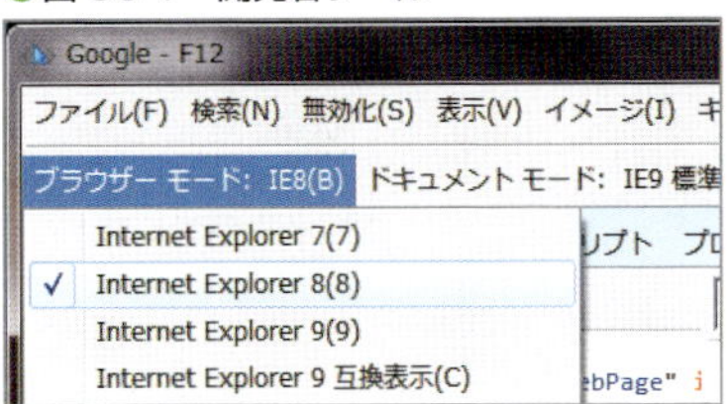

●IE Tester

IE Tester は古い IE の表示をエミュレートしてくれる専用のフリーソフトです。開発者ツールでは一部の最新 CSS 機能や JavaScript の動作などで本来のバージョンとは異なる表示となってしまうこともあるため、より本物に近い形で厳密に表示確認したい場合は IE Tester を使用した方が良いでしょう。

·「IE Tester」
公式サイト URL http://www.my-debugbar.com/wiki/IETester/HomePage

Mac 環境で IE の表示確認

Mac 環境の方が IE の表示確認をする場合は、基本的に「Mac 上に仮想 Windows 環境を構築する」方法がお勧めです。

特に Microsoft が提供している「Modern.IE」を使えば、Mac 上に複数 ver の Windows+IE 環境を無料で構築できます。Modern.IE のインストール · 利用方法はインターネット上に情報がありますので、余裕のある方は Windows 環境構築をしてみましょう。

ただし、本書の内容を学習するにあたって IE がないと困る場面はほとんどありませんので、今すぐ無理に環境構築する必要はありません。

> **Memo**
> Modern.IE を利用するには VM Ware Fusion（有料）・Parallels Desktop（有料）・Virtual Box（無料）などの仮想化ソフトが必要となります。

拡張子の表示

Web 制作で扱うファイルはアイコンだけでは種類が判別できないものが多いため、拡張子（.txt や .html などファイルの末尾に記す識別子）を表示する設定にしておく必要があります。

Windows7/Vista の場合

コントロールパネル＞デスクトップのカスタマイズ＞フォルダーオプション＞表示＞「登録されている拡張子は表示しない」のチェックをはずす

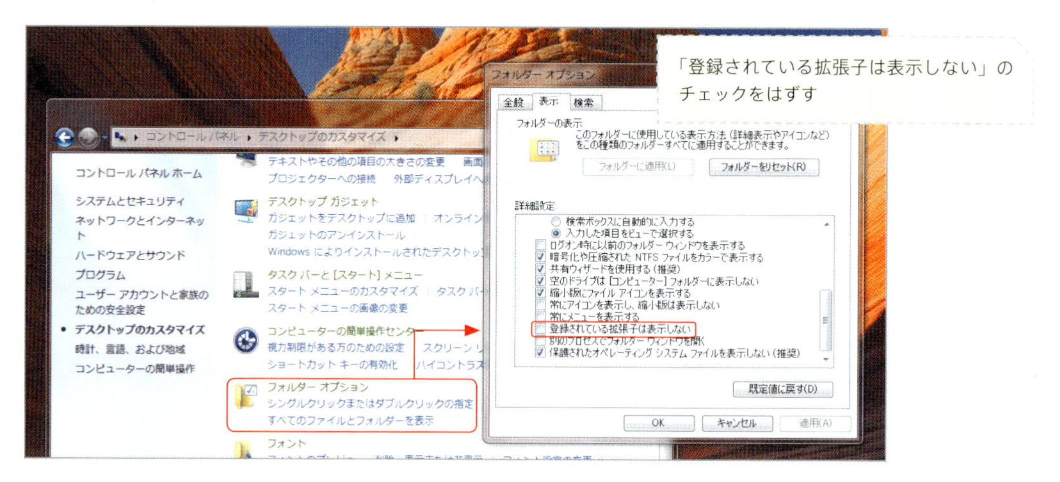

Windows10 ／ 8 の場合

目的のフォルダを開いて、「表示」タブ＞「表示／非表示」欄の「ファイル名拡張子」にチェックを入れる

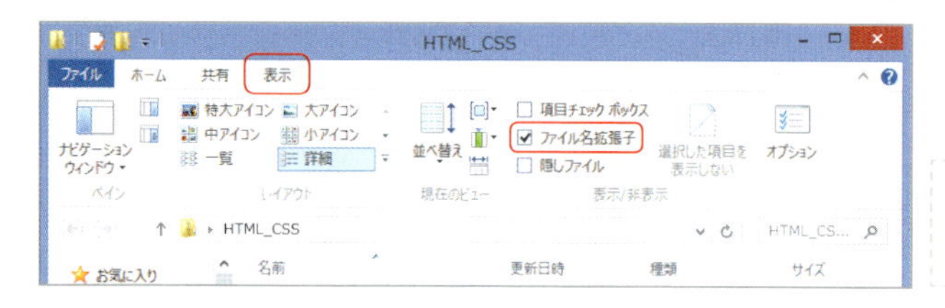

「ファイル名拡張子」にチェックを入れる

Mac の場合

Finder ＞環境設定＞詳細＞「すべてのファイル名拡張子を表示」にチェックを入れる

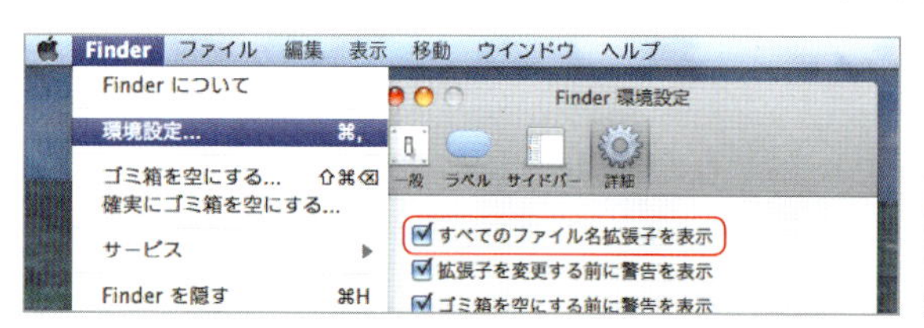

「すべてのファイル名拡張子を表示」にチェックを入れる

HTMLとCSSに触れてみる

本格的にHTML+CSSの勉強をはじめる前に、Webページがどういう仕組みで作られているのか実際に作って触れてみることで、これから勉強することのおおまかなイメージをつかんでみましょう（このパートは、初めてHTMLに触れる人のためのウォーミングアップです。これまでに一度でも自分でHTMLやCSSを書いたり勉強したりしたことのある方は飛ばしてChapter01から読み進めていただいて結構です）。

HTMLを書いてみる

HTMLを書く簡単な流れを体験するため、まずは以下の手順通りに書いてみましょう。

1 新規HTMLファイルを作成します

エディタで新規ファイルを作成し、index.htmlという名でデスクトップに保存します。ファイル名は必ず全て半角英数でつけてください。

2 最低限必要なHTMLの骨組みを書きます

HTMLはタグというしるしを使って書いていきます。タグは全て半角で記述します。また、HTMLタグは原則として開始タグと終了タグがセットになっていて、<html>に対応する終了タグは</html>というように、終了タグには「/（スラッシュ）」がつきます。

```
<html>
<head>
</head>
<body>
</body>
</html>
```

3 HTML文書にタイトルをつけます

<head>と</head>の間にタイトルタグを追加して上書き保存します。

```
<html>
<head>
<title>HTMLの練習</title>
</head>
<body>
</body>
</html>
```

4 ブラウザでタイトル表示を確認します

ブラウザで新規ウィンドウを開き、直接 index.html をドラッグ＆ドロップします。

ブラウザ最上部のタイトルバーの部分に先ほど記述した <title> タグのテキストが表示されます。

5 コンテンツを記述します

<body> と </body> の間に、次のテキストを入力して上書き保存してから、ブラウザで表示を確認します。

```
<html>
<head>
<title>HTMLの練習</title>
</head>
<body>
はじめてのHTML
今日はじめてHTMLを書きました。
</body>
</html>
```

6 ブラウザでコンテンツ表示を確認します

ブラウザに表示させると、<body> から </body> の間に書いた文字はウィンドウに表示されます。しかし改行されずに1行になってしまいました。

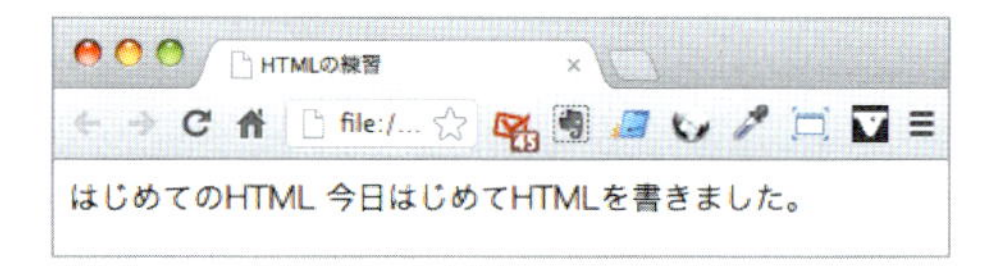

7 コンテンツを HTML タグで意味付けします

見出しと文章それぞれを、次の HTML タグで囲みます。

```
<html>
<head>
<title>HTMLの練習</title>
</head>
<body>
<h1>はじめてのHTML</h1>
<p>今日はじめてHTMLを書きました。</p>
</body>
</html>
```

Memo <h1> は見出し、<p> は段落（文章）という意味を与えるタグです。

8 完成したHTML文書をブラウザで確認します

ブラウザに表示させると今度は見出しと文章がそれぞれ1行ずつ表示され、見出しの方は文字が大きく表示されました。

Memo
<h1>タグによって「見出し」という意味が与えられたので、ブラウザがそれにふさわしい形で表示してくれるようになりました。

このように、HTML文書はHTMLタグというものを使って記述されています。手順2で記述したものがHTML文書としての最低限の骨格で、<head>から</head>の中にその文書の補足情報、<body>から<body>の中に文書のコンテンツ本体を記述します。<body>から</body>の中に書いたものが実際にブラウザのウィンドウに表示されます。HTMLは「文書」なので基本的にコンテンツはテキストが主体になります。それらのテキストも全て役割に応じてなんらかのHTMLタグの中に入れて行くことになります。

CSSで装飾してみる

コンテンツをHTMLタグ（例えばh1など）で囲むとそれなりに見た目も作ってくれますが、HTMLは本来見た目を作るものではありません。HTML文書の見た目（デザイン）をコントロールするのはCSSの役割になります。

簡単なCSSを使ってHTML文書を装飾してみましょう。

1 <head>内にCSSを記述するためのスペースを確保します

```
<head>
<title>HTMLの練習</title>
<style>
</style>
</head>
```

2 見出しの文字を赤くするための記述を書きます

<style>～</style>の中にh1タグで囲まれた文字の色を赤くするためのCSSを書きます。colorとredの間は「:（コロン）」、行末は「;（セミコロン）」です。これらは全て半角英数で記述する必要があります。

```
<style>
        h1{color:red;}
</style>
```

3 上書き保存してブラウザで表示します

「はじめての HTML」という <h1> タグで囲った部分の文字色が赤くなれば CSS によるデザイン変更は成功です。

このように、CSS は HTML 文書の中の特定の領域を HTML タグを手がかりに指定し、その部分の様々な属性（文字の色や大きさ、背景や枠線など）の設定を変更することで見た目のコントロールを行います。実際の Web サイトはもっとコンテンツが多く内容も複雑ですが、HTML と CSS で行っていることの基本は全く同じです。

ここではごく簡単に Web ページ作成の流れを体験しました。Chapter01 から本格的に HTML・CSS の学習を進めていくことになりますが、少し難しいなと感じたらこの Orientation で体験した HTML と CSS の基本を思い出してください。

COLUMN

Web サーバと FTP

ローカル環境（自分のパソコンの中）で作成した Web ページをインターネット上で公開するためには、「Web サーバ」とそこにファイルを転送するための「FTP ソフト」が必要になります。本書ではこの作業は必要ありませんが、作ったものを公開する場合にはこの２つを用意する必要があるので注意してください。

● Web サーバ

Web サーバは通常、共有サーバをレンタルします。無料のものもありますが、広告が表示されたり商用利用不可のものもありますので、利用条件をよく読んで選んでください。有料のものは容量や使える機能などに応じて月額数百円程度から契約できます。ホームページを公開するだけなら無料でも十分ですが、将来的にブログ構築やプログラミングなどをやりたい方はそれらに対応できるサービスを契約しておいたほうが良いでしょう。

【サーバレンタルサービスの例】
・FC2（無料）　http://web.fc2.com/
・TOYPARK（無料）　http://www.toypark.in/
・ロリポップ（有料）　http://lolipop.jp/
・さくらインターネット（有料）　http://www.sakura.ne.jp/

● FTP ソフト

FTP ソフトはインターネット回線を通じて Web サーバにローカルのファイルを転送するためのソフトです。高機能な有料のものもありますが、無料のものでも特に問題はありません。自分が使いやすいと思うものを選択すれば良いでしょう。Dreamweaver やホームページ・ビルダーなどでは標準機能として備わっています。

【Windows用】
・FFFTP（無料）http://sourceforge.jp/projects/ffftp/
・FileZilla（無料）http://sourceforge.jp/projects/filezilla/
・WinSCP（無料）http://www.tab2.jp/~winscp/

【Macintosh用】
・Cyberduck（無料）http://cyberduck.ch/
・FileZilla（無料）http://sourceforge.jp/projects/filezilla/
・Fetch（有料）http://fetch.jp/
・Transmit（有料）http://www.panic.com/jp/transmit/

Chapter 01

HTMLで文書を作成する

最初の章では、HTML本来の役割をしっかり理解し、正しいHTMLが書けるように基本ルール全般について学習していきます。HTML自体は難しいものではありませんが、やみくもに書くのではなく、HTMLのもつ役割をしっかり意識しながら書くことが重要です。本章では、簡単なサンプル文書をHTML化することを通して、HTMLの基礎知識全般について学習します。

HTMLで文書を作成する

HTMLの概要

LESSON01では、HTMLという言語の役割と基本ルールを学習します。標準規格である HTML5を基準に解説していますが、その他のHTML言語規格でも基本は同じです。

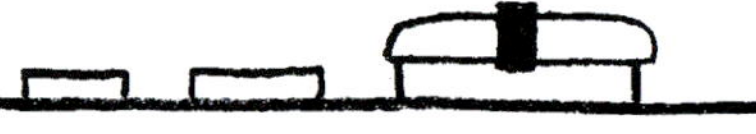

HTMLの役割と基本構造を理解する

HTMLの役割

HTML（Hyper Text Markup Language）は、Webページを作成するためのマークアップ言語の1つです。「マークアップ」とは、コンテンツの始めと終わりに「タグ」と呼ばれるしるしをつけ、その部分に何らかの「意味付け」をすることを指します。

```
<p>はじめてのHTML</p>
```

たとえばこの例では、開始タグ<p>と終了タグ</p>で挟まれたコンテンツに「段落」という意味を与えています。他にも見出し・段落・箇条書き・強調など、様々な意味を与えるためのタグがあります（詳しくはLESSON02以降で解説します）。こうした様々なタグでテキストに意味付けをしてくこと（マークアップすること）で、コンピュータからでも利用しやすい文書情報を作ることがHTMLの役割です。

HTMLの基本構文

要素（Element）

開始タグと終了タグに囲まれた範囲のことを「要素」と呼びます。次の例では<p>と</p>がタグ、それに挟まれた全体が要素です。要素はHTMLを構成する最も基本的な単位になります。

●図01-1 タグと要素

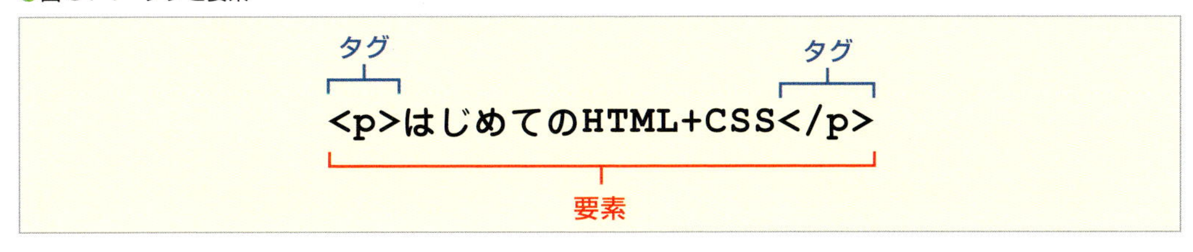

▶ 属性（Attribute）

要素に対する様々なオプション設定のような役割を持つのが「属性」です。各要素に共通な属性もあれば、特定の要素にしか存在しない属性もあります。次の例ではa要素にhref属性が設定されています。a要素の意味は「ハイパーリンク」ですが、href属性でそのリンク先情報を指定しています。

●図01-2 属性

HTML文書の基本構造

HTML文書の基本的な構造は、html要素の中にhead要素とbody要素が入っているというものになります。また、html要素が始まる前の文書冒頭にDOCTYPE宣言と呼ばれるものを記述することで、その文書で使用するHTMLの種類を指定します。

●図01-3 HTML文書の構造図

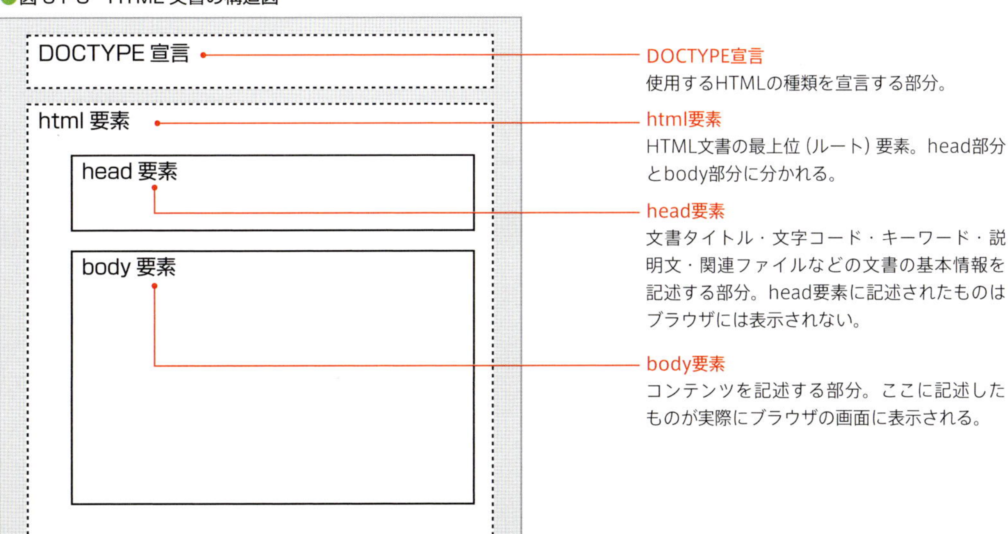

ドキュメントツリー

HTML 文書は要素の入れ子によって構成されています。その状態をツリー状に表したものがドキュメントツリーで、ある要素の上位（外側）にある要素を親要素、下位（内側）にある要素を子要素と呼びます。

●図 01-4　要素の入れ子とドキュメントツリー

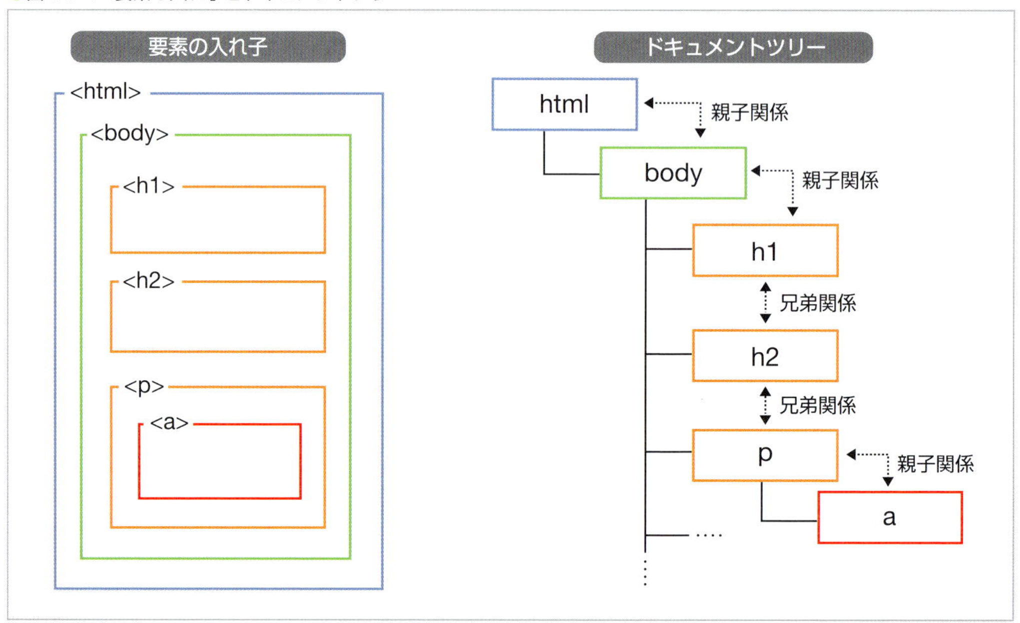

DOCTYPE 宣言（文書型宣言）

DOCTYPE 宣言とは、どのバージョンの HTML 言語で作成されているのか（ドキュメントタイプ）を明示するためのもので、HTML 文書の冒頭に記述する決まりとなっています。現在の標準規格は HTML5 ですので、特別な理由がなければ <!DOCTYPE html> を使用します。使用する HTML の規格によって DOCTYPE の書き方は厳密に決められていますので、選択した HTML の言語規格に応じた正しい DOCTYPE を入れるようにしましょう。

Memo
DOCTYPE に HTML4.01/XHTML1.0 を採用した場合の文法上の注意点については、p.060 の補講を参照してください。

●表 01-1　HTML のバージョン

言語規格		DOCTYPE 宣言
HTML5		<!DOCTYPE html>
HTML4.01	Strict	<!DOCTYPE HTML PUBLIC "-//W3C//DTD HTML 4.01//EN" "http://www.w3.org/TR/html4/strict.dtd">
	Transitional	<!DOCTYPE HTML PUBLIC "-//W3C//DTD HTML 4.01 Transitional//EN" "http://www.w3.org/TR/html4/loose.dtd">
XHTML1.0	Strict	<!DOCTYPE html PUBLIC "-//W3C//DTD XHTML 1.0 Strict//EN" "http://www.w3.org/TR/xhtml1/DTD/xhtml1-strict.dtd">
	Transitional	<!DOCTYPE html PUBLIC "-//W3C//DTD XHTML 1.0 Transitional//EN" "http://www.w3.org/TR/xhtml1/DTD/xhtml1-transitional.dtd">

html要素

html要素はHTML文書の最上位（ルート）の要素であり、文書全体を包括する要素となります。html要素には一般的にlang属性（文書の言語コード）を記述するのが慣例となっています。代表的な言語コードはja（日本語）、en（英語）、zh（中国語）などです。

```
<html lang="ja">
```

【主な言語コード】

en（英語） ja（日本語） zh（中国語） ko（韓国語） fr（フランス語） de（ドイツ語） it（イタリア語）
es（スペイン語） pt（ポルトガル語） ru（ロシア語） hi（ヒンディー語） など

head要素

HTML文書のタイトル、文字コード、キーワード等、文書の補足情報を記載するのがhead要素です。CSSやJavaScriptなどの外部読み込みファイルの指定、検索エンジン向けの情報など、様々な情報を必要に応じて記述します。

```
<head> ～ </head>
```

title要素

title要素はその名の通りHTML文書のタイトルを表します。title要素はSEO対策の面でも非常に重要であり、全てのHTML文書はその内容を適切に表す文言をtitle要素に設定する必要があります。

```
<title>文書タイトル</title>
```

meta要素

meta要素は、文字コード・文書の概要・キーワードなど、ブラウザ画面には表示されない文書情報を記述するための要素です。主なmeta情報は以下の通りです。

```
<meta charset="utf-8">
<meta name="description" content="文書の概要が入ります">
<meta name="keywords" content="キーワードA, キーワードB">
```

文字コードの指定

HTML文書では、head要素の中で必ず文字コードの指定を行う必要があります。
文字コードの指定方法は、前述の通り

```
<meta charset="utf-8">
```

という短い書式で記述するほか、

```
<meta http-equiv="Content-Type" content="text/html; charset=UTF-8">
```

のように長い書式で指定することもできます。まれにこの書式が使われることもありますので、覚えておきましょう。

文字コードで注意することは、**HTML ファイルの実際の文字コードと、meta 要素の文字コード指定を必ず一致させる**ということです。もしここが一致していないと、ブラウザで表示した時に文字化けしてしまう原因になります。実際の文字コードが何であるかということは、多くの場合使っているテキストエディタのどこかに表示がありますのでそこで確認します。

Caution

Brackets, Sublime Text など、比較的最近登場した Web 開発専用エディタの中には utf-8 しか扱えないものも存在します。詳しくはお使いのエディタのマニュアル等を確認してください。

●図 01-5　テキストエディタにおける文字コード表示

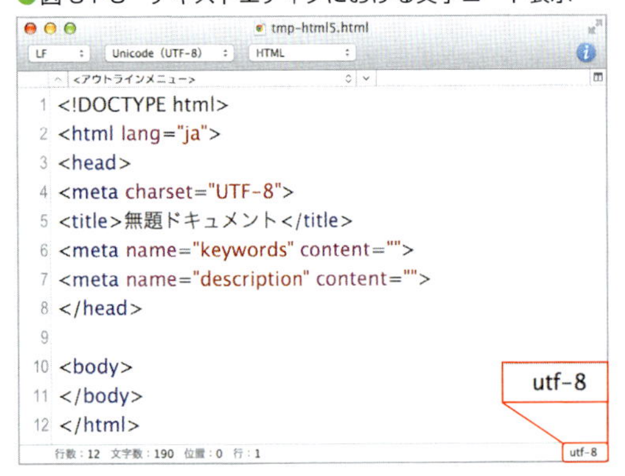

Memo

テキストエディタには「改行コード」の設定もありますが、HTML 文書では文書の改行コードを指定するところは特にありませんので、Windows 標準の CR+LF でも Mac/Unix 標準の LF でもどちらで作成しても構いません。

もしも使いたい文字コードとは異なる文字コードになっていた場合は、保存時に文字コードの種類を選べるタイプのテキストエディタで保存しなおすか、文字コードを一括変換するフリーソフトなどを利用して変更しておきましょう。

ちなみに Windows 標準の文字コードは Shift-JIS ですが、近年の Web 制作では文字コードに utf-8 を選択することが標準となっていますので、特別な理由がない場合は文字コードは utf-8 で作成するようにしましょう。

ひな型コードサンプル

以下に次のLESSON02で使用するひな型のソースコードを掲載しておきます。各要素が何を意味するのかをしっかり理解した上で、この位のシンプルなひな型であれば1から全部自分で書けるようすると良いでしょう。

```
<!DOCTYPE html>
<html lang="ja">
<head>
<meta charset="utf-8">
<title>無題ドキュメント</title>
<meta name="keywords" content="">
<meta name="description" content="">
</head>

<body>
</body>
</html>
```

POINT

- HTMLの役割は、文字列に文書情報としての「意味付け」をすること
- 使用するマークアップ言語の種類をDOCTYPE宣言で指定する
- HTMLのひな型コードの意味をしっかり理解しよう

HTMLで文書を作成する

文書をHTMLで マークアップする

LESSON02では、簡単なサンプル文書を例にして実際に手を動かしながらマークアップの練習をしていきます。前半で原稿の文書構造を読み取り、後半でそれをHTMLの各要素でマークアップします。ここでは、文書構造を読み取る際のヒント、およびHTMLの各要素の詳しい解説をします。

サンプルファイルはこちら

● Before

● After

★うちのにゃんこ★

我が家のアイドル、にゃんこ達を紹介します！

- 我が家のにゃんこ紹介
- 飼い主紹介
- 猫写真募集

我が家のにゃんこ紹介

●すばる（白キジトラ・オス）

目と耳が大きくてすばらしくイケメン。鳴き声もなかなかかわゆい。幼少期を1Kアパートで過ごしたせいか、他のネコにあまり関心がないらしく、性格はいたってマイペース。段ボール箱のかどや柱で爪とぎをするのが大好き。

［写真］

特徴：
　大きな目と耳、まるいったしっぽ
性格：
　マイペース。

もっと見る→

●ぐれ子（灰色毛皮・メス）

生まれたての時はアメショーのような模様があったはずなのに、成長するに従ってただの灰色ネコに。長毛種の血が少し混じっているのか毛皮がフワフワしていて家族から「綿ぼこり」呼ばわりされている。しゃがれ声と貫禄のある顔つきからは想像できないほどの甘え上手で、初対面でも誰彼かまわずゴロゴロ擦り寄ってくるのでお客さんにはめっぽう評判が良い。

［写真］

特徴：
　しゃがれ声、ゴロゴロすりすり攻撃
性格：
　甘え上手、腹黒

もっと見る→

●ねず子（白茶トラ・メス）

ぐれ子と共に我が家にやってきた白茶トラの女の子。ぐれ子と違って典型的な「ネコっぽい」性格。ツンデレというよりむしろツンツン（涙）。ぐれ子との勢力争いに敗北して家を追い出され、現在ほぼノラ状態。見た目はもともと純日本猫風のキレイ系だったけど、ノラ生活中にカラスに攻撃され、片目を失う。孤高の猫。

［写真］

特徴：
　片目、小柄。
性格：
　プライド高い。人間に対しては女王様。

もっと見る→

飼い主紹介

H.N.：
　roka404
仕事：
　フリーランスでWeb関係のお仕事してます
mail：
　info@hogehoge.com
Web：
　http://www.hogehoge.com/

猫写真募集

ギャラリーページを企画中のため、みなさまの大切なにゃんこ様を紹介してください♪ 10にゃんこ集まったら紹介ページを開設します！

応募はこちら→

Copyright © UCHI NO NYAN'S All Rights Reserved

実習 文書構造をマークアップする

HTML文書のひな型を使って文書のベースを作る

サンプルのlesson02/beforeフォルダには、原稿テキスト(text-index.txt)とHTMLのひな形データ(index.html)が入っています。ひな形データにはDOCTYPE宣言をはじめHTML文書として必要な「お約束」の記述が既に用意されています。このひな型を使ってHTMLの土台である文書構造を作っていきます。

1 ひな型ファイルを開き、中身を確認する

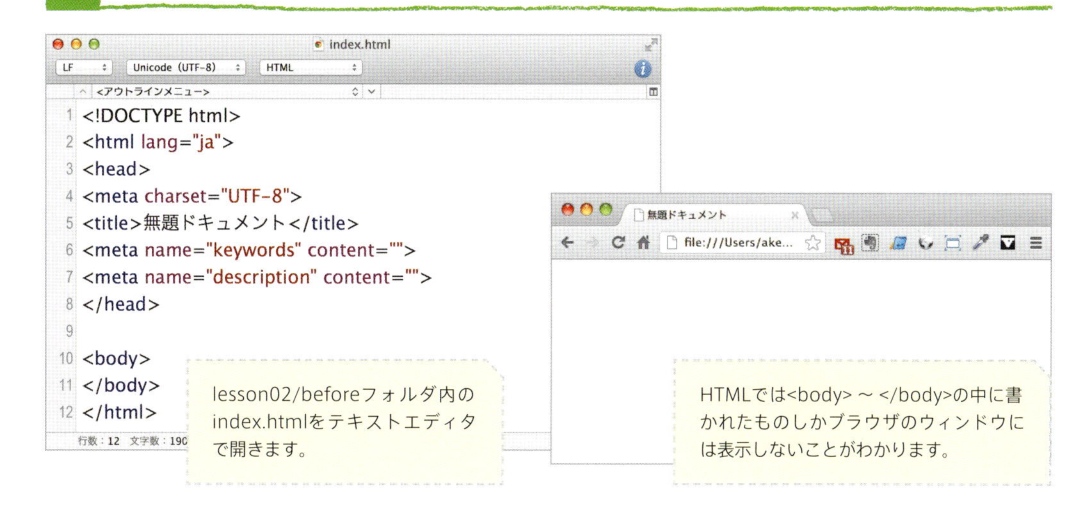
index.html
LF
Unicode (UTF-8)
HTML
<アウトラインメニュー>
1 <!DOCTYPE html>
2 <html lang="ja">
3 <head>
4 <meta charset="UTF-8">
5 <title>無題ドキュメント</title>
6 <meta name="keywords" content="">
7 <meta name="description" content="">
8 </head>
9
10 <body>
11 </body>
12 </html>
行数：12 文字数：190
無題ドキュメント
file:///Users/ake...
lesson02/beforeフォルダ内のindex.htmlをテキストエディタで開きます。
HTMLでは<body> ～ </body>の中に書かれたものしかブラウザのウィンドウには表示しないことがわかります。

2 文書タイトルを変更する

3 <head>
4 <meta charset="UTF-8">
5 <title>うちのにゃんこ</title>
6 <meta name="keywords" content="">
7 <meta name="description" content="">
8 </head>
9
10 <body>
11 </body>
12 </html>
うちのにゃんこ
file:///Users/ake...
うちのにゃんこ
title要素は検索エンジン等で検索された際などに表示される非常に重要なものです。忘れずに正しいタイトルをつけるようにしましょう。
ウィンドウのタイトル部分が今書き換えた内容になっていることを確認します。

3 meta 要素にキーワードと説明文を設定する

```
3 <head>
4 <meta charset="UTF-8">
5 <title>うちのにゃんこ</title>
6 <meta name="keywords" content="にゃんこ,ねこ,ネコ,猫,ペット紹介">
7 <meta name="description" content="実家で飼っている３匹のにゃんこ達を可愛い写真
- とともに紹介します。">
8 </head>
```

meta要素のkeywordsとdescriptionはともに検索エンジン向けの情報を提供するものになります。その文書内容を正しく伝える内容を選定するようにしましょう。

descriptionに適切な紹介文を入れておくと、検索結果ページでサイトタイトルと共に説明文として表示されます。

4 テキスト原稿を流しこむ

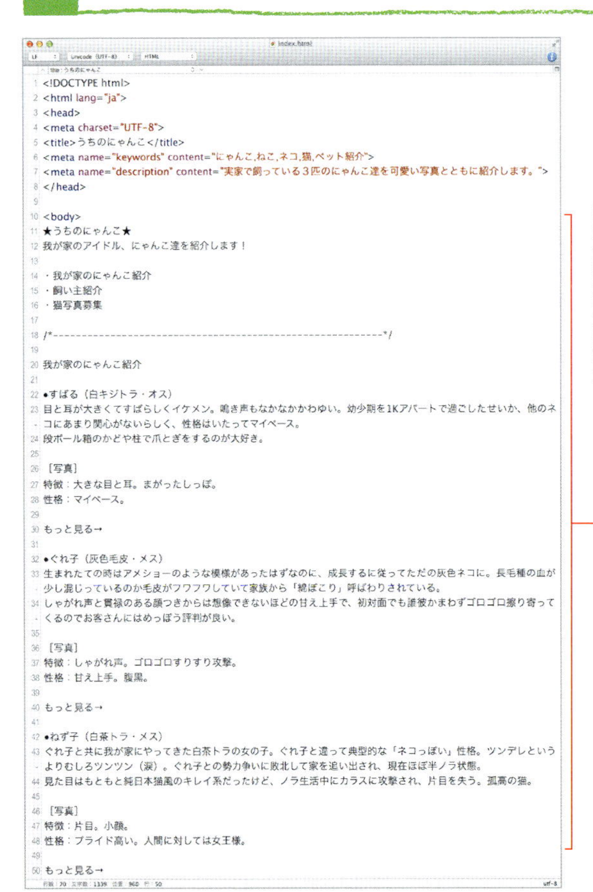

```
1 <!DOCTYPE html>
2 <html lang="ja">
3 <head>
4 <meta charset="UTF-8">
5 <title>うちのにゃんこ</title>
6 <meta name="keywords" content="にゃんこ,ねこ,ネコ,猫,ペット紹介">
7 <meta name="description" content="実家で飼っている３匹のにゃんこ達を可愛い写真とともに紹介します。">
8 </head>
9
10 <body>
11 ★うちのにゃんこ★
12 我が家のアイドル、にゃんこ達を紹介します！
13
14 ・我が家のにゃんこ紹介
15 ・飼い主紹介
16 ・猫写真募集
17
18 /*-------------------------------------------------------------*/
19
20 我が家のにゃんこ紹介
21
22 ●すばる（白キジトラ・オス）
23 目と耳が大きくてすばらしくイケメン。鳴き声もなかなかかわゆい。幼少期を1Kアパートで過ごしたせいか、他のネ
- コにあまり関心がないらしく、性格はいたってマイペース。
24 段ボール箱のかどや柱で爪とぎをするのが大好き。
25
26 ［写真］
27 特徴：大きな目と耳。まがったしっぽ。
28 性格：マイペース。
29
30 もっと見る→
31
32 ●ぐれ子（灰色毛皮・メス）
33 生まれたての時はアメショーのような模様があったはずなのに、成長するに従ってただの灰色ネコに。長毛種の血が
- 少し混じっているのか毛皮がフワフワしていて家族から「綿ぼこり」呼ばわりされている。
34 しゃがれ声と貫禄のある顔つきからは想像できないほどの甘え上手で、初対面でも誰彼かまわずゴロゴロ擦り寄って
- くるのでお客さんにはめっぽう評判が良い。
35
36 ［写真］
37 特徴：しゃがれ声。ゴロゴロすりすり攻撃。
38 性格：甘え上手。腹黒。
39
40 もっと見る→
41
42 ●ねず子（白茶トラ・メス）
43 ぐれ子と共に我が家にやってきた白茶トラの女の子。ぐれ子と違って典型的な「ネコっぽい」性格。ツンデレという
- よりむしろツンツン（涙）。ぐれ子との勢力争いに敗北して家を追い出され、現在ほぼ半ノラ状態。
44 見た目はもともと純日本猫風のキレイ系だったけど、ノラ生活中にカラスに攻撃され、片目を失う。孤高の猫。
45
46 ［写真］
47 特徴：片目。小顔。
48 性格：プライド高い。人間に対しては女王様。
49
50 もっと見る→
```

原稿テキストの中身をindex.htmlの<body> ~ </body>にコピー＆ペーストして保存します。原稿中の区切り線 /*--------------------*/ は、コンテンツの区切りが分かりやすいように仮に入れておいたものですので、最終的には削除します。

Caution

コンテンツとして画面に表示させたい内容は、全て <body> ~ </body> の中に記述しなければなりません。

原稿の文書構造を考える

マークアップ前のHTML文書を確認する

メタ情報と原稿テキストを流し込んだindex.htmlをブラウザで表示してみると、次のように表示されます。

★うちのにゃんこ★ 我が家のアイドル、にゃんこ達を紹介します！ ・我が家のにゃんこ紹介 ・飼い主紹介 ・猫写真募集 /*---*/ 我が家のにゃんこ紹介 ●すばる（白キジトラ・オス） 目と耳が大きくてすばらしくイケメン。鳴き声もなかなかかわゆい。幼少期を1Kアパートで過ごしたせいか、他のネコにあまり関心がないらしく、性格はいたってマイペース。 段ボール箱のかどや柱で爪とぎをするのが大好き。 ［写真］ 特徴：大きな目と耳。まがったしっぽ。 性格：マイペース。 もっと見る→ ●ぐれ子（灰色毛皮・メス） 生まれたての時はアメショーのような模様があったはずなのに、成長するに従ってただの灰色ネコに。長毛種の血が少し混じっているのか毛皮がフワフワしていて家族から「綿ぼこり」呼ばわりされている。 しゃがれ声と貫禄のある顔つきからは想像できないほどの甘え上手で、初対面でも誰彼かまわずゴロゴロ擦り寄ってくるのでお客さんにはめっぽう評判が良い。 ［写真］ 特徴：しゃがれ声。ゴロゴロすりすり攻撃。 性格：甘え上手。腹黒。 もっと見る→ ●ねず子（白茶トラ・メス） ぐれ子と共に我が家にやってきた白茶トラの女の子。ぐれ子と違って典型的な「ネコっぽい」性格。ツンデレというよりむしろツンツン（涙）。ぐれ子との勢力争いに敗北して家を追い出され、現在ほぼ半ノラ状態。 見た目はもともと純日本猫風のキレイ系だったけど、ノラ生活中にカラスに攻撃され、片目を失う。孤高の猫。 ［写真］ 特徴：片目。小顔。 性格：プライド高い。人間に対しては女王様。 もっと見る→ /*---*/ 飼い主紹介 H.N. ：roka404 仕事 ：フリーランスでWeb関係のお仕事してます mail ：info@hogehoge.com Web ：http://www.hogehoge.com/ /*---*/ 猫写真募集 ギャラリーページを企画中のため、みなさまの大切なにゃんこ様を紹介してください♪ 10にゃんこ集まったら紹介ページを開設します！ 応募はこちら→ Copyright © UCHI NO NYAN'S All Rights Reserved.

コンテンツ部分が一切HTMLタグでマークアップされていないため、このように改行もなくダラダラと文字が連なる形で表示されてしまいます。この状態では「この文書のタイトルはどこですか？」「見出しとそれに関連する内容はどこからどこまでですか？」「どこがメニューでどこがコンテンツですか？」などと聞かれても、読み解くことは困難です。

このように正しくマークアップされていないHTML文書はコンピュータからすると分析困難なただの文字の塊であり、情報としては非常に利用しづらいものになってしまっています。そこで制作者はHTMLタグを使ってコンテンツ内容を適切に意味付けし、コンピュータからでも構造が解析しやすいものにしてあげる必要があります。これがHTMLを書く＝「マークアップする」ことの意味です。適切にマークアップされたHTML文書は、音声ブラウザでも内容を正しく読みあげやすくなるため、アクセシビリティの向上にもつながります。

原稿から文書構造を読み取る

正しいマークアップをするためには、HTMLで表現可能な範囲でその文書の情報構造（文書構造）を読み取って、それにふさわしい適切な要素を当てはめていく必要があります。これはWebページを作る人が自分で判断する必要があります。以下に文書構造を考える際のヒントを記しましたので、参考にしながら原稿テキストの文書構造を一度自分で考えてみてください。

●図 02-1　原稿テキストの文書構造

メインタイトル

★うちのにゃんこ★

我が家のアイドル、にゃんこ達を紹介します！

コンテンツ①・②・③へのリンクメニュー

・我が家のにゃんこ紹介
・飼い主紹介
・猫写真募集

/*---*/

コンテンツ①「にゃんこ紹介」

我が家のにゃんこ紹介

1匹目紹介

●すばる（白キジトラ・オス）
目と耳が大きくてすばらしくイケメン。鳴き声もなかなかかわゆい。幼少期を 1K アパートで過ごしたせいか、他のネコにあまり関心がないらしく、性格はいたってマイペース。
段ボール箱のかどや柱で爪とぎをするのが大好き。

[写真]
特徴：大きな目と耳。まがったしっぽ。
性格：マイペース。

もっと見る→

2匹目紹介

●ぐれ子（灰色毛皮・メス）
生まれたての時はアメショーのような模様があったはずなのに、成長するに従ってただの灰色ネコに。長毛種の血が少し混じっているのか毛皮がフワフワしていて家族から「綿ぼこり」呼ばわりされている。
しゃがれ声と貫禄のある顔つきからは想像できないほどの甘え上手で、初対面でも誰彼かまわずゴロゴロ擦り寄ってくるのでお客さんにはめっぽう評判が良い。

[写真]
特徴：しゃがれ声。ゴロゴロすりすり攻撃。
性格：甘え上手。腹黒。

もっと見る→

3匹目紹介

●ねず子（白茶トラ・メス）
ぐれ子と共に我が家にやってきた白茶トラの女の子。ぐれ子と違って典型的な「ネコっぽい」性格。ツンデレというよりむしろツンツン（涙）。ぐれ子との勢力争いに敗北して家を追い出され、現在ほぼ半ノラ状態。
見た目はもともと純日本猫風のキレイ系だったけど、ノラ生活中にカラスに攻撃され、片目を失う。孤高の猫。

[写真]
特徴：片目。小顔。
性格：プライド高い。人間に対しては女王様。

もっと見る→

/*---*/

```
飼い主紹介                                        コンテンツ②「飼い主紹介」
H.N.：roka404
仕事：フリーランスでWeb関係のお仕事してます
mail：info@hogehoge.com
Web：http://www.hogehoge.com/

/*------------------------------------------------------------*/

猫写真募集                                        コンテンツ③「猫写真募集」
ギャラリーページを企画中のため、みなさまの大切なにゃんこ様を紹介してくださ
い♪
10にゃんこ集まったら紹介ページを開設します！
応募はこちら→

Copyright &copy; UCHI NO NYAN'S All Rights Reserved.
```


●見出しを探す

文書構造を考える時の基本となるのが「見出し」です。「何についての情報が書かれているのか？」ということを意識しながらコンテンツの情報をグループ分けしていき、各グループの見出しにあたる部分を「見出し要素」とするようにします。見出しを表すh要素は、大見出し・中見出し・小見出しといった見出しレベルに応じてh1からh6までの6段階ありますので、レベルに応じた要素を考えるようにします。

●箇条書きリストを探す

次に見つけやすいのが「箇条書きリスト」になっている情報です。コンテンツの一部として存在する場合もあるでしょうが、最も分かりやすい部分は「ナビゲーション」の部分となります。Webサイトは多くのHTML文書から構成されており、それらの文書を行き来しやすいように何らかのナビゲーションが設置されることが多くなります。複数の項目からなるナビゲーションの部分は、基本的に「箇条書き」としてマークアップします。

●「文章のかたまり」を探す

見出しと箇条書きの部分が決まると、残ったものの多くは単体のテキストや、本文などの文章コンテンツとなります。こうした「ひとかたまりのテキスト」部分は「段落」としてマークアップします。

●その他の情報構造を探す

HTMLの文書構造は見出し・箇条書きリスト・段落の3種類が中心になることが多いのですが、中にはそれでは表現できないもの、他にもっと適切な要素が存在するものなどが含まれる場合があります。あらかじめどんな要素が存在するのかを理解していないとなかなか見つけられないかもしれませんが、次のよく使われる要素の一覧表と照らし合わせて、適切な要素があればそれを使用します。

比較的使用頻度が多いものは「表組み」「記述リスト」「連絡先」などです。

●表 02-1　よく使う要素一覧

分類	要素	用途	備考	利用頻度
ブロックレベルの要素	<h1> ～ </h1> …… <h6> ～ </h6>	見出し	h1 ～ h6 までの 6 段階	★★★
	<p> ～ </p>	段落		★★★
	<ul> ～ </ul>	箇条書きリスト（順不同）	li 要素とセットで使用する	★★★
	<ol> ～ </ol>	箇条書きリスト	li 要素とセットで使用する	★★
	<dl> ～ </dl>	記述リスト	dt 要素・dd 要素とセットで使用する	★★
	<table> ～ </table>	表組み	tr 要素、td 要素などとセットで使用する	★★
	<address> ～ </address>	連絡先		★
	<div> ～ </div>	任意の範囲・グループ化		★★★
インラインレベルの要素	<a> ～ </a>	ハイパーリンク		★★★
	<em> ～ </em>	強調		★
	<strong> ～ </strong>	重要な語句		★★
	<img>	画像		★★★
	<span> ～ </span>	任意の範囲		★★★

Memo

この表に記載されているものは HTML5 以前から存在する代表的な要素になります。これらはどのバージョンの HTML でも必ず使う要素になりますので、まずはこれらをしっかり使い分けられるようにしましょう。
HTML5 から新たに追加された新要素については p.159 の Chapter04 で詳しく紹介していますのでそちらを参照してください。

マークアップ作業というものは、複雑な内容になればなるほど、作る人によって違いが生じやすく、また唯一絶対の回答というものも存在しません。ですから最初は「本当にこれでいいんだろうか？」と悩むことになると思います。しかし、マークアップ本来の役割と各要素の意味をしっかり考慮して作業に取り組めばそう大きく間違った内容にはならないと思います。HTML の文書構造はさほど厳密なものではありませんので、あまり深刻に考えず、まずは要素の意味と照らしあわせて「不適切ではない」ことを目標に取り組みましょう。

今回は図 02-2 のような文書構造でマークアップしていくことにしますので、よく確認をしてください。

●図 02-2　文書構造と使用する要素

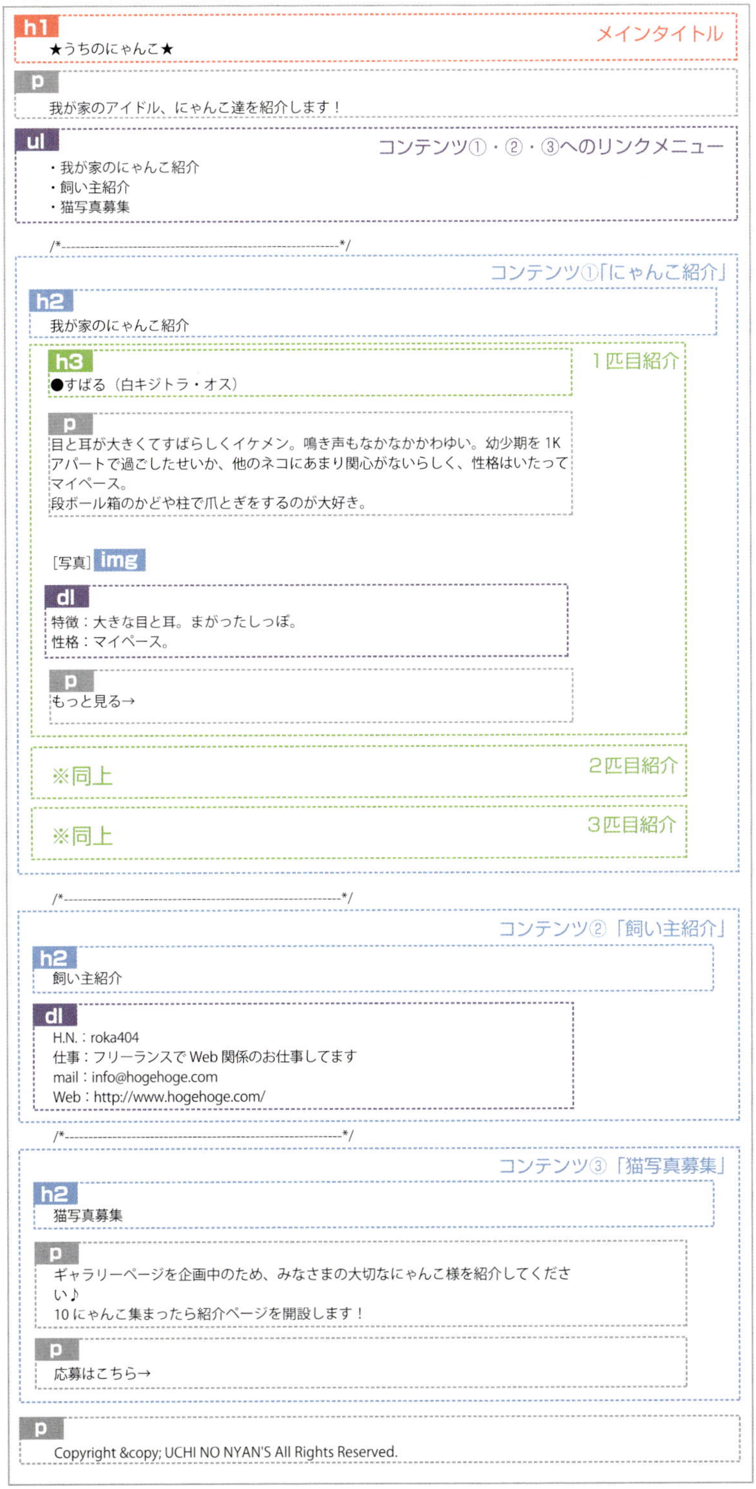

h1　メインタイトル
★うちのにゃんこ★

p
我が家のアイドル、にゃんこ達を紹介します！

ul　コンテンツ①・②・③へのリンクメニュー
・我が家のにゃんこ紹介
・飼い主紹介
・猫写真募集

/*--*/

コンテンツ①「にゃんこ紹介」

h2
我が家のにゃんこ紹介

1匹目紹介

h3
●すばる（白キジトラ・オス）

p
目と耳が大きくてすばらしくイケメン。鳴き声もなかなかかわゆい。幼少期を1K
アパートで過ごしたせいか、他のネコにあまり関心がないらしく、性格はいたって
マイペース。
段ボール箱のかどや柱で爪とぎをするのが大好き。

［写真］img

dl
特徴：大きな目と耳。まがったしっぽ。
性格：マイペース。

p
もっと見る→

2匹目紹介
※同上

3匹目紹介
※同上

/*--*/

コンテンツ②「飼い主紹介」

h2
飼い主紹介

dl
H.N.：roka404
仕事：フリーランスでWeb関係のお仕事してます
mail：info@hogehoge.com
Web：http://www.hogehoge.com/

/*--*/

コンテンツ③「猫写真募集」

h2
猫写真募集

p
ギャラリーページを企画中のため、みなさまの大切なにゃんこ様を紹介してくださ
い♪
10にゃんこ集まったら紹介ページを開設します！

p
応募はこちら→

p
Copyright © UCHI NO NYAN'S All Rights Reserved.

●図 02-3　見出し要素によるコンテンツのツリー構造

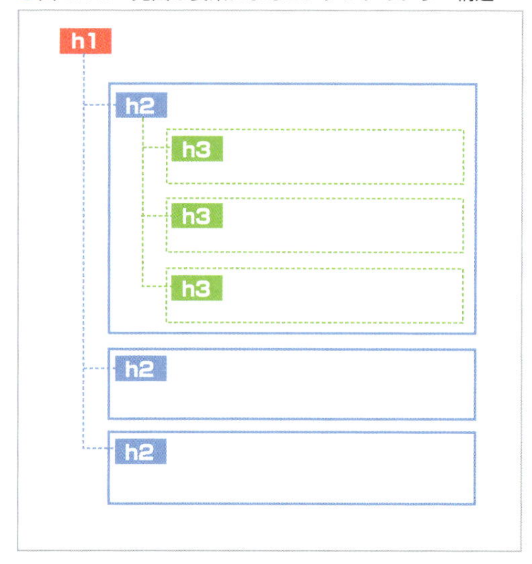

Memo

HTML では見出し要素によってその文書に含まれる情報のツリー構造＝文書構造の骨格が作られることになります。同じレベルの見出しから次の同じレベルの見出しまでが、ひとつの情報の固まりとしてみなされますので、マークアップを検討する際にはその文書のコンテンツ構造をよく考え、まず「見出しをどこに置くか？」ということを最優先で検討する必要があります。

HTML タグでマークアップする

文書構造が決まったら、それに合わせて実際に HTML を書いていきます。

1 見出しをマークアップする

●図 02-4　hx の基本書式

```
<h1>見出しテキスト</h1>
```

【index.html】

```
10 <body>
11 <h1>★うちのにゃんこ★</h1>
12 我が家のアイドル、にゃんこ達を紹介します！
------------------------------ 省略 ------------------------------
20 <h2>我が家のにゃんこ紹介</h2>
21
22 <h3>●すばる（白キジトラ・オス）</h3>
23 目と耳が大きくてすばらしくイケメン。鳴き声もなかなかかわゆい。幼少期を1Kアパー
------------------------------ 省略 ------------------------------
32 <h3>●ぐれ子（灰色毛皮・メス）</h3>
33 生まれたての時はアメショーのような模様があったはずなのに、成長するに従ってただ
------------------------------ 省略 ------------------------------
42 <h3>●ねず子（白茶トラ・メス）</h3>
43 ぐれ子と共に我が家にやってきた白茶トラの女の子。ぐれ子と違って典型的な「ネコっ
------------------------------ 省略 ------------------------------
54 <h2>飼い主紹介</h2>
55 H.N. ：roka404
------------------------------ 省略 ------------------------------
62 <h2>猫写真募集</h2>
63 ギャラリーページを企画中のため、みなさまの大切なにゃんこ様を紹介してください♪
```

記述方法は、見出しにしたいテキストの前後を<h1>コンテンツ</h1>のように開始タグと終了タグで挟むだけです。ソースを参考に必要な箇所に<h1> ～ </h1>・<h2> ～ </h2>・<h3> ～ </h3>を記述してください。

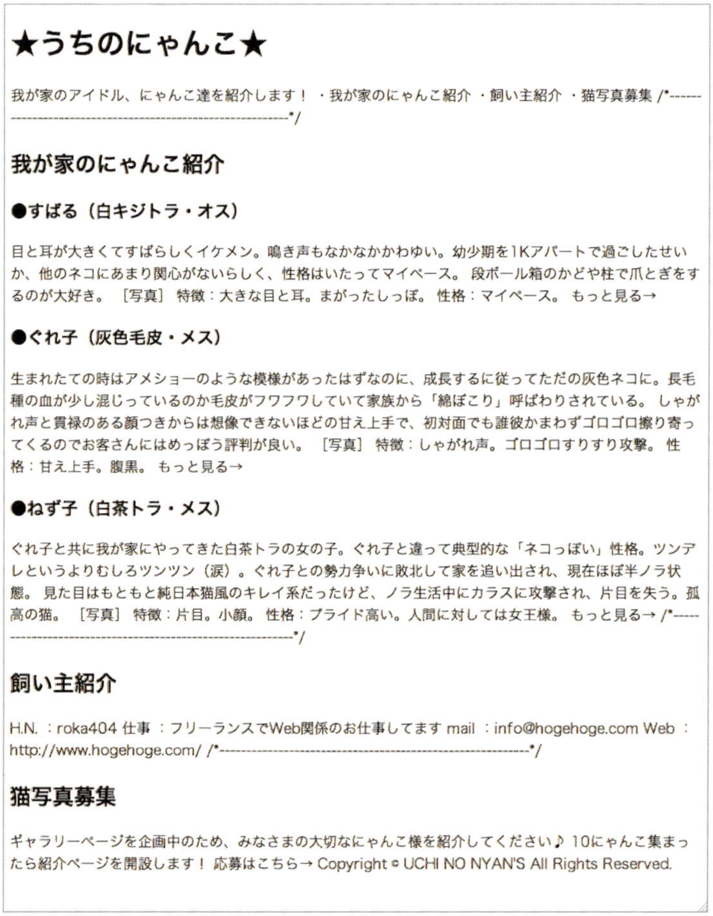

★うちのにゃんこ★

我が家のアイドル、にゃんこ達を紹介します！ ・我が家のにゃんこ紹介 ・飼い主紹介 ・猫写真募集 /*---*/

我が家のにゃんこ紹介

●すばる（白キジトラ・オス）

目と耳が大きくてすばらしくイケメン。鳴き声もなかなかかわゆい。幼少期を1Kアパートで過ごしたせいか、他のネコにあまり関心がないらしく、性格はいたってマイペース。 段ボール箱のかどや柱で爪とぎをするのが大好き。 ［写真］ 特徴：大きな目と耳。まがったしっぽ。 性格：マイペース。 もっと見る→

●ぐれ子（灰色毛皮・メス）

生まれたての時はアメショーのような模様があったはずなのに、成長するに従ってただの灰色ネコに。長毛種の血が少し混じっているのか毛皮がフワフワしていて家族から「綿ぼこり」呼ばわりされている。 しゃがれ声と貫禄のある顔つきからは想像できないほどの甘え上手で、初対面でも誰彼かまわずゴロゴロ擦り寄ってくるのでお客さんにはめっぽう評判が良い。 ［写真］ 特徴：しゃがれ声。ゴロゴロすりすり攻撃。 性格：甘え上手。腹黒。 もっと見る→

●ねず子（白茶トラ・メス）

ぐれ子と共に我が家にやってきた白茶トラの女の子。ぐれ子と違って典型的な「ネコっぽい」性格。ツンデレというよりむしろツンツン（涙）。ぐれ子との勢力争いに敗北して家を追い出され、現在ほぼ半ノラ状態。 見た目はもともと純日本猫風のキレイ系だったけど、ノラ生活中にカラスに攻撃され、片目を失う。孤高の猫。 ［写真］ 特徴：片目。小顔。 性格：プライド高い。人間に対しては女王様。 もっと見る→ /*---*/

飼い主紹介

H.N. ：roka404 仕事 ：フリーランスでWeb関係のお仕事してます mail ：info@hogehoge.com Web ：http://www.hogehoge.com/ /*---*/

猫写真募集

ギャラリーページを企画中のため、みなさまの大切なにゃんこ様を紹介してください♪ 10にゃんこ集まったら紹介ページを開設します！ 応募はこちら→ Copyright © UCHI NO NYAN'S All Rights Reserved.

記述できたら一度保存してブラウザで表示を確認します。

見出しが設定されたところは、文字が大きく、太字になり、改行されて前後に空白ができるのがわかります。ブラウザ側が「見出しである」ことを理解して、自動的にそれに相応しい表示にしてくれます。なお、文字の大きさや前後の空白の状態などは後ほどCSSで自由に変更できますので、マークアップの段階では気にする必要はありません。

見出しはh1からh6まで6段階用意されています。最上位の見出しがh1で、これはページに1つ必須となります。h2以下は文書構造に応じて適宜使用していきますが、間のレベルを飛ばしたり、レベルの上下関係を入れ替えたりすることは原則としてできません。h1～h6の見出し要素によって作られたツリー構造は、そのままHTMLの文書構造の骨格となりますので注意してください。

2 段落をマークアップする

●図 02-5　p 要素の基本書式

```
<p>段落テキスト</p>
```

【index.html】

```
10 <body>
11 <h1>★うちのにゃんこ★</h1>
12 <p>我が家のアイドル、にゃんこ達を紹介します！</p>
------------------------------省略------------------------------
22 <h3>●すばる（白キジトラ・オス）</h3>
23 <p>目と耳が大きくてすばらしくイケメン。鳴き声もなかなかかわゆい
 - トで過ごしたせいか、他のネコにあまり関心がないらしく、性格はいた
24 段ボール箱のかどや柱で爪とぎをするのが大好き。</p>
```

「段落」とすると決めた箇所を<p>コンテンツ</p>のように記述します。

★うちのにゃんこ★

我が家のアイドル、にゃんこ達を紹介します！ ← 改行と空白

・我が家のにゃんこ紹介 ・飼い主紹介 ・猫写真募集 /*------------------------------------*/

我が家のにゃんこ紹介

●すばる（白キジトラ・オス）

目と耳が大きくてすばらしくイケメン。鳴き声もなかなかかわゆい。幼少期を1Kアパートで過ごしたせいか、他のネコにあまり関心がないらしく、性格はいたってマイペース。 段ボール箱のかどや柱で爪とぎをするのが大好き。 ← 改行と空白

［写真］ 特徴：大きな目と耳。まがったしっぽ。 性格：マイペース。

ブラウザで表示を確認すると、今度は文字の大きさ・太さは変わりませんが、<p> ～ </p>でマークアップされたところは自動的に改行されて前後に空白ができることがわかります。

3 箇条書きをマークアップする

●図 02-6　ul 要素・ol 要素の基本書式

```
<ul>
  <li>リスト項目</li>
</ul>
```

```
<ol>
  <li>リスト項目</li>
</ol>
```

「箇条書きリスト」に使える要素は ul 要素、ol 要素です。どちらも「箇条書きリスト」ですが、ul 要素が「順不同」つまり情報の順序は問わないリストであるのに対して、ol 要素は情報の順序を厳密に示すためのリストであるという違いがあります。これは、<ul> と <ol> でマークアップした 2 つのリストをブラウザで表示させてみるとよく分かります。<ul> は頭に「・」がつきますが、<ol> は「1.2.3...」と番号を振ります。箇条書きのマークアップをするのにどちらを使ったら良いか迷ったら、その情報が「順番通りに読んでもら

●図 02-7　ul と ol の比較

• ulリスト	1. olリスト
• ulリスト	2. olリスト
• ulリスト	3. olリスト

わないと意味が通らない、または困る」ような場合はol要素を使い、そうでない場合は全てul要素にしておけば良いでしょう。

今回はul要素でマークアップすることにします。

ul（ol）要素は、h要素やp要素のように単体の開始タグ／終了タグだけで成り立っているわけではなく、「箇条書きエリアを示すためのタグ」と「個別のリスト情報を示すためのタグ」の二重構造を持っています。具体的には、以下のように記述します。テキスト原稿上にあるリスト先頭の「・」は、削除しておきます。

【index.html】

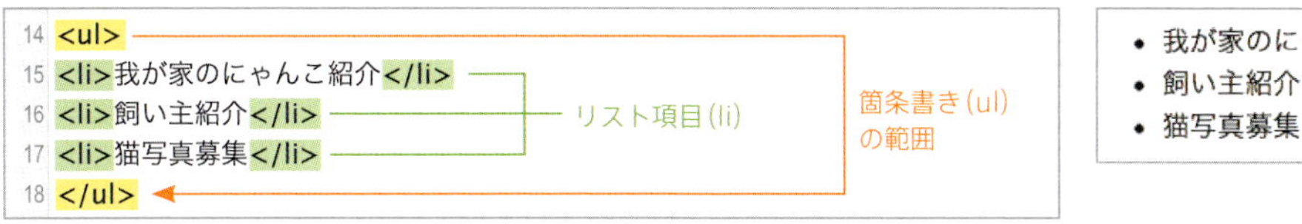

ul（ol）要素とli要素は2つで1つなので、それぞれを単独で使うことはできません。また、ul（ol）要素の直下にはli要素しか入れることはできません。ただし、li要素の中に更に別の要素を入れることは可能なので、次のようにul（ol）要素を入れ子（ネスト）にして複雑な階層構造を持つ箇条書きリストを作ることも可能です。

●図02-8 入れ子リスト例

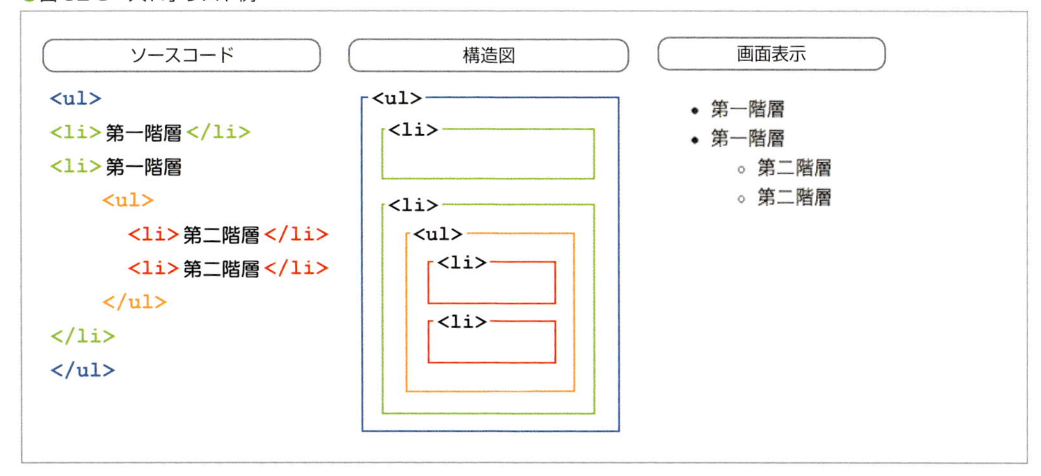

4 記述リスト（定義リスト）をマークアップする

●図02-9 dl要素の基本書式

```
<dl>
  <dt>項目タイトル</dt>
  <dd>項目内容テキスト</dd>
</dl>
```

記述リストとは、「項目とその説明」がワンセットになったリスト構造です。以下のようにまず全体を <dl> ～ </dl> で囲み、項目を <dt> ～ </dt>、その説明を <dd> ～ </dd> でマークアップします。なお、この <dt> と <dd> がワンセットとなって 1 つの情報項目となりますので、<dt> のみ、<dd> のみの使用はできません。1 つの <dt> に対して複数の <dd> がぶら下がるという構造は可能です。

【index.html】

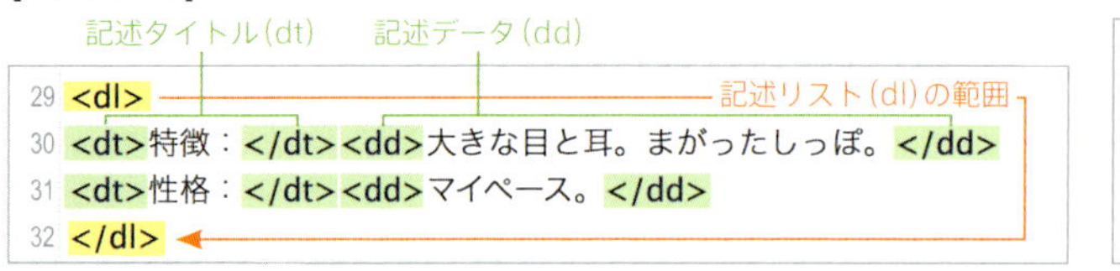

特徴：
　大きな目と耳。まがったしっぽ。
性格：
　マイペース。

残り 2 匹の特徴と性格、および飼い主紹介の部分も同様に記述リストでマークアップしてください。

記述リストはちょうど 2 列の表組みで表現できるような構造をもった部分に用いられることが多い要素です。この場合の多くは dl 要素ではなく table 要素でマークアップしても問題ないケースになります。このように、同じ構造でも要素の候補が複数あるケースも存在します。

Memo

dl 要素はもともと「定義リスト」と呼ばれ、その名の通り用語集のように「用語」と「その定義」を表すものだったのですが、本来の「用語の定義」という役割を越えて拡大解釈されて使用されたため、HTML5 で実態に合わせて利用範囲を拡大した経緯があります。dl 要素の使用例としては、例えば更新履歴の「日付と更新内容」とか Q&A の「質問と回答」といった使い方が挙げられます。
なお用途拡大に伴い、本来の「用語の定義」として使用する際には、<dt><dfn> 用語 </dfn></dt> のように、dt 要素の内側に dfn 要素を入れることで「定義する用語」を表す必要があります。

5 情報のグループ化

●図 02-10　div 要素の基本書式

```
<div>ブロック領域</div>
```

最後にページ内の情報を「グループ化」しておきます。ソースコードをグループ化するためには基本的に div 要素を使用します。

div 要素の役割は、ソースコードをグループ化することです。div 自体には「見出し」「段落」といった文書構造としての意味はありませんので、「文書の意味付け」という意味では不要なのですが、次のような目的で Web 制作では非常によく使われます。

- ①情報のまとまりごとにソースをグループ化し、そこに名前をつけてソースの可読性を高める
- ②レイアウトやデザインの再現のために必要な枠を用意する

①・②の役割に該当する部分に div を設定したものが以下の図になります。div 要素にはその役割に応じた分かりやすい名前をつけて管理をしておきます。要素の名前は id 属性を使って指定しておきます。

●図 02-11　div 枠取り図

【index.html】

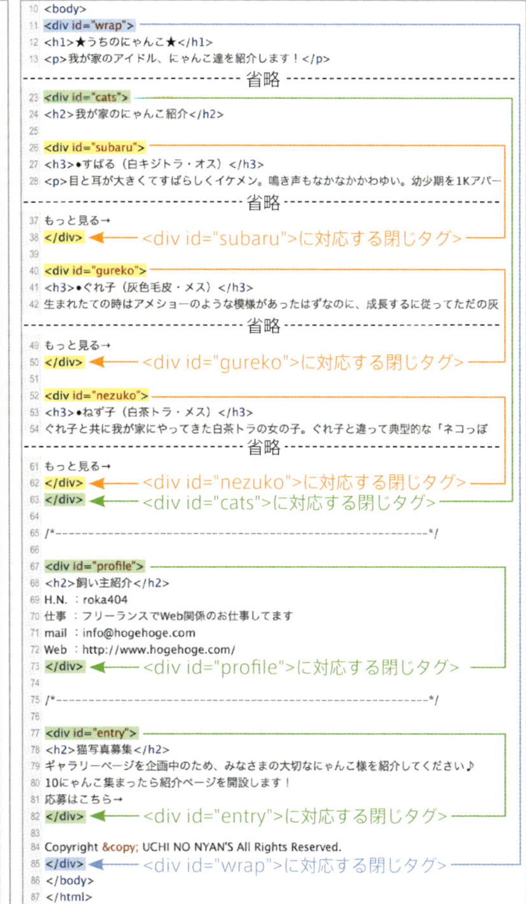

```
10 <body>
11 <div id="wrap">
12 <h1>★うちのにゃんこ★</h1>
13 <p>我が家のアイドル、にゃんこ達を紹介します！</p>
------------------------------ 省略 ------------------------------
23 <div id="cats">
24 <h2>我が家のにゃんこ紹介</h2>
25
26 <div id="subaru">
27 <h3>●すばる（白キジトラ・オス）</h3>
28 <p>目と耳が大きくてすばらしくイケメン。鳴き声もなかなかかわゆい。幼少期を1Kアパー
------------------------------ 省略 ------------------------------
37 もっと見る→
38 </div> ←― <div id="subaru">に対応する閉じタグ>
39
40 <div id="gureko">
41 <h3>●ぐれ子（灰色毛皮・メス）</h3>
42 生まれたての時はアメショーのような模様があったはずなのに、成長するに従ってただの灰
------------------------------ 省略 ------------------------------
49 もっと見る→
50 </div> ←― <div id="gureko">に対応する閉じタグ>
51
52 <div id="nezuko">
53 <h3>●ねず子（白茶トラ・メス）</h3>
54 ぐれ子と共に我が家にやってきた白茶トラの女の子。ぐれ子と違って典型的な「ネコっぽ
------------------------------ 省略 ------------------------------
61 もっと見る→
62 </div> ←― <div id="nezuko">に対応する閉じタグ>
63 </div> ←― <div id="cats">に対応する閉じタグ>
64
65 /*------------------------------------------------*/
66
67 <div id="profile">
68 <h2>飼い主紹介</h2>
69 H.N. ：roka404
70 仕事 ：フリーランスでWeb関係のお仕事してます
71 mail ：info@hogehoge.com
72 Web ：http://www.hogehoge.com/
73 </div> ←― <div id="profile">に対応する閉じタグ>
74
75 /*------------------------------------------------*/
76
77 <div id="entry">
78 <h2>猫写真募集</h2>
79 ギャラリーページを企画中のため、みなさまの大切なにゃんこ様を紹介してください♪
80 10にゃんこ集まったら紹介ページを開設します！
81 応募はこちら→
82 </div> ←― <div id="entry">に対応する閉じタグ>
83
84 Copyright &copy; UCHI NO NYAN'S All Rights Reserved.
85 </div> ←― <div id="wrap">に対応する閉じタグ>
86 </body>
87 </html>
```

Memo div 要素は、開始タグと終了タグがかなり離れた場所に位置するケースが多くなります。上から順番に書いていくのではなく、グループ化したい範囲を確認しながら開始タグと終了タグをワンセットにしながら記述した方が間違いが少なくなります。

6 div を section に置き換える

●図 02-12 section 要素の基本書式

```
<section> セクション領域 </section>
```

HTML5 以前の規格では「見出しとそのコンテンツ」といった文書構造的に意味のあるグループであっても、それを意味付けできる要素自体が存在していなかったため、要素同士のグルーピングは全て一律に div 要素を使っていました。

HTML5 では、「見出しとそのコンテンツ」といったような文書の骨格をなす重要なグループに、専用の新しい要素が用意されています。詳細は p.159 の Chapter04 で詳しく説明しますが、「見出しとそれに伴うコンテ

ンツの固まり＝セクション」を意味づけする一般的な要素として「section 要素」というものがありますので、今回はそれを使って該当する div 要素を section 要素に置換えてみましょう。

> **Memo**
> HTML5 でのセクション単位の意味付けには、単なるグルーピングの枠にすぎない div 要素ではなく、きちんとセクションとしての意味を示せる section 要素を使うことが一般的です。ただし、section 要素を使うことは義務ではありませんので、従来の HTML と同じように単に div 要素で枠だけ用意するといった対応で済ませることも可能です。

●図 02-13　section 要素への置換え図

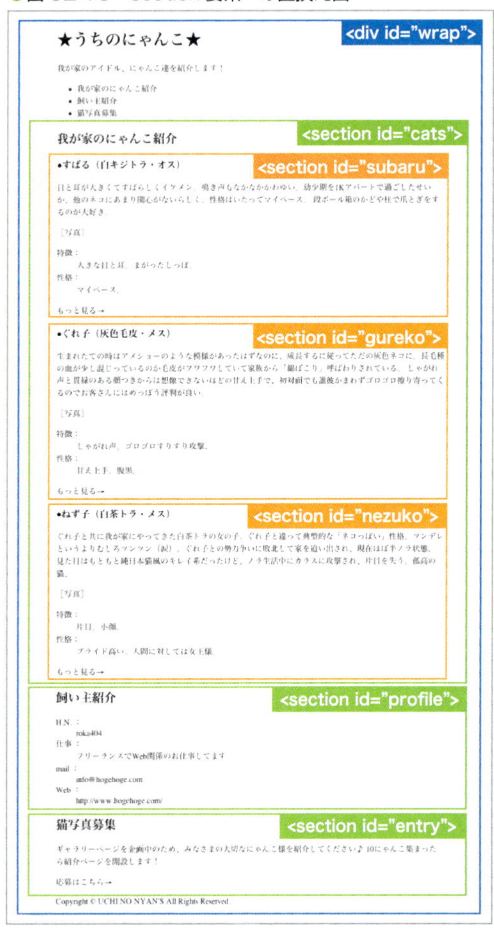

【index.html】

```
10 <body>
11 <div id="wrap">
12 <h1>★うちのにゃんこ★</h1>
13 <p>我が家のアイドル、にゃんこ達を紹介します！</p>
------------------------ 省略 ------------------------
21 <section id="cats">
22 <h2>我が家のにゃんこ紹介</h2>
23
24 <section id="subaru">
25 <h3>●すばる（白キジトラ・オス）</h3>
26 <p>目と耳が大きくてすばらしくイケメン。鳴き声もなかなかかわゆい。幼少期を
------------------------ 省略 ------------------------
35 <p>もっと見る→</p>
36 </section>
37
38 <section id="gureko">
39 <h3>●ぐれ子（灰色毛皮・メス）</h3>
40 <p>生まれたての時はアメショーのような模様があったはずなのに、成長するに従
------------------------ 省略 ------------------------
49 <p>もっと見る→</p>
50 </section>
51
52 <section id="nezuko">
53 <h3>●ねず子（白茶トラ・メス）</h3>
54 <p>ぐれ子と共に我が家にやってきた白茶トラの女の子。ぐれ子と違って典型的な
------------------------ 省略 ------------------------
63 <p>もっと見る→</p>
64 </section>
65 </section>
66
67 <section id="profile">
68 <h2>飼い主紹介</h2>
69 <dl>
70 <dt>H.N. ：</dt><dd>roka404</dd>
71 <dt>仕事 ：</dt><dd>フリーランスでWeb関係のお仕事してます</dd>
72 <dt>mail ：</dt><dd>info@hogehoge.com</dd>
73 <dt>Web ：</dt><dd>http://www.hogehoge.com/</dd>
74 </dl>
75 </section>
76
77 <section id="entry">
78 <h2>猫写真募集</h2>
79 <p>ギャラリーページを企画中のため、みなさまの大切なにゃんこ様を紹介してく
 - ださい♪
80 10にゃんこ集まったら紹介ページを開設します！</p>
81 <p>応募はこちら→</p>
82 </section>
83
84 <p>Copyright &copy; UCHI NO NYAN'S All Rights Reserved.</p>
85 </div>
86 </body>
87 </html>
```

上記の置換え図で、「h1 とそれに伴うコンテンツの固まり」を囲んでいる <div id="wrap"> は、section 要素ではなく div 要素のままであることに注目してください。

section 要素は基本的に第二階層以下の見出しに対してしか使用しません。これは、最上位の見出しである h1 とそれに伴うコンテンツは「その HTML 文書のコンテンツ全体」を指しており、文書コンテンツ全体を囲んでいる body 要素が既に section 要素と同等の役割を果たしているので、わざわざページ全体を section 要素で囲む必要がないためです。

section 要素の使い方については実際には仕様書で厳密に定められたルールがあり、それに基づいた措置なの

ですが、比較的難しい話になりますのでここでは使い方の一般論だけきちんと理解しておけば大丈夫です。

Memo
セクション要素のルール詳細が気になる方はp.160を参照してください。

7 不要な区切り線を削除

最後に、テキスト原稿に入っていた区切り線（/*--------------------*/）を削除しておきましょう。

講義 覚えておきたいマークアップのルール

要素の入れ子（ネスト）と親子関係

ul／li要素に限らず、HTML文書全体が、html要素を最上位（ルート）の親要素とする入れ子による親子関係で成り立っています。外側にある要素が「親要素」、その内側にある要素が「子要素」、さらにその内側にある要素が「孫要素」…といった具合です。また入れ子ではなく、同じ階層で並列に並んでいる要素同士は「兄弟要素」となり、ソースコード上で先に出てくるものが「兄要素」、後で出てくるものが「弟要素」と呼ばれます。

●図02-14　要素の入れ子と親子関係

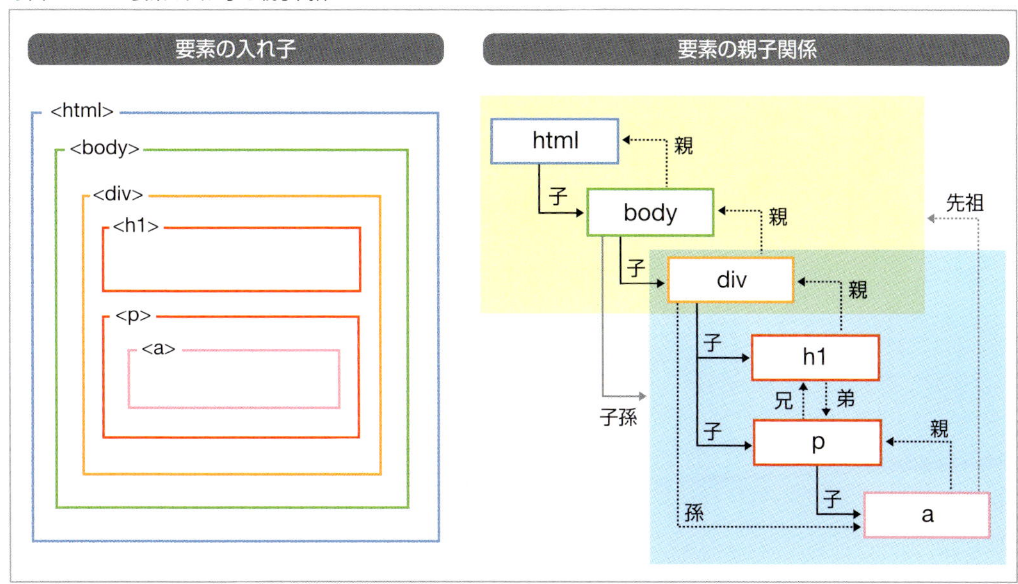

ブラウザはHTML文書が読み込まれた際、ソースコードに記述された要素の入れ子状態を確認して各要素のツリー構造を作っていきます（ドキュメントツリー）。このツリー構造が正しく作られないと、ブラウザでの表示もおかしくなってしまうため、HTMLの記述をする際には常に要素の入れ子関係を正しく保つという点に注意をしなければなりません。

●図 02-15　入れ子正誤例

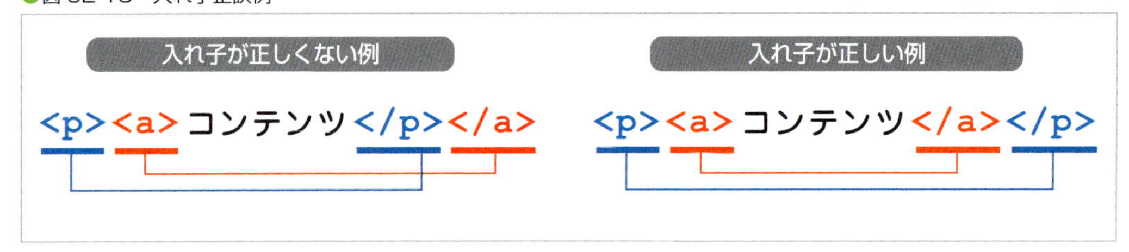

このような要素の入れ子関係を意識することは、CSS でページレイアウトをする際に非常に重要になってきます。１つ１つの要素を１つのボックス（箱）として捉え、要素の入れ子でボックスの入れ子を作っていく状態を頭の中でシミュレーションできるようになると、CSSを使ったレイアウトが理解しやすくなります。マークアップする際には日頃から要素の入れ子関係を意識する癖をつけておくようにしましょう。

●図 02-16　ソース／構造変換

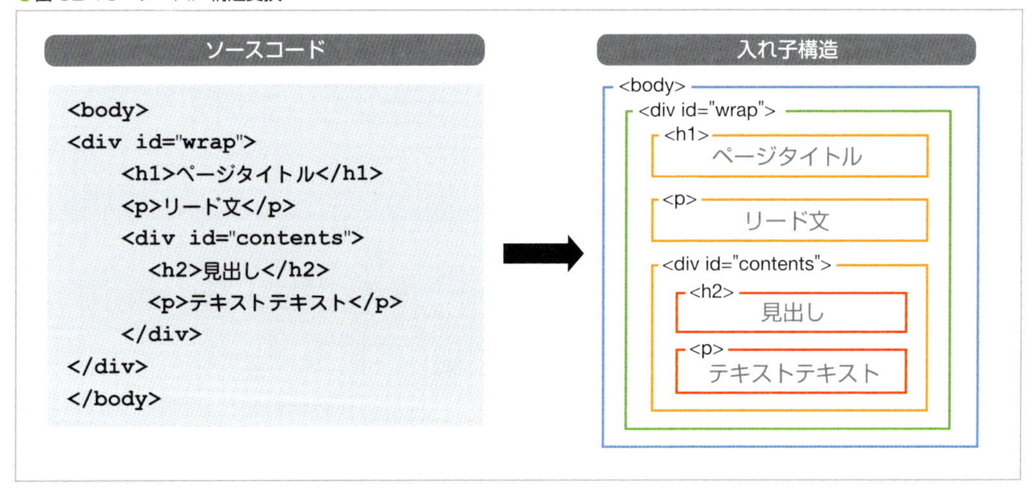

コンテンツモデルと要素の分類

HTML では要素同士を入れ子にして組み上げていくことは既に説明したとおりですが、要素同士を入れ子にする際には明確なルールが存在します。「ある要素の中にどんな要素を入れることができるか」を定めたルールのことを「コンテンツモデル」と呼びます。

HTML5 のコンテンツモデルは、正直なところ非常に複雑です。もちろん最終的にはきちんと理解した方が良いのですが、はじめのうちはもう少しシンプルな考え方で把握しておいて、結果的に HTML5 のコンテンツモデルのルールにも抵触しない、緩めのルールで学習を進めた方が分かりやすいと思います。

そのシンプルな考え方とは、HTML5 以前の HTML 規格で定められていた「ブロック要素／インライン要素」という分類方法の考え方を踏襲するやり方です。

HTML5 以前の規格では、ほぼ全ての要素は「ブロック要素」と「インライン要素」の２つのカテゴリーに分類されていました。「ブロック要素」とは、見出し、段落、箇条書き、表組み等の、文書構造の骨組みを構成する要素群であり、これらはいわば情報の「入れ物」であると考えることができます。

「入れ物」の中には「中身」が入ります。HTMLでの情報の「中身」とは、テキストデータや画像などのコンテンツです。「インライン要素」は、この中身となるコンテンツを直接意味付けする用途で用いられる要素で、それ自身がテキストデータと同じ扱いを受けるテキストレベルの要素になります。

p.026で紹介した「よく使う要素一覧」も、実はこうした考え方を元に分類をしています。このようにHTMLの要素を大きく2種類のカテゴリーに分けて考えた時、コンテンツモデルとして覚えるべきルールはたった1つ、「ブロックの中にインラインを入れることはできるが、その逆は許されない」。これだけです。
「入れ物」の中に「中身」を入れることはできますが「中身」の中に「入れ物」を入れることはできませんよね？それと同じことです。

ちなみに、最も手軽にブロック／インラインを見分ける方法は、その要素を記述した時にブラウザ側が自動的に改行するかどうかということです。自動的に改行される＝ブロックレベル、改行されない＝インラインレベルと覚えておけば良いでしょう。

●図02-17　ブロック／インライン概念図

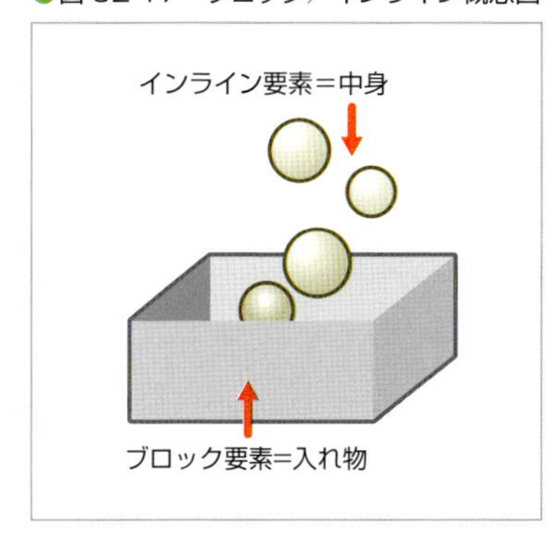

●図02-18　要素の内包関係

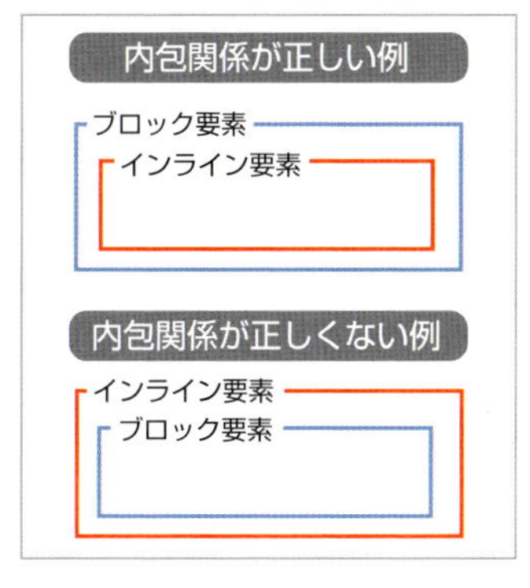

Memo
HTML5の正式なコンテンツモデルの解説はp.170を参照してください。

POINT

- マークアップのキモはコンテンツの内容を理解して、「文書構造」を見つけること
- HTMLの文書構造の基本は「見出し」「段落」「箇条書き」
- 要素の入れ子・内包関係のルールを順守しよう

HTMLで文書を作成する

改行や強調・画像やリンクを挿入する

LESSON03では、画像などのコンテンツの挿入やテキストレベルの細かい意味付け、およびリンクの設定を学習していきます。リンクの設定では絶対パス・相対パスといった少し分かりにくい概念が登場しますが、Webを制作する上では必須事項になりますので、しっかり理解するようにしてください。

サンプルファイルはこちら

chapter01 ▶ lesson03 ▶ before ▶ index.html

Before

- 我が家のにゃんこ紹介
- 飼い主紹介
- 猫写真募集

我が家のにゃんこ紹介

•すばる（白キジトラ・オス）

目と耳が大きくてすばらしくイケメン。鳴き声もなかなかかわゆい。幼少期を1Kアパートで過ごしたせいか、他のネコにあまり関心がないらしく、性格はいたってマイペース。段ボール箱のかどや柱で爪とぎをするのが大好き。

［写真］

特徴：
　大きな目と耳。まがったしっぽ。
性格：
　マイペース。

もっと見る→

•ぐれ子（灰色毛皮・メス）

生まれたての時はアメショーのような模様があったはずなのに、成長するに従ってただの灰色ネコに。長毛種の血が少し混じっているのか毛皮がフワフワしていて家族から「綿ぼこり」呼ばわりされている。しゃがれ声と貫禄のある顔つきからは想像できないほどの甘え上手で、初対面でも誰彼かまわずゴロゴロ擦り寄ってくるのでお客さんにはめっぽう評判が良い。

［写真］

特徴：
　しゃがれ声。ゴロゴロすりすり攻撃
性格：
　甘え上手。腹黒。

もっと見る→

•ねず子（白茶トラ・メス）

ぐれ子と共に我が家にやってきた白茶トラの女の子。ぐれ子と違って典型的な「ネコっぽい」性格。ツンデレというよりむしろツンツン（涙）。ぐれ子との勢力争いに敗北して家を追い出され、現在ほぼ半ノラ状態。見た目はもともと純日本猫風のキレイ系だったけど、ノラ生活中にカラスに攻撃され、片目を失う。孤高の猫。

［写真］

特徴：
　片目。小顔。
性格：
　プライド高い。人間に対しては女王様。

もっと見る→

飼い主紹介

H.N.：
　roka404
仕事：
　フリーランスでWeb関係のお仕事してます
mail：
　info@hogehoge.com
Web：
　http://www.hogehoge.com/

猫写真募集

ギャラリーページを企画中のため、みなさまの大切なにゃんこ様を紹介してください♪ 10にゃんこ集まった

After

我が家のにゃんこ紹介

●すばる（白キジトラ・オス）

目と耳が大きくてすばらしくイケメン。鳴き声もなかなかかわゆい。幼少期を1Kアパートで過ごしたせいか、他のネコにあまり関心がないらしく、性格はいたってマイペース。
段ボール箱のかどや柱で爪とぎをするのが大好き。

特徴：
　大きな目と耳。まがったしっぽ。
性格：
　マイペース。

もっと見る→

●ぐれ子（灰色毛皮・メス）

生まれたての時はアメショーのような模様があったはずなのに、成長するに従ってただの灰色ネコに。長毛種の血が少し混じっているのか毛皮がフワフワしていて家族から「綿ぼこり」呼ばわりされている。
しゃがれ声と貫禄のある顔つきからは想像できないほどの甘え上手で、初対面でも誰彼かまわずゴロゴロ擦り寄ってくるのでお客さんにはめっぽう評判が良い。

特徴：
　しゃがれ声。ゴロゴロすりすり攻撃。
性格：
　甘え上手。腹黒。

もっと見る→

●ねず子（白茶トラ・メス）

ぐれ子と共に我が家にやってきた白茶トラの女の子。ぐれ子と違って典型的な「ネコっぽい」性格。ツンデレというよりむしろツンツン（涙）。ぐれ子との勢力争いに敗北して家を追い出され、現在ほぼ半ノラ状態。
見た目はもともと純日本猫風のキレイ系だったけど、ノラ生活中にカラスに攻撃され、片目を失う。孤高の猫。

特徴：
　片目。小顔。
性格：
　プライド高い。人間に対しては女王様。

もっと見る→

飼い主紹介

H.N.：
　roka404
仕事：
　フリーランスでWeb関係のお仕事してます
mail：
　info@hogehoge.com
Web：
　http://www.hogehoge.com/blog/

実習 コンテンツ部分をマークアップする

1 読みやすいように段落内で改行する

●図 03-1　br 要素（強制改行）

```
<br>
```

用意した原稿では段落内で何箇所か改行が入れてありますが、通常のテキストファイルの改行はブラウザ上では半角スペースに変換されてしまい、改行になりません。段落の途中で改行したいところには br 要素(強制改行)を入れます。テキスト原稿中の改行箇所に br 要素を入れ、ブラウザで表示を確認しましょう。なお、br 要素のように開始タグのみで終了タグが存在しない要素を「空要素」と呼びます。

【index.html】

```
24 <section id="subaru">
25 <h3>●すばる（白キジトラ・オス）</h3>
26 <p>目と耳が大きくてすばらしくイケメン。鳴き声もなかなかかわゆい。
-  期を1Kアパートで過ごしたせいか、他のネコにあまり関心がないらしく、
-  はいたってマイペース。<br>
27 段ボール箱のかどや柱で爪とぎをするのが大好き。</p>
```

●すばる（白キジトラ・オス）

目と耳が大きくてすばらしくイケメン。鳴き声もなかなかかわゆい。幼少期を1Kアパートで過ごしたせいか、他のネコにあまり関心がないらしく、性格はいたってマイペース。
段ボール箱のかどや柱で爪とぎをするのが大好き。

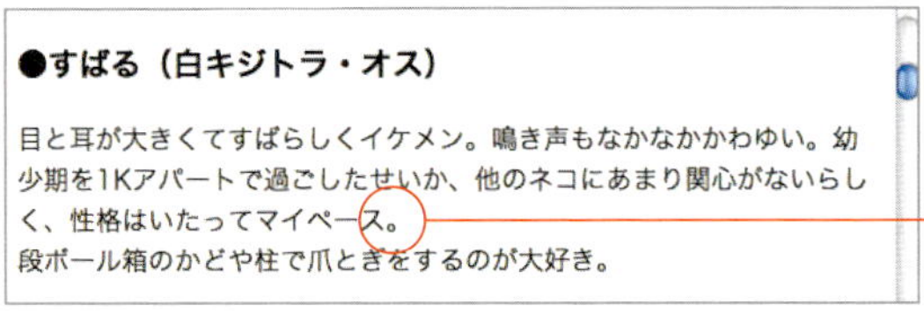

ここで強制改行

他のコンテンツ文も同様に、必要な箇所に
を入れましょう。

2 重要な語句を強調する

●図 03-2　strong 要素（重要な語句・内容であることを示す）

```
<strong>重要な語句</strong>
```

コンテンツの中で特に重要な語句がある場合、strong 要素を使って強調できます。strong 要素を使うと多くのブラウザでは太字で表示しますが、あくまで「重要である」という意味付けをしたことによって結果として太字になっただけです。決してデザイン的に太字で見せたいという理由で strong 要素を使ってはいけません。

Memo

「アクセントをつけて強調する」という意味の em 要素というものもありますが、こちらはその語句を強調することで伝えたいことのニュアンスを変えたい場合に使うものであり、重要性を示す意味はありません。

【index.html】

```
78 <h2>猫写真募集</h2>
79 <p>ギャラリーページを企画中のため、みなさまの大切なにゃんこ様を紹介し
-  てください♪<br>
80 <strong>10にゃんこ集まったら紹介ページを開設します！</strong></p>
81 <p>応募はこちら→</p>
82 </div><!-- /#entry -->
```

猫写真募集

ギャラリーページを企画中のため、みなさまの大切なにゃんこ様を紹介してください♪
10にゃんこ集まったら紹介ページを開設します！

応募はこちら→

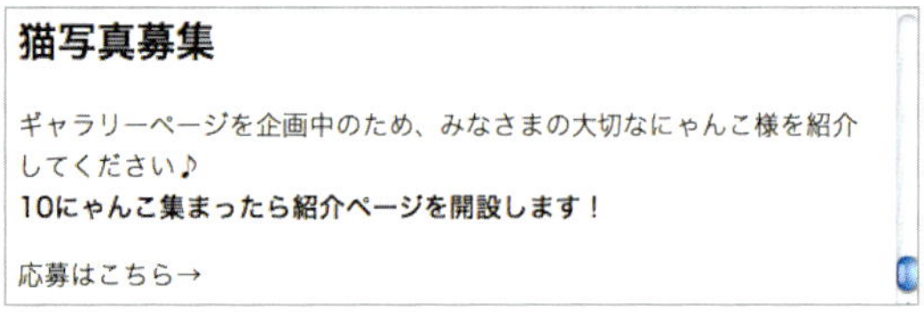

3 画像を挿入する

HTML 文書に画像を挿入するのが img 要素です。img 要素の基本書式は以下の通りです。

●図 03-3　img 要素の基本書式

```
<img src="img/subaru.jpg" width="320" height="100" alt="すばる">
```

①画像ファイルへのパス（src="img/subaru.jpg"）　②横サイズ（width="320"）　②縦サイズ（height="100"）　③代替テキスト（alt="すばる"）

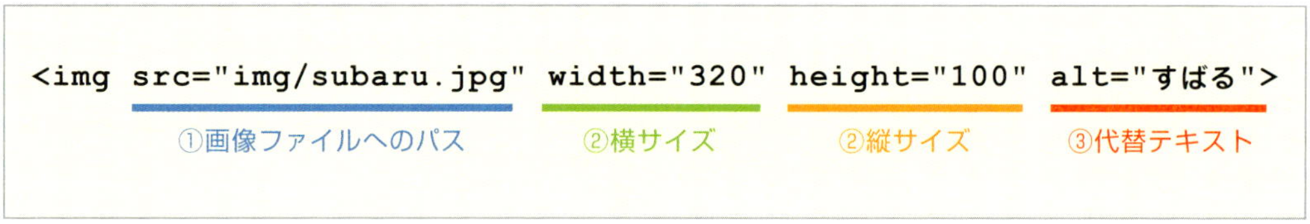

① **src 属性**

目的の画像までのパス（※パスについては p.044 参照）を記述します。

② **width 属性**（横幅）と **height 属性**（縦幅）

必須項目ではありませんが、指定しておくとレンダリング（Web ページの画面表示）の体感速度が上がるので、表示サイズを固定する場合は指定しておくと良いでしょう。

③ **alt 属性**

画像が表示されない環境で閲覧した際、代わりに表示するテキストです。alt テキストを見ればそこに何の画像があるのか分かるようなテキストを入れる必要があります。もし、イメージ写真や装飾用の画像で、内容が分からなくても特に問題無いような場合は、「alt=""」という形で空の alt 属性を入れておきます。

Memo

空 alt にするような装飾用画像やイメージ写真などは、「情報」としての意味を持たないため、HTML 上に img 要素として挿入するのではなく、できる限り CSS で背景画像として配置することが望ましいと言えます。

では 1 匹目の紹介文に、写真を挿入しましょう。テキスト原稿に入っていた［写真］の文字は削除して 1 枚目の画像を挿入します。

【index.html】

```
29 <img src="img/subaru.jpg" width="320" height="100" alt="すばる">
30 <dl>
31 <dt>特徴：</dt><dd>大きな目と耳。まがったしっぽ。</dd>
32 <dt>性格：</dt><dd>マイペース。</dd>
33 </dl>
```

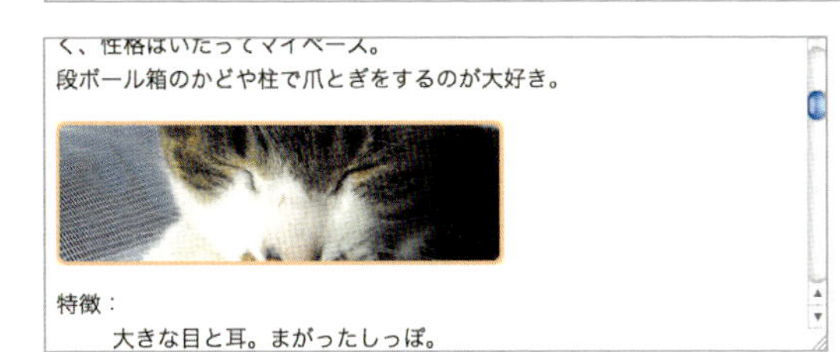

残りの2枚についても同様に記述してください。

・二枚目の写真（ぐれ子）

```
<img src="img/gureko.jpg" width="320" height="100" alt="ぐれ子">
```

・三枚目の写真（ねず子）

```
<img src="img/nezuko.jpg" width="320" height="100" alt="ねず子">
```

4 リンクを設定する

コンテンツにハイパーリンクを設定するのがa要素です。基本書式は以下の通りです。

●図03-4　a要素の基本書式

```
<a href="index.html">コンテンツ</a>
```

href属性：リンク先情報

リンクを貼るには、そのコンテンツを<a>～</a>で囲みます。しかしこれだけではどこにもリンクしないため、href属性にリンク先の情報を記述します。リンク先には主に次のような種類があります。

（1）同一ページ内の別の場所（ページ内リンク）
（2）同一サイト内の別ページ（サイト内部リンク）
（3）別のサーバにある外部Webページ（外部リンク）

▶ページ内ジャンプメニューにリンクを貼る

ページ内ジャンプメニューの部分は、ul／li要素でマークアップされています。

ul/li要素はブロックレベル、a要素はインラインレベルであるので、リンクを設定する際には必ず「入れ物」であるli要素の内側に<a>～</a>が入るように記述する必要があります。ページ内リンクの場合、リンク先は「#

リンク先の id 名」という形式で記述します（この場合の # は「現在のページ」を意味しており、<a href="#cats"> は「現在のページで cats という名前がつけられている場所」という意味になります）。

ページ内リンクの設定が終わったら、ブラウザの高さを小さくして、リンクをクリックしてみましょう。設定した場所にジャンプしたら成功です。

Memo

古い HTML の規格では、リンク先に <a name="cats"></a> または <a name="cats" id="cats"></a> のように空の a 要素に name 属性 /id 属性で名前をつけ、それをアンカーとしてページ内リンクをさせていましたが、a 要素をアンカーリンクとして使うことは HTML5 からできなくなっていますので注意しましょう。

【index.html】

```
15 <ul>
16 <li><a href="#cats">我が家のにゃんこ紹介</a></li>
17 <li><a href="#profile">飼い主紹介</a></li>
18 <li><a href="#entry">猫写真募集</a></li>
19 </ul>
```

Caution

リンク先の名前は半角英数字と「-（ハイフン）」「_（アンダーバー）」の記号が使用できます。また、リンク先の名前は必ずアルファベットで始まる必要があります。数字や記号から始まる名称ではリンクが動作しません。

サイト内の別ページにリンクを貼る

各ねこの紹介文の最後にある「もっと見る→」と、猫写真募集の最後にある「応募はこちら→」は、それぞれサイト内の別のページへリンクを貼ります。内部リンクの場合は href 属性の中に目的のファイルまでのパスを記述します（パスについての詳細は p.044 参照）。

【index.html】

```
35 <p><a href="cats/subaru.html">もっと見る→</a></p>
36 </section><!-- /#subaru -->
------------------------------ 省略 ------------------------------
49 <p><a href="cats/gureko.html">もっと見る→</a></p>
50 </section><!-- /#gureko -->
------------------------------ 省略 ------------------------------
63 <p><a href="cats/nezuko.html">もっと見る→</a></p>
64 </section><!-- /#nezuko-->
------------------------------ 省略 ------------------------------
81 <p><a href="entry.html">応募はこちら→</a></p>
82 </div><!-- /#entry -->
```

●図 03-5　ファイル構成

```
index.html
entry.html
/cats/
    subaru.html
    gureko.html
    nezuko.html
```

外部サイトにリンクを貼る

プロフィールの中で外部ブログ URL へのリンクを貼ります。ドメインが異なる外部のサイトへリンクを貼る場合は、http から始まる URL（絶対パス）を記述する必要があります。また、target 属性を「_blank」とすることで新規ウィンドウ／タブで目的の URL を開くことができます（この URL はダミーです）。

【index.html】

```
69 <dl>
70 <dt>H.N. ：</dt><dd>roka404</dd>
71 <dt>仕事 ：</dt><dd>フリーランスでWeb関係のお仕事してます</dd>
72 <dt>mail ：</dt><dd>info@hogehoge.com</dd>
73 <dt>Web ：</dt><dd><a href="http://www.hogehoge.com/" target="_blank">http://
-  www.hogehoge.com/</a></dd>
74 </dl>
```

メールアドレスにリンクを貼る

href属性の中にmailto: メールアドレスと記述することで、自動的にメールソフトを起動するように指定できます。ただし、このようにいつでもすぐメールを送れる状態でサイトを公開すると、イタズラメールや悪意のあるメールが送られてきてしまう可能性が高まりますので、実際に使用するかどうかは慎重に判断した方が良いでしょう。

【index.html】

```
70 <dt>H.N. ：</dt><dd>roka404</dd>
71 <dt>仕事 ：</dt><dd>フリーランスでWeb関係のお仕事してます</dd>
72 <dt>mail ：</dt><dd><a href="mailto:info@hogehoge.com">info@hogehoge.com</a></dd>
73 <dt>Web ：</dt><dd><a href="http://www.hogehoge.com/" target="_blank">http://
-  www.hogehoge.com/</a></dd>
74 </dl>
```

Memo

<a href="tel:0312345678">03-1234-5678</a> のようにhref属性をtel: 電話番号 という書式にすると、クリックすることで電話をかけることができるようになります（携帯電話・スマートフォンの場合）。今回は使用しませんが、モバイル向けのWebサイト制作の際にうまく活用すると、ユーザーの利便性を高めることができます。

5 著作権表記であることを明示する

HTML5にはsmall要素というものがあります。これは免責条項・警告・法的制約・著作権表記・ライセンス要件・誤解を避けるための注意書きなど、慣例的に小さな文字で書くような注釈・細目を表す要素です。一般的なWebサイトの中では主に著作権表記や消費税の補足（外税・内税など）等で比較的多く使われます。

なお、small要素でマークアップされると自動的に文字サイズが一回り小さくなりますが、これはあくまで意味付けされた結果として小文字で表示されているのであり、単にデザイン目的で文字を小さくするためにsmall要素を用いてはいけません。こうした考え方は他の要素でも全て同じです。

●図 03-6　small要素の基本書式

```
<small> テキストテキスト </small>
```

今回の文書では一番下にある著作権表記文に使用するのが適当です。p要素の内側をsmall要素でマークアップしておきましょう。

```
84 <p><small>Copyright &copy; UCHI NO NYAN'S All Rights Reserved.</small></p>
85 </div><!-- /#wrap-->
86 </body>
87 </html>
```

講義 絶対パスと相対パス

画像やリンクの指定では「パス」というものが登場しました。パスは「ファイルの場所」を示すための大切な仕組みであり、その仕組を理解することはWeb制作において避けて通ることはできません。ここでは、絶対パス・相対パスの仕組みについて学習します。

絶対パス

絶対パスというのは、http から始まる Web サイトのアドレス（URL）を使ってファイルの場所を指定する方法です。以下は http://www. hogehoge.com/ というサイトのファイル階層図です。

●図 03-7　絶対パスの場合

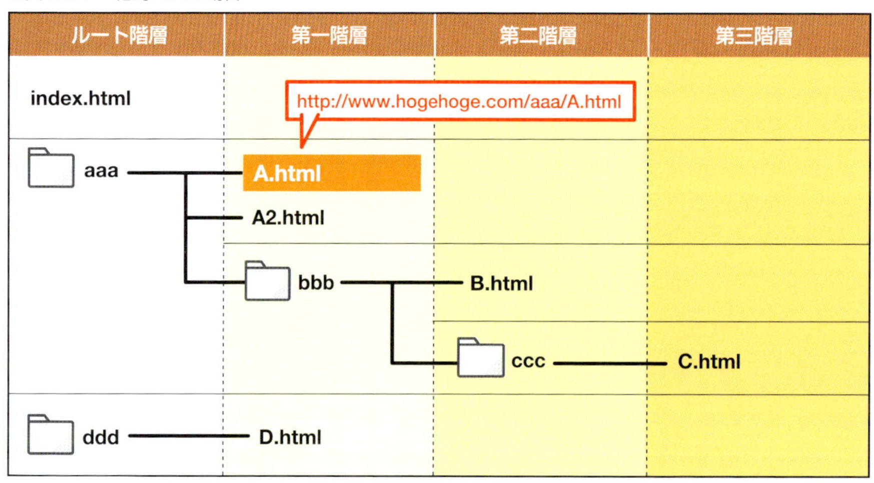

絶対パスは常に URL を基準としてファイルの場所を示すので、A.html を表す場合は http://www.hogehoge.com/aaa/A.html、C.html を表す場合は http://www.hogehoge.com/aaa/bbb/ccc/C.html となります。絶対パスというのは住所のようなものなので、どこから指定しようが常に同じパスが示されます。この方法を使うのは、主に違うサーバに存在するファイルを指定する場合です。

相対パス

相対パスというのは、現在のファイルから目的のファイルまでの相対的な位置関係を指定する方法です。サイト内部のファイルを指定する場合は通常この方法を使います。相対パスは絶対パスと違って少々分かりづらいのですが、非常に重要なのでしっかり理解するようにしてください。

同一階層へのパス

相対パスにおいて、現在のファイルと同じ階層は「./」で表します。A.html と A2.html は同一階層ですので、A から A2 へのパスは「./A2.html」となります。ただし「./」は省略可能ですので単に「A2.html」とするのが普通です。

●図 03-8　同一階層へのパス

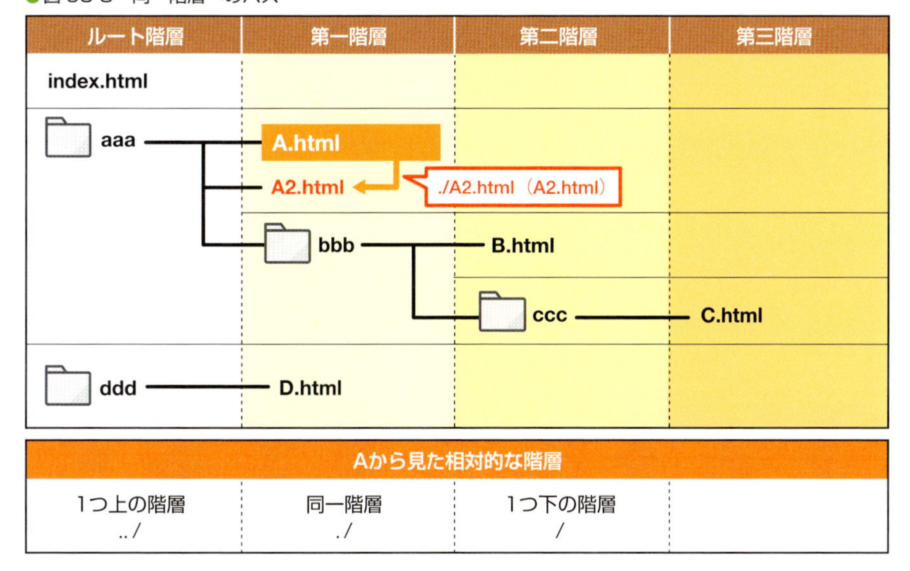

下の階層へのパス

下の階層はフォルダ名を「/」で区切った後ファイル名を指定します。A から B の場合は「bbb/B.html」、A から C の場合は「bbb/ccc/C.html」といった具合です。現在のよりも下の階層にあるファイルを指定するパスは、このように目的のファイルまでに通過するフォルダ名を全て「/」で区切って行けば良いだけなので比較的分かりやすいです。

●図 03-9　下の階層へのパス

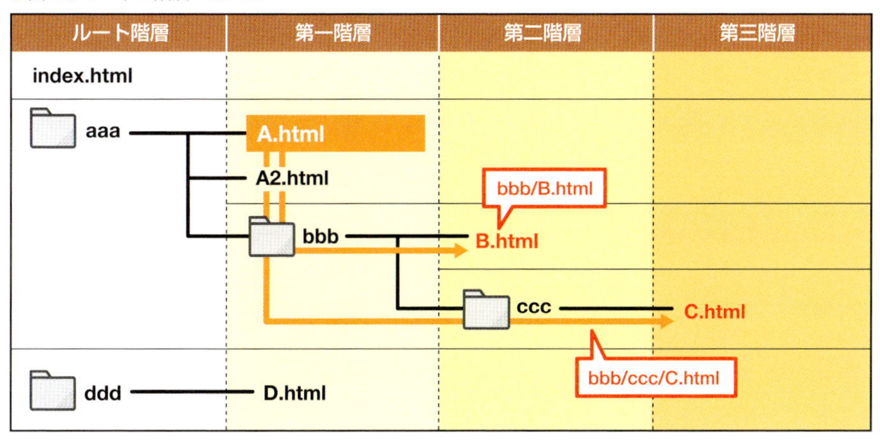

上の階層へのパス

現在より上の階層を指定する場合は、1 つ上の階層を「../」と表します。 2 つ上は「../../」 3 つ上は「../../../」です。従って A から 1 つ上の階層にあるルートの index.html へのパスは「../index.html」、C から A へのパスは「../../A.html」、C からルート index へのパスは「../../../index.html」となります。

●図 03-10　上の階層へのパス

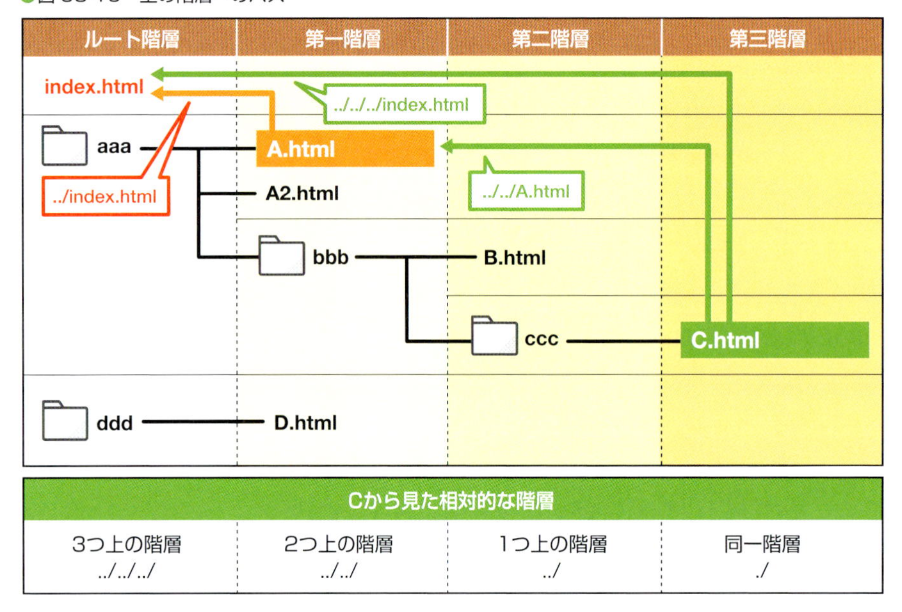

フォルダをまたぐ場合のパス

AからDのように、所属するフォルダが異なるファイルを指定する場合、一旦親（先祖）フォルダが同一の階層に存在しているところまで戻って、そこから目的のフォルダの中に入り直すという方法で指定しなければなりません。AからDの場合は、一旦それぞれの親フォルダが同一階層にある1つ上の階層に戻り、そこから改めてdddフォルダの中に入り直すというルートを辿ります。これを相対パスで表記すると「../ddd/D.html」となります。このルールに従うと、CからDへのパスは「../../../ddd/D.html」となります。

●図 03-11　フォルダをまたぐ場合のパス

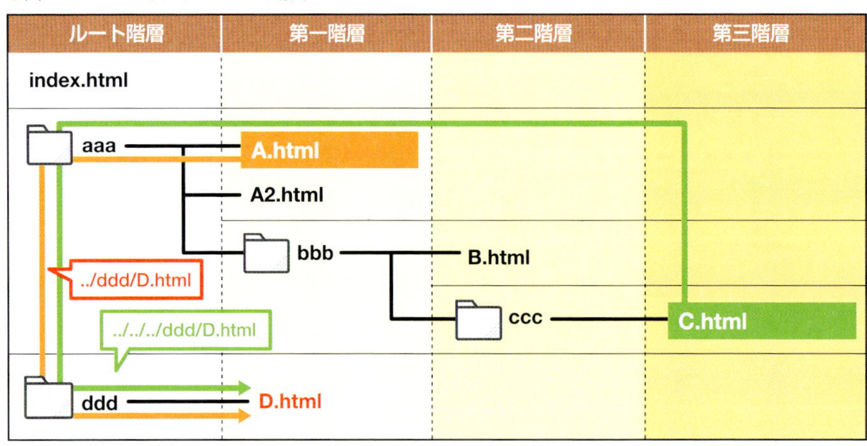

相対パスの仕組みは初心者の方には少し分かりづらいものですが、この仕組でファイル指定をしておくと、「ローカル環境（自分のパソコン上）でもリンク等がきちんと機能する」という大きなメリットがあります。絶

対パスでは何か修正するたびにいちいちファイルをサーバにアップロードしないと表示確認ができませんが、相対パスなら公開する前に自分のパソコン環境の中できちんと表示や動作の確認を行うことができます。また、相対パスで指定されたものは、Webサーバにアップロードしてもそのまま きちんと機能しますし、サーバを引越ししてもパスを修正する必要はありません。お互いの相対的な位置関係でファイル指定をしているだけなので、サイト丸ごとどこに引越しをしても問題なく表示できるというわけです。

ルート相対パス

本書では使用しませんが、もう1つ「ルート相対パス」というものもあります。相対パスがその時のファイルの場所を基準とするのに対し、ルート相対パスは常に最上位のルート階層を基準とします。例えばAからA2を指定する場合、相対パスでは「A2.html」となりますが、ルート相対の場合は「/aaa/A2.html」のように常に「/」=ルートから順番にパスを指定していく形となります。どの階層から呼び出されようが常に同じパスで表現できるという点では、絶対パスと似た性質を持っています。

●図03-12　ルート相対パスの場合

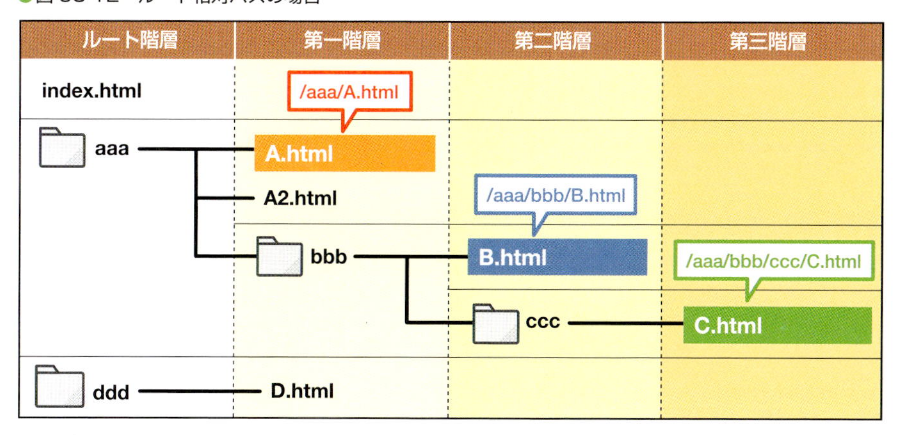

ルート相対パスは、サイト全体で使いまわすメニュー等をパーツ化し、それをプログラム言語などによって全てのHTMLに埋め込んで表示させるなど、高度なWebサイト制作の仕組みをつくる際にしばしば採用されます。相対パスの場合は呼び出される階層によってパスの表記が変わってしまうため、ソースの使い回しがしづらいのですが、ルート相対であればどの階層から呼び出されても常に一定のパス記述で良いため、パーツを共通化できるからです。

POINT

- img要素は代替テキストのaltが必須
- a要素のhref属性を変えることで様々なタイプのリンクを作ることができる
- 相対パスの仕組みを理解することはWeb制作において必須

HTMLで文書を作成する

表とフォームを設置する

LESSON04では、表組みとフォームのコーディング方法について解説します。フォームとは、ブラウザ上からユーザーがデータを入力するための仕組みとして用意されているHTMLの要素で、送信ボタンが押された際に指定された場所にデータを送信できます。今回はtable要素で表組みを作成し、その中にフォーム部品を配置していきます。

サンプルファイルはこちら  chapter01 ▶ lesson04 ▶ before ▶ entry.html

実習 表組みとアンケートフォームをマークアップする

表組みをマークアップする

●図04-1　table要素（表組み）の基本書式

```
<table>
  <tr>
    <td>1列目セル</td>
    <td>2列目セル</td>
  </tr>
</table>
```

1 table要素の基本的な構造をマークアップする

【entry.html】

```
15 <table>
16 <tr>
17 <td></td>
18 <td></td>
19 </tr>
20 </table>
```

●図 04-2　表組み概念図

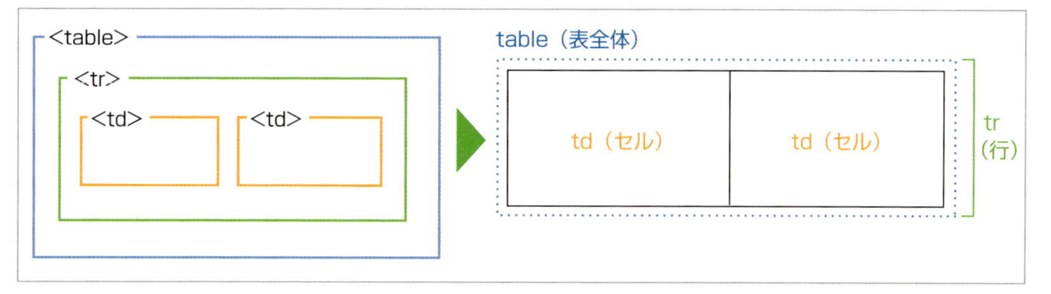

<table> ～ </table>は表組みデータ全体のエリア、<tr> ～ </tr>は行、<td> ～ </td>はセルを表し、上記のソースコードは「2列1行」の表組み構造を示しています。

2 見出しセルの要素を <th> に変更する

【entry.html】

```
15 <table>
16 <tr>
17 <th>猫ちゃんのお名前：</th>
18 <td></td>
19 </tr>
20 </table>
```

1つ目のセルには応募フォームの見出し項目が入ります。表組みデータのうち、見出しとなるセルに関してはtd要素ではなくth要素を使う方が良いので、1つ目の<td> ～ </td>を<th> ～ </th>に修正し、併せて見出し文言も入力してください。

3 7行分増やし、必要な見出し文言を入力する

【entry.html】

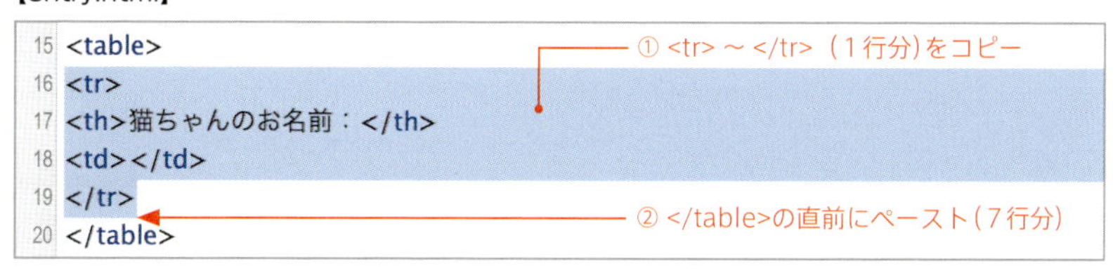

```
15 <table>
16 <tr>
17 <th>猫ちゃんのお名前：</th>
18 <td></td>
19 </tr>
20 </table>
```


見出し文言
猫ちゃんのお名前：
お住まい：
性別：
好物：
写真：
飼い主のお名前：
メールアドレス：
コメント：

<tr> ～ </tr>（表組みの1行分）を7つコピーし、2列×8行の表組みデータとした上で、各項目の見出し文言を入力してください。

4 表組みの状態を確認してみる

【entry.html】

```
15 <table border="1">
16 <tr>
17 <th>猫ちゃんのお名前：</th>
18 <td></td>
19 </tr>
```

Google Chromeの場合はこれだけでは境界線が表示されず構造が分かりづらいため、一時的にborder属性を設定して表組みの状態を確認します（このborder属性は最終的には削除します）。

猫ちゃんのお名前：	
お住まい：	
性別：	
好物：	
写真：	
飼い主のお名前：	
メールアドレス：	
コメント：	

Memo サイズ指定のないtable要素は、セル内のコンテンツ幅に合わせて全体のサイズを自動調整します。現時点では右側のコンテンツセルに何も入っていないため、キャプチャのようにセルが潰れて表示されています。

応募フォームをマークアップする

次に応募フォームをマークアップします。フォームとは、HTML文書がユーザーからのデータ入力を受けつけるための仕組みで、入力方式に応じて様々な種類がありますので、それぞれの用途を理解しながら記述方法を学びましょう。

1 フォームエリアを設定する

【entry.html】

```
15 <form id="entryForm" action="#" method="post">
16 <table border="1">
17 <tr>
18 <th>猫ちゃんのお名前：</th>
------------------------------ 省略 ------------------------------
49 </table>
50 </form>
```

●図 04-3　form要素の基本書式

```
<form id="①フォーム名" action="②データ送信先のパス" method="③データ送信方式">
</form>
```

① **id属性**	どこのフォームから送られてきたのかを判別するために使用する名前
② **action属性**	データ送信先（主にWebサーバに用意されたプログラムファイル）のパス
③ **method属性**	データ送信方式。get（データをURLの一部として送信）またはpost（データを本文として送信）のどちらかを選択。

フォームを使う場合には必ずform要素が必要です。<form>～</form>で囲んだ範囲が、送信ボタンを押した際にサーバに送信するデータ範囲となります。今回はデータを受け取って処理する側のプログラムを用意していないので、action属性の中身はダミーとなります。

2 テキストボックスを挿入する

【entry.html】

```
18 <th>猫ちゃんのお名前：</th>
19 <td><input type="text" name="cat-name"></td>
---------------- 省略 ----------------
38 <th>飼い主のお名前：</th>
39 <td><input type="text" name="name"></td>
---------------- 省略 ----------------
42 <th>メールアドレス：</th>
43 <td><input type="email" name="email"></td>
```

●図04-4　input要素の基本書式

```
<input type="text" name="データ名">
```

input要素はデータを入力するための要素で、type属性によって様々な種類の入力フォームを作成できます。単一行のテキストデータを入力する場合はtype="text"とします。また、入力するテキストをe-mail形式に限定したい場合はtype="email"とすることで最低限の書式に合わない入力を無効にできます。

Memo
type属性の各種値一覧はp.054を参照

●図04-5　書式違反のアラート

書式違反の値を入れて送信しようとするとアラートが表示される。

3 テキストエリアを挿入する

【entry.html】

```
46 <th>コメント：</th>
47 <td><textarea name="comment" rows="4" cols="40"></textarea></td>
```

●図 04-6　textarea 要素の基本書式

```
<textarea name="データ名" rows="表示行数" cols="表示文字数"></textarea>
```

textarea 要素は複数行の入力フィールドを表示する要素です。rows 属性・cols 属性で指定する数値は、あくまで表示上の行数・字数であり、データ自体はそれを超えて入力が可能です。rows 属性・cols 属性は必須ですが、ブラウザによって表示サイズにバラつきがあるので、正確に作りたい場合は CSS でサイズ指定をします。

4 プルダウンメニューを挿入する

【entry.html】

```
22 <th>お住まい：</th>
23 <td>
24 <select name="pref">
25 <option value="" selected>選択してください</option>
26 <option value="北海道">北海道</option>
27 <option value="東北">東北</option>
28 <option value="関東甲信越">関東甲信越</option>
29 <option value="東海・北陸">東海・北陸</option>
30 <option value="近畿">近畿</option>
31 <option value="中国・四国">中国・四国</option>
32 <option value="九州・沖縄">九州・沖縄</option>
33 </select>
34 </td>
```

●図 04-7　select 要素の基本書式

```
<select name="データ名">
<option value="送信データ" >選択肢ラベル</option>
…
</select>
```

select 要素は選択肢リストから選ぶプルダウンメニューを作る要素です。プルダウンに表示される選択肢は option 要素で作成します。option 要素の value 属性の値が実際にサーバに送信されるデータとなり、必ずしもラベルと同一でなくても構いません。特定の選択肢を最初から選択された状態で表示したい場合は、該当の option 要素に「selected」と記述します。

5 ラジオボタンを挿入する

【entry.html】

```
37 <th>性別：</th>
38 <td>
39 <input type="radio" name="sex" value="男の子" checked>男の子
40 <input type="radio" name="sex" value="女の子">女の子
41 </td>
```

選択肢グループにするため同じnameにする

●図 04-8　input 要素（type="radio"）の基本書式

```
<input type="radio" name="データグループ名" value="送信データ">
```

type="radio" は複数の選択肢の中から 1 つだけ選択する「ラジオボタン」となります。選択肢のグループ（その中から 1 つを選択する）を作るには、該当の input 要素の name 属性に同じ値を設定します。最初から選択された状態にしておきたい場合は「checked」と記述します。

6 チェックボックスを挿入する

【entry.html】

```
44 <th>好物：</th>
45 <td>
46 <input type="checkbox" name="like1" value="お魚">お魚
47 <input type="checkbox" name="like2" value="お肉">お肉
48 <input type="checkbox" name="like3" value="ミルク">ミルク
49 <input type="checkbox" name="like4" value="カリカリ">カリカリ
50 <input type="checkbox" name="like5" value="猫缶">猫缶
51 <input type="checkbox" name="like6" value="甘いもの">甘いもの
52 </td>
```

個別に選択するため全て違うnameにする

●図 04-9　input 要素（type="checkbox"）の基本書式

```
<input type="checkbox" name="データ名" value="送信データ">
```

type="checkbox" は 複数の選択肢の中からいくつでも選択できる「チェックボックス」となります。type="radio" と違ってそれぞれの name 属性は原則として全て異なる値にする必要があります。最初から選択された状態にしておきたい場合は「checked」と記述します。

Memo

どの checkbox から送信されたデータなのかをきちんと判別できるプログラムを受け取り側で用意できるならば、checkbox の name 属性に同じ名前を使用することは可能です。ただし正しい処理ができるかどうかはあくまで受け取り側のプログラムの対応次第となります。

7 ファイルアップロード部品を挿入する

【entry.html】

```
55 <th>写真：</th>
56 <td><input type="file" name="photo"></td>
```

●図 04-10　input 要素（type="file"）の基本書式

```
<input type="file" name="データ名">
```

type="file" はファイルを選択してサーバに送信できるアップロードボタンとなります。また、この部品はブラウザの種類によって表示の形式が大きく異なります。

8 リセットボタン・送信ボタンを挿入する

【entry.html】

```
71 <div>
72 <input type="reset" value="クリア">
73 <input type="submit" value="投稿">
74 </div>
75 </form>
```

●図 04-11　リセット／送信ボタンの基本書式

```
<input type="ボタン種類" value="ボタンラベル名">
```

type="reset"、type="submit" はそれぞれ「リセットボタン」「送信ボタン」となります。ボタンのラベルを変更したい場合は value 属性の中身を変更します。form 要素内に配置されたリセット／送信ボタンは、その form 要素内の全てのデータをリセット／送信します。

講義 フォーム部品の種類と用途

今回の応募フォームには使われていないその他のフォーム部品も含めて、HTML で用意されているものを一覧にしました。それぞれの機能を理解して、適切なフォーム部品を選択するようにしましょう。なお、HTML5 では input 要素の type 属性の種類が大幅に増え、様々な種類のデータを入力できるようになりました。ただし、これらの新属性はブラウザの対応状況がまちまちであり、必ずしも全ての環境で使用できるわけではありません。いずれは全ての環境で使えるようになるでしょうが、それまでは全ての環境で利用できるものとそうでないものを区別して適切に使い分けられるようにしておいた方が良いでしょう。

従来からあるフォーム部品

表示	サンプル
シングルテキスト	テキストフィールド（シングルライン） <input type="text" name="text">
マルチラインテキスト	テキストフィールド（マルチライン） <textarea name="textarea" >test test</textarea>
••••	テキストフィールド（パスワード） <input type="password" name="password">
◉aaa ○bbb	ラジオボタン <input type="radio" name="radio" value="1" checked>aaa <input type="radio" name="radio" value="2">bbb
☑aaa ☐bbb ☐ccc	チェックボックス <input type="checkbox" name="check1" value="1" checked>aaa <input type="checkbox" name="check2" value="2">bbb <input type="checkbox" name="check3" value="3">ccc

表示	サンプル
ファイルを選択 選択されていません	ファイルアップロード <input type="file" name="file">
	非表示フィールド <input type="hidden" name="hidden" value="1"> ※画面上には表示しない隠しデータを設置するための要素。
送信	送信ボタン <input type="submit" value="送信">
リセット	リセットボタン <input type="reset" value="リセット">
ボタン	汎用ボタン <input type="button" value="ボタン"> ※送信／リセットなどの特別な機能を持たない汎用ボタン。機能を持たせる場合にはJavaScriptを使ってコントロールする。
画像ボタン	画像ボタン <input type="image" src="img/button.png" alt="送信"> ※任意の画像をボタンとして使用できます。機能的にはtype="submit"と同じです。
メニュー2	セレクトメニュー（単一選択） <select name="select"> <option value="1">メニュー1</option> <option value="2" selected>メニュー2</option> <option value="3">メニュー3</option> </select>
メニュー1 メニュー2 メニュー3	セレクトメニュー（複数選択） <select name="select" multiple> <option value="1">メニュー1</option> <option value="2" selected>メニュー2</option> <option value="3" selected>メニュー3</option> </select>
	ラベル <input type="checkbox" name="checkbox1" "id="checkbox1"><label for="checkbox1">aaa</label> ※for属性に対象となるフォーム部品のid属性値を指定すると、ラベルテキストが対象のフォーム部品に関連付けされ、ラベルクリックでフォームが選択できるようになります

HTML5で追加されたフォーム部品

表示	サンプル	特徴
検索テキスト	検索テキスト <input type="search" name="search" value="">	一部のブラウザでは入力フォームの形状が検索窓風に変化します。
info@example.com	メールアドレス <input type="email" name="email" value="info@example.com">	最低限のemail書式を満たしていないと送信できなくなります。
http://www.example.	URL <input type="url" name="url" value="http://www.example.com">	最低限のURL書式を満たしていないと送信できなくなります。
0120-123-456	電話番号 <input type="tel" name="tel" value="0120-123-456">	入力できる値に制限はありませんが、モバイルOSでは入力時に数字入力モードに変わります。
1	数値 <input type="number" name="num" value="1">	入力できる値が数値のみとなります。また対応ブラウザでは上下矢印で数値入力できるようになります。

表示	サンプル	特徴
年 /月/日	日付 <input type="date" name="date" value="2015-01-01">	入力できる値が日付の書式（YYYY-MM-DD）のみとなります。対応ブラウザではカレンダーが表示されます。
--:--	時刻 <input type="time" name="time" value="12:01">	入力できる値が時刻の書式（00:00）のみとなります。対応ブラウザでは上下矢印で時刻入力できるようになります。
	一定の範囲内の数値 <input type="range" name="range">	対応ブラウザではスライダー形式のUIで大まかな数値を入力できるようになります。
	色 <input type="color" name="color">	対応ブラウザではRGBのカラーパネルから色コードを選択できるようになります。

Memo

これらの新しいtype属性値をサポートしていないブラウザで閲覧した場合、全て<input type="text">として扱われます。

フォームの使い勝手を良くするHTML5の新属性

HTML5には、必須制限や入力形式のチェックなどをHTMLだけで実現できる、入力補助機能のための属性があります。これらを上手く使うとHTMLだけで入力フォームの使い勝手をかなり向上させることができるようになります。

こちらも現状ではブラウザのサポート状況がまちまちなので全面的に頼ることはまだできませんが、いずれ解消するものと思われますので、早めにチェックしておき、使えそうなものから使っていくと良いと思います。

autofocus属性

画面を開いた時に、指定した入力フォームに自動的にカーソルをフォーカスさせることができます。

```
<input type="text" name="example" autofocus>
```

補足：autofocus属性は、ページ内で1箇所にしか設定できません。

autocomplete属性

以前入力した内容に基いて自動的に入力候補を補完する機能がオートコンプリートです。autocomplete属性を設定しなかった場合は"on"となっていますが、autocomplete="off"とすることでこの機能を無効にできます。

```
<input type="search" name="example" autocomplete="off">
```

補足：form要素に設定した場合、form内の全ての入力フォームにその設定が適用されます。

placeholder属性

この属性を設定すると、入力フォームの中に短いヒントを表示させてユーザーの入力の手助けにできます。

```
<label>名前： <input type="text" name="fullname" placeholder="山田　太郎"></label>
```

●図04-12　プレースホルダー

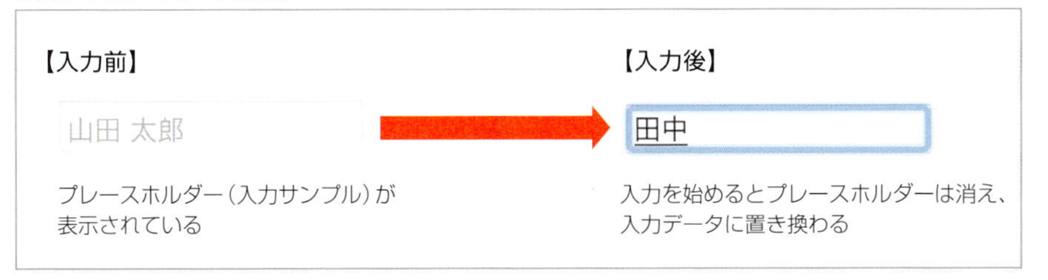

補足：プレースホルダーはユーザーが実際に入力を始めると消えてしまうので、ラベルの代替として使うことは望ましくありません。
NG例）<input type="text" name="fullname" placeholder="名前:">

required属性

この属性を設定すると、入力必須項目にできます。空のまま送信しようとするとアラートが出て何か入力するまで送信することはできません。

```
<label><input type="radio" name="agree" value="同意する" required>同意する</label>
<label><input type="radio" name="agree" value="同意しない" required>同意しない</label>
```

●図04-13　入力必須のアラート

同意する　同意しない

これらのオプションから１つ選択してください。

required指定されたフォームを入力・選択せずに送信しようとするとアラートが表示される。

補足：ラジオボタングループの場合、同じグループ内に1箇所でもrequired属性があればグループ全体が必須項目として機能します。ただし、混乱を避けるためにグループ内全てのラジオボタンにrequired属性を指定することが推奨されています。

min属性／max属性／step属性

min属性・max属性・step属性は、数値／日付／時刻入力の際の最小値・最大値・ステップ値を指定する属性です。以下の例では1以上10未満で0.5刻みの数値のみが入力できるようになります。

```
<input type="number" name="num" min="1" max="10" step="0.5">
```

POINT

- table要素は表組みのデータ構造を表すための要素
- フォームはユーザーがデータを入力するための仕組み
- フォーム部品はインターフェースの種類の他、データ名（name属性）や受け渡すデータ内容（value属性）の設定も忘れないようにする

SUPPLEMENTARY LESSON 補講

文法チェックのすすめ

マークアップが終わったら、必ず一度HTMLの文法チェック（バリデート）をかけるようにしましょう。きちんと書いたつもりでも、うっかりミスでエラーが出ている可能性があります。HTMLにエラーを残した状態でCSSのコーディングを行なってしまうと、表示不具合の原因がどこにあるのか判別しづらくなってしまうため、確実にHTMLに問題がないことを確認してからCSSを書いたほうが安全です。また、CSSを書き始めた後でHTMLに構造変更を加えた場合も同様に文法チェックをかけた方が良いでしょう。

講義 W3C HTML Validator Service

HTMLの文法チェックができるサービスはいくつかありますが、W3C（World Wide Web Consortium）が提供しているオンラインの文法チェックツール（バリデーター）が便利です。

URL http://validator.w3.org/

●バリデータートップ画面

W3C Markup Validation Service
Check the markup (HTML, XHTML, ...) of Web documents

Validate by URI | Validate by File Upload | Validate by Direct Input

Validate by URI
Validate a document online:
Address:
▸ More Options
Check

This validator checks the markup validity of Web documents in HTML, XHTML, SMIL, MathML, etc. If you wish to validate specific content such as RSS/Atom feeds or CSS stylesheets, MobileOK content, or to find broken links, there are other validators and tools available. As an alternative you can also try our non-DTD-based validator.

I ♥ VALIDATOR The W3C validators rely on community support for hosting and development. Donate and help us build better tools for a better web. 3608 Flattr

Home About... News Docs Help & FAQ Feedback Contribute

This service runs the W3C Markup Validator, v1.3.

英語サイトになりますが、使い方はいたってシンプルです。

1 チェック方法を選択

●URL 画面

Markup Validation Service
Check the markup (HTML, XHTML, ...) of Web documents
Validate by URI　Validate by File Upload　Validate by Direct Input
Validate by URI
Validate a document online:
Address:
More Options
Check

Web サーバ上に公開済みのページをチェックする場合は、一番左のタブから対象の URL を入力します。

●ファイルアップロード画面

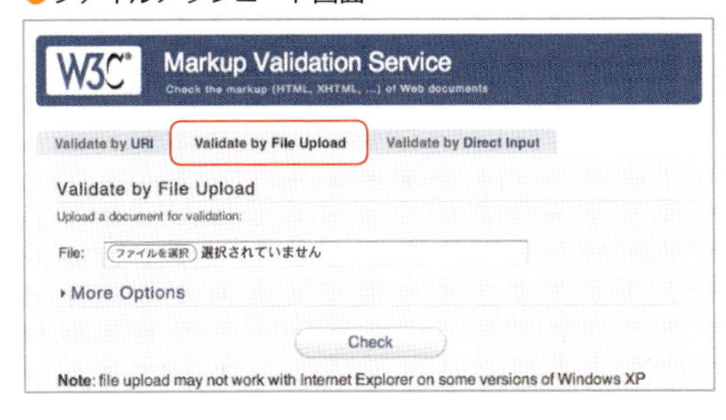

公開前のローカルファイルをチェックする場合は真ん中のタブを選択し、対象のファイルをアップロードします。

●インプット画面

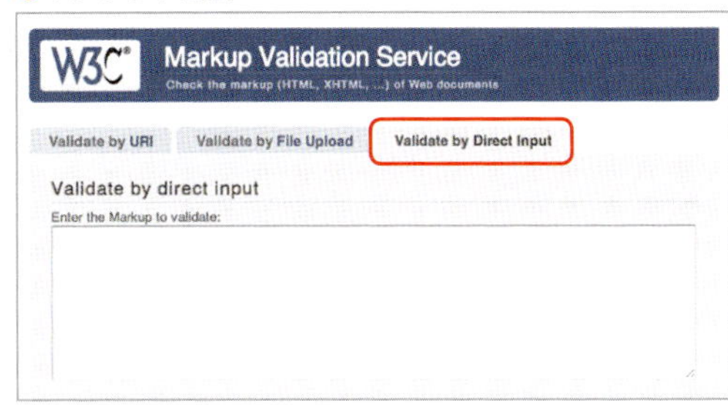

ソースコードを直接入力して確認する場合は一番右のタブを選択し、フォームの中にソースコードを入力します。

2 チェック結果を確認

Check ボタンをクリックします。文法チェックしたファイルの DOCTYPE によってチェック結果画面が変わりますが、文法エラーがあれば何が間違っているのか指摘してくれますので、適切に対処できます。

●HTML5 文書の場合

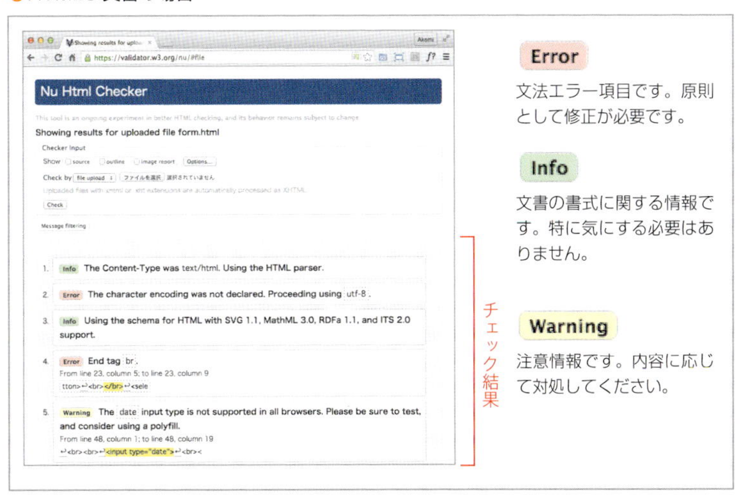

Error
文法エラー項目です。原則として修正が必要です。

Info
文書の書式に関する情報です。特に気にする必要はありません。

Warning
注意情報です。内容に応じて対処してください。

SUPPLEMENTARY LESSON **補講**

DOCTYPEをHTML4.01/XHTML1.0にする場合の注意点

現在のHTML標準規格はHTML5であり、本書でもこの規格をベースに解説していますが、世の中全てのHTML文書が全てHTML5になっているわけではありません。長く運用されてきたWebサイトなどでは古い規格がベースになっていることが多いでしょうし、社内規程などの都合で新規であっても古い規格が採用されるケースはゼロではありません。

基本的にはHTML5から採用された新要素・新属性等さえ使わなければ基本的なルールや考え方はほぼ同じなのでさほど気にする必要はありませんが、細かい部分でやはり若干ルールが異なる点もありますので、万一扱う必要が出てきたときには注意が必要です。

以下に旧規格のHTML文書を作成する際に最低限気をつけなければならない点をまとめておきましたので、参考にしてください。

DOCTYPEの違い

前述のDOCTYPEの一覧表に示した通り、HTML4.01, XHTML1.0の場合DOCTYPEがかなり長く複雑です。また、HTML5と違いそれぞれ「strict」「transitional」という区分があり、どちらを選択するかによって守るべき文法上のルールも変わってくるという特徴があります。

Strict型とTransitional型

Strict型は言語仕様に厳密に従って記述することが求められる文書型、Transitional型はHTML4.01/XHTML1.0の仕様に定められていない古い時代のHTMLの文法や要素・属性を使って記述してもエラーとしない文書型という違いがあり、主に仕様書で「廃止」「非推奨」と定められた要素や属性を使えるかどうかの違いが大きいと言えます。

基本的にどの文書型を使う場合でも仕様書に定められたルールに従って記述し、見た目やレイアウトなどの装飾要素はCSSで指定するのが原則ですので、基本的にはそうした要素・属性が使えないStrictに準じて記述します。

ただしHTML4.01/XHTML1.0では、「target属性」や「iframe要素」といったよく使うにもかかわらず

Term

仕様

仕様とは「満たしているべき要件」のことで、HTMLの言語仕様と言った場合は「要素や属性の定義、使い方、挙動などを細かく定めたルール」のことを指します。HTMLの仕様はW3C（World Wide Web Consortium）という団体が管理しています。

Memo

HTML4.01/XHTML1.0で廃止・非推奨とされた要素・属性のほとんどはcenter要素やcolor属性といった、本来CSSで扱うべき色やサイズ、レイアウト等の見た目を整えるためにかつて使われていたものが該当します。

CSS で代用できないものまで「非推奨」とされてしまっているため、こうしたものを文法チェック時にエラーとしないために文書型宣言だけは「Transitional」とするケースも多く見られます。

コードの記述ルール

HTML と XHTML は使用する要素や属性、基本的なルールなどがほぼ同じであり、機能的には同じものであると考えて差し支えありませんが、XHTML の場合は HTML と比較して記述ルールが細かく、かつ厳密という特徴があります。

HTML と XHTML の記述ルールの違いは以下の通りですので、XHTML を採用する場合には注意が必要です。

●HTML と XHTML のルールの違い

	HTML	XHTML
タグや属性の大文字／小文字	どちらでも可	小文字のみ
終了タグの省略	可 ○：<p>内容 ○：<p>内容</p>	不可 ×：<p>内容 ○：<p>内容</p>
属性の引用符（""）の省略	可 ○：<table width=100> ○：<table width="100">	不可 ×：<table width=100> ○：<table width="100">
属性の名前と値が同じ場合の属性名の省略	可 ○：checked ○：checked="checked"	不可 ×：checked ○：checked="checked"

空要素の扱い

XHTML で記述する場合、空要素には閉じカッコの手前に /（半角スラッシュ）を入れる必要があります。
例：HTML の場合…**
**　XHTML の場合…**
**

HTML5 とそれ以前で定義が異なる要素・属性

以前から存在する要素や属性の中には、HTML5 とそれ以前の規格で定義や使い方が違うものがいくつかあります。HTML5 しか扱わない場合は気にする必要はありませんが、古い規格を扱う場合はこれらの要素・属性を扱う際に注意が必要です。以下に代表的なものをまとめておきましたので、一度目を通しておきましょう。

●意味が変わった要素

	HTML5 の定義	HTML5 以前の定義
strong 要素	重要なテキスト	より強い強調
em 要素	アクセントをつけて強調するテキスト	強調
b 要素	キーワードや固有名詞など、他と区別したいテキスト	文字を太くする（非推奨）
i 要素	代替音声や気分など、質が異なるテキスト	文字を斜体にする（非推奨）
small 要素	免責条項・著作権情報などの法律関係の注釈、補足的なコメント	文字を一回り小さくする（非推奨）

※b、i、small 要素は HTML5 以前の規格では非推奨要素であるため、使用することはできません。

●使い方が変わった要素・属性

	HTML5 での使い方	HTML5 以前の使い方
a 要素	ハイパーテキスト、プレースホルダー（アンカーリンクは廃止）	ハイパーリンク、アンカーリンク
hr 要素	セクション内の段落で話題やテーマが変わる所	水平線
img 要素の alt 属性	alt 属性のテキストを画像と置換えてもコンテンツ情報の読み取りに支障がでないような詳細な説明文を入れる	画像の中身を端的に表す簡単なテキストを入れる
table 要素の border 属性	border="1" でレイアウト目的の表ではないことを明示する	表の境界線の太さを数値で指定

HTML4.01 ／ XHTML1.0 のひな型

HTML5 とそれ以前の規格では、主に head などのひな型の書式が異なります。以下に HTML4.01 Transitional、XHTML1.0 Transitional のそれぞれのテンプレートを記載しておきますので、HTML5 との違いに注意してください。

●HTML4.01 Transitional

```
<!DOCTYPE HTML PUBLIC "-//W3C//DTD HTML
4.01 Transitional//EN" "http://www.
w3.org/TR/html4/loose.dtd">
<html lang="ja">

<head>
<meta http-equiv="Content-Type"
content="text/html; charset=UTF-8"> ❶
<meta http-equiv="Content-Style-Type"
content="text/css">❷
<meta http-equiv="Content-Script-Type"
content="text/javascript">❷

<title>ページタイトル</title>
<meta name="description" content="ページ
概要">
<meta name="keywords" content="キーワード
1,キーワード2">

<link type="text/css" rel="stylesheet"
href="ファイルパス" media="all">❸
<script type="text/javascript" src="ファイ
ルパス"></script>❸

</head>

<body>
</body>
</html>
```

●XHTML1.0 Transitional

```
<?xml version="1.0" encoding="UTF-8"?>❹
<!DOCTYPE html PUBLIC "-//W3C//DTD XHTML
1.0 Transitional//EN" http://www.w3.org/
TR/xhtml1/DTD/xhtml1-transitional.dtd>
<html xmlns="http://www.w3.org/1999/
xhtml" lang="ja-JP" xml:lang="ja-JP">❺

<head>
<meta http-equiv="Content-Type"
content="text/html; charset=utf-8" />❻
<meta http-equiv="content-style-type"
content="text/css" />
<meta http-equiv="content-script-type"
content="text/javascript" />

<title>ページタイトル</title>
<meta name="description" content="ページ
概要" />
<meta name="keywords" content="キーワード
1,キーワード2" />

<link type="text/css" rel="stylesheet"
href="ファイルパス" media="all" />
<script type="text/javascript" src="ファイ
ルパス"></script>

</head>

<body>
</body>
</html>
```

❶ 文字コードは必ずこの長い書式を使用しなければなりません。

❷ 文書内で CSS・JavaScript を使用する際には、これらを使用するための宣言文が必要となります。

❸ 外部 CSS・JavaScript を読み込む際には type 属性の記述が必須となります。

❹ XHTML 文書には冒頭に「XML 宣言」が必要となります。（※文字コード UTF-8 の場合には省略することも可能）

❺ XHTML 文書では html 要素に「XML 名前空間」が必要になります。また言語コードを記述する場合は lang 属性と xml:lang 属性の両方を記述する必要があります。

❻ head 要素以下は基本的に HTML4.01 と同じですが、XHTML 文書の場合全ての空要素には末尾を /> とする必要があります。

ここにまとめたのはいざという時に最低限知っておくべき項目になります。詳細は W3C の仕様書に直接あたるか、インターネットで適宜検索して情報収集するようにしましょう。

Chapter 02

CSSで文書を装飾する

本章では、CSSの基本書式、セレクタ、プロパティ、ボックスモデルなど、CSSを利用する上で絶対にマスターしておかなければならない事項を解説していきます。また、色や余白、文字のスタイル設定など、よく使う文書の装飾をしながら基本的なCSSプロパティの練習をしていきます。

CSSで文書を装飾する

CSSの概要

LESSON05では、CSSの役割や基本の書式など、実際にCSSを書く前の予備知識を解説します。

講義 CSSの概要と基本ルール

CSSとは

CSS（Cascading Style Sheets）は、HTML文書に装飾・レイアウトをほどこすための言語です。CSSはあくまでもHTMLという土台をもとに様々な表示をコントロールしていく言語なので、土台となるHTMLがきちんと正しく作られていることがCSSを楽に設定していく前提条件となります。

HTMLとCSSの関係は、建築物の基礎構造と内装・外装の関係に似ています。Webページも、文書情報としての基本性能を担保するためのHTMLマークアップと、人が心地良く分かりやすく読めるようにするためのCSSの両方が揃っていることが理想的であると言えます。

正しくマークアップされていなくても見た目を整えることは可能ですが、きちんと構造化されたシンプルなHTMLを元にした方がCSS自体もシンプルに効率よく書くことができます。CSSを書き始める前に今一度HTMLソースを見直しておきましょう。

●図05-1　HTMLとCSSの関係

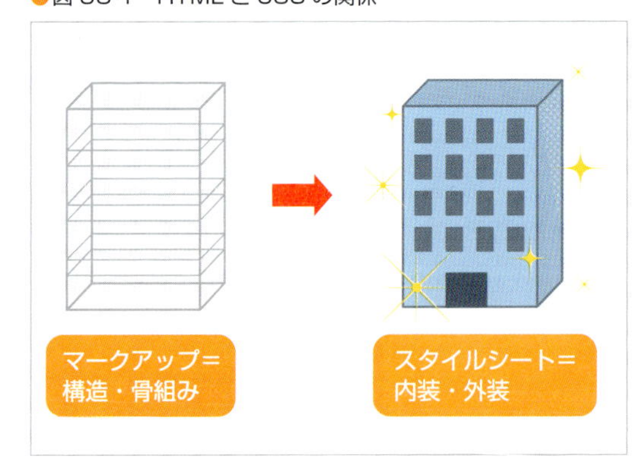

CSSをHTMLに組み込む方法

CSSをHTMLに組み込むには、次の3つの方法があります。

1 インライン

```
<h1 style="color:#FF0000;">見出し1</h1>
```

HTMLタグの中に直接style属性によってCSSを記述できます。直感的で分かりやすい方法ですが、構造であるHTMLソースコードに直接デザインの指定をしてしまうことになるため、一時的にテストする時以外は原則として使用しません。

2 内部参照

```
<head>
<style>
    h1{color:#FF0000;}
</style>
</head>
```

HTML文書のhead要素の中に、style要素を設定し、その中にCSSを記述できます。HTMLソースコードとスタイルの指定を分離することはできますが、head要素の中に記述したCSSはあくまでそのページでしか使うことができません。従ってやはり一時的なテストか、例外的にそのページのみで使いたいスタイル指定を記述するなど、ごく限定的な使い方にとどめておいた方が良いでしょう。

3 外部参照

```
<head>
    <link href="外部CSSファイルへのパス" rel="stylesheet" media="all">
</head>
```

または

```
<head>
<style>
    @import url(外部CSSファイルへのパス);
</style>
</head>
```

CSSを外部ファイル化し、それを参照する方法です。link要素を使って参照する方法と、@import構文（CSSの中から別のCSSファイルを参照するための構文）を使って参照する方法の2種類がありますが、link要素を利用して外部参照する方法の方が一般的です。

CSS を HTML に組み込む場合は、次に解説する大きなメリットがあるため、原則として外部 CSS ファイルを参照する形を取ることが推奨されます。

CSS を外部ファイル化するメリット

CSS を外部ファイル化する最大のメリットは、複数ページ間でスタイルの使い回しができるということです。個別の HTML にスタイルを書いてしまうと、デザインに修正や変更が入った場合、全ての HTML ファイルを修正しなければなりません。しかし外部 CSS ファイルでスタイル情報を一元管理しておけば、たとえ何百ページあったとしても CSS ファイル 1 つを直すだけで修正が完了します。これは、CSS を使うメリットそのものであるとも言えます。外部ファイルにしないのであれば CSS を使うメリットは激減すると言っても過言ではありません。

また、ある程度の規模の Web サイトになると、スタイル情報はあっという間に膨大な量になります。その膨大な量のスタイル情報を、1 ページで管理・運用するということはあまり現実的ではないため、多くの場合は役割に応じて複数の CSS ファイルに分割管理することになります（例えばサイト共通 CSS・トップページ専用 CSS・下層ページ用個別 CSS に分割し、それぞれ必要な CSS のみを読み込むといった具合です）。

このように CSS をコンポーネント化して分割管理するといった運用上のメリットも、外部ファイル化してあるからこそ享受できるものになります。

●図 05-2　使い回しの概念図

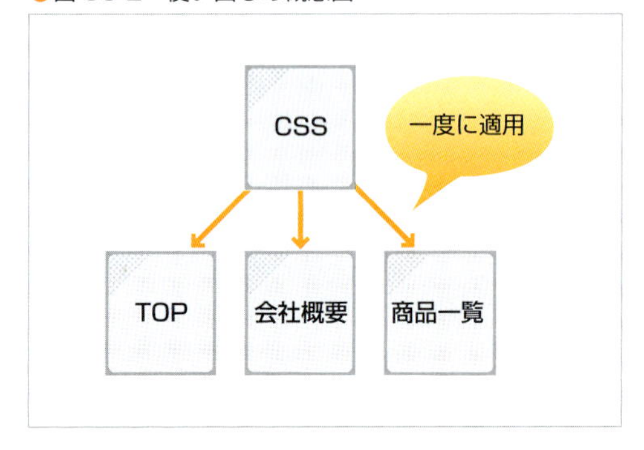

●図 05-3　分割管理の概念図

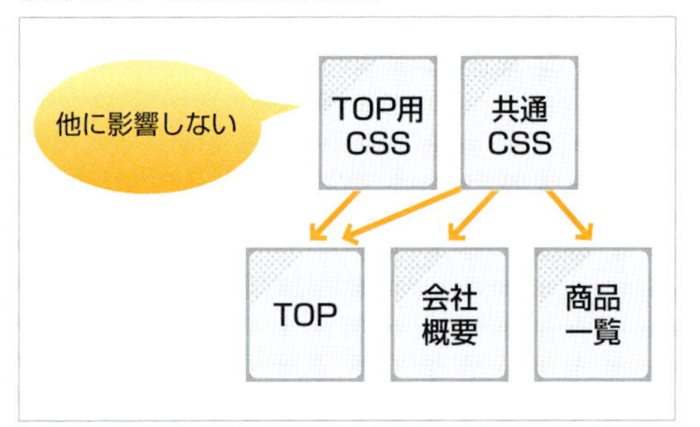

Memo
あまり細かく分割しすぎるのは表示パフォーマンス上良くないため、分割するとしても数枚程度に収めるようにするのが一般的です。

CSS の基本ルール

▶ 基本書式

●図 05-4　CSS 基本書式

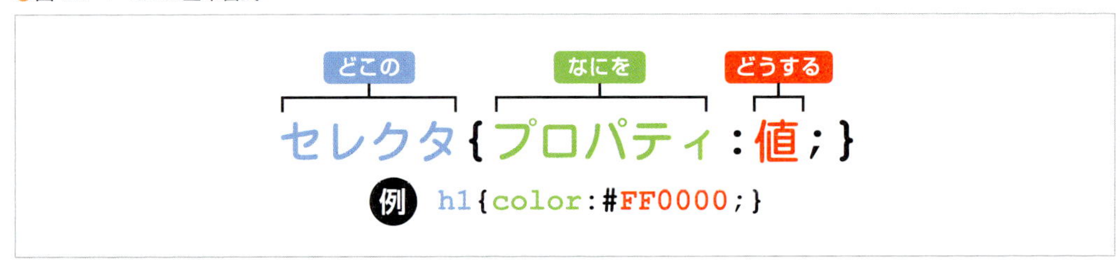

CSS の基本書式はとてもシンプルです。土台となる HTML ソースコード中の、「どの部分の」「どんな属性を」「どのような値にするのか」ということを決まった書式に従ってひたすら書いていくというのが CSS の基本です。

「どこの（＝セレクタ）何を（＝プロパティ）どうする（＝値）」この基本書式とその意味を、まずしっかり頭に入れるようにしましょう。

CSSでの色指定

上記の例に挙げたh1{color:#FF0000;}は、「h1要素の文字の色を赤にする」という命令になります。色を変えるというのはCSSを使う第一歩になりますが、CSSでの色指定は一般的に16進数のRGB値を使います。

16進数のRGB値は大文字でも小文字でも構いません。また、RGBそれぞれがゾロ目の場合は、省略して3桁で表現する事もできます。先述の例で言えば、#FF0000・#ff0000・#F00・#f00どのパターンでもきちんと認識されます。

他には10進数のRGB値や、不透明度も指定できるRGBaの値（IE9以上）、決められた色の名前でも定義できます。

●図05-5　16進数色コード

●図05-6　CSSによる色表現書式

```
#FF0000
#F00
rgb(255,0,0)
rgb(100%,0%,0%)
```

いずれも「赤」を表している

●表05-1　カラー名一覧

black(#000000)	silver(#c0c0c0)
navy(#000080)	aqua(#00ffff)
olive(#808000)	lime(#00ff00)
maroon(#800000)	fuchsia(#ff00ff)
gray(#808080)	white(#ffffff)
teal(#008080)	blue(#0000ff)
green(#008000)	yellow(#ffff00)
purple(#800080)	red(#ff0000)

CSSで使う単位

プロパティと合わせて覚えておきたいのがCSSで使う単位です。CSSで扱うことができる主な単位は下記の通りですが、このうちWeb制作で実際に使う単位は「px（ピクセル）」「%（パーセント）」「em（エム）」などの相対単位がほとんどです（印刷用スタイルシートを作成する時などはptやmmなどの絶対単位を使う場合もありますが頻度は非常に低いです）。

●表05-2　主な単位一覧

●相対単位

px	モニターの画素（ピクセル）を1とする単位
%	パーセントで割合を指定
em	親要素の大文字Mの高さ（＝フォントサイズ）を1とする単位
ex	親要素の小文字xの高さを1とする単位
rem	ルート要素（html要素）の大文字Mの高さを1とする単位（※IE9以上対応）

●絶対単位

pt	ポイント（1/72インチ）を1とする単位
pc	1パイカ（12ポイント）を1とする単位
mm	ミリメートルを基準とした単位
cm	センチメートルを基準とした単位
in	インチ（2.54センチメートル）を1とする単位

「em」は親要素に指定（または継承）されているフォントサイズを基準とした単位です。ユーザー環境によってフォントのサイズが変わってしまうWebデザインにおいて、「1文字分余白をあける」とか「行間を文字の高さの1.5倍にする」などのようにその時々のフォントサイズに応じたサイズ指定ができるのが特徴です。日常生活ではあまり目にすることのない単位ですが、CSSではよく使用されますので覚えておきましょう。

●図05-7　emの使い所の例

emとremの違い

emとremはいずれも「大文字Mの高さ＝全角1文字分」を基準とする相対単位であるという点では同じ性質を持っています。ただし、emが「直近の親要素に指定されているフォントサイズ」を基準として計算されるのに対し、remは常に最上位のルート要素に指定されているフォントサイズを基準に計算されるという点で違いがあります。

例えばルートで指定されているフォントサイズが16pxの時、li要素を1.2emに指定した場合と1.2remに指定した場合でどのような違いが生じるかを図にしてみると次のようになります。

●図05-8 emとremの違い

■ソースコード

```
<ul>
      <li>第一階層のテキスト</li>
      <li>第一階層のテキスト
            <ul>
                  <li>第二階層のテキスト</li>
            </ul>
      </li>
</ul>
```

■単位emで指定した場合

```
html { font-size: 16px; }
li { font-size: 1.2em; }
```

・第一階層のテキスト

・第一階層のテキスト

16×1.2＝19.2px

　・第二階層のテキスト

19.2×1.2= 23.04px

■単位remで指定した場合

```
html { font-size: 16px; }
li { font-size: 1.2rem; }
```

・第一階層のテキスト

・第一階層のテキスト

16×1.2＝19.2px

　・第二階層のテキスト

16×1.2= 19.2px

このように、emの場合は要素が入れ子になった場合、基準となるサイズ自体が変わってしまいます。それに対してremの場合は、常に基準サイズが一定なので要素を入れ子にする際に意図せずサイズが変わってしまう現象を防ぐことが可能となります。

Memo
remはIE9以上で利用可能です。

POINT

- ●CSSの基本は「どこの（セレクタ）、なにを（プロパティ）、どうする（値）」
- ●CSSは原則として外部ファイル化した方が良い
- ●16進数のRGB色と、px・%・emなどの相対単位に慣れておく

CSSで文書を装飾する

基本プロパティとセレクタの使い方

LESSON06では、よく使う基本的なプロパティを使って実際に文書を装飾していく手順を学習します。また、要素自体をセレクタとする方法以外の、各種セレクタについても同時に解説していきます。

サンプルファイルはこちら 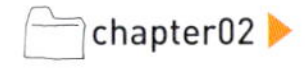   

実習　基本プロパティとセレクタで文書を装飾する

lesson06/beforeのindex.htmlとstyle.cssをエディタで開き、index.htmlはブラウザで表示しておきます。CSSで書いたものがどう表示されるのか、すぐに分かる状態にしておいた方が最初は理解しやすいので、下図のようにパソコン画面上で編集ファイルとブラウザ表示が並列で比較できるような形にレイアウトしておくことをおすすめします。

●図06-1　画面配置

●Before

★うちのにゃんこ★

我が家のアイドル、にゃんこ達を紹介します！

- 我が家のにゃんこ紹介
- 飼い主紹介
- 猫写真募集

我が家のにゃんこ紹介

●すばる（白キジトラ・オス）

目と耳が大きくてすばらしくイケメン。鳴き声もなかなかかわゆい。幼少期を1Kアパートで過ごしたせいか、他のネコにあまり関心がないらしく、性格はいたってマイペース。
段ボール箱のかどや柱で爪とぎをするのが大好き。

特徴：
　大きな目と耳。まがったしっぽ。
性格：
　マイペース。

もっと見る→

●ぐれ子（灰色毛皮・メス）

生まれたての時はアメショーのような模様があったはずなのに、成長するに従ってただの灰色ネコに。長毛種の血が少し混じっているのか毛皮がフワフワしていて家族から「綿ぼこり」呼ばわりされている。
しゃがれ声と貫禄のある顔つきからは想像できないほどの甘え上手で、初対面でも誰彼かまわずゴロゴロ擦り寄ってくるのでお客さんにはめっぽう評判が良い。

特徴：
　しゃがれ声。ゴロゴロすりすり攻撃。
性格：
　甘え上手。腹黒。

もっと見る→

●ねず子（白茶トラ・メス）

ぐれ子と共に我が家にやってきた白茶トラの女の子。ぐれ子と違って典型的な「ネコっぽい」性格。ツンデレというよりむしろツンツン（涙）。ぐれ子との勢力争いに敗北して家を追い出され、現在ほぼ半ノラ状態。
見た目はもともと純日本猫風のキレイ系だったけど、ノラ生活中にカラスに攻撃され、片目を失う。孤高の猫。

特徴：
　片目。小顔。
性格：
　プライド高い。人間に対しては女王様。

もっと見る→

飼い主紹介

H.N.：
　roka404
仕事：
　フリーランスでWeb関係のお仕事してます
mail：
　info@hogehoge.com
Web：
　http://www.hogehoge.com/blog/

猫写真募集

ギャラリーページを企画中のため、みなさまの大切なにゃんこ様を紹介してください♪
10にゃんこ集まったら紹介ページを開設します！

応募はこちら→

Copyright © UCHI NO NYAN'S All Rights Reserved.

●After

★うちのにゃんこ★

我が家のアイドル、にゃんこ達を紹介します！

- 我が家のにゃんこ紹介
- 飼い主紹介
- 猫写真募集

我が家のにゃんこ紹介

●すばる（白キジトラ・オス）

目と耳が大きくてすばらしくイケメン。鳴き声もなかなかかわゆい。幼少期を1Kアパートで過ごしたせいか、他のネコにあまり関心がないらしく、性格はいたってマイペース。
段ボール箱のかどや柱で爪とぎをするのが大好き。

特徴：
　大きな目と耳。まがったしっぽ。
性格：
　マイペース。

もっと見る→

●ぐれ子（灰色毛皮・メス）

生まれたての時はアメショーのような模様があったはずなのに、成長するに従ってただの灰色ネコに。長毛種の血が少し混じっているのか毛皮がフワフワしていて家族から「綿ぼこり」呼ばわりされている。
しゃがれ声と貫禄のある顔つきからは想像できないほどの甘え上手で、初対面でも誰彼かまわずゴロゴロ擦り寄ってくるのでお客さんにはめっぽう評判が良い。

特徴：
　しゃがれ声。ゴロゴロすりすり攻撃。
性格：
　甘え上手。腹黒。

もっと見る→

●ねず子（白茶トラ・メス）

ぐれ子と共に我が家にやってきた白茶トラの女の子。ぐれ子と違って典型的な「ネコっぽい」性格。ツンデレというよりむしろツンツン（涙）。ぐれ子との勢力争いに敗北して家を追い出され、現在ほぼ半ノラ状態。
見た目はもともと純日本猫風のキレイ系だったけど、ノラ生活中にカラスに攻撃され、片目を失う。孤高の猫。

特徴：
　片目。小顔。
性格：
　プライド高い。人間に対しては女王様。

もっと見る→

飼い主紹介

H.N.：
　roka404
仕事：
　フリーランスでWeb関係のお仕事してます
mail：
　info@hogehoge.com
Web：
　http://www.hogehoge.com/blog/

猫写真募集

ギャラリーページを企画中のため、みなさまの大切なにゃんこ様を紹介してください♪
10にゃんこ集まったら紹介ページを開設します！

応募はこちら→

Copyright © UCHI NO NYAN'S All Rights Reserved.

外部CSSファイルにリンクする

外部CSSファイルを用意する

今回はstyle.cssという名前であらかじめひな型を用意してあります。

●図06-2　style.css

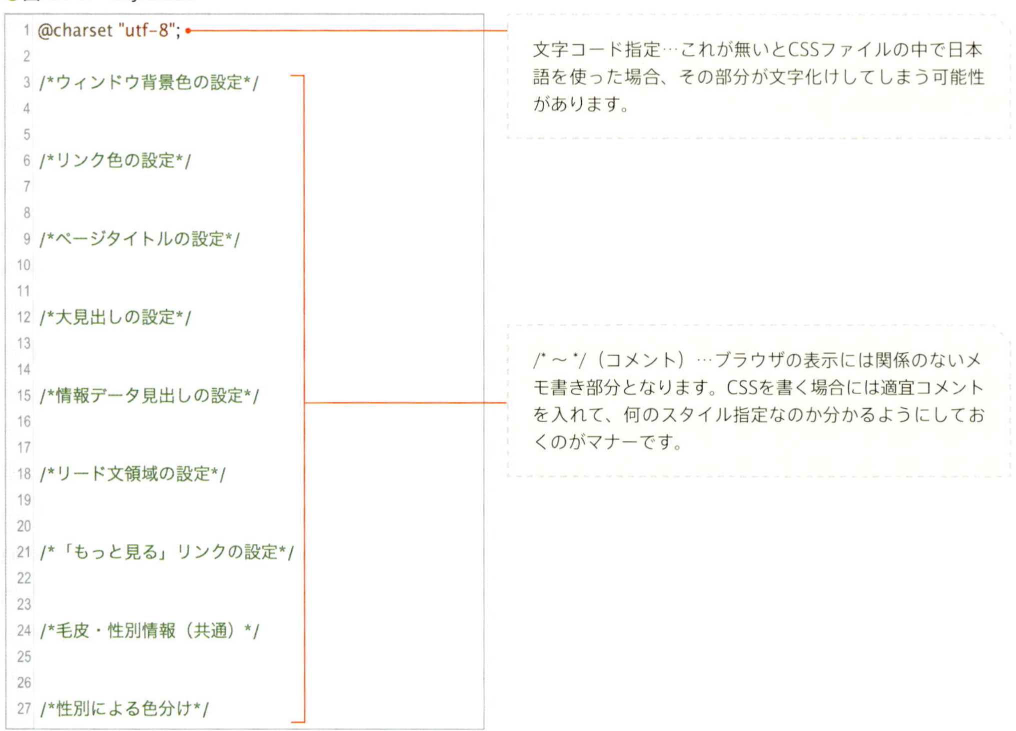

1 @charset "utf-8";
2
3 /*ウィンドウ背景色の設定*/
4
5
6 /*リンク色の設定*/
7
8
9 /*ページタイトルの設定*/
10
11
12 /*大見出しの設定*/
13
14
15 /*情報データ見出しの設定*/
16
17
18 /*リード文領域の設定*/
19
20
21 /*「もっと見る」リンクの設定*/
22
23
24 /*毛皮・性別情報（共通）*/
25
26
27 /*性別による色分け*/
文字コード指定…これが無いとCSSファイルの中で日本語を使った場合、その部分が文字化けしてしまう可能性があります。
/*～*/（コメント）…ブラウザの表示には関係のないメモ書き部分となります。CSSを書く場合には適宜コメントを入れて、何のスタイル指定なのか分かるようにしておくのがマナーです。

2 HTMLから外部CSSファイルへリンク

index.htmlのhead要素に、外部CSSファイルを参照するlink要素を設定します。lesson06/before/のindex.htmlを開いて、head要素の中に以下の記述を追加してください。

```
7 <meta name="description" content="我が家のアイドル、にゃんこ達を紹介しま
- す！可愛い猫写真を沢山掲載しています。">
8 <link href="style.css" rel="stylesheet" media="all">
9 </head>
```

●図 06-3　外部 CSS 読み込みの基本書式

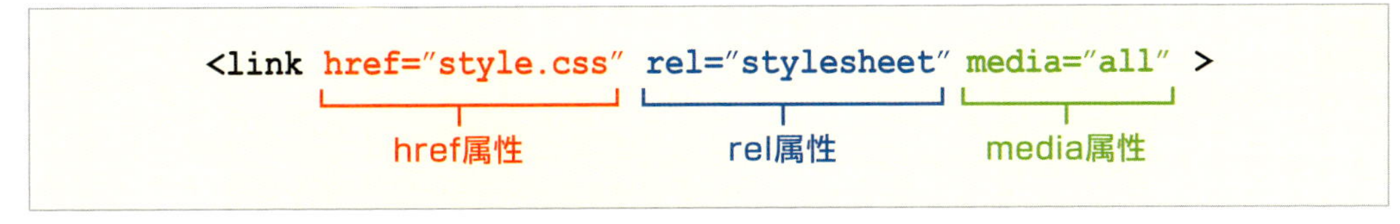

href 属性 ………………外部参照する CSS ファイルのパスを記述する。
rel 属性 …………………外部参照するファイルの種類。CSS ファイルを参照する場合は常にこの指定を記述する。
media 属性 ……………その CSS ファイルを適用する対象メディアに応じて値を指定する。

> **Memo**
> **media 属性に使える値**
> screen（モニタ）、print（印刷）、handheld（携帯電話）、tv（テレビ）など。media="all" とした場合は特にメディアを限定せず、全てのメディアで同じ CSS を適用することになります。

要素に対して基本的な装飾を設定する

ここからの記述は全て style.css に記述します。また、１つのプロパティを記述したらその都度保存してブラウザで表示確認をするようにしましょう。正しく書けているかどうかの確認と、プロパティと表示の関係のイメージをつかむのに役立ちます。

1 ウィンドウ背景色の設定

```
3  /*ウィンドウ背景色の設定*/
4  body{
5      background-color:#fbf9cc;
6  }
7
```

★覚えよう
background-color　［背景色］

ブラウザウィンドウ全体の背景に対して背景色を設定したい場合は、body 要素をセレクタにします。

2 リンク色の設定

```
8  /*リンク色の設定*/
9  a{
10     color: #df4839;
11 }
12
13 a:hover{
14     color: #ff705b;
15 }
```

- 我が家のにゃんこ紹介
- 飼い主紹介
- 猫写真募集

★覚えよう
color ［文字色］

テキストリンクの基本スタイルを設定します。テキストリンクは「クリックできる領域である」ことを視覚的に分かりやすく伝えるため、マウスが乗った時に何らかのスタイル変更を行うことが一般的です。このようにある要素が特定の条件下にある時だけ反応するセレクタを作るためのものを「疑似クラス」といい、リンクに関しては :link（未訪問リンク）:visited（訪問済みリンク）:hover（マウスが乗った時）:active（マウスクリックされている時）:focus（フォーカスされている時）といった具合に適用スタイルの切り分けができます。今回のようにマウスが乗っているかいないかの二択で良い場合は、:hover 疑似クラスのみ設定します。

●表 06-1　リンクに使う疑似クラス

:link	未訪問リンク
:visited	訪問済みリンク
:hover	マウスが乗った時
:active	マウスを押している時
:focus	フォーカスされている時

3 ページタイトル（h1）の設定

```
17 /*ページタイトルの設定*/
18 h1{
19     color: #6fbb9a;
20     text-align: center;
21     font-size: 250%;
22 }
```

★うちのにゃんこ★

★覚えよう
text-align ［行揃え］（値はleft・center・rightの３種類）
font-size ［文字サイズ］

ページタイトルのスタイルを設定します。目立つように色を変え、サイズを大きくしてセンタリングします。

4 大見出し（h2）の設定

```
24 /*大見出しの設定*/
25 h2{
26     color: #6fbb9a;
27     border: #94c8b1 1px dotted;
28     border-left: #d0e35b 10px solid;
29     padding: 5px 20px;
30     margin-bottom: 0;
31 }
```

★覚えよう
border　［境界線］
padding　［境界線の内側の余白］
margin　［境界線の外側の余白］

border/padding/marginは、それぞれ *-top、*-bottom、*-left、*-right という形で上下左右個別に指定できます。

Memo CSSは上から順番に読み込まれて実行されるので、border → border-leftの順で指定すると一旦四辺全てに点線を引いてから、左辺だけ10pxの実線で値を上書きする形になります。

我が家のにゃんこ紹介

大見出しを境界線（border）を使ってデザインします。borderを設定すると、マークアップされた要素の枠の領域が明確になります。CSSの世界では要素の境界線であるborderの内側の余白をpadding、外側の余白をmarginと呼んで区別しています。要素自身の内余白を設定する時にはpaddingを、隣合う別の要素との間隔を設定する時にはmarginを使います。

●図06-4　border/margin/paddingの関係

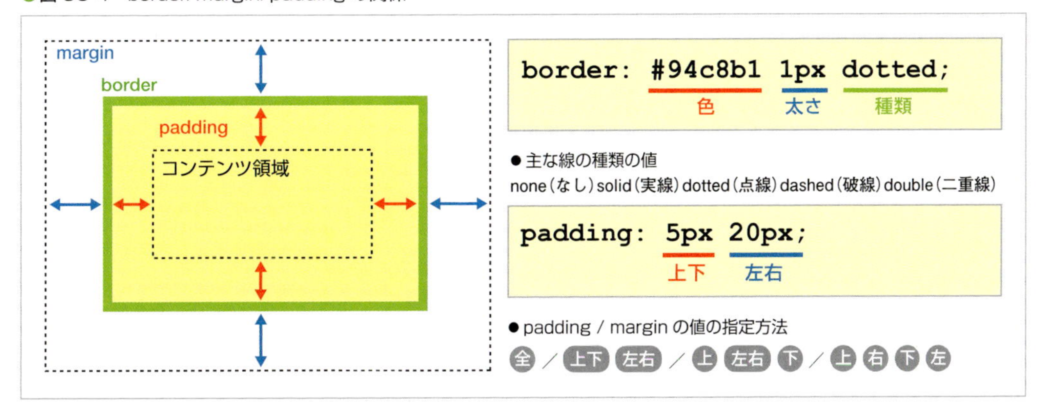

5 情報データ見出し（dt）の設定

```
33 /*情報データ見出しの設定*/
34 dt{
35     font-weight: bold;
36 }
```

特徴：
大きな目と耳。まがったしっぽ。
性格：
マイペース。

★覚えよう
font-weight ［文字の太さ］

情報データの見出し部分にあたるdt要素を太字にします。font-weightの値は100～900まで9段階で太さを指定できますが、日本語では細字と太字の二段階しか表示できないフォントが多いため、実務的にはnormal（細字）とbold（太字）の2種類の値だけ覚えておけば良いでしょう。

COLUMN

書いたCSSが反映されない！？

CSS初心者の頃は、書いたCSSがブラウザに反映されず困惑することも多くあるかと思います。そんな時は次の項目を1つずつチェックしてみると良いでしょう。

1. プロパティや値のスペルは正しいか？
2. :や;などの構文は正しいか？
3. { }の閉じカッコを忘れていないか？
4. 全角で書いていないか？
5. 正しくセレクタを記述しているか？
6. 16進数色コードの # を忘れていないか？（色指定の場合）
7. 16進数色コードの桁数が間違っていないか？（色指定の場合）
8. 編集したファイルを保存し忘れていないか？
9. 編集しているCSSとHTMLがきちんと関連づけられているか？
10. 編集しているファイルと違うものをブラウザで表示していないか？

● W3C CSS検証サービス（http://jigsaw.w3.org/css-validator/）

W3C CSS検証サービスはCSSの文法をチェックし、誤りがあると思われる箇所を指摘してくれます。目視で間違いが見つけられない場合に活用してみると良いでしょう。ただし、閉じかっこ忘れのような重大な構文エラーの場合は「解析エラー」となってしまいますので、必ずしも問題の箇所を特定できるとは限りません。慣れないうちはうっかりミスも多くなりがちですので、間違っている箇所を特定しやすくするため、できるだけこまめに表示確認するようにしましょう。

要素に名前をつけてスタイルを設定する

ここまでの設定は要素自体をセレクタとして直接スタイルを設定していましたが、例えばp要素やdiv要素のように多用されるものの場合、同じ要素同士を区別して別のスタイルを適用しなければならないケースも多くあります。そのような場合には要素に任意の名前をつけ、その名前で要素を区別することができます。

なお、ここからの作業は、「HTMLを修正する→CSSを書く」の順番で、HTMLとCSSを交互に行き来しながら進めて行くことになります。

1 リード文領域にid属性で名前をつける［HTML］

タイトル下のリード文領域の上下に点線を引いて少し目立たせようと思います。リード文領域はp要素でマークアップされており、そのままでは他のp要素と区別ができないので、要素に「名前」をつけて他と区別します。

「リード文」の領域はこのページの中ではタイトル下の1箇所だけなので、「id属性」で名前をつけることにします。

[index.html]

```
11 <div id="wrap">
12 <h1>★うちのにゃんこ★</h1>
13 <p id="lead">我が家のアイドル、にゃんこ達を紹介します！</p>
```

id属性はソースコード上の場所を1箇所特定するためのものですので、id属性でつけた名前はそのページの中で1つだけである必要があります。例えば同じページの中にid="lead"が複数回出てくるというようなソースの書き方は文法違反となります。

2 id属性をセレクタにしてスタイルを指定する［CSS］

[style.css]

```
38 /*リード文領域の設定*/
39 #lead{
40     border-top: #6fbb9a 1px dotted;
41     border-bottom: #6fbb9a 1px dotted;
42     padding: 15px;
43     text-align: center;
44 }
```

dotted…点線を表すborder-styleの値

我が家のアイドル、にゃんこ達を紹介します！

idセレクタは「要素名#id名」という形式で記述します。<p id="lead">の場合はp#leadとなります。要素名を省略して単に#leadのように記述することもできます。

3 「もっと見る」リンクに class 属性で名前をつける［HTML］

次に猫紹介の詳細ページへ誘導するリンク「もっと見る」を右寄せにしたいと思います。ここも p 要素なので、リード文同様名前をつけて区別する必要がありますが、3 箇所同じように右寄せにする必要があるので id 属性は使えません。今回のように複数箇所で同じスタイルを使いまわすためにつける名前は「class 属性」を使う必要があります。

[index.html]

```
35 <p class="more"><a href="cats/subaru.html">もっと見る→</a></p>
36 </section><!-- /#subaru -->
```

※他２匹分も同様に class="more" を追加する

class属性はスタイルを分類するためのもので、id属性と違って同じ名称を何度使い回しても構いません。今回は同じスタイル設定を持つ「もっと見る」リンクが３箇所あるため、id属性ではなくclass属性で名前をつけなければなりません。

class 属性をセレクタにしてスタイルを設定する［CSS］

[style.css]

```
46 /*「もっと見る」リンクの設定*/
47 .more{
48     text-align: right;
49 }
```

性格：
マイペース。
もっと見る→

class セレクタは「要素名 .class 属性名」という形式で記述します。<p class="more"> の場合は p.more となります。id 同様に要素名は省略可能なので単に「.more」とすることも可能です。要素名をつけた場合はその要素限定で利用可能な class となります。要素名を省略すればどの要素でも利用可能な汎用 class となります。

複数 class を使ってスタイルのバリエーションを作る

h3 要素内にある（毛皮の種類・性別）部分を、色つきの一回り小さい文字にスタイル設定します。今回のように何もマークアップされていない領域にスタイル設定することはできないため、テキスト範囲指定をするための span 要素でマークアップしてください。span 要素自身には文書構造的な意味は無く、装飾目的で文字列を範囲指定したい場合には自由に使うことができます。追加した span 要素には 3 箇所共通の設定をするための cat-type と性別ごとに異なる設定をするための male/female という 2 つの class 名をつけておきます。

Memo その文字列に何らかの意味付けをしたい場合にはそれに対応した要素（重要性を強調する場合には strong 要素など）を使いますが、単純にスタイル指定するために何らかの要素が必要であるだけの場合には span 要素を使用するのが適切です。

Memo 半角スペースで区切ることで複数の class 名を設定できます。

1 毛皮の種類と性別部分に span 要素を追加して class 名を設定する

[index.html]

```
25 <section id="subaru">
26 <h3>●すばる<span class="cat-type male">（白キジトラ・オス）</span></h3>
27 <p>目と耳が大きくてすばらしくイケメン。鳴き声もなかなかかわゆい。幼少期を1Kアパー
39 <section id="gureko">
40 <h3>●ぐれ子<span class="cat-type female">（灰色毛皮・メス）</span></h3>
41 <p>生まれたての時はアメショーのような模様があったはずなのに、成長するに従ってただ
53 <section id="nezuko">
54 <h3>●ねず子<span class="cat-type female">（白茶トラ・メス）</span></h3>
55 <p>ぐれ子と共に我が家にやってきた白茶トラの女の子。ぐれ子と違って典型的な「ネコっ
```

2 ベースとなるスタイルを .cat-type に設定する

[style.css]

```
51 /*毛皮・性別情報（共通）*/
52 .cat-type{
53     font-size: 80%;
54     font-weight: normal;
55 }
```

●すばる（白キジトラ・オス）

class セレクタで 3 箇所に共通する文字サイズ・太さを設定しておきます。

3 オスとメスで違う文字色を設定する

オス／メス色分けは、個別の class にそれぞれ設定することでベースのスタイルとは別に管理できるようになります。

```
57 /*性別による色分け*/
58 .male{
59     color: #2793a7;
60 }
61 
62 .female{
63     color: #df972f;
64 }
```

また、複数 class 名が設定されている場合は、「.class1.class2」のように class セレクタ同士を結合することで「class1 であり、かつ class2 でもある」という意味のセレクタを作ることもできます。

Memo

マルチクラスによるスタイルの管理は、共通するベーススタイルに対していくつかのバリエーションが存在するようなデザインを実装する時に役立ちます。

[style.css]

```
57 /*性別による色分け*/
58 .cat-type.male{
59     color: #2793a7;
60 }
61
62 .cat-type.female{
63     color: #df972f;
64 }
```

●すばる（白キジトラ・オス）

●ぐれ子（灰色毛皮・メス）

要素の親子関係を利用してスタイルを設定する

id 属性や class 属性で直接名前をつける以外の方法として、要素の親子関係を利用して場所を絞り込む方法があります。これは「子孫セレクタ」と呼ばれます。

1 タイトルの★印を span 要素で囲む

[index.html]

```
12 <div id="wrap">
13 <h1><span>★</span>うちのにゃんこ<span>★</span></h1>
14 <p id="lead">我が家のアイドル、にゃんこ達を紹介します！</p>
```

タイトルの★印は文書情報的に何らかの意味をもつわけではなく、単純に色をつけたいだけであるため、span 要素で該当テキストをマークアップしておきます。h1 要素はページの中に 1 箇所のみであるため、この時点で「h1 要素の中の span 要素に囲まれた部分」という絞り込みの形で★印を特定して選択できるようになります。

2 ★印の色を変更する

[style.css]

```
17 /*ページタイトルの設定*/
18 h1{
19     color: #6fbb9a;
20     text-align: center;
21     font-size: 250%;
22 }
23
24 h1 span{
25     color: #d0e35b;
26 }
```

★うちのにゃんこ★

「h1 要素の中の span 要素」のように要素同士の親子関係で場所を特定できる場合には、子孫セレクタを使うことができます。子孫セレクタは「親要素 子孫要素」というように、外側にある先祖要素から順番に半角スペースでセレクタを区切りながら場所を絞り込んでいく形式で記述します。

COLUMN

オスとメスで違う文字色を設定する（子孫セレクタ利用の場合）

親要素にその場所を特定するためのid/class属性がつけられている場合には、子孫セレクタを活用して異なる指定をすることもできます。その場合は、以下のように記述します。

```
#subaru .cat-type{
color: #2793a7;
}

#gureko .cat-type,
#nezuko .cat-type{
color: #df972f;
}
```

それぞれの猫紹介枠についているid属性を使って、オスとメスの色分けを実装しています。メスの方は複数のセレクタを「,（カンマ）」でつなぐことで同じスタイルを一括指定できる「グループセレクタ」という機能を活用しています。こうすることで同じことを何度も記述しなくても良いようになります。

講義 いろいろなセレクタ

最低限使いこなせるようにしておきたいセレクタ

セレクタを使いこなせるようにすることがCSSマスターの第一歩です。タイプ（要素）・id・classの3つのセレクタを、シンプル・グループ・子孫の3つの指定方法と組み合わせることで基本的な指定は何とかなりますので、まずはこの基本セレクタをしっかりマスターすることを目指しましょう。

3種類のセレクタ

●図06-5　セレクタの種類

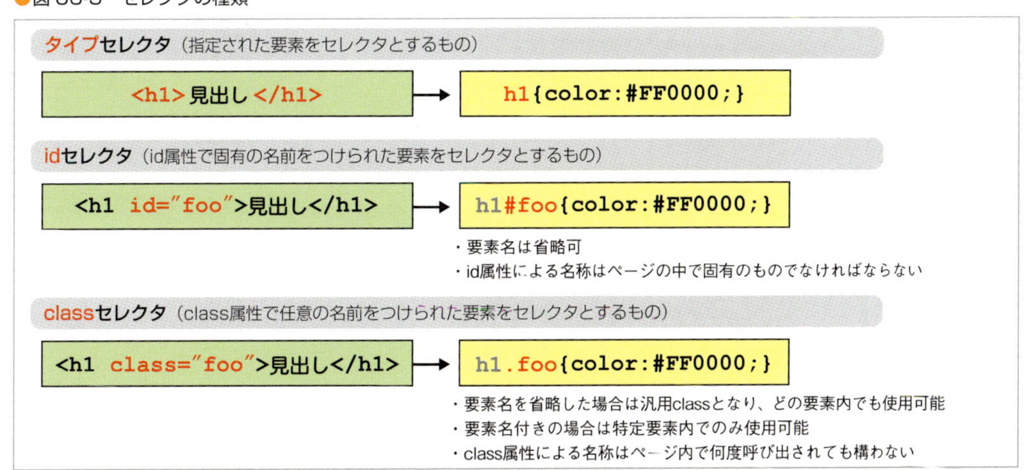

▶ 3つの組み合わせ

●図 06-6　セレクタ組合せ

シンプルセレクタ（要素のみ、classのみ、idのみといった形の単一セレクタ指定）

```
h1{color:#FF0000;}
#foo{color:#00FF00;}
.bar{color:#0000FF;}
```

グループセレクタ（複数のセレクタをカンマでつなぐことで一括指定できるセレクタ）

```
h1,h2,h3{color:#FF0000;}
#foo,#bar{color:#00FF00;}
.foo,#foo.bar{color:#0000FF;}
```

子孫セレクタ（要素の親子関係を利用して親要素→子要素→孫要素と絞り込む形で選択するセレクタ）

```
<div id="foo">
  <ul>
    <li>テキストテキスト</li>
    <li>テキストテキスト</li>
  </ul>
</div>
```

→

```
#foo ul li{color:#FF0000;}
```

親要素から順に半角スペースで区切る

```
#foo li{color:#FF0000;}
```

目的の要素を特定できるならば、
中間要素は省略しても良い

CSS2.1 で定義されているセレクター覧

以下は CSS2.1 で定義されている各種セレクタの一覧になります。前述の基本セレクタを一通り使えるようになったら、その他のセレクタも活用するようにしてみましょう。ここに挙げたセレクタは IE8 以上で全て利用できます。

Memo

CSS レベル

CSS はどんな機能が使えるかによってレベル分けされています。IE8 含め現存する全ての環境で利用できるのは CSS レベル 2.1 と呼ばれる範囲になります。CSS レベル 3 になると IE9 以上のほとんどの環境がサポート対象となり、CSS レベル 4 になるとまだ一部の環境でしか使える状況ではなくなります。

●セレクター覧

セレクタ	名称	意味	例
*	ユニバーサルセレクタ（全称セレクタ）	全ての要素を選択する	* { margin:0;}
E	タイプセレクタ	その要素（E）を選択する	h1 { color:#ff0000;}
#id	id セレクタ	id 属性が [id] である要素	#title{ font-size:150%;}
.class	class セレクタ	class 属性が [class] である要素	.note { font-size:80%;}
E F	子孫セレクタ	親要素 E に含まれる子孫要素 F を選択する	h1 span { color:#ff0000;}
E > F	子セレクタ	親要素 E の直下の子要素である F を選択する	ul > li {border-top:#ccc 1px solid;}
E + F	隣接セレクタ	兄要素 E に隣接する弟要素 F を選択する	h2 + p {margin-top:0;}

●図 06-7　子セレクタ・隣接セレクタ

子セレクタ（要素の親子関係を利用して直下の子要素のみ選択するセレクタ）

```
<ul class=" bar" >
    <li>テキストテキスト</li>
    <li>テキストテキスト
        <ul>
            <li>テキスト</li>
        </ul>
    </li>
</ul>
```

→

```
.bar > li {color:#FF0000;}
```

親要素と直下の子要素の間を > でつなぐ

子孫セレクタでは子要素も孫要素も全てに影響するのに対し、子セレクタは指定した要素の直下の子要素のみを選択するため、孫要素以下にはスタイルが影響しない。

隣接セレクタ（要素の兄弟関係を利用して隣接する要素のみ選択するセレクタ）

```
<h2>見出し</h2>
<p>テキストテキスト</p>
<p>テキストテキスト</p>
<p>テキストテキスト</p>
<p>テキストテキスト</p>
```

→

```
h2 + p {margin-top: 15px;}
```

指定した要素の次に続く要素を + でつなぐ

「p要素の次に続くp要素」とか、「h2要素の次に続くdiv要素」などのように、ある特定の要素の次に隣接する要素のみを選択できる。

●属性セレクタ

属性セレクタとは、属性の値を判別して要素を選択できるセレクタの一種です。CSS2.1 では属性の有無、または属性の値を指定してセレクタとします。

セレクタ	意味	例
E[attr]	属性attrを持つ要素(E)を選択	a[href] href属性を持つa要素
E[attr="value"]	属性attrの値がvalueである要素(E)を選択	a[target="_blank"] target属性値が_blankであるa要素

●疑似クラス

疑似クラスとは、ソースコードが一定の条件を満たす状態・状況になっている場合にスタイルを設定できるセレクタの一種です。:hoverのようにユーザーのマウス操作に応じてスタイルを切り替えたい場合や、:first-childのようにHTMLソースの構造に規則性がある場合に活用します。

セレクタ	意味	例
:link	未訪問リンク	a:link{color:#000099;}
:visited	訪問済みリンク	a:visited{color:#cccccc;}
:hover	要素にマウスが乗っている時	a:hover{color:#ff0000;}
:active	要素がアクティブな時	a:active{color:#ffff00;}
:focus	要素にフォーカスしている時	a:focus{color:#ffff00;}
:first-child	要素の中の最初の子要素	li:first-child{border-top:none;}
:lang()	要素にその言語コードが指定されている時	span:lang(en){font-size:80%;}

●疑似要素

疑似要素とは、実際には要素が存在しない（HTMLタグで囲まれていない）箇所を疑似的に要素があるかのようにみなしてスタイルを設定できるセレクタの一種です。

セレクタ	意味	例
:first-letter	要素の最初の1文字	p:first-letter{font-size:200%;}
:first-line	要素の最初の1行	p:first-line{font-weight:bold;}
:before	要素内の先頭にコンテンツを生成	p:before{content:"『";}
:after	要素内の末尾にコンテンツを生成	p:after{content:"』";}

●図 06-8　疑似要素

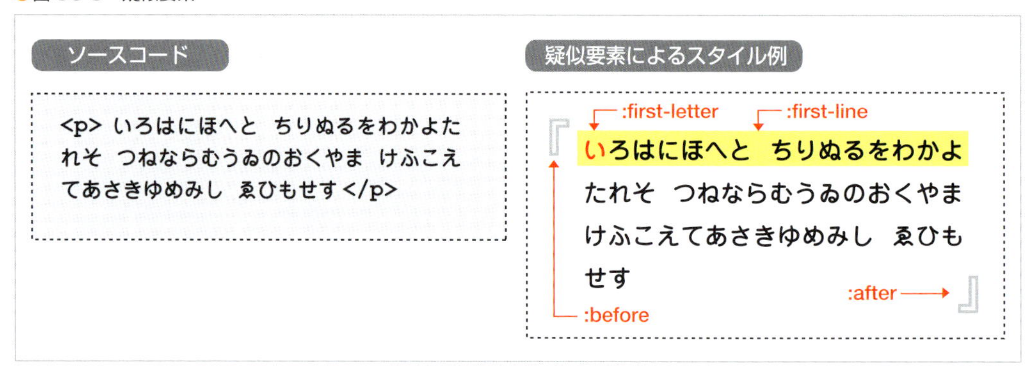

:before 擬似要素／ :after 擬似要素

:before 擬似要素と :after 擬似要素は、要素の内側に CSS で擬似的なコンテンツを生成できる特殊なセレクタで、HTML 側に物理的な要素を記述することなく、まるでそこに何か要素があるかのように振る舞わせることができます。

●図 06-9　:before ／ :after 擬似要素の生成位置

:before ／ :after でコンテンツを生成するためには、content プロパティを使う必要があります。content プロパティでは、テキスト、画像、空のボックスなどを生成することが可能です。

●例

```
＜テキストの生成＞
.sample:before {
        content: "文字列";
}
＜画像の生成＞
.sample:before {
        content: url(画像のパス);
}
＜空ボックスの生成＞
.sample:before {
        content: "";
}
```

生成された :before/:after 擬似要素は、通常の要素に指定するのと同じように色や背景、サイズ指定など様々なスタイルを設定することが可能です。ただしHTML ソースコード上に実態は無いため、あくまでデータではなく装飾的な要素を追加したい場合に使うようにしましょう。

Memo
content プロパティで生成されるボックスは、初期設定ではテキストレベルの span 要素と同じような扱いとなります。サイズ指定が可能な div 要素と同じような扱いをしたい場合には、display プロパティ（p.224）の変更が必要となります。

CSS3 で追加されたセレクター覧

以下は CSS3 で定義されている各種セレクタの一覧になります。ここに挙げたセレクタは IE9 以上であれば全て利用できます。

なお CSS3 で追加されたセレクタの使い方は Chapter07(p.262) で詳しく解説しますので、ここではザッと目を通すだけで結構です。

●CSS3 セレクタ

セレクタ	名称	意味
E~F	間接セレクタ	兄要素 E の後に続く全ての要素 F を選択する

●CSS3 属性セレクタ

セレクタ	意味
E[attr^="value"]	属性 attr の値が value で始まる要素（E）を選択
E[attr$="value"]	属性 attr の値が value で終わる要素（E）を選択
E[attr*="value"]	属性 attr の値に value を含む要素（E）を選択

●CSS3 擬似クラス

種類	セレクタ	意味
構造擬似クラス	E:last-child	最後の子であるE要素
	E:nth-chlid(n)	n番目の子であるE要素
	E:nth-last-child(n)	後ろからn番目の子であるE要素
	E:only-child	唯一の子であるE要素
	E:first-of-type	最初のE要素
	E:last-of-type	最後のE要素
	E:nth-of-type(n)	n番目のE要素
	E:nth-last-of-type(n)	後ろからn番目のE要素
	E:only-of-type	唯一のE要素
	:root	文書のルート要素（html要素）
	E:empty	テキストを含め子を持たないE要素
否定擬似クラス	E:not(s)	セレクタsではないE要素
ターゲット擬似クラス	E:target	ターゲットになるE要素
UI擬似クラス	E:enabled	入力可能状態なE要素（UI要素のみ）
	E:disabled	入力不可状態なE要素（UI要素のみ）
	E:checked	選択された状態のE要素（UI要素のみ）

●CSS3 擬似要素

セレクタ	意味
::first-line	要素の最初の1行
::first-letter	要素の最初の1文字
::before	要素の先頭の生成コンテンツ
::after	要素の末尾の生成コンテンツ
::selection	ユーザが選択した領域

Memo

::selection 以外は CSS2.1 から存在しているものと同じですが、CSS3 からは擬似クラスとの違いを明確にするため、先頭の記号がコロン 1 つからコロン 2 つになりました。

セレクタの優先順位と詳細度

CSS には、異なる複数のセレクタから同じ場所の同じプロパティに対して別々の値が指定された場合、最終的にどのセレクタに記述されている指定を優先して表示させるかを判定する仕組みが用意されています。

基本的には「後から記述されたものを優先」して値が上書きされるのですが、もうひとつセレクタの詳細度というものによっても優先順位が変わってきます。

セレクタの詳細度

セレクタの詳細度とは、文字通りセレクタがどれだけ細かく指定されているかを示すもので、この値が最も大きいセレクタが最優先されます。この仕組みがあるため、詳細度が全く同じ場合には後から記述されたセレクタが優先されますが、詳細度の高いセレクタと低いセレクタが被った場合には、記述された順番に関わらず、詳細度の高い方が優先されるようになっています。

詳細度はセレクタの種類などに応じてポイント制のような形となっており、内部的には数値で管理されています。この数値決定のアルゴリズムは少々複雑なので、

- 「タグ < class < id」の順に詳細度が高くなり、優先順位が上がる
- 「外部参照<内部参照<インライン指定」の順に詳細度が高くなり、優先順位が上がる
- 子孫セレクタ等でセレクタが複数になっている場合は「より詳しく」指定されている方が優先される

など、基本的な法則を押さえておくようにしましょう。

●図 06-10　CSS の優先順位

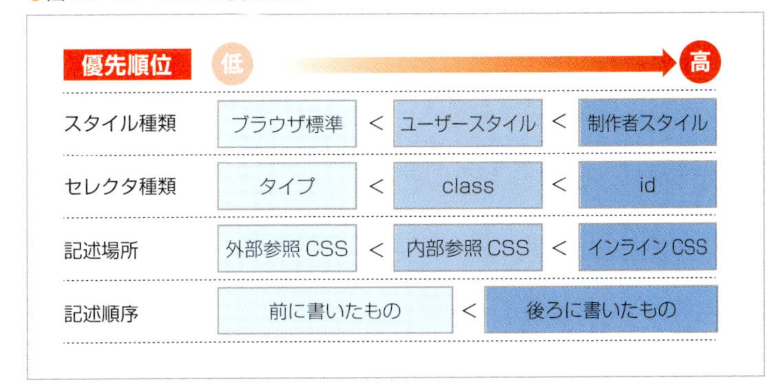

!important

セレクタの詳細度が原因でスタイルの上書きができない場合は、原則としてより詳細度の高いセレクタを作って上書きするか、同じ詳細度同士のセレクタに修正して、記述順によって上書きされるように修正するしかありません。しかしどうしてもそれが困難な場合、プロパティの後ろに「!important」と記述すると詳細度を無視してその指定を最優先にできます。

例えばこちらのコードの場合、id セレクタが使われている上のセレクタの方が class セレクタだけの下のセレクタよりも詳細度が高いので、上のセレクタの方が優先されます。

●図 06-11　通常の優先度

```
#hoge .fuga{ color: red; }/*優先*/
.fuga { color: blue; }
```

しかしこのように !important を使うと、詳細度が無視され、!important がついたセレクタの方が優先されるようになります。

●図 06-12　!important での最優先指定

```
#hoge .fuga{ color: red; }
.fuga { color: blue !important; }/*優先*/
```

!important はどうしてもこれを使うしか方法が無い場合には使っても構いません。しかし乱用すると正常なスタイルの継承・上書きの仕組みが壊れてしまうので、極力使わないようにするのが原則です。あくまで「奥の手」だという認識で最小限の利用にとどめるようにしてください。

POINT

- CSS とは「どこの」「何を」「どうする」の繰り返し
- 「どこの」にあたるセレクタを理解することが上達の近道
- よく使うプロパティは何度も書いて覚える

CSSで文書を装飾する

背景画像を使って装飾する

LESSON07では、背景画像の扱い方を練習します。背景画像を自由に扱えるようになるとWebの表現力が格段に上がります。

サンプルファイルはこちら    index.html/style.css

●Before

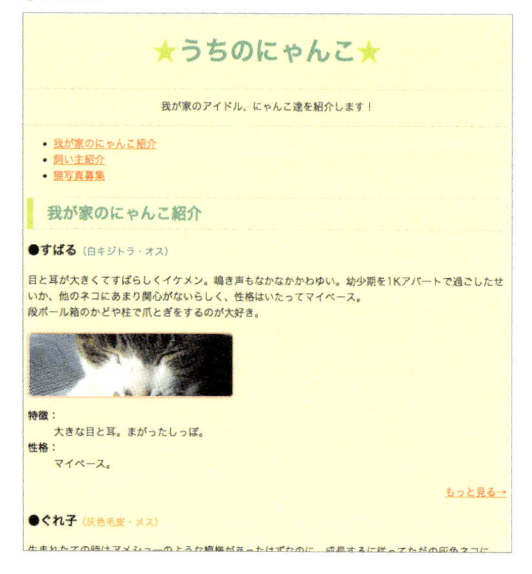

●After

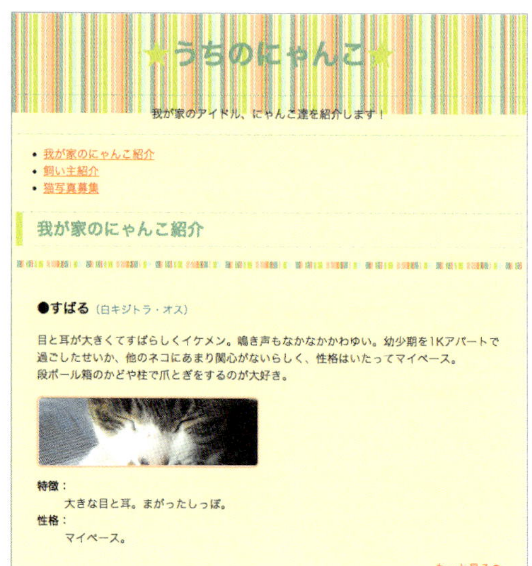

実習 背景画像で装飾をする

ブラウザ全体の背景にストライプ模様の素材を設定する

1 使用する素材を確認する

使用する画像素材はimgフォルダ内にbg-stripe01.pngという名前で保存されています。100×140pxの部分パーツになっています。

2 body要素に背景画像を設定する

[style.css]

```
3 /*ウィンドウ背景色の設定*/
4 body{
5     background-color: #fbf9cc;
6     background-image: url(img/bg-stripe01.png);
7 }
```

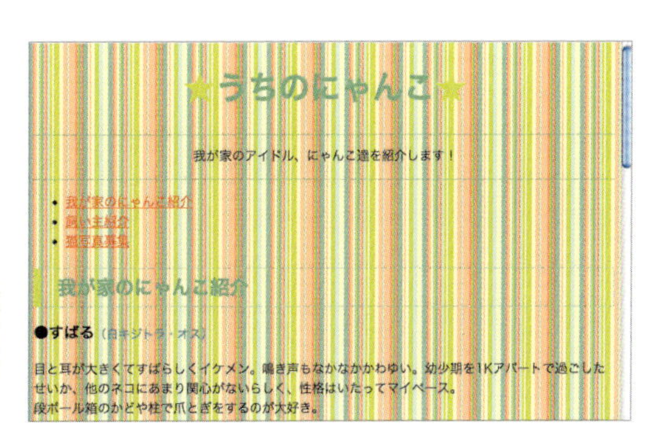

> ★覚えよう
> background-image　[背景画像]

background-imageプロパティで素材を指定すると、縦横にリピート配置され、要素全体が画像で埋め尽くされます。

3 背景画像の繰り返し方向を指定する

[style.css]

```
3 /*ウィンドウ背景色の設定*/
4 body{
5     background-color: #fbf9cc;
6     background-image: url(img/bg-stripe01.png);
7     background-repeat: repeat-x;
8 }
```

> ★覚えよう
> background-repeat　[背景画像の繰り返し方向]
> 値：repeat ¦ repeat-x ¦ repeat-y ¦ no-repeat

用意した画像素材を横方向のみ繰り返したいのでrepeat-xを指定します。縦方向のみはrepeat-y、繰り返し無しはno-repeat、デフォルトの値はrepeatになります。

猫紹介ブロックに背景画像を設定する

使用する素材を確認する

使用する画像素材はimgフォルダ内にbg-stripe02.pngという名前で保存されています。100×10pxの部分パーツになっています。

2 HTMLソースに、同じスタイルを適用するためのclass名を設定する

[index.html]

```
25 <section id="subaru" class="frame">
26 <h3>●すばる<span class="cat-type male">（白キジトラ・オス）</span></h3>
```

```
39 <section id="gureko" class="frame">
40 <h3>●ぐれ子<span class="cat-type female">（灰色毛皮・メス）</span></h3>
```

```
53 <section id="nezuko" class="frame">
54 <h3>●ねず子<span class="cat-type female">（白茶トラ・メス）</span></h3>
```

現在別々のid属性が設定されているdiv枠に同じスタイルを設定する場合は、#subaru,#gureko,#nezukoのようにグループセレクタで一括指定することもできます。しかし共通のスタイル設定は同じ名前でコントロールした方が使い勝手もメンテナンス性も良いので、「frame」というclass名を追加しておきます。

3 .frameに枠のスタイルを設定する

[style.css]

```
72 /*フレームの設定*/
73 .frame{
74     margin: 20px 0;
75     padding: 35px 30px 30px 30px;
76     background-image: url(img/bg-stripe02.png);
77     background-repeat: repeat-x;
78     background-color: #fbf9cc;
79 }
```

Memo
padding(margin)にショートハンドで4つの値を与えた場合、上／右／下／左を表します。

●すばる（白キジトラ・オス）

目と耳が大きくてすばらしくイケメン。鳴き声もなかなかかわゆい。幼少期を1Kアパートで過ごしたせいか、他のネコにあまり関心がないらしく、性格はいたってマイペース。
段ボール箱のかどや柱で爪とぎをするのが大好き。

「もっと見る」リンクに矢印アイコンを設定する

[style.css]

```
55 /*「もっと見る」リンクの設定*/
56 .more{
57     text-align: right;
58     padding-right: 20px;
59     background-image: url(img/icon-arw01.png);
60     background-repeat: no-repeat;
61     background-position: right center;
62 }
```

もっと見る→

★覚えよう
background-position　[背景画像の配置]
値：横位置　縦位置

background-repeat で no-repeat を指定すると、用意した画像を繰り返さずにそのまま配置できます。また、background-position でセレクタに指定した要素のどこを起点として配置するかを設定できます。right center は右＋上下センターの位置です。

背景画像の指定をショートハンドに修正する

[style.css]

```
3  /*ウィンドウ背景色の設定*/
4  body{
5      /*
6      background-color: #fbf9cc;
7      background-image: url(img/bg-stripe01.png);
8      background-repeat: repeat-x;
9      */
10     background: #fbf9cc url(img/bg-stripe01.png) repeat-x;
11 }
```

Memo
/*～*/で挟まれた範囲のコードはコメント扱いとなり、無効となります。一時的にコードをコメントで挟んで無効にすることを「コメントアウトする」と言います。

background関連プロパティは、backgroundプロパティによって一括指定できます（ショートハンド）。この場合、必要な値を半角スペースで区切って並記します。省略した値についてはデフォルトの値が自動的にセットされます。またbackgroundプロパティの場合、値の順番は関係ありませんので、自分が分かりやすいように記述しておけばOKです。

.frameと.moreの背景関連プロパティもbodyと同様にショートハンド記述に修正しておきましょう。

COLUMN

よく使うショートハンド

CSSでは、複数のプロパティを1行でまとめて記述する「ショートハンド」という書き方がよく利用されます。ショートハンドで記述できるプロパティはいろいろありますが、中でも次の3つは非常に利用頻度が高いものとなりますので、細かい注意点も含めしっかり理解しておく必要があります。

① margin / padding

上下左右のmargin/paddingを一括指定できます。値の順番に意味があります。

●図07-1　ショートハンドmargin

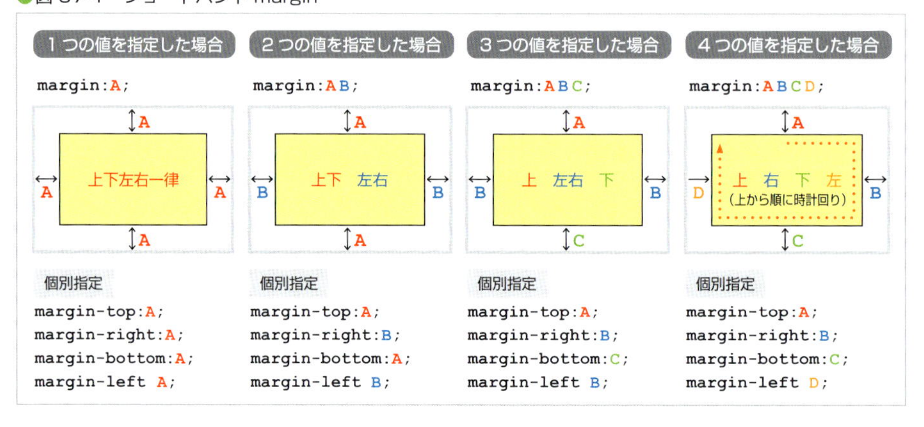

② border

border-style, border-width, border-colorの3つのプロパティを一括指定できます。値の順番に意味はありませんので入れ替え可能ですが、3つの値を全て記述する必要があります。

●図07-2　ショートハンドborder

③ background

backgroundに関連する複数のプロパティを一括指定できます。値の順番に意味はありませんので入れ替え可能です。また、各プロパティの初期値（デフォルト）と同じ場合は値の省略が可能です。省略された値は初期値で上書きされます。

●図07-3　ショートハンドbackground

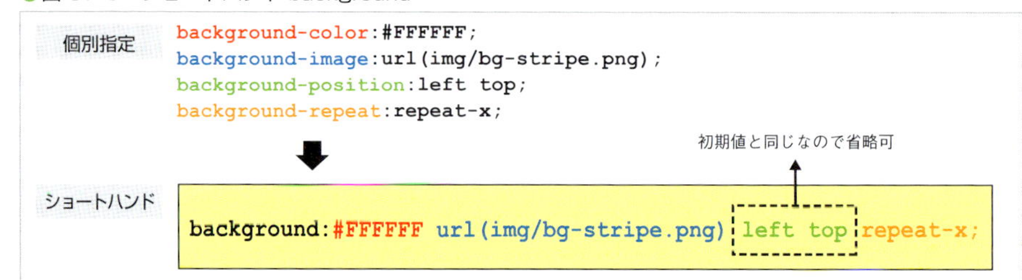

●表 07-1 background 関連プロパティの意味と初期値一覧

プロパティ	意味	値	初期値
background-color	背景色	カラーコード¦カラーネーム¦transparent	transparent（透明）
background-image	背景画像	url（ファイルパス）¦none	none（画像なし）
background-repeat	背景画像の繰り返し方向	repeat¦repeat-x¦repeat-y¦no-repeat	repeat（縦横に繰り返し）
background-position	背景画像の表示開始位置	位置を表すキーワード¦%¦数値(px)	左上（left top¦0% 0%¦0px 0px）
background-attachment	背景画像の固定・移動	fixed¦scroll	scroll

講義 背景関連プロパティに関する補足

background-position プロパティの値を数値で指定した場合

```
background-position:left top;
                     ①    ②
```

① 左右方向の位置。left¦center¦right のいずれかの値を取る。
② 上下方向の位置。top¦center¦bottom のいずれかの値を取る。

基本は上図のように左右方向・上下方向それぞれのキーワードを指定しますが、ここに px などの単位で数値を指定することもできます。ただしこの場合は必ず左上が起点となりますので注意が必要です。

●図 07-4 background-position

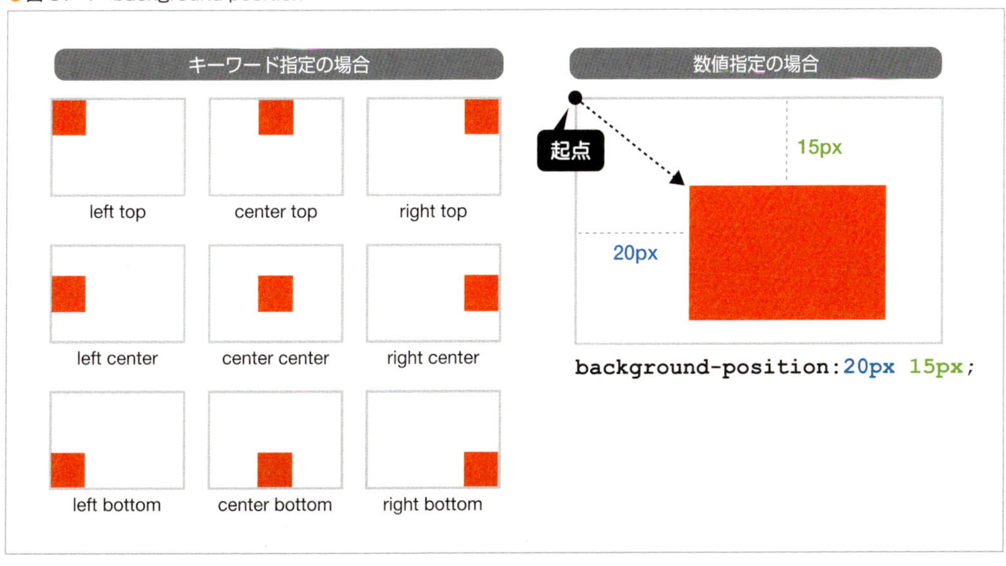

ショートハンドで色指定を省略した場合の注意点

background-color だけは個別に指定し、背景画像関連はショートハンドでまとめるという書き方をすることがあります。その際、プロパティの記述順に注意する必要があります。

【NG 例】

```
セレクタ{
  background-color:#ff0000;
  background:url(img/bg.gif) right top no-repeat;
}
```

【OK 例】

```
セレクタ{
  background:url(img/bg.gif) right top no-repeat;
  background-color:#ff0000;
}
```

NG 例では、ショートハンド指定より前に背景色指定がありますが、この場合背景色は表示されません。これは、次の 2 つの CSS のルールが関係しています。

- background ショートハンドで省略された値はデフォルトの値がセットされる
- 同じ要素の同じプロパティに異なる値をセットした時は、後から読み込まれた値が優先される

NG 例の場合、最初に background-color を赤に設定した後で、ショートハンドの background を設定しています。そしてショートハンドの中では background-color の値を省略しています。この場合デフォルトの値である transparent（透明）で赤の指定を上書きすることになるため、背景色が表示されないことになるのです。

背景画像を使わないと再現できないデザインの見分け方

写真やイラスト、アイコンや複雑なパターンなどは当然画像素材が必要になりますが、角丸·グラデーション·ドロップシャドウといったよく使われるデザイン表現に関しては後述する CSS3 で新しく追加されたプロパティを使えば CSS だけで再現できるため、わざわざ画像素材を用意する必要はありません。

一方、CSS2.1 まで（IE8 以下に対応）という前提の場合は CSS だけでは再現できないため、「ベタ塗りで角が四角いもの」以外は原則として全て画像素材を用意しなければならなくなります。また、1 つの要素に使える背景画像は 1 枚だけという制限もあります。

基本的に現在では CSS3 も使える前提で制作することがほとんどかと思いますが、そうでない環境に配慮をする必要がある場合は少し注意が必要です。

●図 07-5　CSS のレベルによる再現可能な表現の違い

COLUMN

Webで扱う画像の形式

Webで扱う画像形式は、主にJPEG / PNG / GIFの3種類です。それぞれに特徴がありますので用途に合わせて選択する必要があります。

形式	GIF	JPEG	PNG-8	PNG-24/32
色数	最大256色	フルカラー	最大256色	フルカラー
圧縮方法	可逆圧縮	非可逆圧縮	可逆圧縮	可逆圧縮
圧縮率	中	高	高	低
透過機能	○	×	○	○
アルファチャンネル	×	×	△	○
アニメーション	○	×	×	×
主な用途	アイコン・イラスト・画像文字・アニメーション	写真	アイコン・イラスト・画像文字	半透明処理が必要な画像
備考	PNG-8に比べやや圧縮率が低い	圧縮で画像が劣化する		JPEGよりファイルサイズが大きくなる

また、上記は全て「ビットマップ形式」の画像形式であるのに対し、近年では徐々に「ベクター形式」の画像として「SVG」という形式が採用されるケースも増えてきています。
ベクター形式の画像は、Adobe Illustratorで作成したデータのように全て数式で構成されており、アイコンやロゴ画像などのエッジがシャープなイラスト用の画像形式に適しています。ビットマップ画像との大きな違いは、「拡大縮小しても滑らかなエッジをキープできる」という点で、特に画像のマルチデバイス対応へのソリューションとして近年注目が集まっています。(IE8以下とAndroid2.x以下は非対応です)

POINT

- よく使う背景関連プロパティを覚えておこう
- ショートハンドでの書き方と、その注意点を確認しよう
- CSSレベルによるデザイン再現力の違いに注意しよう

CSSで文書を装飾する

初歩的な文書のレイアウトとボックスモデル

LESSON08では、CSSで文書をレイアウトする際に必ず必要となる「ボックスモデル」の概念と、フロートを使った初歩的なレイアウト方法について学習します。ボックスモデルの概念は、セレクタと並んでCSSレイアウトにおいて非常に重要な概念ですので、しっかり理解するようにしましょう。フロートを使ったレイアウトについては次章でより詳しく扱いますが、まずは簡単なサンプルでその基本を理解しておきましょう。

サンプルファイルはこちら

●Before

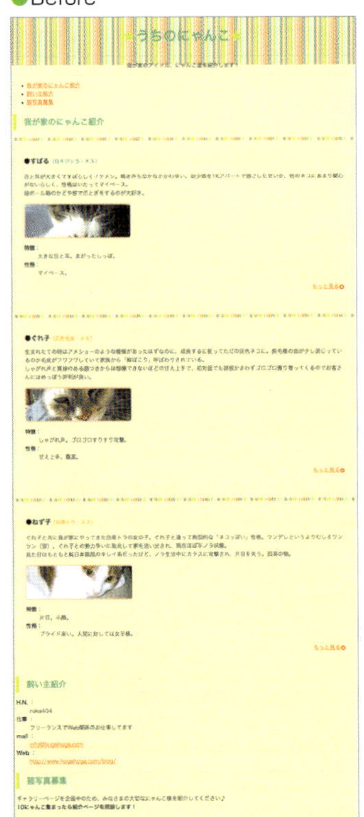

●After

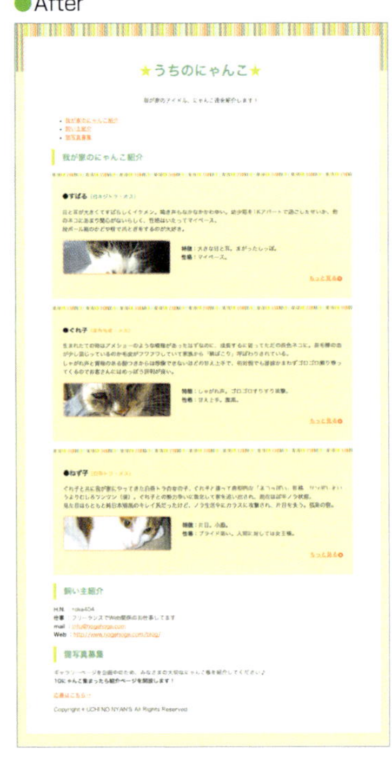

実習 ページ全体のレイアウトを整える

コンテンツ領域のスタイルを設定する

コンテンツ全体を白い枠の中に入れて読みやすくレイアウトを調整します。

1 #wrap に padding・border・background-color を設定する

#wrap に背景色と余白、境界線を設定してコンテンツ全体を少し読みやすく調整します。

[style.css]

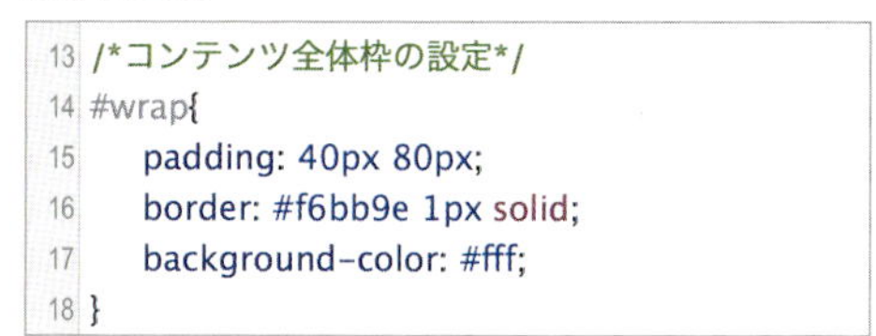

```
13 /*コンテンツ全体枠の設定*/
14 #wrap{
15     padding: 40px 80px;
16     border: #f6bb9e 1px solid;
17     background-color: #fff;
18 }
```

2 #wrap の横幅を 960px に設定してブラウザの中央に寄せる

横幅が広くなりすぎると可読性が落ちるので、#wrap の横幅を 960px に固定し、ブラウザの中央にセンタリング配置します。

[style.css]

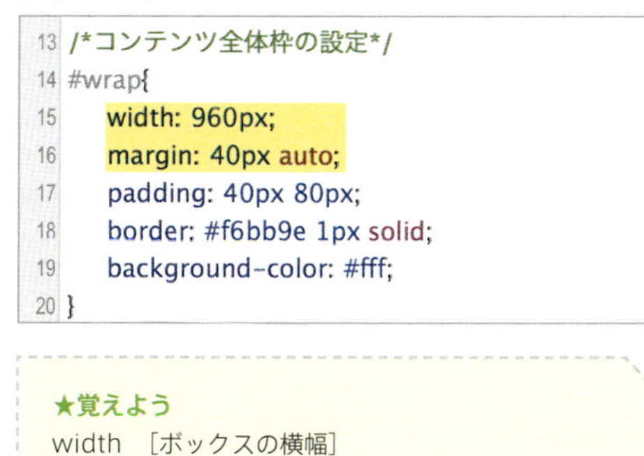

```
13 /*コンテンツ全体枠の設定*/
14 #wrap{
15     width: 960px;
16     margin: 40px auto;
17     padding: 40px 80px;
18     border: #f6bb9e 1px solid;
19     background-color: #fff;
20 }
```

★覚えよう
width ［ボックスの横幅］

左右marginの値をautoにすると、横幅を固定したボックスそのものをセンタリングできます。text-align:center;でセンタリングできるのはボックスの中身だけなので、間違えないようにしましょう。

3 #wrap の横幅が border まで含めて 960px で収まるように調整する

width:960px とした場合、border まで含めた全体の横幅は 960+80+80+1+1=1122px となってしまっています。これは、width が padding と border を含まない純粋なコンテンツ領域のみを指すものだからです。

●図 08-1　ボックスモデル

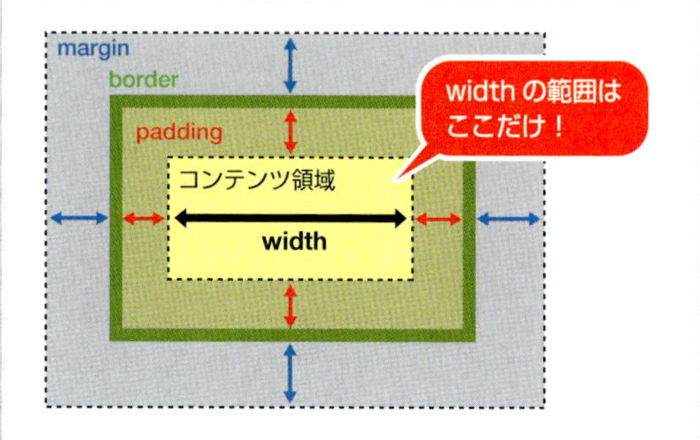

●図 08-2　width:960px の時の横幅

border を含むコンテンツ幅を 960px にしたい場合、設定されている padding と border の数値を 960 から引いて 960-80-80-1-1=798px とする必要があります。このようなサイズ計算のモデルのことを「ボックスモデル」と呼び、CSS レイアウトにおける非常に重要な概念となっています。

[style.css]

```
13 /*コンテンツ全体枠の設定*/
14 #wrap{
15     width: 798px;
16     margin: 40px auto;
17     padding: 40px 80px;
18     border: #f6bb9e 1px solid;
19     background-color: #fff;
20 }
```

Memo ボックスモデルについてはこの LESSON の講義 （p.102）で詳しく解説していますのでそちらも参照してください。

写真と特徴データを横並びにする

猫の写真とその特徴データを、縦並びではなく横並びになるようにレイアウトを変更します。

1 写真と特徴データに class 名をつける

[index.html]

```
30 <img src="img/subaru.jpg" width="320" height="100" alt="すばる" class="ph">
31 <dl class="data">
32 <dt>特徴：</dt><dd>大きな目と耳。まがったしっぽ。</dd>
33 <dt>性格：</dt><dd>マイペース。</dd>
34 </dl>
```

※２匹目・３匹目のデータにも同様に class 名をつけます。

まず最初に、レイアウト指定のためのスタイル設定がしやすいよう、class 名をつけておきます。これらの class 名は CSS の段階でその都度必要に応じてつけても良いですし、文書構造をマークアップする際にあらかじめつけておいてもどちらでも構いません。

2 float プロパティを使って写真と特徴データを横並びにする

[style.css]

```
64 /*写真と特徴データの設定*/
65 .ph{
66     float: left;
67     margin-right: 30px;
68 }
69
70 .data{
71     float: left;
72 }
```

★覚えよう
float ［要素の浮動化(回り込み)］
値：left ¦ right

●すばる（白キジトラ・オス）

目と耳が大きくてすばらしくイケメン。鳴き声もなかなかかわゆい。幼少期を1Kアパートで過ごしたせいか、他のネコにあまり関心がないらしく、性格はいたってマイペース。
段ボール箱のかどや柱で爪とぎをするのが大好き。

もっと見る

特徴：
大きな目と耳。まがったしっぽ。
性格：
マイペース。

●ぐれ子（灰色毛皮・メス）

生まれたての時はアメショーのような模様があったはずなのに、成長するに従ってただの灰色ネコに。長毛種の血が少し混じっているのか毛皮がフワフワしていて家族から「綿ぼこり」呼ばわりされている。
しゃがれ声と貫禄のある顔つきからは想像できないほどの甘え上手で、初対面でも誰彼かまわずゴロゴロ擦り寄ってくるのでお客さんにはめっぽう評判が良い。

もっと見る

特徴：
しゃがれ声。ゴロゴロすりすり攻撃。
性格：
甘え上手。腹黒。

float:left; が設定された要素自身は左端に配置され、右側の余白領域に後続要素が回りこんで表示されます。この仕組みにより、通常は縦並びに配置される要素を横並びにできます。回りこんできた後続要素は、float した要素にぴったりくっついてしまうため、写真の方には margin-right で余白を確保しておきます。

3 clear プロパティを使って float を解除する

```
74 /*「もっと見る」リンクの設定*/
75 .more{
76     text-align:right;
77     /*
78     background-image:url(img/icon-arw01.png);
79     background-repeat:no-repeat;
80     background-position:right center;
81     */
82     background:url(img/icon-arw01.png) no-repeat right center;
83     padding-right:15px;
84     clear: left;
85 }
```

★覚えよう
clear ［フロート解除］
値：left ¦ right ¦ both

写真と特徴データにそれぞれ float:left; を設定しただけだと、特徴データの右側の余白に「もっと見る」まで回りこんでしまい、更に各猫紹介の枠も縮んで中身がはみ出したようにレイアウトが崩れてしまいます。これは float（回り込み）の解除が行われていないために、隙間があるところに後続要素がどんどん入り込んできてしまう状態になっていることが原因です。今回のレイアウトでは「もっと見る」に該当する p 要素は回りこませたくないので、ここに clear プロパティを設定して float を解除します。今回は float:left しか使っていないため、clear の値も left で OK です。

特徴データの体裁を整える

1 dt と dd を横並びにする

少し特殊なケースですが、dt 要素にだけ clear:left と float:left を両方指定しておくと記述リストの dt と dd を簡単に横並びにできます。

[style.css]

```
51 /*情報データ見出しの設定*/
52 dt{
53     clear: left;
54     float: left;
55     font-weight:bold;
56 }
```

特徴：大きな目と耳。まがったしっぽ。
性格：マイペース。

2 .data に width を明示する

dt と dd を横並びにすると、dd がおかしなところで折り返してしまっているのが分かります。

これは dl 要素（.data）に width が明示されていないことが原因です。float した要素は原則として width を明示しておくことが推奨されていますので、.data に width を指定しておきます。

[style.css]

```
72 .data{
73     float: left;
74     width: 388px;
75     background-color: #f00; /*dl要素の領域を確認するためのダミー背景色*/
76 }
```

●図 08-3　width 指定あり／なしの比較

width が何ピクセルになるのかは、親要素から順番にボックスモデルに基いて計算してしていけば割り出すことができます。

今回のケースでは下図を参考にしてください。

●図 08-4　width 割出し図

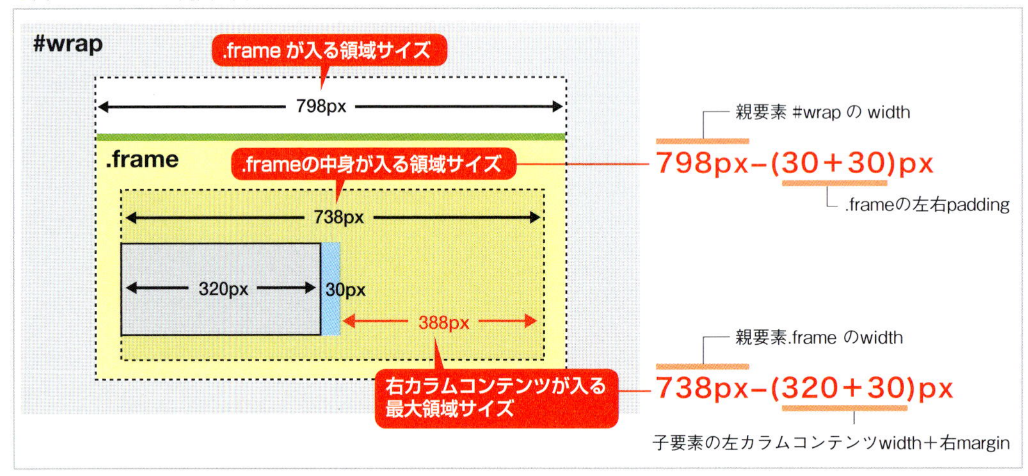

講義　ボックスモデルとは

HTML タグでマークアップされた要素は 1 つの箱＝ボックスとみなされます。このボックスに対する width/height・padding・border・margin がどのような関係にあるのかを示したものがボックスモデルと呼ばれる概念になります。次の図を見てください。

●図 08-5　ボックスモデル概念図

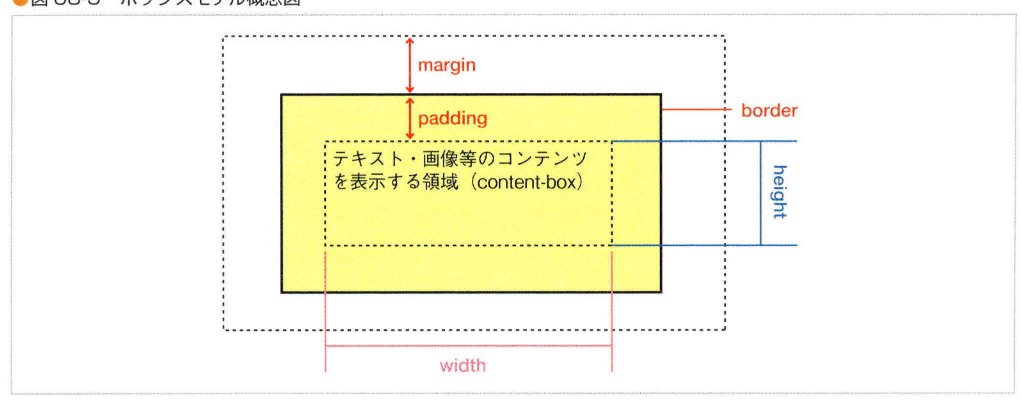

ボックスの境界線である border を境目として、内側の余白が padding、外側の余白が margin となることは既に学んだとおりです。ボックスモデルのポイントはサイズを指定する width・height の範囲です。

通常人間が「幅」と認識するのは色や背景画像をつけることが可能な border までの領域になりますが、CSS

における「width ／ height」は原則として border･padding を除くコンテンツ領域（この領域を「content-box」と呼びます）のみとなります。

> **Memo**
> CSS3 からの新しいプロパティ「box-sizing」を利用すれば、width/height として計算する領域を border から border までの領域（border-box）に変更することは可能ですが、初期設定では常に width/height は content-box の領域を指します。

●図 08-6　見た目の幅と width の差

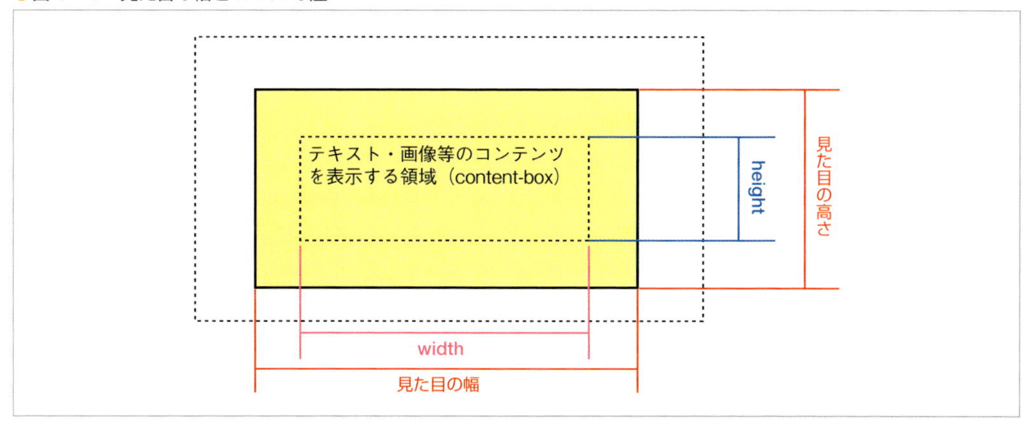

つまり、border・padding が無い場合は見た目の幅＝ width となりますが、それらがある場合は見た目の幅と width の値が一致しないという状態になるため、注意が必要です。

デザインからサイズを読み取って CSS でレイアウトする場合、見た目の幅と width の値との差についてボックスモデルの概念に基いてきちんと把握しながらコーディングしていく必要があります。

特に float プロパティを使って段組にする場合、横並びにした子要素ボックスの合計が親要素の width を 1px でもはみ出してしまうと、一番端のボックスが次の行に改行されてしまいます（カラム落ちの状態）。

Web ページのレイアウトはボックスの入れ子で成り立っていることがほとんどですので、複数のボックスが入れ子状態になっている場合でも正しく width を割り出せるようにボックスモデルの計算に慣れておく必要があります。

例えば実習に出てきた .data (dl 要素) の width の割り出し方は、次のように考えていけば正しく計算できます。

Step ①：#wrap の width を求める。

#wrap の width は 798px とすでに割り出されているのでこの値が子要素全体が収まる領域の上限となる。

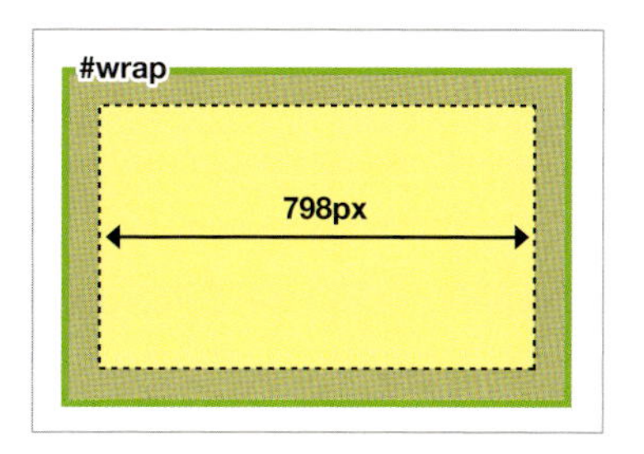

Step ②：.frame の width を求める

.frame には width が明示されていないが、左右に padding が 30px ずつ設定されているので、798px − 60px = 738px となり、これが新たな上限領域となる。

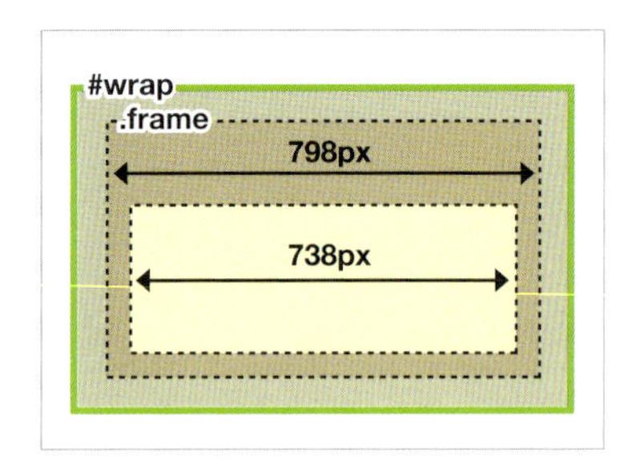

Step ③：.ph を配置するのに必要な領域サイズを求める。

.ph を配置するのに必要な幅は、img 要素の width である 320px ＋右余白の 30px ＝ 350px。

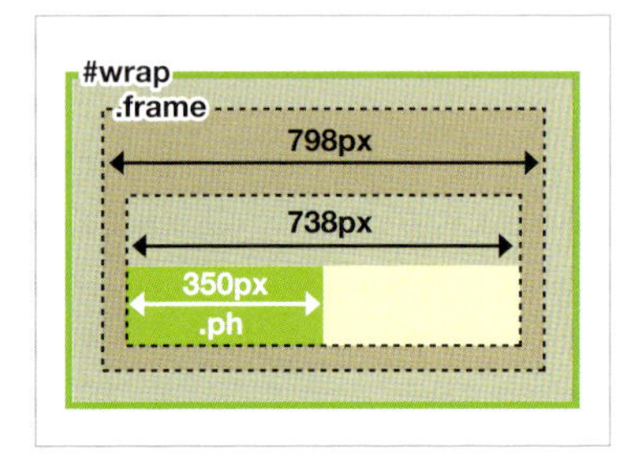

Step ④：上限サイズである②から左側の要素に必要な領域③を引いて残りの領域サイズを求める。

738px − 350px ＝ 388px となり、これが .data を配置できる領域の最大サイズとなる。今回は .data 自身に border、padding、margin は必要ないため、388px をまるまる .data の width として利用できる。もし .data 自身に margin/padding や border が必要な場合は、そこから更にこれらのプロパティに必要なサイズを引いた残りが width となる。

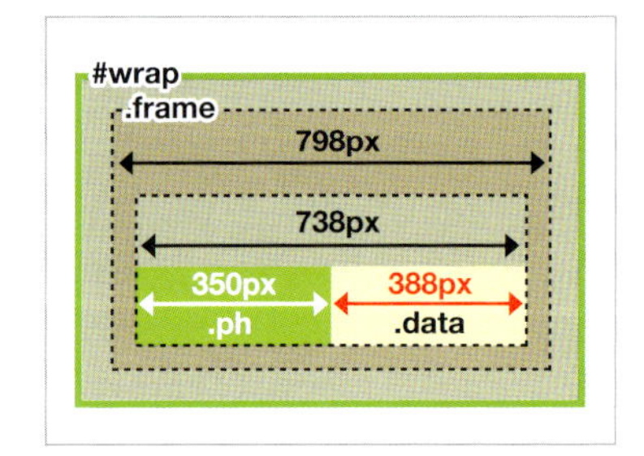

講義 基本的なfloatの仕組み

float は CSS レイアウトの最も基本的なテクニックです。ここを理解しないと CSS で Web ページをレイアウトすることは困難ですので、その仕組みをしっかり理解してください。

通常のソースコードと表示状態の関係

通常、ソースコード上にならんだコードブロックは、図のようにソースコードの記述順と同じように上から順番に縦に並んで表示されます。

●図 08-7　通常のソースコードと表示状態の図

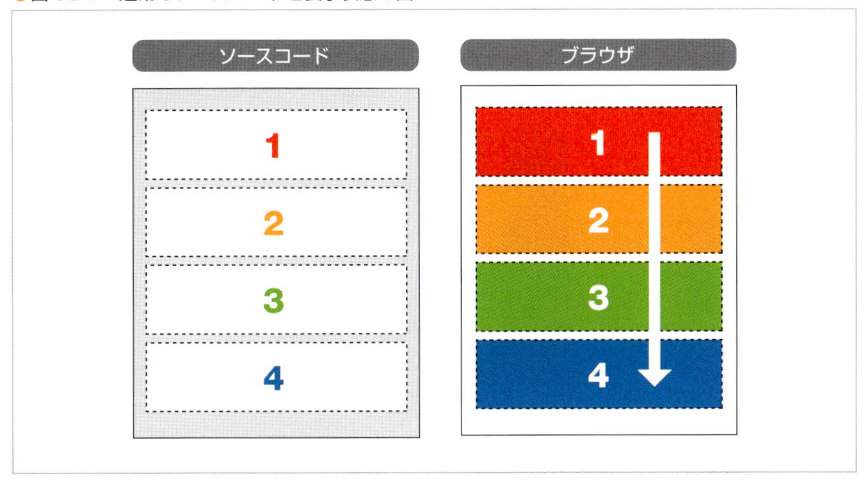

float が設定された場合のソースコードと表示状態の関係

コードブロックに float:left; を設定すると、ソースコードで上→下の順で並んでいたブロックがそのまま左→右の順で横に並びます。この時、float 設定されたブロックには通常 width を指定しますので、親要素の width に収まりきらなかった要素は改行されて 2 行目以降に折り返されます（カラム落ち）。

全て float:right とした場合は上→下の順で並んだブロックが右→左の順で横に並びます（ソースコード上で先頭にあるブロックがブラウザ上では一番右端となり、コードの表示順とは逆順に並ぶ形となる）。

●図 08-8　float:left のソースコードと表示状態の図

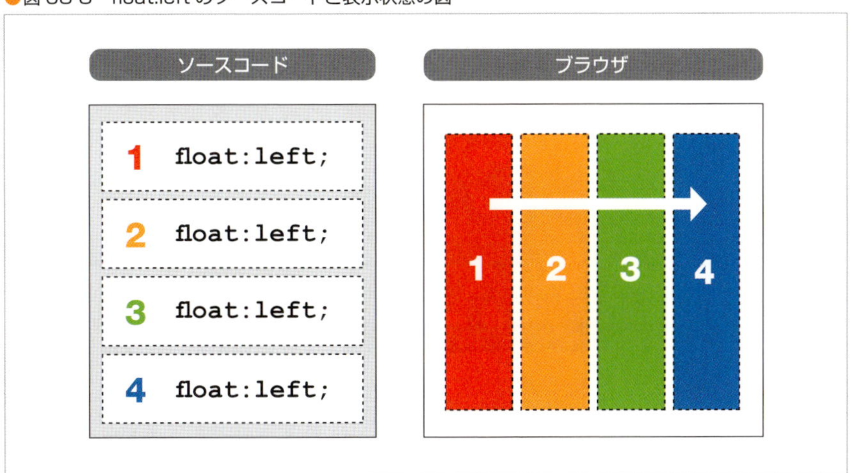

●図 08-9　float:right のソースコードと表示状態の図

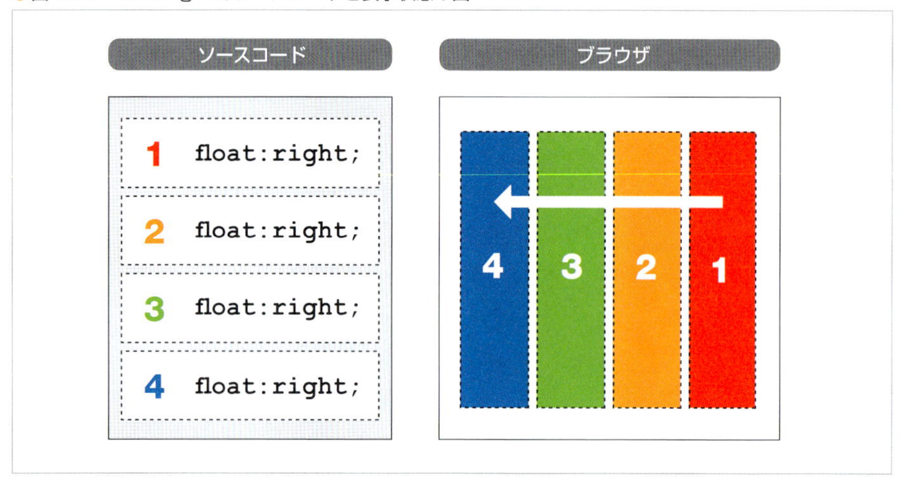

コードブロックの一部分だけに float が設定された場合のソースコードと表示状態の関係

ソースコード中のいくつかのブロックのみ float が設定される場合、float 設定されたブロックの後ろに続く要素（後続要素）も領域に隙間があれば勝手に入り込んできてしまいます。これをそのまま放置しておくと、レイアウト崩れの原因となります。

●図 08-10　部分的な float のソースコードと表示状態の図

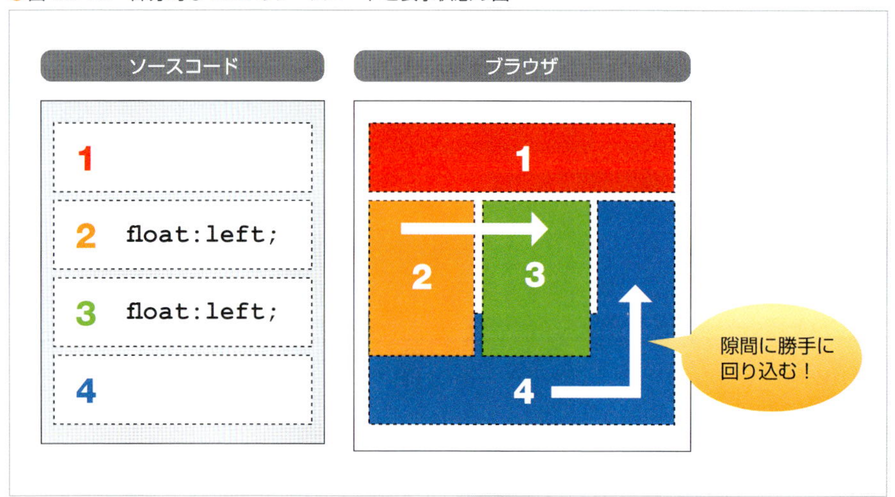

一部分だけ float を設定し、後続要素で解除した場合のソースコードと表示状態の関係

コードブロックの一部分だけ float 設定をして、途中からは元に戻したい場合、元に戻したい後続要素に対して clear プロパティによる float 解除の設定を行う必要があります。float と clear はワンセットとするのが基本です。

●図08-11　float → clearのソースコードと表示状態の図

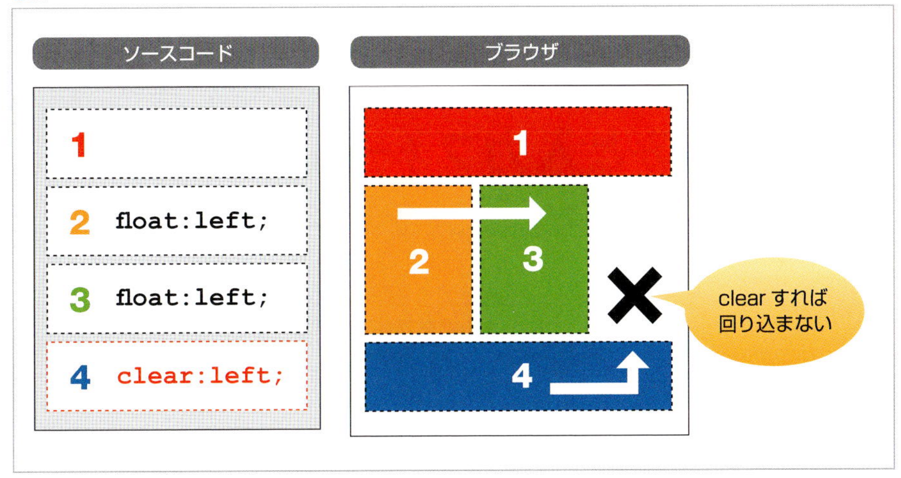

これがfloatレイアウトの最も基本的な形です。Chapter 03では更に複雑な段組のケースや、効率の良い設定方法などを詳しく解説しますので、まずはこの基本形をしっかり頭に入れておいてください。

POINT

- ボックスモデル計算では、width/heightはpadding・borderを含まないのが原則
- widthが指定されたボックスを中央寄せする場合は左右のmarginをautoにする。
- floatを設定したら後続要素で必ずclearする必要がある

CSSで文書を装飾する

表組みと入力フォームのスタイリング

LESSON09では、表組みと入力フォームに対するスタイル指定の方法を学習します。表組みと入力フォームはその他の要素と比較してやや表示にクセがあります。特に入力フォームについてはOSやブラウザによって表示の状態が大きく異ることがありますが、見た目を同じにすることばかりに囚われるのではなく「使いやすさ」を向上させるためにはどうしたら良いか、ということを意識したスタイリングを心がけることが重要です。

サンプルファイルはこちら　chapter02 ▶ lesson09 ▶ before ▶ entry.html/style.css

●Before

猫写真投稿フォーム

必要事項を記入して投稿ボタンを押してください。

猫ちゃんのお名前：	
お住まい：	選択してください
性別：	男の子 女の子
好物：	お魚 お肉 ミルク カリカリ 猫缶 甘いもの
写真：	ファイルを選択 選択されていません
飼い主のお名前：	
メールアドレス：	
コメント：	

クリア　投稿

Copyright © UCHI NO NYAN'S All Rights Reserved.

●After

猫写真投稿フォーム

必要事項を記入して投稿ボタンを押してください。

猫ちゃんのお名前：	
お住まい：	選択してください
性別：	男の子 女の子
好物：	お魚 お肉 ミルク カリカリ 猫缶 甘いもの
写真：	ファイルを選択 選択されていません
飼い主のお名前：	
メールアドレス：	
コメント：	

クリア　投稿

Copyright © UCHI NO NYAN'S All Rights Reserved.

実習 応募フォームを読みやすくスタイリングする

表組みのスタイルを設定する

1 表組みに格子状の境界線と基本スタイルを設定する

表組みに基本となるスタイルを設定します。セルにはpaddingを設定すると読みやすくなります。

[style.css]

```
117 /*表組の設定*/
118 table.entryForm{
119     width: 100%;
120     border: #f6bb9e 2px solid;
121 }
122
123 .entryForm th,
124 .entryForm td{
125     padding: 5px 10px;
126     border: #f6bb9e 1px solid;
127 }
```

猫ちゃんのお名前：	
お住まい：	選択してください
性別：	◉男の子 ○女の子
好物：	□お魚 □お肉 □ミルク □カリカリ □猫缶 □甘いもの
写真：	ファイルを選択 選択されていません
飼い主のお名前：	
メールアドレス：	
コメント：	

2 隣接するセルの境界線を重ねて表示

隣合うセルの境界線は、初期状態ではそれぞれ独立して表示されるため、borderプロパティでセルの四辺に境界線を引くと二重線になってしまいます。border-collapseプロパティを使うと、この隣接するborderを離す（separate）か重ねる（collapse）か指定できるため、border-collapse:collapse;とすることで簡単に格子状の表組み罫線を引くことができます。

[style.css]

```
117 /*表組の設定*/
118 table.entryForm{
119     width: 100%;
120     border: #f6bb9e 2px solid;
121     border-collapse: collapse;
122 }
```

猫ちゃんのお名前：	
お住まい：	選択してください
性別：	◉男の子 ○女の子
好物：	□お魚 □お肉 □ミルク □カリカリ □猫缶 □甘いもの
写真：	ファイルを選択 選択されていません
飼い主のお名前：	
メールアドレス：	
コメント：	

★覚えよう
border-collapse ［表組み罫線の表示方法］
値：separate ¦ collapse

3 見出しセル用のスタイルを設定

見出しセルには専用のスタイルを設定して体裁を整えます。フォントサイズを変更しても文字が折り返されることがないよう、th 要素の width に 10em と指定することで、10 文字分の横幅を確保するようにしています。また、td/th は vertical-align プロパティで縦方向の配置を設定できますが、今回は上付き配置にしておきます。

[style.css]

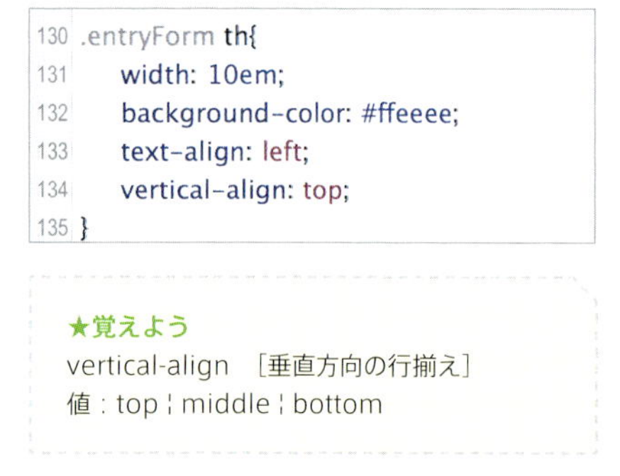

```
130 .entryForm th{
131     width: 10em;
132     background-color: #ffeeee;
133     text-align: left;
134     vertical-align: top;
135 }
```

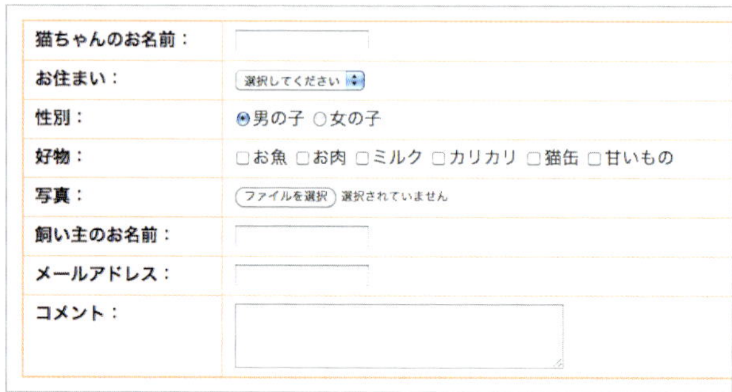

★覚えよう
vertical-align　［垂直方向の行揃え］
値：top ¦ middle ¦ bottom

入力フォームのスタイルを設定する

入力フォーム系の要素は標準の状態だとやや読みづらかったり使いづらかったりするため、可読性や操作性を向上させるために適切なスタイル設定をしておいた方がユーザーにとって使いやすいものとなります。

1 テキストエリアとテキストボックスにスタイルを設定する

テキストエリアとテキストボックスは、そのままでは窮屈なので適切な幅と余白を設定しておくと読みやすくなります。

[style.css]

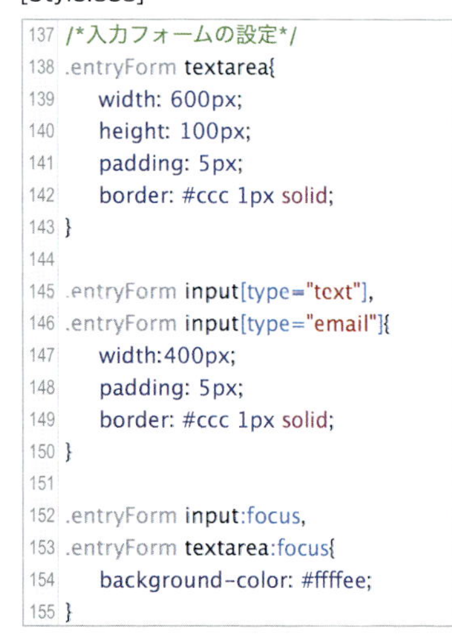

```
137 /*入力フォームの設定*/
138 .entryForm textarea{
139     width: 600px;
140     height: 100px;
141     padding: 5px;
142     border: #ccc 1px solid;
143 }
144
145 .entryForm input[type="text"],
146 .entryForm input[type="email"]{
147     width:400px;
148     padding: 5px;
149     border: #ccc 1px solid;
150 }
151
152 .entryForm input:focus,
153 .entryForm textarea:focus{
154     background-color: #ffffee;
155 }
```

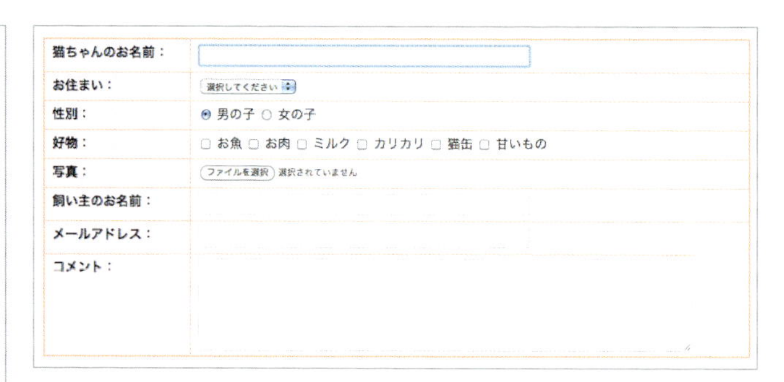

Memo 今回は単一行のテキストボックスだけを選択するのに「属性セレクタ」を使用していますが、専用の class を設定してももちろん構いません。

Memo テキストを入力する部品については、現在入力中のフォーム項目を分かりやすくするために、:focus 疑似クラスを使って背景色を変える処理をしています。

2 ラベル要素を追加する

ラジオボタンとチェックボックスは、要素が小さくクリックがしづらいため、ラベル自身をクリックすることで選択できるように作っておくとユーザビリティの向上に繋がります。entry.html へ次のように修正を加えてください。

[entry.html]

```
37 <tr>
38 <th>性別：</th>
39 <td>
40 <input type="radio" name="sex" id="sex1" value="男の子" checked>
41 <label for="sex1">男の子</label>
42 <input type="radio" name="sex" id="sex2" value="女の子">
43 <label for="sex2">女の子</label>
44 </td>
45 </tr>
46 <tr>
47 <th>好物：</th>
48 <td>
49 <input type="checkbox" name="like1" id="like1" value="お魚">
50 <label for="like1">お魚</label>
51 <input type="checkbox" name="like2" id="like2" value="お肉">
52 <label for="like2">お肉</label>
53 <input type="checkbox" name="like3" id="like3" value="ミルク">
54 <label for="like3">ミルク</label>
55 <input type="checkbox" name="like4" id="like4" value="カリカリ">
56 <label for="like4">カリカリ</label>
57 <input type="checkbox" name="like5" id="like5" value="猫缶">
58 <label for="like5">猫缶</label>
59 <input type="checkbox" name="like6" id="like6" value="甘いもの">
60 <label for="like6">甘いもの</label>
61 </td>
62 </tr>
```

label要素のfor属性値と、対応するinput要素のid属性値をそろえる

ラベルテキストをlabel要素で囲む

label 要素を対応する input 要素と関連付けるためには、label 要素の for 属性値に input 要素の id 属性値を入れる必要があります。input 要素に id 属性を設定することを忘れないようにしましょう。ラベル文字部分をクリックして、ラジオボタン／チェックボックスが選択されるかどうか確認してください。

Memo
for 属性でラベルと input 要素を関連付ける方法の他、<label><input type="xxx">ラベルテキスト</label> のように input 要素＋ラベルテキストを label 要素で囲むという方法もあります。

3 クリック可能な入力フォーム要素のカーソル形状を変更する

入力フォーム要素は、リンク要素と違いカーソルが「指」の状態にならず、矢印のままです。そのままでも操作は可能ですが、特にラベルなどはクリックできるかどうか見た目で判断できないため、操作可能であることを明示するために cursor プロパティでカーソル形状を「指」(pointer) に変更しておきます。

[style.css]

```
157 label,
158 input[type="radio"],
159 input[type="checkbox"],
160 input[type="reset"],
161 input[type="submit"]{
162     cursor: pointer;
163 }
```

●カーソル形状

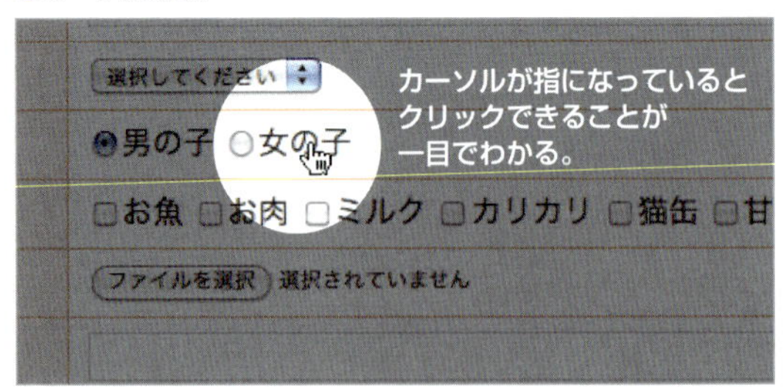

★覚えよう
cursor ［カーソル形状］

Memo
カーソル形状を変更したい要素について個別に class 名を設定しても構いませんが、入力フォームの場合は属性セレクタを活用することで class 属性をつけなくても対象となる要素を選択できます。

4 ボタンのスタイルを変更する（基本）

[style.css]

```
165 /*ボタンの設定*/
166 .btns{
167     margin: 30px;
168     text-align: center;
169 }
170
171 .btns input{
172     width: 100px;
173 }
```

センタリングして、横幅を大きくして押しやすくしておきます。

5 ボタンのスタイルを変更する（応用）

ブラウザ標準のボタンスタイルでは少々味気ないので、次のような形でオリジナルのボタンスタイルを適用してみたいと思います。

【完成図】

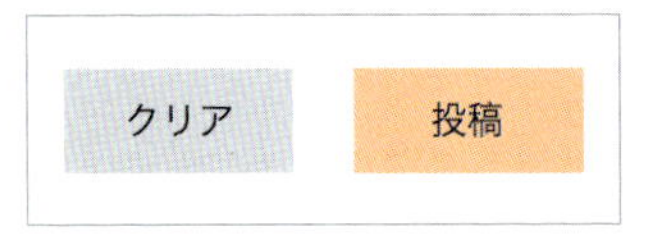

▶ classを追加

投稿ボタンとクリアボタンは色が違うだけでその他の設定は全て同じですので、HTMLにボタンの基本スタイル用とボタン種類用の2種類のclass名を設定します。

[entry.html]

```
80
81 <div class="btns">
82 <input type="reset" value="クリア" class="btn btn-clear">
83 <input type="submit" value="投稿" class="btn btn-send">
84 </div>
85
```

▶ ボタン基本スタイルの設定を追加

まずはボタンの基本スタイルを.btnに追加します。width/margin/padding/font-sizeというごく基本的なスタイルです。

ところが、このスタイル設定をWindowsとMacのChromeで比較してみると次のように表示が異なってしまいます。

[style.css]

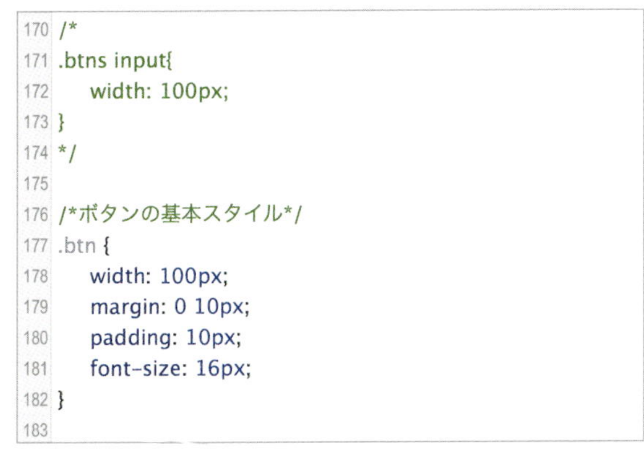

```
170 /*
171 .btns input{
172     width: 100px;
173 }
174 */
175
176 /*ボタンの基本スタイル*/
177 .btn {
178     width: 100px;
179     margin: 0 10px;
180     padding: 10px;
181     font-size: 16px;
182 }
183
```

inputフォーム部品にはUI部品のための特殊なスタイルが初期スタイルとしてあらかじめ設定されています。ブラウザによってはこの特殊スタイルが原因で一部のスタイル指定がうまく効かない場合があります。

▶ ボタン部品にborder:none;を指定

このような場合、borderを設定することでユーザー側の設定を有効にできます。今回はデザイン的にborderは必要ありませんので、border: none;と指定します。これで特殊スタイルが解除されてWindowsとMacのボタンサイズがほぼ同等となります。

[style.css]

```
176 /*ボタンの基本スタイル*/
177 .btn {
178     width: 100px;
179     margin: 0 10px;
180     padding: 10px;
181     border: none;
182     font-size: 16px;
183 }
```

▶ 必要なスタイルを全て設定

ボタン部品の特殊スタイルが解除されましたので、あとは必要なボタンのスタイルを全て設定すれば完成です。

[style.css]

```
185 /*ボタンにマウスが乗った時*/
186 .btn:hover {
187     opacity: 0.7;
188 }
189 /*ボタンを押した瞬間*/
190 .btn:active {
191     color: #fff;
192 }
193 /*ボタンの役割に合わせて色分け*/
194 .btn-clear {
195     background-color: #ccc;
196 }
197 .btn-send {
198     background-color: #f6bb9e;
199 }
```

★覚えよう
opacity［要素の不透明度］
値:0 ～ 1（※0=透明、1=不透明）

COLUMN

フォーム部品の外観

フォーム部品の外観はOSやブラウザの種類によって大きく異なり、CSSを使ってもコントロールできないところもあります。ボタンのようにブラウザの標準スタイルを解除すれば自由にデザインできるようになるものもありますが、そうでない部品も多いので、あまり無理せずブラウザ標準の外観を活用するようにした方が無難です。

Win IE9 / Win Chrome / Win FireFox / Mac Chrome
選択してください
男の子 女の子
お魚 お肉 ミルク カリカリ
参照… / ファイルを選択 選択されていません
クリア 投稿

講義 表組みとフォーム部品の構造化

表組みや入力フォームについては、シンプルな内容ならば今回作成しているサンプルの状態でも問題はありません。しかし複雑な構造を持つようなデータであった場合には、構造をもう少し詳細にマークアップしておいたほうが視覚的なコントロールもしやすく、ユーザビリティ・アクセシビリティの向上にも繋がります。

行と列のグループ化

table要素・tr要素・th要素・td要素のみで最小限の表組み構造はマークアップ可能ですが、thead要素・tfoot要素・tbody要素を使うことで行方向のグループ化を、colgroup要素を使うことで列方向のグループ化もできます。

●図09-1　行列グループ構造

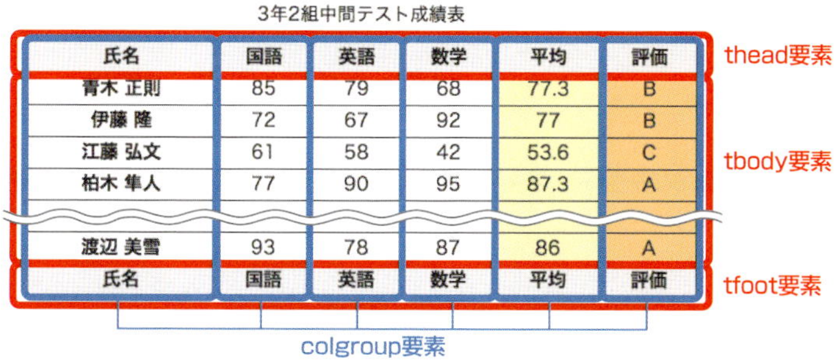

3年2組中間テスト成績表

氏名	国語	英語	数学	平均	評価
青木 正則	85	79	68	77.3	B
伊藤 隆	72	67	92	77	B
江藤 弘文	61	58	42	53.6	C
柏木 隼人	77	90	95	87.3	A
渡辺 美雪	93	78	87	86	A
氏名	国語	英語	数学	平均	評価

thead要素
tbody要素
tfoot要素
colgroup要素

▶ thead要素

テーブルのヘッダー行グループを表す要素です。

▶ tfoot要素

テーブルのフッター行グループを表す要素です。tfoot要素で定義されたフッター行は、テーブルの末尾に固定されます。ただし、HTMLではthead要素→tfoot要素→tbody要素の順で記述する必要があるので注意が必要です。

▶ tbody要素

テーブルのデータ行グループを表す要素です。

▶ colgroup要素

テーブルの列グループ構造を表す要素です。列を構造化しておくことで、列に対して簡単に背景色や境界線等のスタイル設定を施すことができます。ただし、セル内テキストに対する設定（text-align、colorなど）は無効です。

アクセシビリティを高めるテーブル関連要素・属性

●図 09-2　テーブル構造

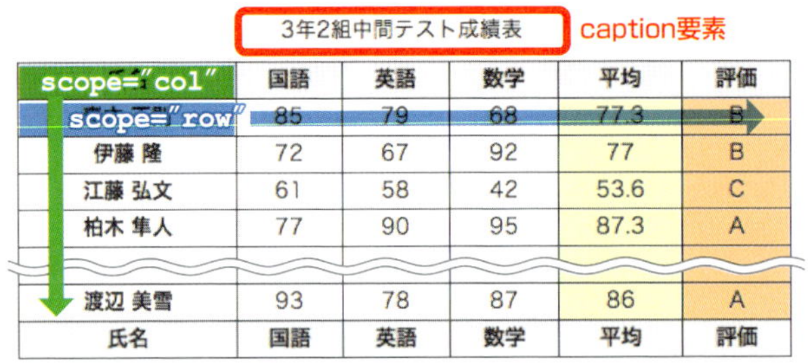

3年2組中間テスト成績表　caption要素

scope="col"
scope="row"

[illegible]	国語	英語	数学	平均	評価
[illegible]	85	79	68	77.3	B
伊藤 隆	72	67	92	77	B
江藤 弘文	61	58	42	53.6	C
柏木 隼人	77	90	95	87.3	A
渡辺 美雪	93	78	87	86	A
氏名	国語	英語	数学	平均	評価

caption 要素

画面上に表示される表組みの簡潔な説明文を表す要素です。対象となる table 要素の開始タグの直後に 1 つだけ記述します。caption 要素の中にはテキストとテキストレベル要素のみ入れることができます。

scope 属性

主に th 要素に設定し、それがどちらの方向に対する見出しなのかを明示するための属性です。横（行）方向に対する見出しの場合は「scope="row"」、縦（列）方向に対する見出しの場合は「scope="col"」と指定します。

構造化された表組みのソースのサンプル

```
<table>
<caption>3年2組中間テスト成績表</caption>
<colgroup id="name"></colgroup>
<colgroup id="language"></colgroup>
<colgroup id="english"></colgroup>
<colgroup id="mathematics"></colgroup>
<colgroup id="average"></colgroup>
<colgroup id="evaluation"></colgroup>
<thead>
<tr>
<th scope="col">氏名</th>
<th scope="col">国語</th>
<th scope="col">英語</th>
<th scope="col">数学</th>
<th scope="col">平均</th>
<th scope="col">評価</th>
</tr>
</thead>
<tfoot>
<tr>
<th scope="col">氏名</th>
<th scope="col">国語</th>
<th scope="col">英語</th>
<th scope="col">数学</th>
<th scope="col">平均</th>
<th scope="col">評価</th>
</tr>
</tfoot>
<tbody>
<tr>
<th scope="row">青木 正則</th>
<td>85</td>
<td>79</td>
<td>68</td>
<td>77.3</td>
<td>B</td>
</tr>
~~~~~~~~~~~~~~~~~~~~~~~~~~~~~~~~~~~~~~~~~~~~
<tr>
<th scope="row">渡辺 美雪</th>
<td>93</td>
<td>78</td>
<td>87</td>
<td>86</td>
<td>A</td>
</tr>
</tbody>
</table>
```

caption要素
テーブル見出し

colgroup要素
列のグループ化

thead要素
行のグループ化(ヘッダー行)

tfoot要素
行のグループ化(フッター行)
※tfoot要素はthead要素の直後。

tbody要素
行のグループ化(データ行)

セルの結合

1つの見出しセルに対して複数のデータがあるようなケースでは、セルを結合することでより分かりやすい表組みにできます。セルの結合は横方向にも縦方向にも行うことができますが、手打ちで記述する場合はやや分かりづらいため、あまり複雑に結合する必要がある場合はAdobe Dreamweaverなどのソフトウェアを利用した方が良いかもしれません。

●図 09-3　結合前のテーブル

セル1	セル2	セル3
セル4	セル5	セル6
セル7	セル8	セル9

```
<table>
<tr>
<td>セル1</td>
<td>セル2</td>
<td>セル3</td>
</tr>
<tr>
<td>セル4</td>
<td>セル5</td>
<td>セル6</td>
</tr>
<tr>
<td>セル7</td>
<td>セル8</td>
<td>セル9</td>
</tr>
</table>
```

横方向の結合（colspan）

横方向にセルを結合する場合は、結合する先頭のセルに対してcolspan属性を指定し、結合するセルの数を数値で指定した上で、不要となったセルのタグを削除します。

●図 09-4　横結合

<table>
<tr><td colspan="3">セル1セル2セル3を結合</td></tr>
<tr><td>セル4</td><td>セル5</td><td>セル6</td></tr>
<tr><td>セル7</td><td>セル8</td><td>セル9</td></tr>
</table>

```
<table>
<tr>
<td colspan="3">セル1セル2セル3を結合</td>
</tr>
<tr>
<td>セル4</td>
<td>セル5</td>
<td>セル6</td>
</tr>
<tr>
<td>セル7</td>
<td>セル8</td>
<td>セル9</td>
</tr>
</table>
```

縦方向の結合（rowspan）

縦方向にセルを結合する場合は、結合する先頭のセルに対して rowspan 属性を指定し、結合するセルの数を数値で指定した上で、不要となったセルのタグを削除します。縦方向結合の場合は、行（<tr> ～ </tr>）をまたいで不要となったセルを削除する必要があるので、注意が必要です。

●図 09-5　縦結合

<table>
<tr><td rowspan="3">セル１セル４セル７を結合</td><td>セル２</td><td>セル３</td></tr>
<tr><td>セル５</td><td>セル６</td></tr>
<tr><td>セル８</td><td>セル９</td></tr>
</table>

```
<table>
<tr>
<td rowspan="3">セル１セル４セル７を結合</td>
<td>セル２</td>
<td>セル３</td>
</tr>
<tr>
<td>セル５</td>
<td>セル６</td>
</tr>
<tr>
<td>セル８</td>
<td>セル９</td>
</tr>
</table>
```

colspan と rowspan の同時指定

colspan と rowspan を同時に指定して、縦・横両方に対してセルを結合できます。

●図 09-6　縦横結合

<table>
<tr><td colspan="2" rowspan="2">セル１セル２セル４セル５を結合</td><td>セル３</td></tr>
<tr><td>セル６</td></tr>
<tr><td>セル７</td><td>セル８</td><td>セル９</td></tr>
</table>

```
<table>
<tr>
<td colspan="2" rowspan="2">セル１セル２セル４セル５を結合</td>
<td>セル３</td>
</tr>
<tr>
<td>セル６</td>
</tr>
<tr>
<td>セル７</td>
<td>セル８</td>
<td>セル９</td>
</tr>
</table>
```

フォームのグループ化

fieldset 要素によってフォームの入力コントロール部品をグループ化できます。共通の意味的なまとまりをもつフォーム部品を fieldset 要素で構造化しておくことで、特に音声ブラウザなどの非視覚環境においてユーザーの理解を助けることができます。また、視覚的にも見出しつきの枠で囲まれるため、何に関する入力項目なのかを一目で判断できるという利点があります。特にカテゴリ別の入力項目が多いフォームを作成する際活用すると良いでしょう。

fieldset 要素

フォームの入力コントロール部品を意味的にグループ化するための要素です。fieldset 要素の中身は必ずグループの見出しを表す legend 要素で始まる必要があります。

●図 09-7　fieldset 画面

●fieldset ソース

```
<form>
<fieldset>
<legend>お申込者</legend>
<dl>
<dt>お名前:</dt><dd><input type="text" name="name1"></dd>
<dt>ご住所:</dt><dd><input type="text" name="address1"></dd>
</dl>
</fieldset>
<fieldset>
<legend>受取人</legend>
<dl>
<dt>お名前:</dt><dd><input type="text" name="name2"></dd>
<dt>ご住所:</dt><dd><input type="text" name="address2"></dd>
</dl>
</fieldset>
<input type="submit" value="送信">
</form>
```


POINT

- 余白や罫線を整えることで、表組みの可読性は格段に向上させることができる
- フォーム部品はユーザーの使いやすさ（ユーザビリティ）を考慮してスタイリングする
- フォーム部品の見た目はブラウザや OS で異なる

Chapter 03

CSSレイアウトの基本

Webサイトのレイアウトは、その用途や目的によって様々な手法が存在します。本章では、様々なレイアウト手法の特徴や用途を紹介するとともに、それら全てのベースとなっている、「floatプロパティ」と「positionプロパティ」を使ったレイアウトの具体的な制作方法を学びます。

CSSレイアウトの基本

レイアウトの種類

Webサイトには様々なレイアウトのものがありますが、「固定か可変か」「段組かそうでないか」「グリッドかフリーか」といった軸で大まかに分類できます。また、実際には「可変・段組・グリッド」や「固定・段組・フリー」のように各分類の手法を組み合わせて制作されることが多くなります。LESSON10では、Webにおけるレイアウトの主な種類とその特徴を解説します。

講義 代表的なレイアウト手法

固定レイアウト（Fixed Layouts）

コンテンツを特定の横幅で固定したレイアウトのことです。横幅はpxベースで設計されます。PC向けWebサイトの代表的なレイアウト手法として定着しており、現在も多くのWebサイトで採用されています。デザインしたものをそのまま再現できるため、レイアウト手法としては最も容易であると言えます。

一方、その時代の一般的なディスプレイサイズを想定した上で特定の画面サイズに最適化させて作成するため、一定の年数が経つと大型化したディスプレイに対してコンテンツの横幅が狭く窮屈に感じられたり、古臭い印象を与えてしまう危険性があります。また、様々な画面サイズのデバイスからWebサイトが閲覧されることを考えると、固定幅であること自体がデメリットにもなります。

●図10-1

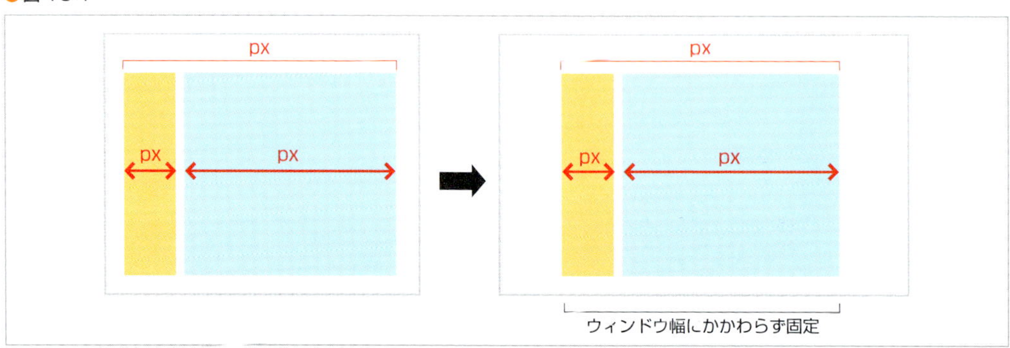

●図 10-2 参考：http://www.yahoo.co.jp/

可変レイアウト（Fluid Layouts）

ウィンドウ横幅が変わってもそれに合わせてコンテンツの横幅が伸縮するように％で横幅を設計したレイアウトを指します。リキッドレイアウト・フレキシブルレイアウトが代表例です。また、コンテンツの横幅が伸縮するのではなく、ウィンドウ幅に応じて再配置される可変グリッドレイアウトも可変レイアウトの一種であると言えます。Webサイトのレイアウトとしては長らく固定レイアウトが主流でしたが、現在は閲覧環境の多様化が進んでいるため、可変レイアウトが採用されるケースも増えてきています。

リキッドレイアウト（Liquid Layout）

横幅を％で指定する最もベーシックな可変レイアウトです。画面幅が狭くなっても無駄な横スクロールが発生せず、ユーザーフレンドリーな閲覧環境を提供できますが、極端に狭い・広い画面の場合は逆に可読性が悪くなってしまうという問題があります。多段組にした場合は全てのカラムを％とする場合と、一部のカラムだけ％とする場合があります。

●図 10-3

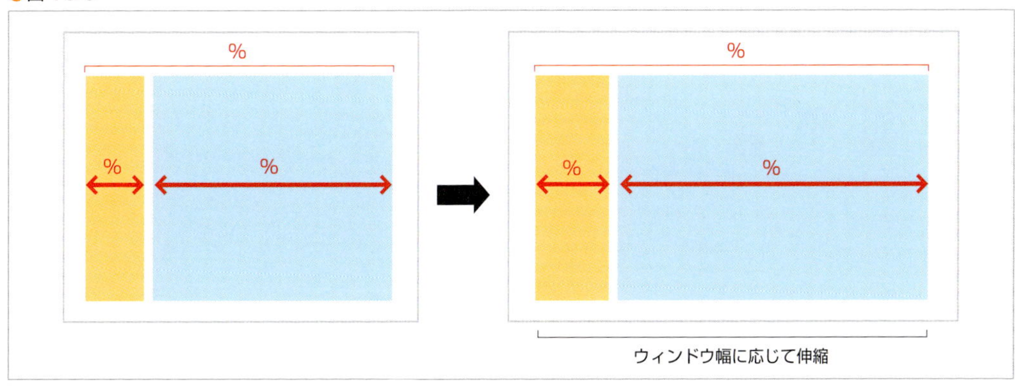

フレキシブルレイアウト（Flexible Layout）

min-width・max-widthを使って伸縮する際の最小値・最大値を設定することで、リキッドレイアウトのデメリットである極端に狭い・広い画面での可読性を良くした改良版のリキッドレイアウトです。現在は純粋なリキッドレイアウトでよりフレキシブルレイアウトの手法を採用したサイトの方が多くなっています。リキッドレイアウト同様、多段組にした場合は全てのカラムを％とする場合と、一部のカラムだけ％とする場合があります。

●図 10-4

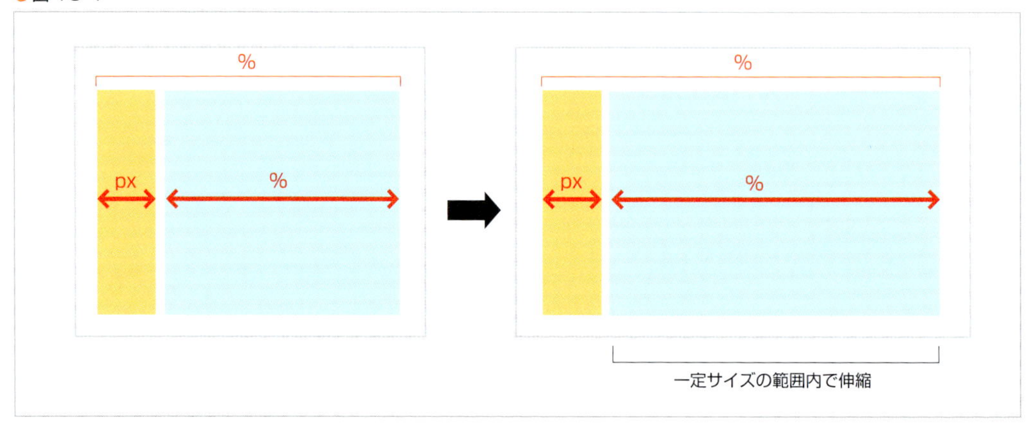

●図 10-5　参考：http://www.amazon.co.jp

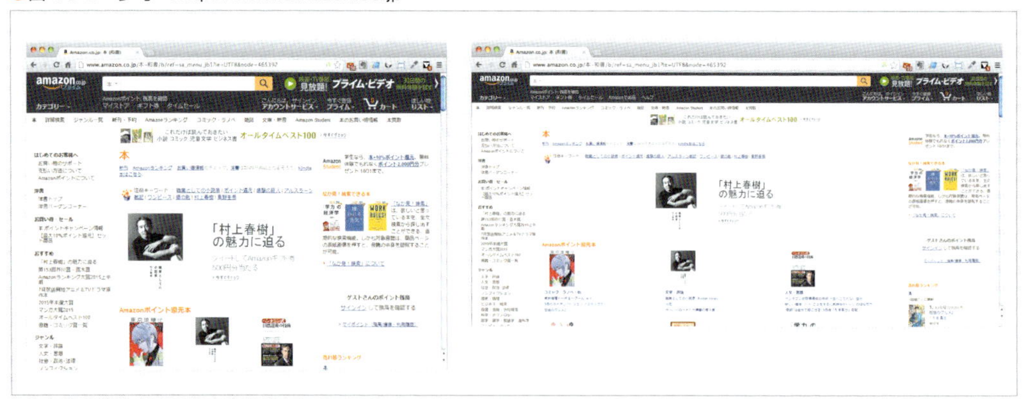

可変グリッドレイアウト（Fluid Grid Layout）

一定のグリッドに沿ってカード型のコンテンツを並べ、ウィンドウ幅が変更される度にコンテンツを再配置するタイプのレイアウトです。コンテンツの幅自体が伸縮するわけではありませんが、ウィンドウ幅に合わせて表示されるコンテンツ量が変更されるという意味で可変レイアウトに分類されます。比較的新しいレイアウト手法で、コンテンツが再配置される際には、jQueryなどのライブラリを使って動きをつけるなどの視覚効果を持たせるケースが多く見られます。

●図10-6

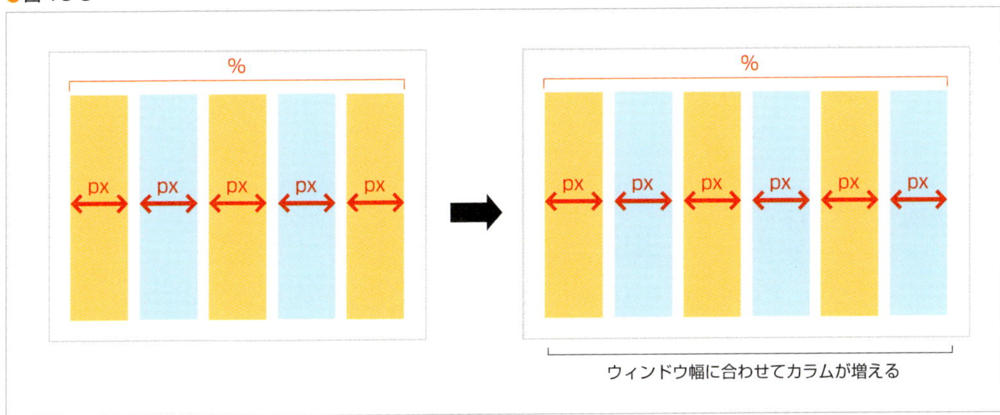

●図10-7　参考：http://amana.jp

カラムレイアウト（段組レイアウト）

●図 10-8

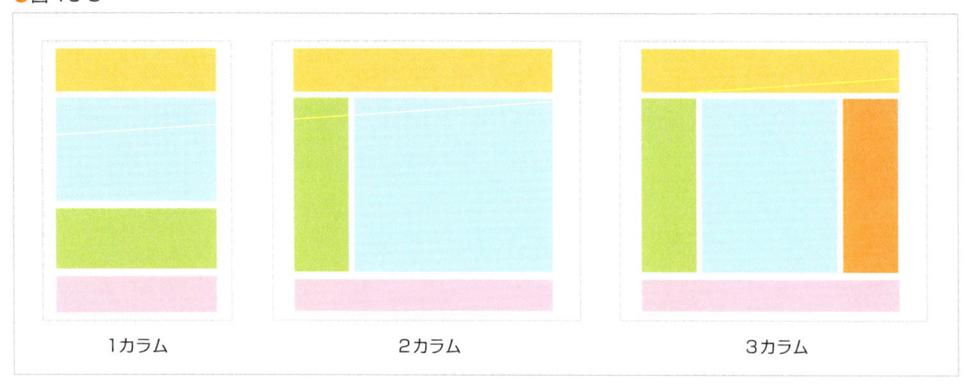

1カラムレイアウト

ウィンドウ幅全体を使って上から下へ情報を配置していくレイアウトです。基本的に上から下へ時系列に沿って情報を配置するため、閲覧者の注意をコンテンツに集中させる効果が高くなります。ＰＣ向けの場合は１つのテーマについて深く掘り下げるプレゼンテーション型のサイトや、１ページ完結の販促サイトなどで採用されるケースが多いです。スマートフォンのように物理的に閲覧環境の横幅が狭い場合は、必然的に１カラムレイアウトが採用されることが多くなります。

マルチカラムレイアウト

複数のカラム（段）に情報を整理して配置するレイアウトです。物理的な画面領域が広く、情報量が多くなりがちなＰＣ向け Web サイトの多くがマルチカラムレイアウトを採用しています。２カラム・３カラム程度が一般的ですが、情報の量や種類が多いサイトや、多くのコンテンツを並列に並べたい場合などには４カラム以上になることもあります。

マルチカラムレイアウトが採用されるサイトは一般的に情報量もページ数も多いものであるため、膨大なコンテンツの中からユーザーが欲しい情報を迷わずに閲覧できるよう、適切にナビゲーションを設計することが求められます。

Web サイトのレイアウトは、基本的にカラム数と可変 or 固定の組合せであり、情報量や閲覧環境に応じて適切に選択する必要があります。また、異なるカラム数を必要に応じて組み合わせることもできます。

マルチカラムレイアウトを CSS で実現するには、「float」を使う方法と「position」を使う方法の２種類がありますが、一般的には「float」の方が向いています。

グリッドレイアウトとフリーレイアウト

グリッドレイアウト

グリッドレイアウトとは、文字や画像、カラムなどの要素を一定の規則に従って格子状にレイアウトする手法のことです。CSS によるマルチカラムレイアウトと相性が良く、整然と情報を並べることができるため、多くの企業サイト･ECサイト･情報系サイトなどで採用されています。マルチカラムレイアウトは基本的にこのグリッドレイアウトに分類され、主に「float」を使って要素を配置します。

●図 10-9

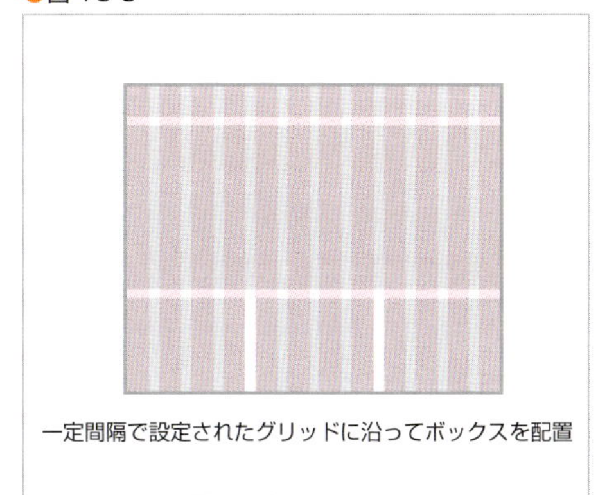

一定間隔で設定されたグリッドに沿ってボックスを配置

●図 10-10　参考：http://www.kikiandbree.com/

フリーレイアウト

フリーレイアウトは、まっさらなキャンバスに自由に絵を描いていくように、グリッドに囚われずに要素を配置していくレイアウト手法です。フリーレイアウトはポスターや広告などのようにグラフィックが重視されるキャンペーン系のWebサイトで主に採用されます。HTMLでの順番に関係なく自由に画面上に要素が配置されることが多いため、一般的には「position」を使うことになります。また、画面サイズが変動する可変レイアウトより、固定レイアウトの方が相性が良いと言えます。

●図 10-11

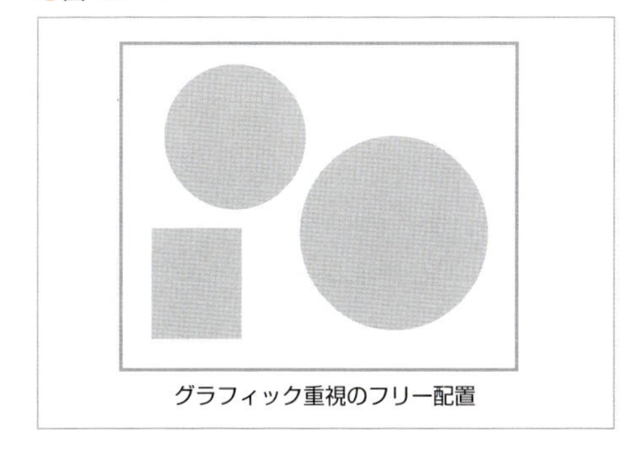

グラフィック重視のフリー配置

●図 10-12　参考：http://morehazards.com

複合的なレイアウト手法

レスポンシブ・レイアウト（Responsive Layout）

レスポンシブ・レイアウトは、横幅可変のグリッドレイアウトを基本とし、画面の横幅サイズなどに応じてカラム数や画像サイズ等を柔軟に調整できる複合的なレイアウト手法です。

画面幅に応じてレイアウト方法を変更する際には、CSS3のMedia Queries（メディアクエリ）という機能を使って適用するCSSを分岐させています。

マルチデバイス対応時代の本命とみなされるレイアウト手法で、近年急速に普及が広がっている手法ですが、どんな画面幅で閲覧されても破綻の無いよう、情報設計やデザインなどを緻密に計算する必要があり、数あるレイアウト手法の中でも最も構築の難易度が高い手法となります。

●図 10-13

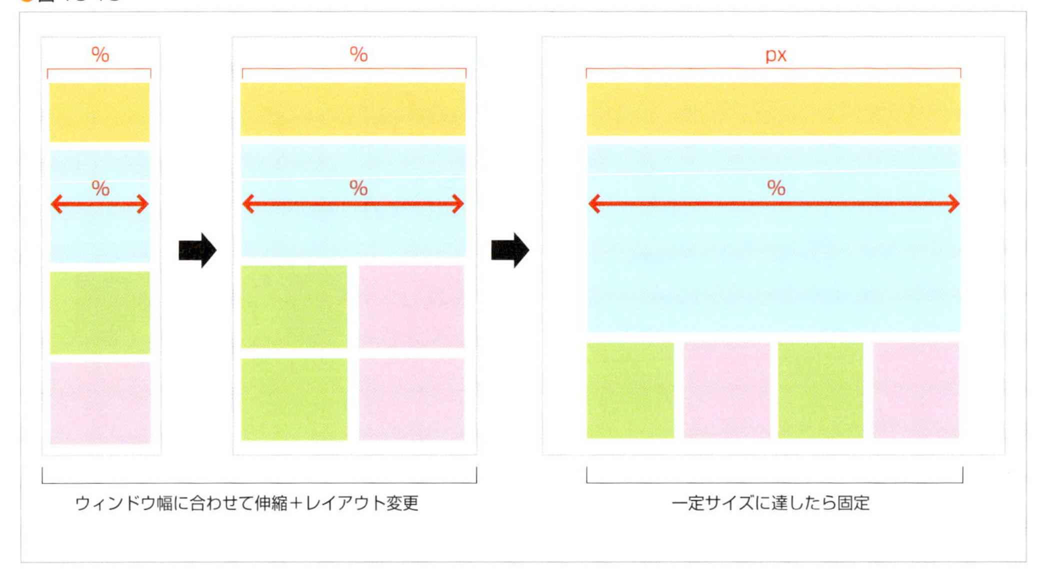

●図 10-14　参考：http://www.kinugawakanaya.com

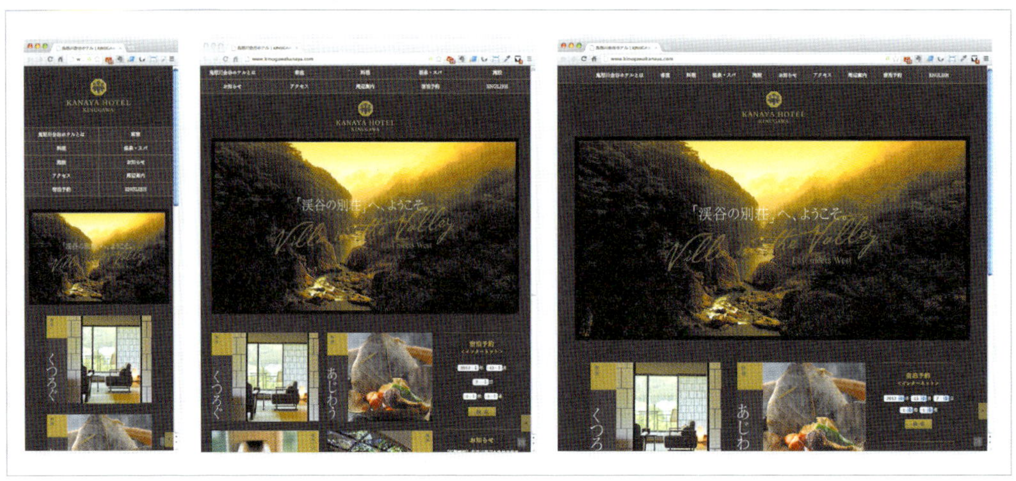

アダプティブ・レイアウト（Adaptive Layout）

レスポンシブ・レイアウトと同様、CSS3 の Media Queries を使って画面幅に合わせて複数のレイアウトを切り替えるレイアウト手法ですが、レスポンシブ・レイアウトが常に横幅可変でなめらかに伸縮しながらレイアウトが変化するのに対し、アダプティブ・レイアウトは特定のデバイスを想定した複数の固定レイアウトを組み合わせるという点で大きな違いがあります。

アダプティブ・レイアウトの場合、想定しているデバイス幅以外の環境で閲覧すると、コンテンツ幅が狭すぎる／広すぎる等の不具合が生じてしまう恐れがありますが、各レイアウトパターン自体は固定サイズで設計できるため、レスポンシブ・レイアウトに比べて凝ったデザインでも破綻しにくく、構築難易度が低いというメリットもあります。

●図 10-15　レスポンシブ・レイアウトとアダプティブ・レイアウトの違い

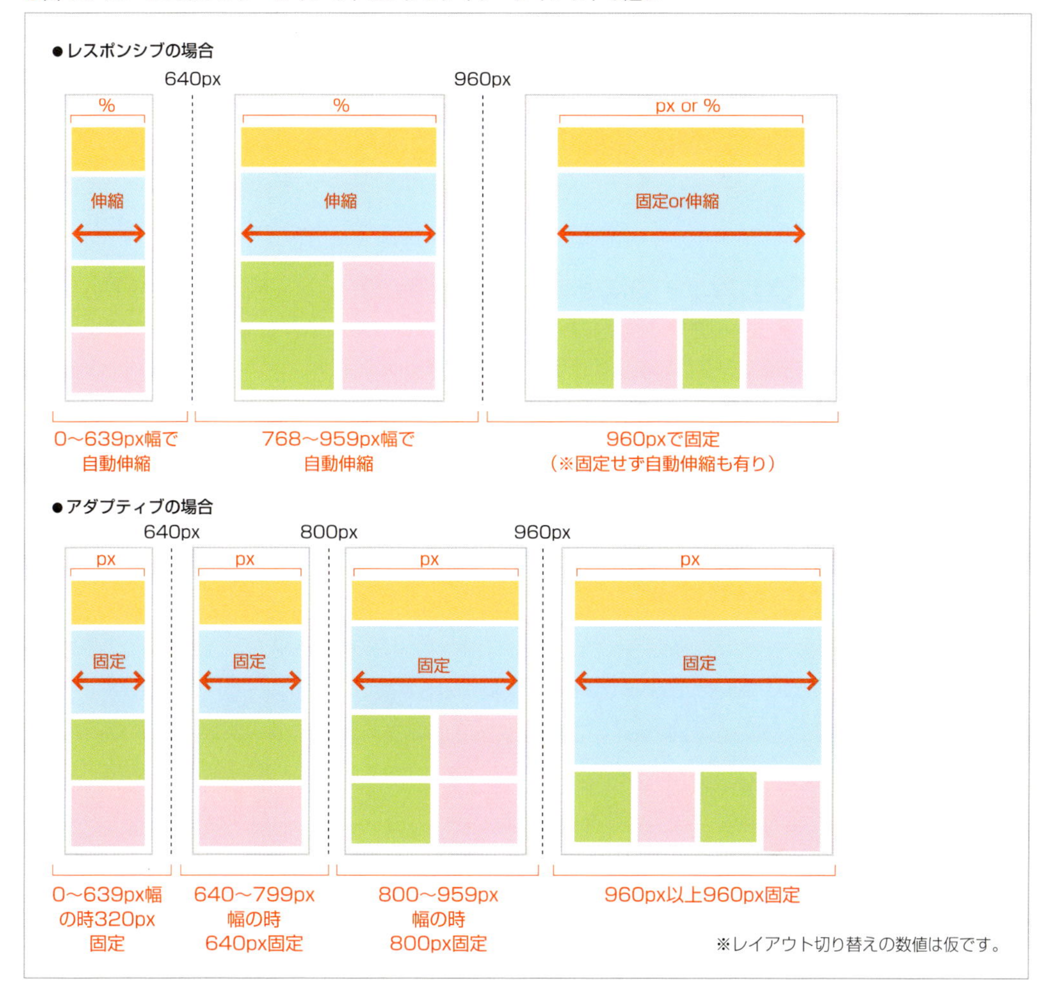

このように、Web サイトのレイアウトには様々な種類のものがありますが、CSS としては結局「float」と「position」という 2 つのプロパティがレイアウト作成の基本となります。どのようなパターンでも自由に作れるようになるためには、これらのレイアウトプロパティをしっかり使いこなせるようになる必要があります。次の LESSON で float レイアウトと position レイアウトについてしっかり学習するようにしましょう。

POINT

- Web サイトのレイアウトは、「固定か可変か」「段組かそうでないか」「グリッドかフリーか」といった軸で大まかに分類できる
- マルチカラム系のレイアウトには原則として float を用いる
- フリースタイルのレイアウトには原則として position を用いる

CSSレイアウトの基本

floatレイアウト

LESSON11では、CSSレイアウトの基本中の基本となる「float」を使った段組レイアウトの作り方を学習します。レイアウトのコントロール部分に集中するため、このLESSONのサンプルでは枠のみのダミーコンテンツを使って解説をします。

サンプルファイルはこちら   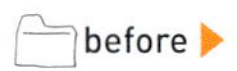 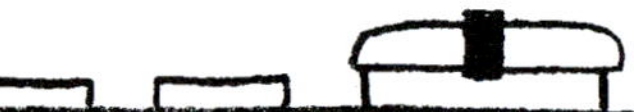

実習 floatによるマルチカラムレイアウト

基本的なfloatレイアウトのしくみ

floatを使わない通常配置の場合、ブロック要素である各コンテンツはソースコードの順番通り上から下へ縦に並んで表示されます。floatが設定されたブロックは通常のコンテンツ配置の流れから切り離され、左または右に島のように浮いた（floatした）状態になります。そして後続のコンテンツはfloatが設定されたブロックを避けるように横に空いた隙間に下から回りこんで配置される状態となります。

CSSによるレイアウトは、積み木のように縦に積み上がったコンテンツを並び替えていく作業であると言えますが、このようなfloatのしくみを使うことで**通常なら縦に並んでしまうコンテンツを横に並べることが可能となります。**

●図11-1　通常配置とフロート配置の比較

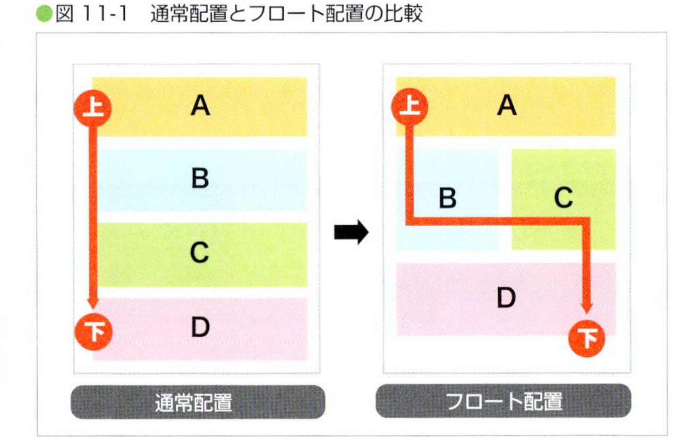

2カラムレイアウトを作る

最もシンプルな形の2段組です。各カラムのwidthを適切に設定した上で、左に配置したいものにfloat:left;、右に配置したいものにfloat:right;と設定し、後続のブロックでclear:both;としてフロートを解除します。サンプルファイルの2col.htmlを使って順を追って2カラムレイアウトを作ってみましょう。

●図 11-2　2カラムレイアウトのしくみ

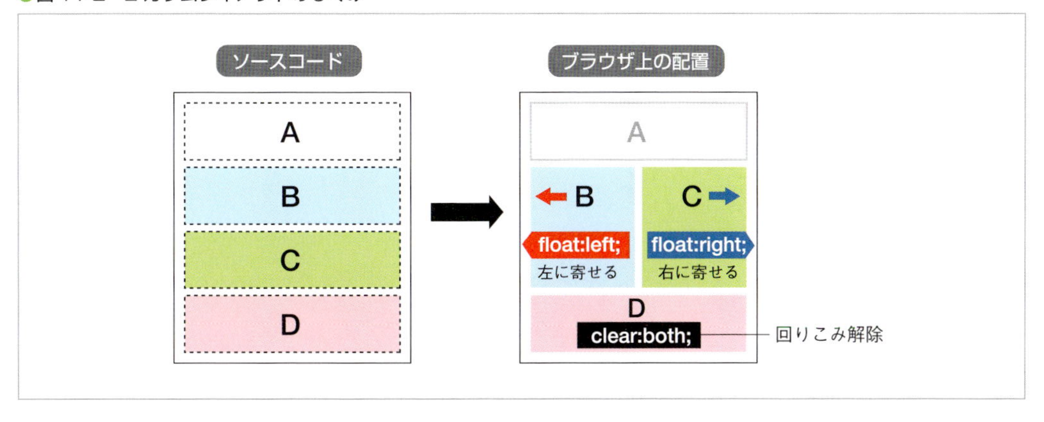

1 各ブロックに必要な横幅とダミー背景色を設定する

まず各ブロックに width を設定します。背景色はレイアウトにとっては必要ないものですが、視覚的に配置を分かりやすくするために設定しておきます。

【2col/style.css】

```
@charset "UTF-8";
/* CSS Document */

*{
        margin:0;
        padding:0;
}

#wrap {
    width: 800px;
    margin: 30px auto;
    background-color: #ccc;
}

#header {
    background-color: #f00;
}

#main {
    width: 500px;
    background-color: #0f0;
}

#side {
    width: 280px;
    background-color: #00f;
}

#footer {
    background-color: #f0f;
}
```

【2col/2col.html】

ヘッダー領域
ヘッダー領域
ヘッダー領域
メインコンテンツが入ります。メインコンテンツが入ります。メインコンテンツが入ります。メインコンテンツが入ります。メインコンテンツが入ります。メインコンテンツが入ります。メインコンテンツが入ります。メインコンテンツが入ります。メインコンテンツが入ります。
メインコンテンツが入ります。メインコンテンツが入ります。メインコンテンツが入ります。メインコンテンツが入ります。メインコンテンツが入ります。メインコンテンツが入ります。メインコンテンツが入ります。メインコンテンツが入ります。メインコンテンツが入ります。
メインコンテンツが入ります。メインコンテンツが入ります。メインコンテンツが入ります。メインコンテンツが入ります。メインコンテンツが入ります。メインコンテンツが入ります。メインコンテンツが入ります。メインコンテンツが入ります。メインコンテンツが入ります。
サブコンテンツが入ります。サブコンテンツが入ります。サブコンテンツが入ります。サブコンテンツが入ります。サブコンテンツが入ります。サブコンテンツが入ります。
フッター領域
フッター領域
フッター領域

新規でレイアウトを作る時だけでなく、制作途中でレイアウトが崩れた時なども一時的にダミーで背景色をつけると問題が見つけやすくなります。

2 #main と #side に float を設定し、左右に寄せて配置する

次に横に並べたいブロックに float の設定をします。基本的には「左に配置したい方に float:left;、右に配置したい方に float:right;」と覚えてください。

【2col/style.css】

```
19 #main {
20     width: 500px;
21     background-color: #0f0;
22     float: right;
23 }
24
25 #side {
26     width: 280px;
27     background-color: #00f;
28     float: left;
29 }
```

【2col/2col.html】

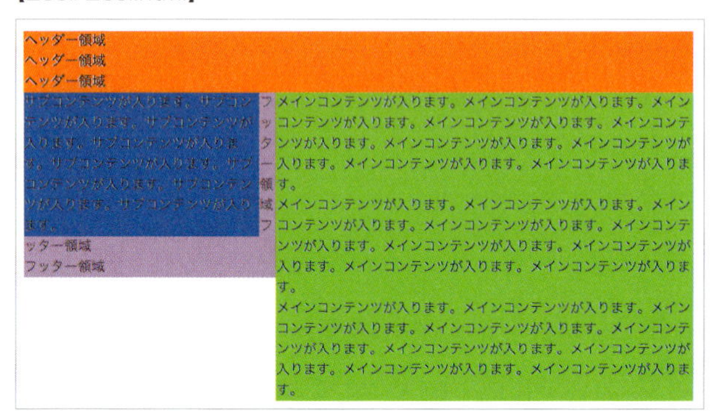

2カラムレイアウトでは、各ブロックを左右に割り振ることでHTMLソースにおける段組ブロック部分の並び順を気にする必要が無く、また段間の余白についても特に設定しなくて良くなります。

Memo フッター領域がカラムの隙間に回り込んで来ているのは、CSS の正しい仕様通りの挙動であり、ブラウザの不具合ではありません。

3 後続要素の #footer で float 解除する

最後に、段組をやめたいブロックに clear:both; を設定して回り込みを解除すれば基本の 2 カラムレイアウトは完成です。

【2col/style.css】

```
31 #footer {
32     background-color: #f0f;
33     clear: both;
34 }
```

【2col/2col.html】

clear:both;とすることで、左右両方のfloat設定を一度に解除できます。なお、clearプロパティが設定されたボックスはmargin-topがうまく効かない状態となりますので、もし段組コンテンツと#footerの間に隙間をあけたい場合は、段組コンテンツ側にmargin-bottomをつける形で対処してください。

3カラムレイアウトを作る（1）

ソースコード上の順番と表示の並びが同じ場合は、①上から順に全て float:left; か、②上から順に float:left; を設定し、最後のブロックだけ float:right; とするかのどちらかの方法で配置します。サンプルファイルの col3-1.html を使って基本の3カラムレイアウトを作成してみましょう。

●図 11-3　ソースの順番通りに配置する3カラムレイアウトのしくみ①

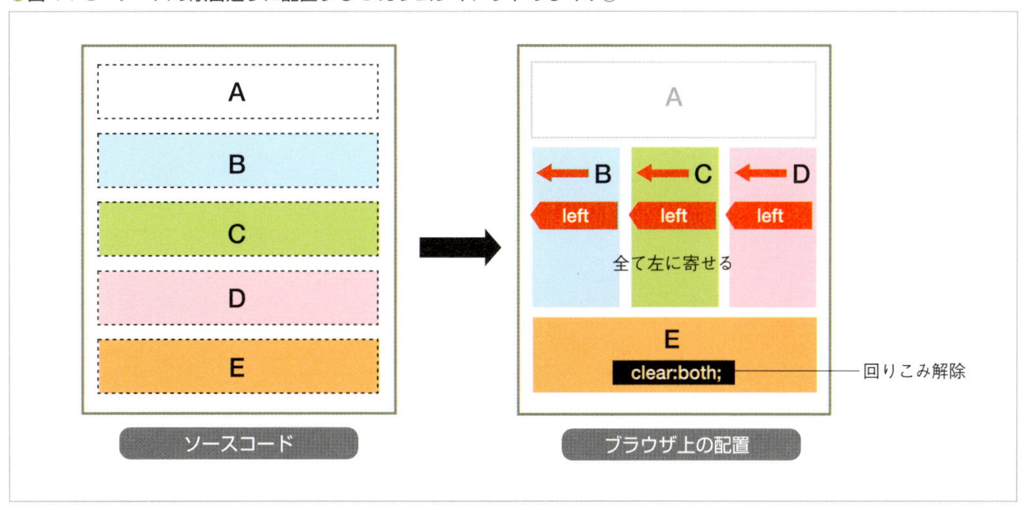

●図 11-4　ソースの順番通りに配置する3カラムレイアウトのしくみ②

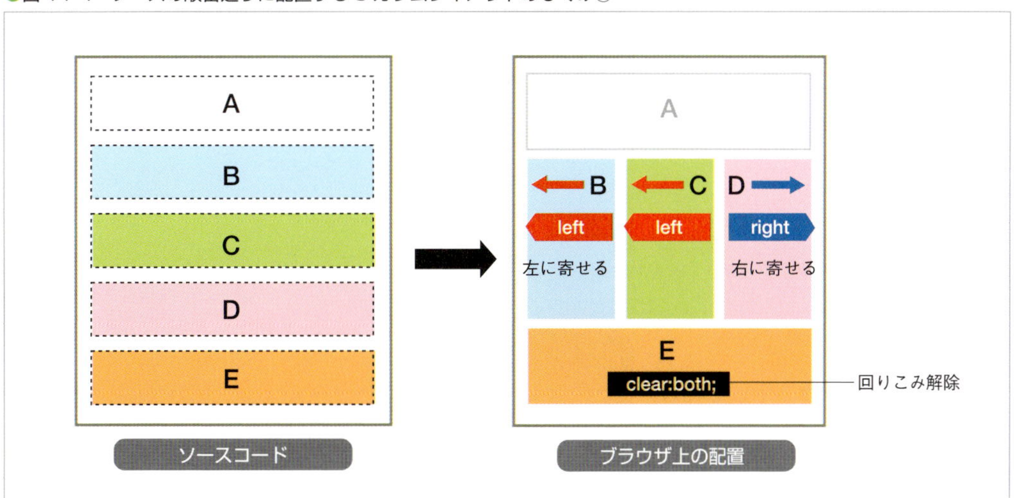

1 各ブロックに必要な横幅とダミー背景色を設定する

まずは 2 カラムの時と同様に、各ブロックに width との background-color を設定します。

【3col/style1.css】

```
1 @charset "UTF-8";
2 /* CSS Document */
3
4 *{
5         margin:0;
6         padding:0;
7 }
8
9 #wrap {
10     width: 940px;
11     margin: 30px auto;
12     background-color: #ccc;
13 }
14
15 #header {
16     background-color: #f00;
17 }
18
19 #cont1 {
20     background-color: #ff0;
21     width: 300px;
22 }
23
24 #cont2 {
25     background-color: #0f0;
26     width: 300px;
27 }
28
29 #cont3 {
30     background-color: #00f;
31     width: 300px;
32 }
33
34 #footer {
35     background-color: #f0f;
36 }
```

【3col/3col-1.html】

ヘッダー領域
ヘッダー領域
ヘッダー領域
コンテンツ1が入ります。コンテンツ1が入ります。コンテンツ1が入ります。……
コンテンツ2が入ります。コンテンツ2が入ります。コンテンツ2が入ります。……
コンテンツ3が入ります。コンテンツ3が入ります。コンテンツ3が入ります。……
フッター領域
フッター領域
フッター領域

2 #cont1 ～ #cont3 を全て float:left にして左詰めに配置し、#footer

次に、横並びにしたい 3 カラムに全て float:left; を設定し、後続要素で回りこみを解除します。段間が必要ない場合はこれで完成です。

【3col/style1.css】

```
19 #cont1 {
20     background-color: #ff0;
21     width: 300px;
22     float: left;
23 }
24
25 #cont2 {
26     background-color: #0f0;
27     width: 300px;
28     float: left;
29 }
30
31 #cont3 {
32     background-color: #00f;
33     width: 300px;
34     float: left;
35 }
36
37 #footer {
38     background-color: #f0f;
39     clear: both;
40 }
```

【3col/3col-1.html】

ヘッダー領域
ヘッダー領域
ヘッダー領域

コンテンツ1が入ります。コンテンツ1が入ります。コンテンツ1が入ります。コンテンツ1が入ります。コンテンツ1が入ります。

コンテンツ1が入ります。コンテンツ1が入ります。コンテンツ1が入ります。コンテンツ1が入ります。コンテンツ1が入ります。

コンテンツ1が入ります。コンテンツ1が入ります。コンテンツ1が入ります。コンテンツ1が入ります。コンテンツ1が入ります。

コンテンツ2が入ります。コンテンツ2が入ります。コンテンツ2が入ります。コンテンツ2が入ります。コンテンツ2が入ります。

コンテンツ2が入ります。コンテンツ2が入ります。コンテンツ2が入ります。コンテンツ2が入ります。コンテンツ2が入ります。

コンテンツ2が入ります。コンテンツ2が入ります。コンテンツ2が入ります。コンテンツ2が入ります。コンテンツ2が入ります。

コンテンツ3が入ります。コンテンツ3が入ります。コンテンツ3が入ります。コンテンツ3が入ります。コンテンツ3が入ります。

コンテンツ3が入ります。コンテンツ3が入ります。コンテンツ3が入ります。コンテンツ3が入ります。コンテンツ3が入ります。

コンテンツ3が入ります。コンテンツ3が入ります。コンテンツ3が入ります。コンテンツ3が入ります。コンテンツ3が入ります。

フッター領域
フッター領域
フッター領域

３つのカラム全てをfloat:leftとすることで、ソースコードの順番通りに左から横に並びます。段間が必要な場合は２箇所にmargin-rightを設定する必要があります。

3 #cont3 だけ float:right; に変更する

段間が必要な場合は、最後の１カラムだけ float:right にするという方法もあります。今回はこの方法で作成しますので、#cont3 を float:right; に変更してください。

【3col/style1.css】

```
31 #cont3 {
32     background-color: #00f;
33     width: 300px;
34     float: right;
35 }
```

【3col/3col-1.html】

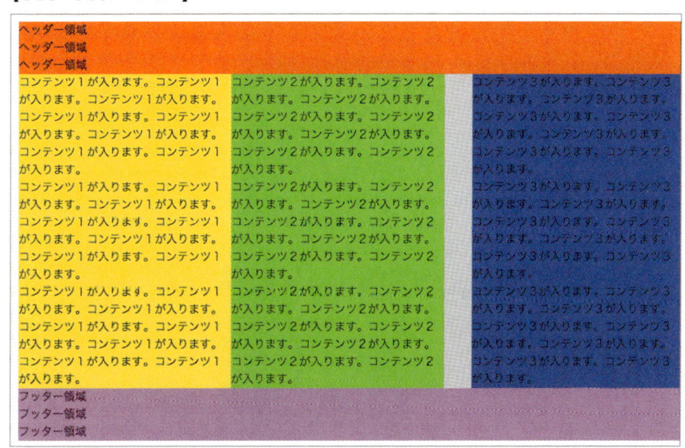

float:left;とfloat:right;が隣り合うところは自動的に隙間ができるので、段間の設定は1箇所だけで良い状態となります。

4 #cont1 に margin-right を設定する

#cont2 と #cont3 の間は自動的に隙間ができているので、#cont1 に margin-right を 20px 設定すれば 3 カラムレイアウトの完成です。

【3col/style1.css】

```
19 #cont1 {
20     background-color: #ff0;
21     width: 300px;
22     float: left;
23     margin-right: 20px;
24 }
```

段間のうち1箇所をブラウザ側の自動計算に任せる状態としておくことで、万一ブラウザ側のバグや制作者側のミスで横幅計算に誤差が生じて親要素よりオーバーしてしまったとしても、多少であれば誤差吸収してカラム落ちすることを防ぐことができるというメリットが生じます。

【3col/3col-1.html】

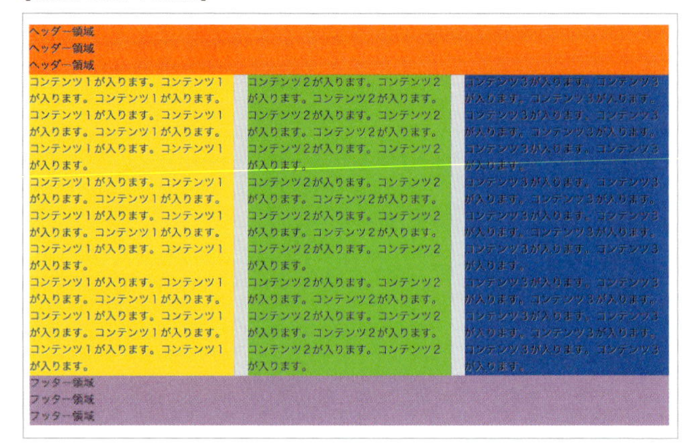

Memo

段間を margin-right で設定しているのは、「float と同じ方向に margin をつけるとその値が2倍で表示される」という IE6 の有名なバグを防ぐ手段として確立していた過去の手法の名残にすぎませんので、#cont2 に margin-left をつけるという方法でも特に問題ありません。

3カラムレイアウトを作る（2）

下図はソースコード上の順番と表示の並びが異なる場合のしくみです。マルチカラムのレイアウト構成の場合、HTML ソースコードでは「サイドバー」といった補助コンテンツよりも「メインコンテンツ」となるカラムを先に記述するのが通例です。すると3カラムの場合、真ん中（2列目）に配置したいメインコンテンツをソース上では最も上に記述することになるため、そのままでは float でうまく配置ができません。

そこでこのようなケースでは、メインコンテンツと左右どちらかのサブコンテンツをもう1つ div で囲むことで一旦2段組の状態を作り、カラムの中で再度2段組を作るという方法を取ることで対処します。サンプルファイルの 3col-2.html を使ってこのようなパターンの3段組を作ってましょう。

●図 11-5　ソースの順番とは異なる並びで配置する3カラムレイアウトのしくみ

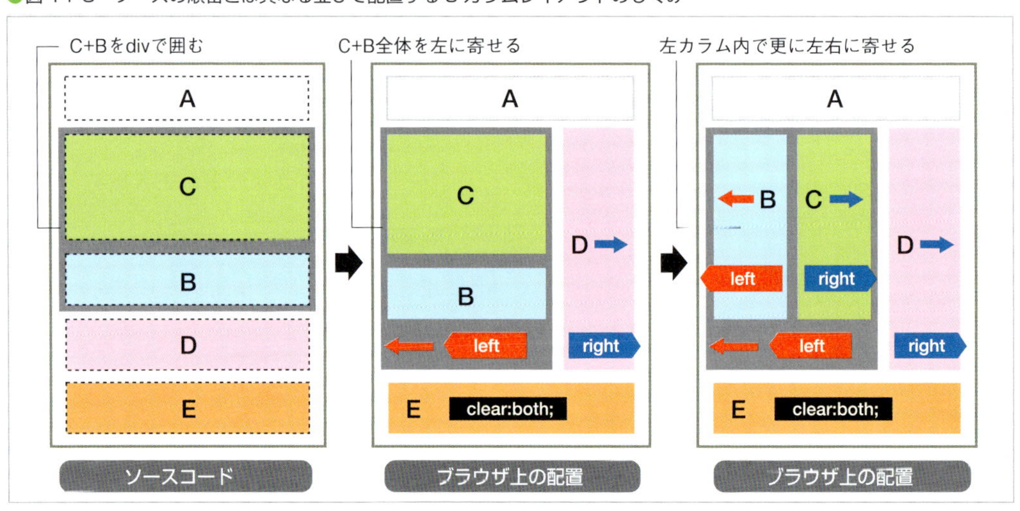

各ブロックに必要な横幅とダミー背景色を設定する

これまで同様、各ブロックに対して width と background-color を設定します。

【3col/style2.css】

```
1  @charset "UTF-8";
2  /* CSS Document */
3
4  *{
5          margin:0;
6          padding:0;
7  }
8
9  #wrap{
10     width:800px;
11     margin:30px auto;
12     background-color:#ccc;
13 }
14
15 #header{
16     background-color:#f00;
17 }
18
19 #side1{
20     background-color:#ff0;
21     width:200px;
22 }
23
24 #main{
25     background-color:#0f0;
26     width:360px;
27 }
28
29 #side2{
30     background-color:#00f;
31     width:200px;
32 }
33
34 #contents{
35     background-color:#000;
36     border:#000 3px solid;
37     width:580px;
38 }
39
40 #footer{
41     background-color:#f0f;
42 }
```

【box/3col-2.html】

2 #contents と #side2 を float で左右に寄せて配置し、#footer で

まずは #contents と #side2 で 1 段階目（外側）の 2 カラムレイアウトを作ります。

【3col/style2.css】

```
29 #side2{
30     background-color:#00f;
31     width:200px;
32     float: right;
33 }
34
35 #contents{
36     background-color:#000;
37     border:#000 3px solid;
38     width:580px;
39     float: left;
40 }
41
42 #footer{
43     background-color:#f0f;
44     clear: both;
45 }
```

【3col/3col-2.html】

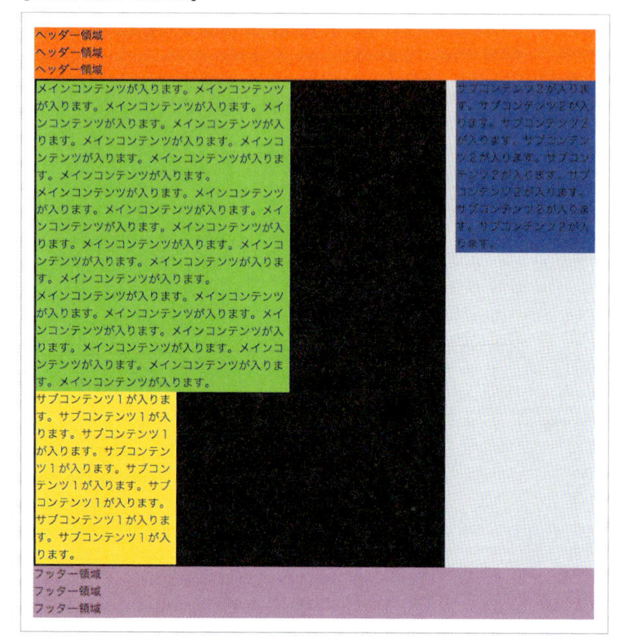

3 #main と #side1 を float で左右に寄せて配置する

大きく 2 カラムになったところで、今度は #contents の中身を更に 2 カラムにしたら完成です。

【3col/style2.css】

```
19 #side1{
20     background-color:#ff0;
21     width:200px;
22     float: left;
23 }
24
25 #main{
26     background-color:#0f0;
27     width:360px;
28     float: right;
29 }
```

【3col/3col-2.html】

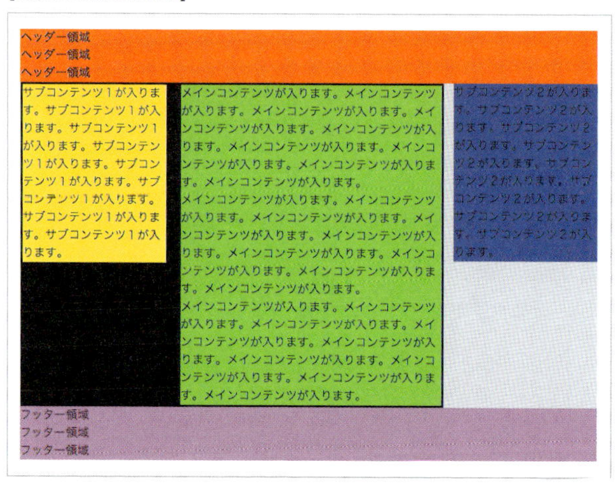

ボックスを格子状に並べるレイアウトを作る

.box li を全て float:left; で左詰めにする

同じサイズのボックスを格子状に並べるレイアウトの場合は、後で挿入や削除、順番の入れ替えが発生したときにも HTML 側に余計な class 等を付けなくても済むように、全てのボックスを一律 float:left; で並べておきます。

【box/style.css】

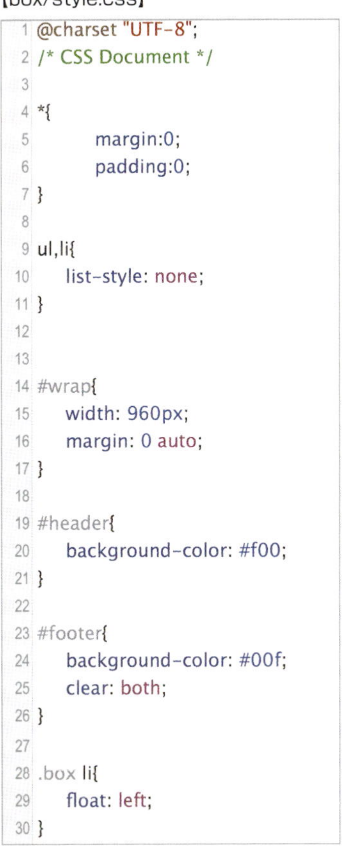

```
1  @charset "UTF-8";
2  /* CSS Document */
3
4  *{
5          margin:0;
6          padding:0;
7  }
8
9  ul,li{
10     list-style: none;
11 }
12
13
14 #wrap{
15     width: 960px;
16     margin: 0 auto;
17 }
18
19 #header{
20     background-color: #f00;
21 }
22
23 #footer{
24     background-color: #00f;
25     clear: both;
26 }
27
28 .box li{
29     float: left;
30 }
```

【box/box.html】

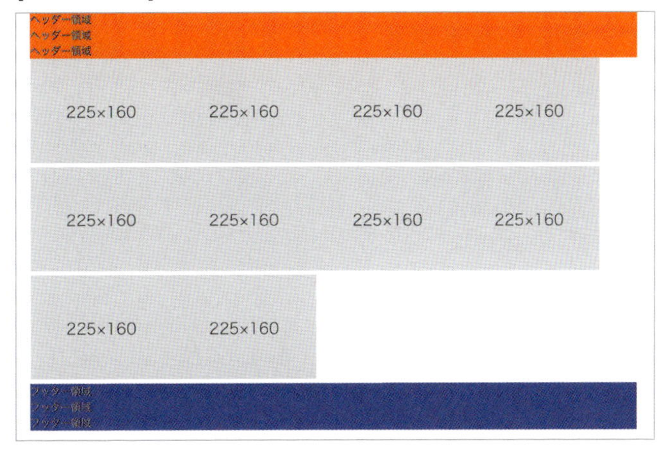

2 .box li に右と下に一律で margin を 20px 設定する

ボックス同士の間隔を margin 設定します。ただし、一番右端の列に該当するボックスにも margin-right:20px; が付いてしまうため、そのままではカラム落ちとなってしまいます。

【box/style.css】

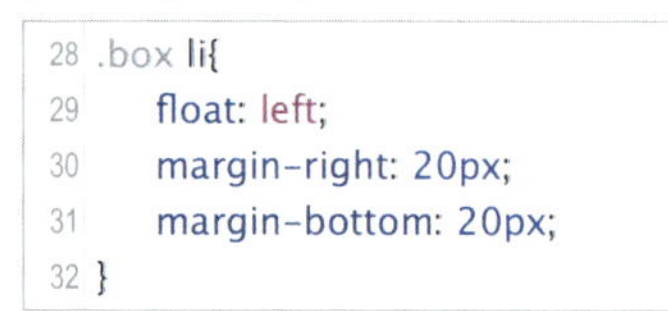

```
28 .box li{
29     float: left;
30     margin-right: 20px;
31     margin-bottom: 20px;
32 }
```

【bos/box.html】

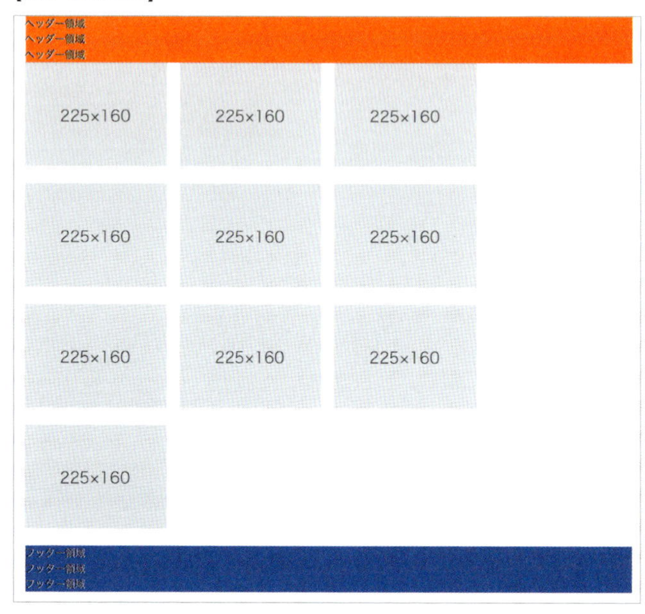

3 カラム落ちを修正する

ソースコードのメンテナンス性を高めるため、HTML 側に class を付与することなく CSS だけで一番右端の列の margin を無効とするには、

- ① CSS3 の擬似クラス :nth-child(n) を活用する方法
- ② 親要素にネガティブマージンを設定する方法

の 2 パターンが考えられます。

▶ CSS3 の擬似クラス :nth-child(n) を活用する方法

:nth-child(n) は、指定の子要素に連番を振り、番号指定でスタイルを適用できるものになります。.box li:nth-child(4n) とすることで、「.box の子要素のうち 4 の倍数に該当する li 要素」だけをセレクタとすることが可能となります。

【box/style.css】

```
34 .box li:nth-child(4n) {
35     margin-right: 0;
36 }
```

Memo CSS3 擬似クラスの詳しい使い方は p.265 を参照

親要素にネガティブマージンを設定する方法

後方互換に配慮して CSS3 を使わない場合は、親要素である .box に対して右側にネガティブマージンを設定することで、右端のボックスについた右マージンを相殺できます。この際、子要素の右マージン 20px 分が親要素の外側にはみ出す形となるため、.box には overflow:hidden; を追加し、はみ出し領域を非表示としておく必要があります。

【bos/box.html】

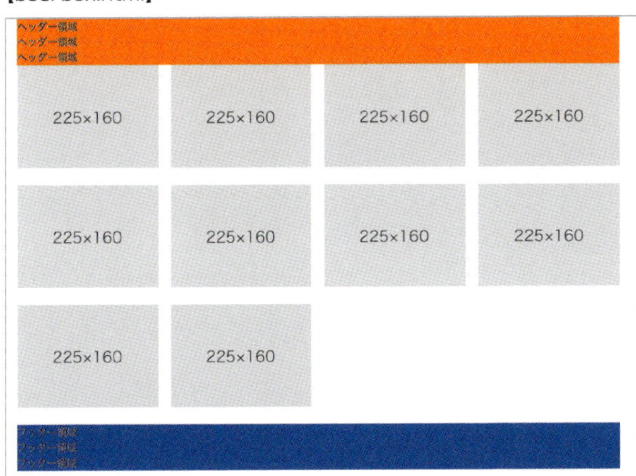

【box/style.css】

```
40 .box {
41     margin-right: -20px;
42     overflow: hidden;
43 }
```

★覚えよう
overflow
値：auto ¦ scroll ¦ hidden ¦ visible
ボックスからはみ出したコンテンツの表示方法を指定するためのプロパティ。hiddenにするとはみ出した領域を非表示にできる。

Memo
親要素にネガティブマージンを設定してカラム落ちを防ぐテクニックは、単位が px でないと機能しません。基本的に固定サイズレイアウト用のテクニックとなりますので注意してください。

COLUMN

float で作る格子状レイアウトの注意点

ボックスを格子状に並べるレイアウトを floatで作る場合、何らかの方法で各ボックスの高さが揃うように調整しておかないと不本意な回りこみが発生してレイアウトが崩れてしまいます。

ボックスの高さが可変の場合には、基本的には要素の高さを揃える JavaScript を使用する必要がありますので注意が必要です。

▼要素の高さを揃えるプラグイン例

- jquery.tile.js（http://urin.github.io/jquery.tile.js/）
- jquery.matchHeight.js（http://brm.io/jquery-match-height/）

※いずれもjQueryのプラグインとして提供されているものになりますので、利用にはjQuery本体が必要となります。

【レイアウト崩れ図】

講義 floatレイアウトの制約と注意すべきポイント

float レイアウトにおける制約

float レイアウトでマルチカラムや横並びのコンテンツ配置を行った場合、デザイン上いくつかの制約が発生します。これらは技術的な仕様であり、CSS のみで解決することはできないのでよく覚えておきましょう。

▶ 横に並んだブロック同士の高さを自動的に揃えることはできない

float プロパティで横並びにしたブロックの高さを自動的に揃えることはできません。height を指定することで疑似的に揃えることは可能ですが、その場合もし中身が増えたりした場合は枠から中身がはみ出してしまうことになるため、確実に高さが固定できると分かっている場合以外は使えません。

横に並んだブロックの高さを揃えたいというのはデザイン上の当たり前の要求ではありますが、これは float レイアウトでは不可能な要求であり、別のアプローチで解決する必要があります。

●図 11-6

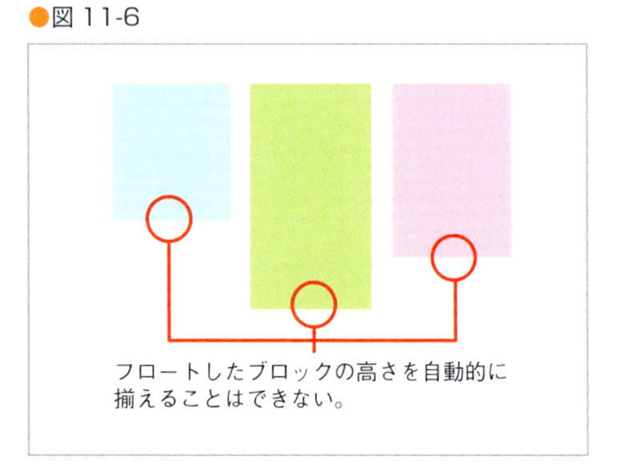
フロートしたブロックの高さを自動的に
揃えることはできない。

▶ 横に並んだブロックは上揃えにしかできない

float プロパティで横並びにしたブロックは、上揃えにしかできません。ブロック同士を下揃えに配置したり、上下中央揃えに配置したりすることはできません。また、ブロックの高さを height で固定したようなケースで、中身のコンテンツだけ枠内で下揃えにしたり上下中央揃えにしたりすることもできません。

このようなデザインを実現したい場合は、float 以外の方法を採用する必要があります。

●図 11-7

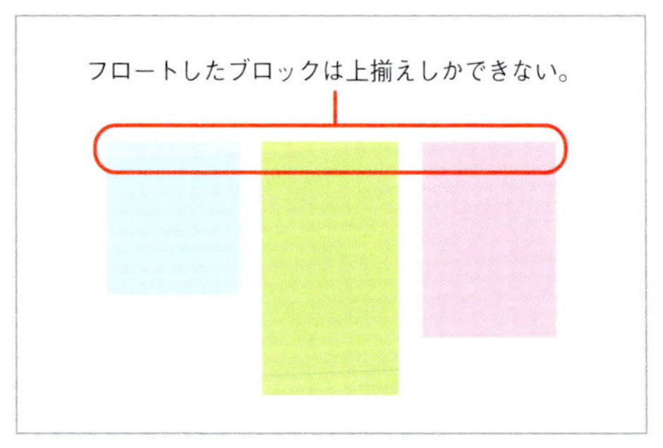
フロートしたブロックは上揃えしかできない。

float 解除に注意が必要なケース

float でマルチカラムレイアウトを作成する際には基本的に以下の手順で作業を進めるということはこれまで解説したとおりです。

❶ ソースコード上でコンテンツブロックの順番を検討
❷ 必要に応じて div 要素などでグループ化
❸ 配置したい方向に float を設定
❹ 後続コンテンツで float を解除（clear:both;）

しかし、❹の float を解除する段階で困ったことが発生するケースがあります。たとえば図 11-8 のように float している #left と #right を囲むようにもう 1 つ div 要素（#container）で包んだ場合、いくら #footer で clear:both; 指定をしても #container の枠は潰れて上部に貼りつくような形になってしまいます。

●図 11-8　後続要素がない float のケース

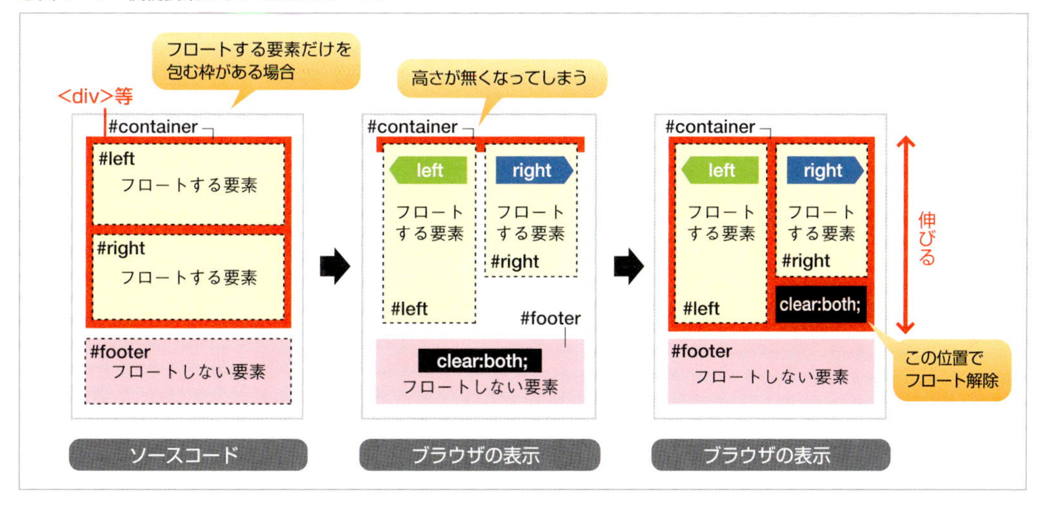

この現象は、子要素に float が設定されると、それを包む親要素は高さが無くなった状態になるという、float の仕様通りの挙動です。この状態の要素の高さを元に戻すためには、高さが無くなってしまっている要素（この場合は #container）の内側で float を解除する必要があります。しかしこのようなケースでは HTML の構造上 clear:both; を設定したい位置には要素が存在しません。こういうケースは実はかなり頻繁に発生します。

後続要素が無い状態で float を解除する方法は 2 つあります。

Memo
float した子要素を包む親要素それ自身に float の指定がされている場合は高さは無くなりません。

clearfix

1 つ目は、オーストラリアの Tony Aslett 氏が 2004 年に開発した通称「clearfix」と呼ばれるテクニックです。簡単に言うと float した子要素を含む親要素に対して :after 疑似要素を生成し、そこに clear:both; を設定することで HTML 上に物理的に要素が無い状態でも親要素の内側で float 解除できるようにしたものです。

このテクニックが開発された当時は疑似要素を理解しないブラウザも多数存在したため、実際にはそれら古いブラウザに対する記述も合わせて記述されているのが特徴です。インターネットで clearfix を検索すると、少しずつ異なるコードがみつかると思いますが、これは「どこまで古いブラウザをサポートするか」の違いであり、基本的な仕組みはいずれも同じとなります。

●図 11-9　clearfix の仕組み

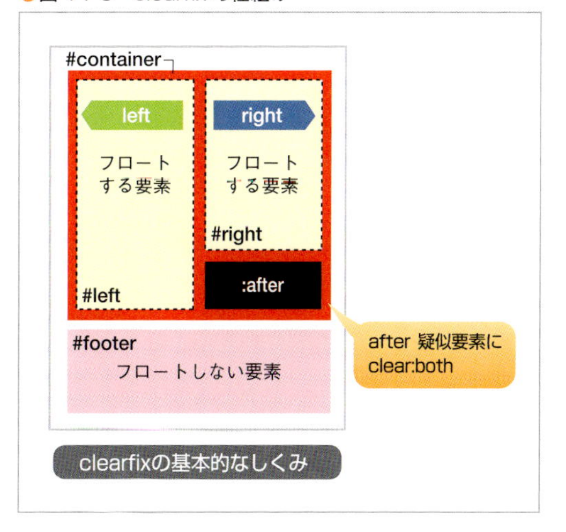

使い方は、clearfix コードとして紹介されているものを自分の CSS にコピー&ペーストしておき、対象となる要素に対して class="clearfix" と class 名をつける形となります。

●図 11-10　clearfix の使い方

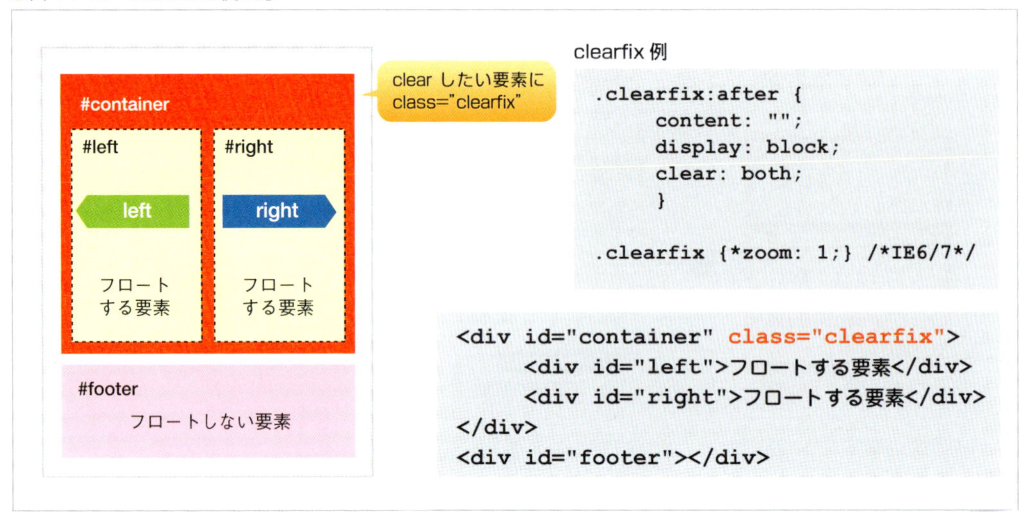

overflow

2つ目はoverflowプロパティを利用する方法です。overflowプロパティ自体はもともと幅や高さが固定された要素からコンテンツがはみ出した際、どのように表示するかを指定するためのプロパティであり、float解除のためのプロパティではありません。

●図 11-11　本来の overflow の使い方

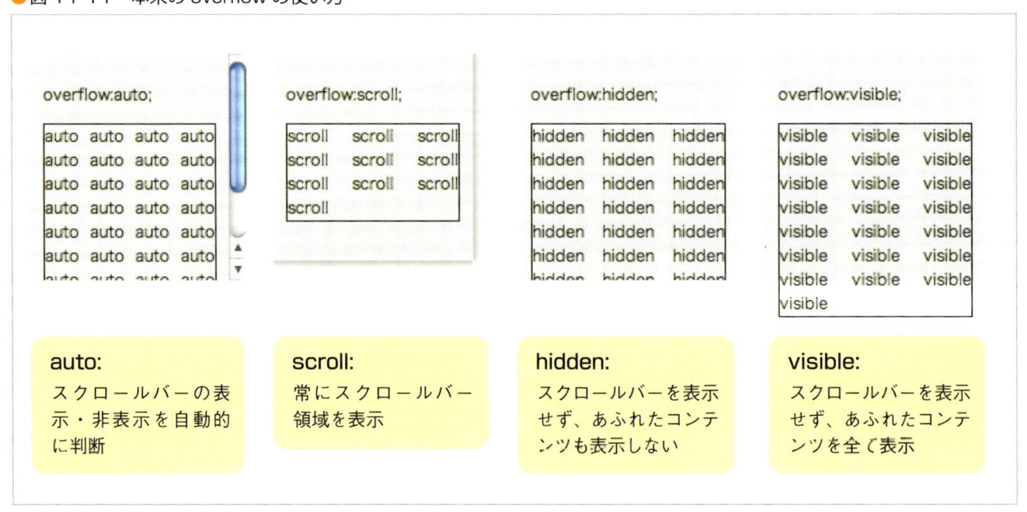

しかし、子要素に float が設定されたために高さが無くなっている**親要素に対して overflow:hidden; と設定すると、結果として clearfix したのと同じ表示状態となります。**

使い方は、高さが無くなっている親要素に対して CSS 上で overflow:hidden; と一行記述するだけです。

●図 11-12　overflow:hidden; の使い方

```
#container{
    overflow:hidden;
}
```

Memo

overflow: hidden; を使ったフロート解除方法はシンプルで便利ですが、本来の用途である「あふれたコンテンツを非表示にする」という挙動を伴うため、デザイン的に利用できないケースがありますので注意が必要です。
また、印刷時に複数ページにまたがるような長いコンテンツに設定した場合、一部の環境で 2P 目以降が印刷されなくなる不具合が生じる恐れもあります。
利用する場合にはこれらの不具合が発生しないことを確認してから使うようにしましょう。

POINT

- float レイアウトはソースコードの順番と表示順が連動するためレイアウトに一定の制約が出る
- 後続要素がある場合は clear:both、ない場合は clearfix か overflow:hidden; でフロート解除する
- float した子要素を持つ親要素は高さが無くなる

CSSレイアウトの基本

positionレイアウト

LESSON12では、floatと並ぶCSSレイアウトの基本である「position」を使ったレイアウト手法を学習します。positionを使ったレイアウトは、floatと違ってHTMLソースの出現順に依存しないレイアウト配置が可能となるため、うまく使えばより自由度の高い大胆なレイアウトが可能となります。

positionレイアウト

フリーレイアウトを可能にするposition:absolute;

通常配置やフロート配置は、HTMLソースコードでの出現順とブラウザでの表示順が連動するため、レイアウトには一定の制約があります。しかし、positionプロパティを使うと、例えばソースコードの一番最後に記述されている要素を、ページの一番先頭に表示させるといったような、ソースコードの順番に依存しない自由なレイアウトが可能となります。

positionは表示位置を指定する方法を表すためのプロパティで、デフォルトの値はstatic（通常配置）です。これをabsolute（絶対配置）に変更することでフリーレイアウトが可能になります。

●図12-1　absoluteによる絶対配置

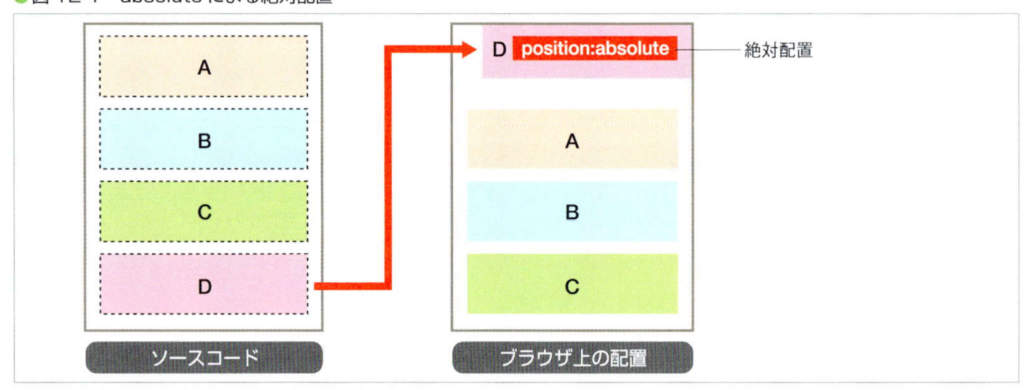

要素を絶対配置でレイアウトする

絶対配置のしくみ

position:absolute; が設定されると、そのコンテンツは通常のコンテンツ配置の流れからは完全に切り離され、「基準ボックス」を基点として自由に配置させることができるようになります。また、そのコンテンツが本来表示されるはずだった領域は「無かったこと」となり、後続のコンテンツによって詰められます。ちょうど、普通の HTML の上に透明なレイヤーを一枚増やし、その上にコンテンツを重ねて表示しているような状態です。

●図 12-2　position:absolute の概念図

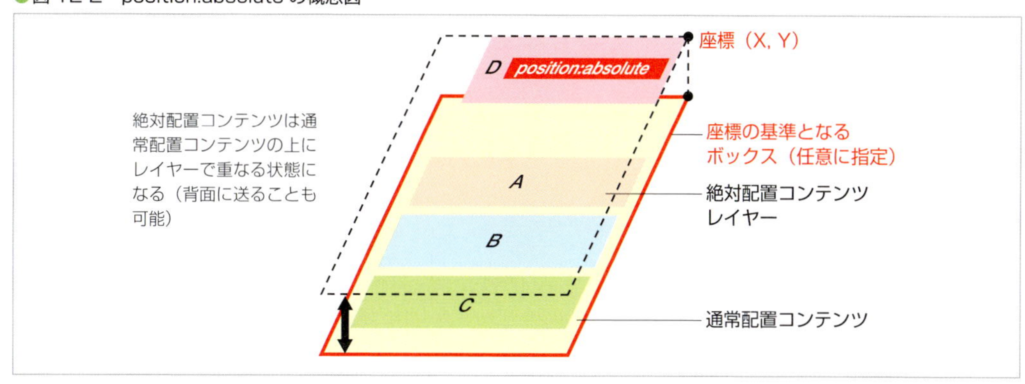

では、LESSON12 サンプルファイルの absolute/index.html を使って position:absolute; の使い方を練習してみましょう。

1 絶対配置したい要素に position:absolute; を設定する

まず対象となる要素に対して position:absolute; を指定します。

【absolute/style.css】

```
23 /*絶対配置コンテンツ*/
24 #pos{
25     width:15px;
26     padding:10px;
27     background:#f00;
28     position: absolute;
29 }
```

★覚えよう
position ［コンテンツ配置方法の指定］
値：static〈初期値〉¦ absolute ¦ relative ¦ fixed

position:absolute; が設定されると、その要素がもともと存在していたはずの領域が無くなり、後続のコンテンツが上に詰まってきます。

要素本来の配置領域が

無くなる！

2 表示させたい場所の座標を指定する

右上に配置したいので、表示位置を right:0; top:0; に設定します。

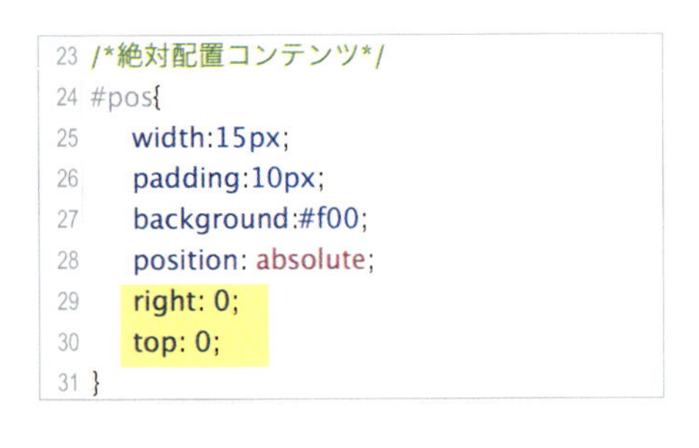

```
23 /*絶対配置コンテンツ*/
24 #pos{
25     width:15px;
26     padding:10px;
27     background:#f00;
28     position: absolute;
29     right: 0;
30     top: 0;
31 }
```

基準ボックスを設定していないため、ウィンドウの右上に配置される

★覚えよう
left / top / right / bottom ［コンテンツ表示位置を基準となる要素の上下左右の辺からの距離で指定］
値：数値
※positionの値がstatic以外の時に使用可能

positionの値がstaticでなくなると、left・top・bottom・rightといったプロパティで表示位置を座標のように指定できるようになります。この表示位置は、「基準ボックス」と呼ばれる特定の要素の各辺を基点とした位置となります。基準ボックスは、明示しない場合は自動的にbody要素＝ウィンドウとなります。

3 基準ボックスを変更する

そのままだとブラウザのウィンドウ枠を基準に配置されてしまうので、#pos の親要素である #wrap を「基準ボックス」に指定します。

```
10 #wrap{
11         width:500px;
12         padding:10px;
13         margin:30px auto;
14         border:#000 2px solid;
15         background-color:#ccc;
16         position: relative; /*基準ボックス化*/
17 }
```

基準ボックスを #wrap にしたので、#wrap の右上に配置される

基準ボックスは絶対配置する要素の親または先祖要素であり、positionプロパティの値がrelative（またはabsolute）である必要があります。

基準ボックスの外側に絶対配置する

#wrap の外側にはみ出すように配置するため、right:-30px; と指定します。

left・top・right・bottomの値には、マイナスの数値を指定することもできます。マイナスの数値を指定することで、基準ボックスの外にはみ出すような形で配置できます。

5 他の要素との重なり順を指定する

#wrap の後ろに配置するため、z-index:-1; と指定します。

```
24 /*絶対配置コンテンツ*/
25 #pos{
26     width:15px;
27     padding:10px;
28     background:#f00;
29     position: absolute;
30     right: -30px;
31     top: 0;
32     z-index: -1;
33 }
```

入ります。メイン
す。メインコンテ
インコンテンツが
ンテンツが入りま
絶対配置

z-index で z 軸方向（上下の重なり）を指定できる

★覚えよう
z-index［要素のz軸方向の重なり順］
値：整数
※positionプロパティの値がstatic以外の時に使用可能。

positionにstatic以外の値が指定された要素同士が重なった場合は、何もしなければソースコード上で後から出現する方が上になって表示されます。この重なり順を変更したい場合は、z-indexプロパティで指定でき、数値が大きい方が上になります。通常コンテンツはz-index:0;とみなされており、これより背面に配置したい場合はz-indexにマイナスの数値を指定します。

要素を相対配置でレイアウトする

相対配置のしくみ

position:relative; を設定すると、そのコンテンツ本来の位置を基準としてそこから上下左右にずらす形で配置できるようになります。absolute と違って本来の領域はそのまま確保され、通常コンテンツと同様に前後のコンテンツと連動して移動しますので、位置座標をずらさず position:relative; を指定しただけの場合は、表示上は通常のコンテンツと何ら変わりません。主な用途は絶対配置をしたい要素の基準ボックスを設定する場合や、通常コンテンツと同様に配置しながら他のコンテンツの上に重ねて表示したいような場合など、やや限定的となります。

●図 12-3　position:relative; の概念図

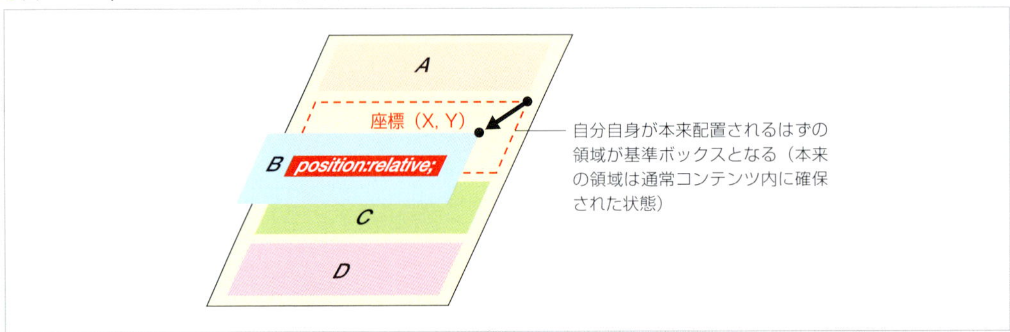

では、LESSON12 サンプルファイルの relative/index.html を使って position:relative; の使い方を練習してみましょう。

1 float:right で右寄せされた要素を相対配置にする

まずは相対配置する .right に position:relative; と指定します。relative しただけでは表示は何も変わらないことを確認してください。

【relative/style.css】

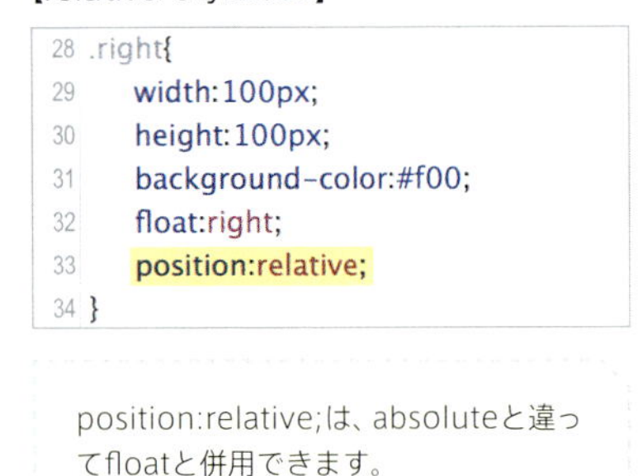

```
28 .right{
29     width:100px;
30     height:100px;
31     background-color:#f00;
32     float:right;
33     position:relative;
34 }
```

position:relative;は、absoluteと違ってfloatと併用できます。

【relative/index.html】

relative を指定しただけでは通常コンテンツ表示と変わらない

コンテンツが入ります。コンテンツが入ります。コンテンツが入ります。コンテンツが入ります。コンテンツが入ります。コンテンツが入ります。コンテンツが入ります。コンテンツが入ります。コンテンツが入ります。
相対配置
テキストテキストテキストテキストテキストテキスト

2 マイナスの数値で親要素の外側に少し位置をずらして表示する

right:-30px; と指定して、現在の位置から右側にずらして親要素からはみ出すように配置してみましょう。

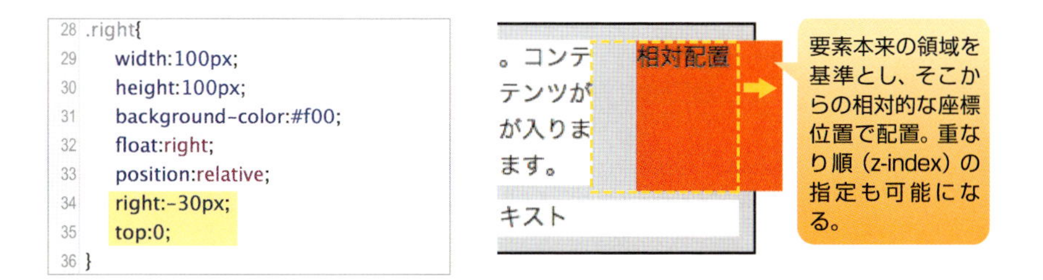

```
28 .right{
29     width:100px;
30     height:100px;
31     background-color:#f00;
32     float:right;
33     position:relative;
34     right:-30px;
35     top:0;
36 }
```


float配置だけでは親要素の外側にはみ出すような形で配置することは基本的にできませんが、position:relativeとすることで本来の位置から上下左右どちらにでも自由にずらして配置することが可能となります。また、z-indexも使えるようになりますので、他の要素の上に重ねる・下に潜らせるといった表現も要素本来の位置で指定できるようになります。

。コンテ
テンツが
が入りま
ます。
キスト
相対配置
要素本来の領域を基準とし、そこからの相対的な座標位置で配置。重なり順（z-index）の指定も可能になる。

要素を固定配置でレイアウトする

固定配置のしくみ

position:fixed; は、absolute 同様に、絶対位置でコンテンツ配置できますが、常に body 要素（ブラウザウィンドウ）が基準となることと、コンテンツをスクロールしてもウィンドウ内でずっと同じ位置から動かないことが absolute とは異なります。

●図 12-4　position:fixed の概念図

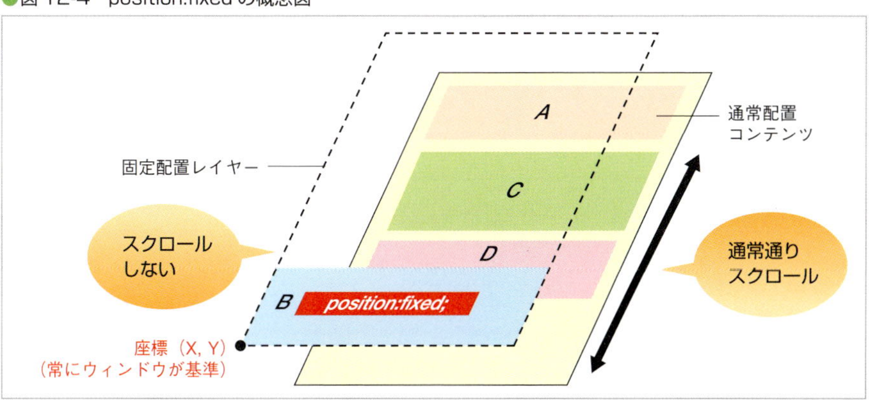

では、LESSON12 サンプルファイルの fixed/index.html を使って position:fixed; の使い方を練習してみましょう。

#fixed をページ下部に固定配置

ソースコードの一番上にある #fixed をページ最下部に固定配置にするため、以下のように設定してください。

【fixed/style.css】

```
23 /*固定配置メニュー*/
24 #fixed{
25     width:100%;
26     padding:10px 0;
27     background-color:#f00;
28     position:fixed;
29     left:0;
30     bottom:0;
31 }
```

固定前

固定配置メニュー

コンテンツが入ります。コンテンツが入ります。コンテンツが入ります。コンテンツが入ります。コンテンツが入ります。コンテンツが入ります。コンテンツが入ります。コンテンツが入ります。コンテンツが入ります。

コンテンツが入ります。コンテンツが入ります。コンテンツが入ります。コンテンツが入ります。コンテンツが入ります。コンテンツが入ります。コンテンツが入ります。コンテンツが入ります。コンテンツが入ります。

固定後

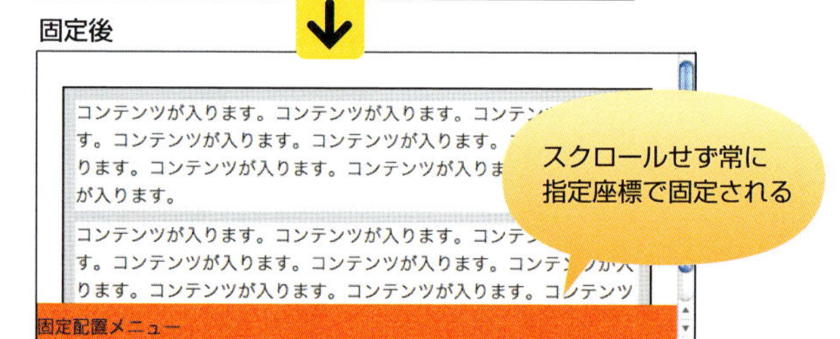

position:fixedで固定配置されたボックスは、ウィンドウサイズを変更したり、コンテンツをスクロールさせても常に下に固定されていることを確認してください。

2 #pagetop をページ右下に固定配置

ページの一番上に戻るリンクを、画面右下に position:fixed; で固定配置にします。①で画面最下部に固定配置した #fixed 領域に被らないよう、bottom を調整しています。

【fixed/style.css】

```
33 /*ページトップへ*/
34 #pagetop{
35     margin:0;
36     position:fixed;
37     right: 0;
38     bottom: 42px;
39 }
```

コンテンツが入ります。コンテンツが入ります。コンテンツが入ります。コンテンツが入ります。コンテンツが入ります。コンテンツが入ります。コンテンツが入ります。コンテンツが入ります。コンテンツが入ります。

コンテンツが入ります。コンテンツが入ります。コンテンツが入ります。コンテンツが入ります。コンテンツが入ります。コンテンツが入ります。コンテンツが入ります。コンテンツが入ります。コンテンツが入ります。

TOPへ

固定配置メニュー

3 #pagetopを常にコンテンツ領域の右外側で固定されるように変更

position:fixed;は常にbody要素が基準になるため、単純に右下にposition:fixedで固定しただけの場合、ウィンドウ幅を狭くした際にコンテンツに被る状態となります。

これを避け、常にコンテンツ領域の右外側に固定配置されるようにしたい場合は、**「bodyに対して50%の位置に配置し、コンテンツ領域の1/2（+α）のマージンを追加」**というテクニックを使用することで実現可能です。

【fixed/style.css】

```
33 /*ページトップへ*/
34 #pagetop{
35     margin:0;
36     margin-left: 262px;
37     position:fixed;
38     left: 50%;
39     bottom: 42px;
40 }
```

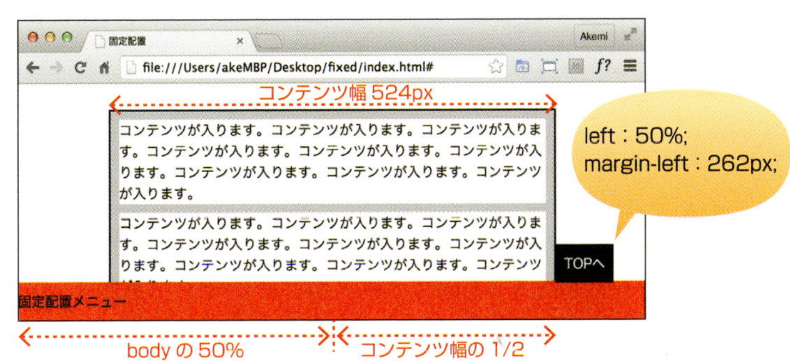

講義 positionレイアウトの注意すべきポイント

絶対配置（absolute）の注意点

絶対配置によるレイアウトは、ホワイトボードにペタペタと付箋を貼っていくかのように自由に配置できることが利点です。しかし一方で要素内のコンテンツ量が増えた場合でも親要素が自動的に伸びてくれたり、後続のコンテンツが下に下がってくれたりはしませんので、うまく設計しないと枠からはみ出したり他のコンテンツと重なったりして、最悪の場合は情報の読み取りに支障をきたす結果になりかねません。

また、通常 float でつくるようなマルチカラムレイアウトを絶対配置で作成することも技術的には可能ですが、基本的に高さを固定できないコンテンツを絶対配置することは避けるか、他のコンテンツとの重なりを十分に考慮する必要があると言えます。

固定配置（fixed）の注意点

position:fixed は、全ての環境で正しく動作するわけではないという点に注意が必要です。特にスマートフォン・タブレット端末向けの場合、iOS5 以上・Android2.2 以上で一応は position:fixed; に対応していますが、iOS5-6、Android2.x 系、Android3.x 系では不具合が多いのが現状です。比較的古い環境では使えないと考えた方が良いでしょう。

また、iOS7 以上、Android4.x 以上であっても、構造や機能が複雑になってくると他のスタイルや要素との兼ね合いで思わぬバグが生じるケースもあり、やはり不安定な状況です。スマートフォン・タブレット端末向けの場合はまだ fixed の利用自体を慎重に判断し、使うとしてもあまり無理をせずシンプルな使い方にとどめた方が良さそうです。

※参考サイト

「スマートフォンと position:fixed のバグ」: to-R

URL http://blog.webcreativepark.net/2011/12/07-052517.html

「スマートフォンと position: fixed」: スマートフォンサイト制作ブログ

URL http://html-five.jp/38/

POINT

- position レイアウトはソースコードの順番と連動しない自由な配置が可能
- 絶対配置をする時には必ず直接の先祖要素に基準ボックスの指定をする
- サイズ可変の領域で絶対配置をする時はコンテンツのはみ出しに注意する

SUPPLEMENTARY LESSON 補講

新しいレイアウト手法

これまでWebサイトで使われてきたレイアウト手法は、主にfloatレイアウトとpositionレイアウトでした。ただし、CSS3で追加された新しいレイアウト用のプロパティを活用すると、これらに加えて従来の手法では不可能だった柔軟な多段組レイアウトを実現することも可能になります。IE9以下では利用できないという問題はありますが、近い将来のレイアウト手法としてどのようなものがあるのか、今から知っておくことは重要です。

以下に「マルチカラムレイアウト」と「フレキシブルボックスレイアウト」の2つの手法を簡単に紹介しておきますので、興味のある方は解説書やWeb上の情報などでより詳しく調べてみましょう。

①マルチカラムレイアウト（Multi-Column Layout Module）

Multi-Column Layout Moduleとは、CSSでマルチカラムレイアウトを作成するために作られた新しいプロパティ群で、シンプルなコードで簡単にマルチカラムレイアウトを実現できます。

▶columnsプロパティを使ったレイアウトの特徴

columnsプロパティを使ったレイアウトには、以下の様な特徴があります。

- カラムの数、幅、カラム間隔、カラム境界線などを設定できる
- 数値の指定により、1つの領域を自動的に段組にでき、各段落の高さは自動的に揃えられる
- カラム内のコンテンツは基本的に「自動流し込み」の状態となり、1つめのカラムに入りきらなくなったコンテンツは自動的に次のカラムに送られる
- break-before/break-after/break-insideなどプロパティで段区切りの位置を指定することもできる

● columnsプロパティ一覧

プロパティ	意味	値
column-width	カラム幅	数値（単位付き）
column-count	カラム数	数値（整数）
column-gap	カラム間余白	数値（単位付き）
column-rule	区切り線	色・太さ・線種
column-span	要素がまたがるカラム数の指定	数値（整数）
column-fill	カラム同士の高さを揃えるかどうかの指定	balance ¦ auto
columns	column-width, column-countのショートハンド	カラム幅・カラム数

●columns の基本構造

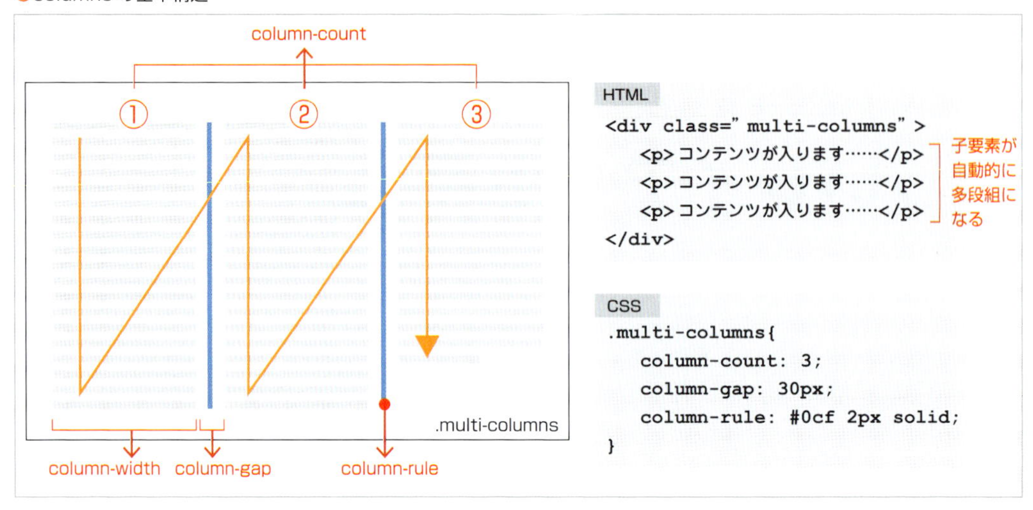

columns プロパティの注意点

columns 関連プロパティ自体は IE10+ のほとんどの環境で問題なく動作します。ただし、任意の場所で段区切りを指定する break-before/break-after/break-inside/ といった関連プロパティについては現状 IE10+ 以外ほとんどの環境で動作しません。columns プロパティを使う場合は、当面の間は任意の場所での段区切りを使用しない「コンテンツの自動流し込み」でのレイアウトに限定する必要があるでしょう。

ただ、Web の場合 DTP と違って長文を複数のカラムに分けて N 字型に読ませるという需要があまり無いため、実際に使える場面は限られるかもしれません。

●DTP・Web のメディア特性

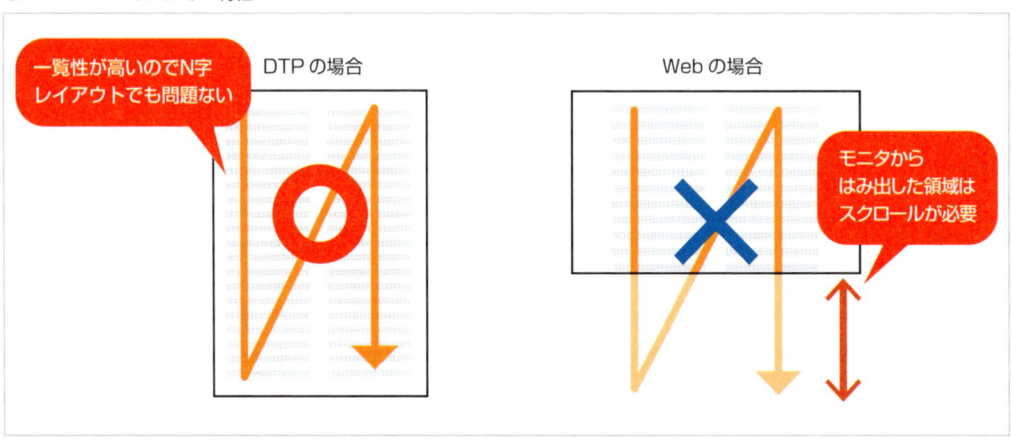

②フレキシブルボックスレイアウト（Flexible Box Layout Module）

Flexible Box Layout Module とは、複雑な Web ページを柔軟にレイアウトするために作られた新しいプロパティ群で、float レイアウトに代わる次世代のレイアウト手法として期待されています。フレキシブルボックスは Flexbox とも呼ばれます。

Flexboxの特徴

Flexboxを使ったレイアウトには、以下の様な特徴があります。

- 「Flexboxコンテナー」と呼ばれる親要素の中に「Flexboxアイテム」と呼ばれる子要素を並べていく、という考え方でレイアウトをする
- 「アイテム同士の高さを自動で揃える」「アイテム同士の上下方向位置揃えをする」「アイテム同士を均等配置する」「アイテム同士の水平・垂直方向への整列ができる」など、floatレイアウトでは不可能な配置が可能になる
- ソースコードの記述順と、ブラウザ上でのアイテムの表示順を切り離し、CSSだけでアイテム表示の順番を自由に変更できる

●flexboxの基本構造

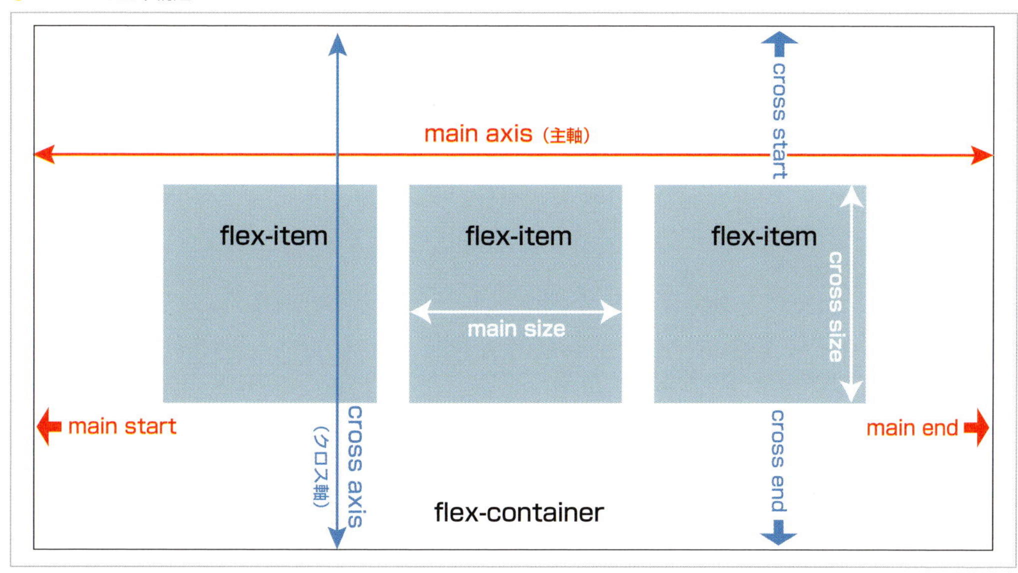

●flexboxを有効にするための設定

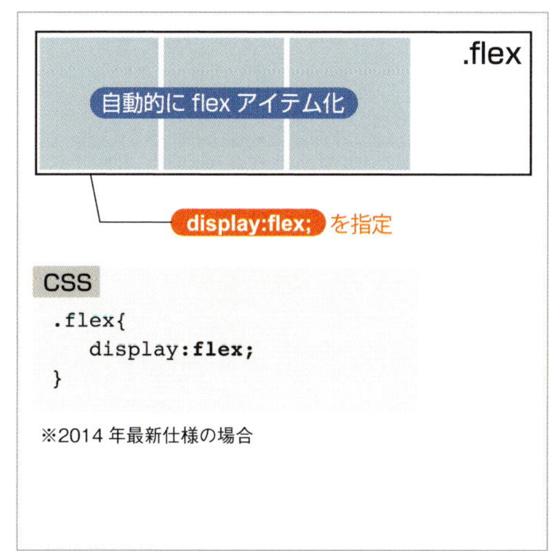

CSS
```
.flex{
    display:flex;
}
```

※2014年最新仕様の場合

●flexboxで可能になるレイアウトの例

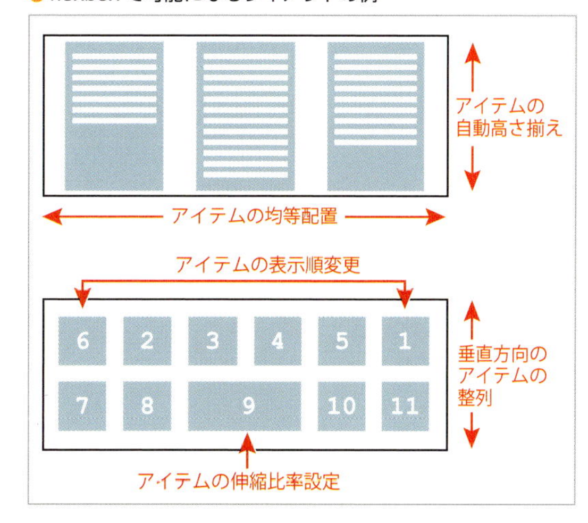

● flexbox コンテナプロパティ一覧

プロパティ	意味	値
flex-direction	flexコンテナの主軸方向を決める	row ¦ row-reverse ¦ column ¦ column-reverse
flex-wrap	flexアイテムを1行に収めるか複数行にするか決める	nowrap ¦ wrap ¦ wrap-reverse
flex-flow	flex-directionとflex-wrapのショートハンド	<flex-direction> <flex-wrap>
justify-content	flexコンテナの主軸に沿ってflexアイテムを一行でどのように配置するか決める	flex-start ¦ flex-end ¦ center ¦ space-between ¦ space-around
align-items	flexコンテナのクロス軸沿ってflexアイテムをどのように配置するか決める	stretch ¦ flex-start ¦ flex-end ¦ center ¦ baseline
align-content	flexコンテナのクロス軸に沿って複数行のflexアイテムをどのように配置するか決める	stretch ¦ flex-start ¦ flex-end ¦ center ¦ space-between ¦ space-around

※（2014年9月最新仕様）

● flexbox アイテムプロパティ一覧

プロパティ	意味	値
order	flexアイテムの表示順をコントロールする	整数
flex-grow	flexアイテムの伸びる倍率を設定	数値
flex-shrink	flexアイテムの縮む倍率を設定	数値
flex-basis	flexアイテムの主軸方向のサイズを指定	auto ¦ 単位付きの数値
flex	flex-grow・flex-shrink・flex-basisのショートハンド	<flex-grow> <flwx-shrink> <flex-basis>
align-self	flexアイテムのクロス軸方向の整列をalign-itemsの指定より優先させる	auto ¦ stretch ¦ flex-start ¦ flex-end ¦ center

※（2014年9月最新仕様）

Flexboxの注意点

flexboxは非常に柔軟なレイアウトを実現してくれる代わりに、かなり複雑な仕様となっており、学習難易度がやや高いのが難点です。flexboxの挙動をビジュアル的に見せてくれるツールなどを活用するなど、実際の挙動を確認しながら覚えていくと良いでしょう。

参考：Flexbox Playground
URL https://scotch.io/demos/visual-guide-to-css3-flexbox-flexbox-playground

なお、Flexboxは仕様策定の過程で何度も大幅な仕様変更が行われています。そのためIE10がサポートする2012年仕様、Android4.3以下･iOS6.1がサポートする2009年仕様の各旧仕様は、最新仕様とはプロパティや値の名称、サポートする機能などが大きく異なります。これらの旧仕様も網羅して実装するのはいささか骨の折れる作業となりますので、Flexboxレイアウトを使うのであれば「最新仕様をサポートする環境のみ」を対象とする案件に限定（IE10以下、Android4.3以下を除外）した方が良いと思われます。また、インターネット上には古い仕様に基づいた情報がまだ多く残っているため、ネット情報を参考にする時には注意が必要です。「display: box;」「display: flexbox;」という記述があったらそれは古い仕様の情報ですので、気をつけましょう。

参考：flexboxサポート状況
URL http://caniuse.com/#search=flex

参考：CSS3の「フレキシブルレイアウト」使い方まとめ
URL http://www.flapism.jp/html/278/

Chapter 04

本格的なHTML5によるマークアップを行うための基礎知識

HTML5以前のマークアップ規格にも共通する基本的なHTMLの文法・ルールはChapter01で学習しました。この章ではより本格的なHTML5マークアップを行っていくにあたって必要となる、新要素・属性の使い方、および新しい概念・ルールなどについて、できる限り要点を絞って解説していきます。

本格的なHTML5によるマークアップを行うための基礎知識

セクション関連の新要素

HTML5では文書構造やコンテンツの意味付けを表す新しい要素が多数追加されました。Lesson13ではそのうち「セクション」とそれに関連する新要素について解説します。特にセクション要素はHTML5における文書構造の骨格となる要素ですので、しっかり理解するようにしましょう。

講義 セクション関連の新要素と使い方の注意点

セクション要素とは

「見出しとそれに伴うコンテンツのひとかたまり」のことを「セクション」と呼びます。Chapter01ではこのセクションを表す要素として「section」という要素を使いましたが、HTML5には他にも文書のセクションを意味づけする新要素が追加されており、section / article / aside / navの4つがそれに該当します。この4つの要素を「セクション要素」と呼びます。

セクション要素とは、「見出しとそれに伴うコンテンツのひとかたまり」をグループ化することで、HTMLの文書構造をより明確に表すためにHTML5で導入された新しい要素です。

セクション要素は、セクション要素同士を入れ子構造にすることで文書の「アウトライン」を生成し、情報の階層構造を明示する役割を持っています。

●表13-1　4つのセクション要素

section要素	章・節のような見出しと概要を伴う一般的なセクションを表す要素
article要素	自己完結した独立したセクションを表す要素
aside要素	メインコンテンツと関係が薄く、取り外しても問題のないセクションを表す要素
nav要素	主要なナビゲーションを表す要素

セクション要素と文書のアウトライン

文書のアウトラインとは、情報の階層構造のことを差しています。これは本の目次を想像するとイメージしやすいと思います。本の目次は、タイトル・章・項・節という形で見出しを伴うコンテンツの固まりがツリー（階層構造）を形成しています。この情報の階層構造そのものが「アウトライン」です。

●図 13-1　アウトラインの概念図

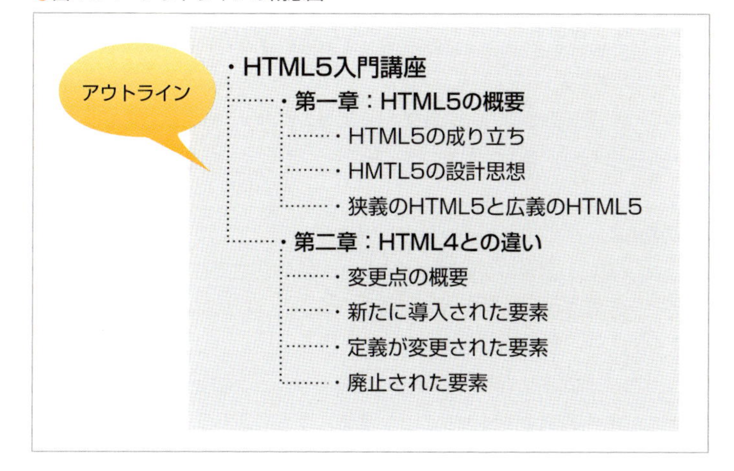

文書のアウトラインを作成する２つの方法

HTML5 において文書のアウトラインを作成する方法は２種類あります。

- ① 見出し要素（h1 ～ h6）のレベル
- ② セクション要素の入れ子の状態

一つ目は、これまでもそうであったように情報の**階層構造に合わせて見出しレベルを変えていく方法**です。見出しを使って作成されたアウトラインは「暗黙のアウトライン」と呼ばれます。

もうひとつは HTML5 で新しく追加された**「セクション要素」で入れ子構造をつくる方法**です。

見出し要素レベルによる暗黙のアウトラインとの違いは、「終了タグによってセクションの終わりを明示できる」という点です。そのため、セクション要素によって作られたアウトラインは「明示的アウトライン」とも呼ばれます。

●図 13-2　文書構造の違い

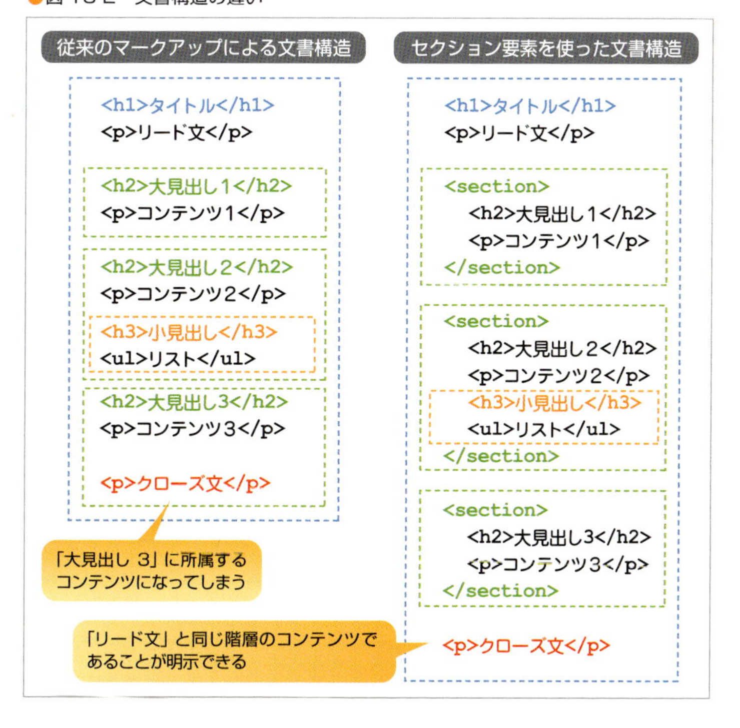

アウトライン・アルゴリズム

アウトライン・アルゴリズムとは、「アウトラインを判別するしくみ」のことです。セクション要素の新設で、HTML5 ではこのしくみが変わりました。

文書のアウトラインは見出しまたはセクション要素という二つの方法で生成されますが、HTML5 ではセクション要素によって作られたアウトラインの方を優先します。すなわち、「セクション要素が存在すればそれによってアウトラインを判別し、もしもセクション要素が無ければ従来通り見出しレベルで判別する」という二段構えになっているということです。

セクション要素内の見出しレベルの扱い

この二段構えのアウトライン判定によって、見出し要素の扱い方に 1 点大きな変更が加えられました。それは「セクション要素によって正しくアウトラインが作成された場合には、その中の見出しレベルを問わない」というものです。

次の例を見てください。section 要素によって階層構造が作られており、各セクションの見出しが全て h1 要素となっています。この場合は見出しレベルよりも優先されるセクション要素によって正しくアウトラインが生成されているため、その中で使われる見出し要素については全て h1 としても文法的に問題ありません。

●図 13-3　セクション要素と見出しレベルの関係

ただし、これは文法上許されているというだけのことであって「そうしなければならない」というものではありません。また、多くのスクリーンリーダーなど、セクション要素によるアウトラインの判別に対応していない環境の存在にも配慮する必要があるため、当面の間はセクション要素でアウトラインを作りつつ、その中の見出しは今まで通り見出しレベルに応じて h1 ~ h6 を使う方法が推奨されています。

COLUMN

アウトラインの確認方法

マークアップによってどのようなアウトラインが生成されるかということは人間が目視で判断するのは難しいため、通常はアウトライン判別ツールを使ってチェックすることをお勧めします。オンラインツールとしては「HTML5 Outliner」や「Nu Html Checker」などがお勧めです。

HTML5 Outliner　URL http://gsnedders.html5.org/outliner/

Nu Html Checker　URL https://validator.w3.org/nu/

4つのセクション要素とその使いどころ

section要素／article要素／aside要素／nav要素はいずれも「アウトラインを生成する」という意味では役割は同じです。しかし「それぞれのセクションがどんな意味を持つのか」という観点で4つの要素を適切に使い分けることが求められます。

section要素

section要素は、「一般的なセクション」を表す最も基本的な要素です。セクションを明示する他の要素（article要素／nav要素／aside要素）が適している場合はそちらを使用することが推奨されます。慣れないうちはまず全てsection要素でアウトラインを作り、その後、他に適切な要素があればそちらに置き換えていくようにするのが良いでしょう。

【使用例】

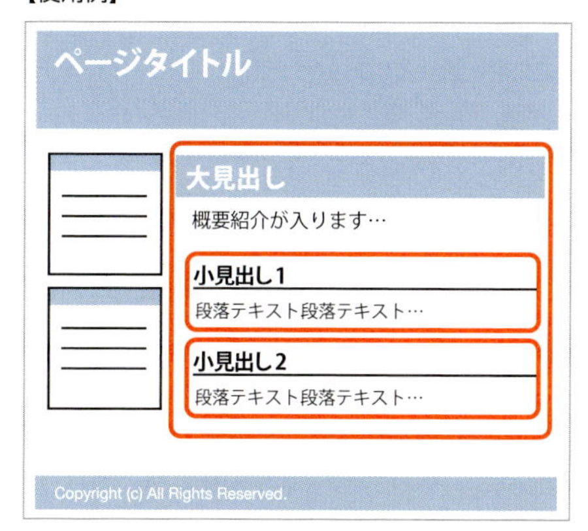


```
<section>
  <h1>大見出し</h1>
  <p>概要紹介が入ります…</p>
  <section>
    <h2>小見出し1</h2>
    <p>段落テキスト段落テキスト…</p>
  </section>
  <section>
    <h2>小見出し2</h2>
    <p>段落テキスト段落テキスト…</p>
  </section>
</section>
```

注意点

- section要素を使う場合は、ほぼ例外なしに見出しが必要となります。デザイン表現的に見出しが省略されている場合もマークアップ上では正しく見出しをつけ、CSS側で非表示にするといった対応が望ましいと言えます。
- section要素はdiv要素の代用ではありませんので、レイアウト・スタイリング目的で使用することはできません。そのような目的で枠が必要な場合は従来通りdiv要素を使用してください。

article 要素

article 要素は、単体で配信可能な「自己完結しているセクション」を表します。自己完結しているというのは、文書からそのセクションだけを取り出しても独立した記事として成立するという意味です。自己完結しているかどうかの最も分かりやすい判断基準は、「RSS 配信が可能であるかどうか」という点です。

【使用例①】

ブログなどのインデックスページで使用する場合は、各ブログ記事のエントリー1つ1つを「独立した記事」とみなすことができますので、下記のようにそれぞれの記事を article 要素とすることができます。

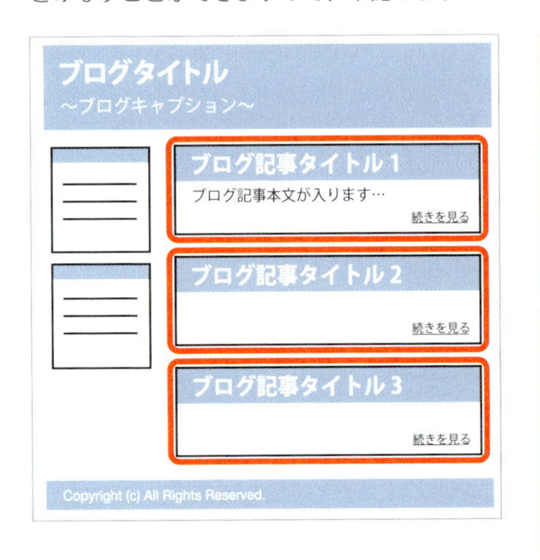


```
<article>
  <h1>ブログ記事タイトル1</h1>
  <p>ブログ記事本文が入ります…</p>
  <p><a href="xxxx.html">続きを読む</a></p>
</article>
<article>
  <h1>ブログ記事タイトル2</h1>
  <p>ブログ記事本文が入ります…</p>
  <p><a href="xxxx.html">続きを読む</a></p>
</article>
<article>
  <h1>ブログ記事タイトル3</h1>
  <p>ブログ記事本文が入ります…</p>
  <p><a href="xxxx.html">続きを読む</a></p>
</article>
```

【使用例②】

ブログ等の記事詳細ページについては、エントリー記事全体を article 要素で囲むのが適切です。EC ショップの商品詳細ページや、ニュース系サイトのニュース記事ページ等も同様に、メインのエントリー記事全体が article 要素となります。

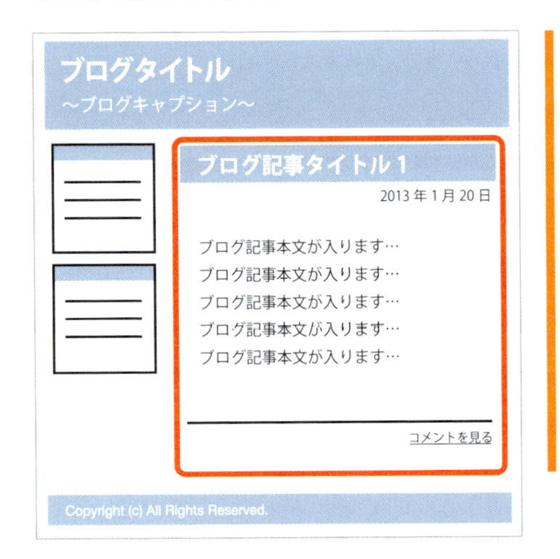


```
<article>
  <header>
    <h1>ブログ記事タイトル1</h1>
    <p><time datetime="2013-1-20">2013年1月20日
</time></p>
  </header>
  <p>ブログ記事本文が入ります。…</p>
  <p>ブログ記事本文が入ります。…</p>
  <p>ブログ記事本文が入ります。…</p>
  <footer>
    <p><a href="#">コメントを見る</a></p>
  </footer>
</article>
```

【使用例③】

ブログ記事に対するコメント記事のように、外側の article 要素に直接関連する内容の独立した記事については、article 要素を入れ子にできます。

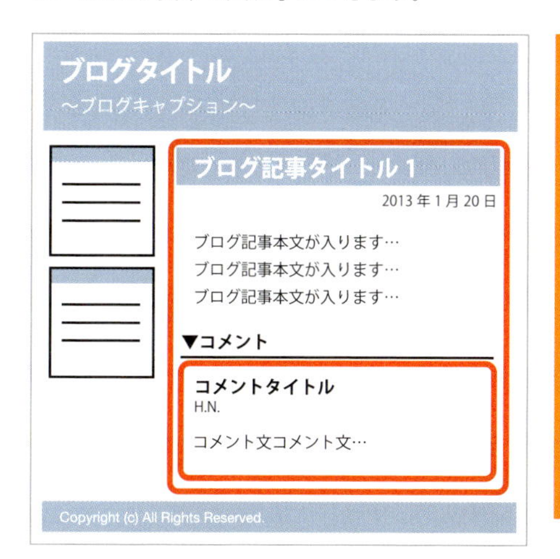

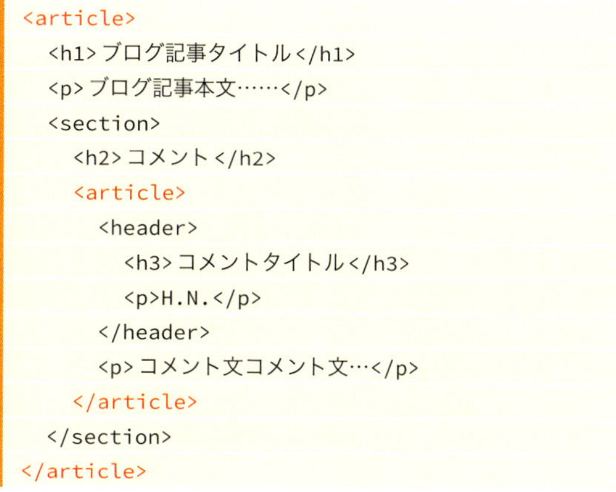

```
<article>
  <h1> ブログ記事タイトル </h1>
  <p> ブログ記事本文……</p>
  <section>
    <h2> コメント </h2>
    <article>
      <header>
        <h3> コメントタイトル </h3>
        <p>H.N.</p>
      </header>
      <p> コメント文コメント文…</p>
    </article>
  </section>
</article>
```

注意点

- ブログ詳細記事ページなどの場合はメインコンテツ領域＝article要素となることもありますが、レイアウトにおけるメインコンテツ領域とarticle要素となる領域は関係ありません。あくまでそのセクションが「自己完結しているものかどうか」という点を判断基準とするようにしてください。（自己完結しているかどうか微妙だと思ったら無理せずsection要素にしておいた方が無難です。）
- article要素もsection要素と同様、原則として見出しが必要です。

▶ aside 要素

aside 要素は、「メインコンテンツと関連性の薄い補足的なコンテンツ」となるセクションを表しています。そのセクションをまるごと削除したとしても、メインコンテンツの情報の読み取りに支障がないかどうかという点が判断基準となります。

【使用例①】

ブログの個別記事ページ等において、その記事に対する関連情報リンクや補足解説、あるいは本筋から少し離れたコラムなどを挿入することがあります。このような前後のコンテンツに間接的に関連する補足的なコンテンツについては、通常の section 要素ではなく aside 要素を用いるのが適切です。

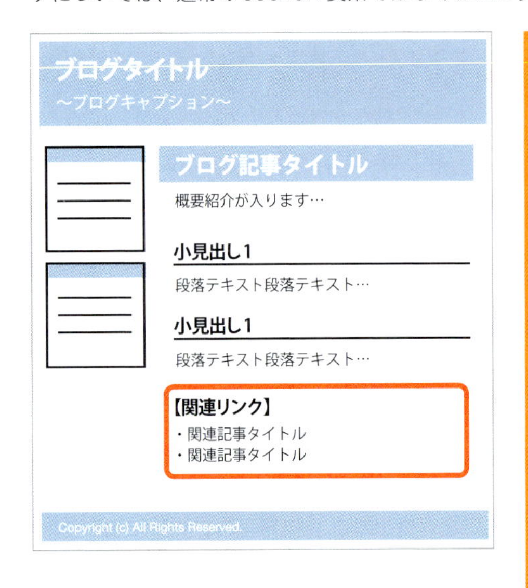


```
<article>
  <h1>ブログ記事タイトル</h1>
  <p>概要説明文が入ります。…<p>
  <section>
    <h2>小見出し1</h2>
    <p>段落テキスト段落テキスト…</p>
  </section>
  <section>
    <h2>小見出し2</h2>
    <p>段落テキスト段落テキスト…</p>
  </section>
  <aside>
    <h2>関連リンク</h2>
    <ul>
      <li><a href="#">・関連記事タイトル1</a></li>
      <li><a href="#">・関連記事タイトル2</a></li>
    </ul>
  </aside>
</article>
```

【使用例②】

aside 要素はページには関係するが記事本体とは直接関係がない、「あまり重要ではないコンテンツ」に対しても使うことができます。使用例にあるようなサイドバー領域、補助的なナビゲーション、ページに関連する広告領域などがその使用例です。

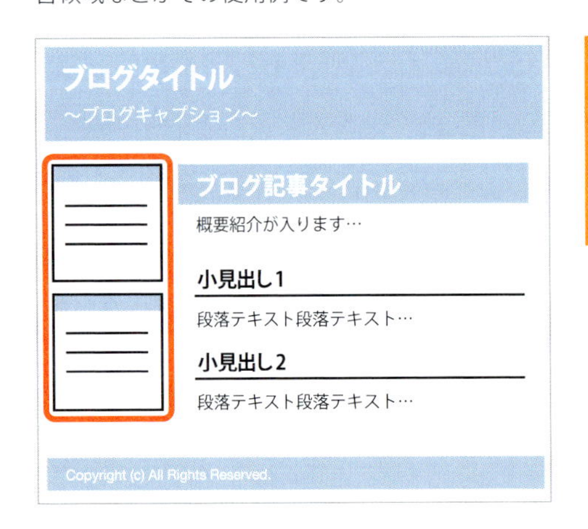


```
<body>
<header>ページヘッダー</header>
<article>エントリー記事コンテンツ領域</article>
<aside>サイドバー領域</aside>
<footer>ページフッター</footer>
</body>
```

注意点

- aside要素には必ずしも見出しは必要ありません。

nav 要素

nav 要素は Web サイトの「ナビゲーション」を表すセクションです。最も分かりやすいものはいわゆる「グローバルナビゲーション」ですが、それ以外にも下層ページ用のローカルナビゲーション、ページ内ジャンプ用のリンク、「次へ 前へ」などのページネーション、パンくずナビゲーション等もnav要素としてマークアップできます。

【使用例】

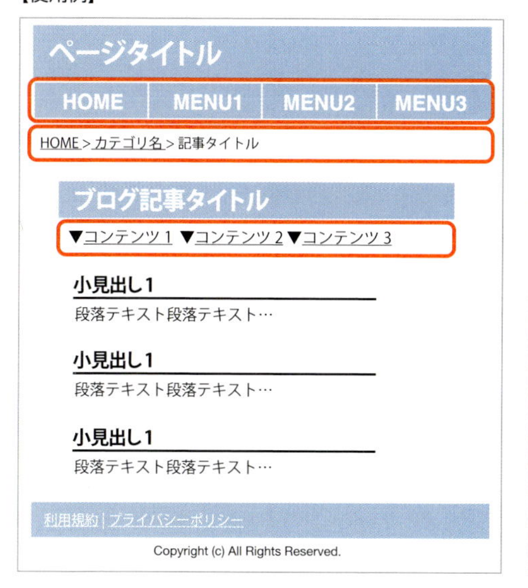

注意点

- nav要素は主に主要なナビゲーションに対して使用する要素ですが、補助的なナビゲーションであっても制作者がそのWebサイトにとって重要なナビゲーションであると判断した場合はnav要素にできます。上記の使用例ではグローバルナビゲーションとパンくずナビゲーション、記事内のページ内リンクはnav要素でマークアップしてありますが、フッター内の補足リンクは「特に重要ではない」と判断したためnavでマークアップしていません。(どのナビゲーションをnavとするかは製作者の主観が絡む問題です。)
- nav要素には必ずしも見出しは必要ありません。

```
<header>
<h1>ページタイトル</h1>
<nav>
  <ul>
  <li><a href="#">Home</a></li>
  ...more...
  </ul>
</nav>
<nav>
<p><a href="#">Home</a> | <a href="#">カテゴリ名</a> | 記事タイトル</p>
</nav>
</header>
<article>
  <h1>記事タイトル</h1>
  <nav>
    <ul>
      <li><a href="#hoge">コンテンツ1</a></li>
      ...more...
    </ul>
  </nav>
...more...
</article>
```

セクションに関連するその他の新要素

以下の要素はセクション要素ではありませんが、Webの文書構造を明確にする役割を持ち、セクション要素とも関連の深い要素となります。

●表 13-2　セクションと関連の深い要素

header 要素	セクションのヘッダーを表す要素
footer 要素	セクションのフッターを表す要素
main 要素	メインコンテンツ領域を表す要素
figure 要素・figcaption 要素	本文から参照される図版・ソースコード等と、そのキャプションを表す要素

header 要素／footer 要素

header 要素は「セクションのヘッダー」、footer 要素は「セクションのフッター」を表す要素です。従来のHTML で <div id="header"> ～ </div>、<div id="footer"> ～ </div> としていたような所はほぼ機械的に置き換えることが可能です。これらの要素は必ずしもサイトのヘッダー／フッターのみを表すものではないため、個別のセクションにそれぞれ header ／ footer 要素を用いることが可能です。したがって 1 ページ内に複数の header ／ footer 要素が存在しても構いません。

【使用例】

```
<body>
<header id="siteHeader">
<h1>サイトタイトル</h1>
<nav>グローバルナビゲーション</nav>
</header>
<article>
  <header>
    <h1>ブログ記事タイトル1</h1>
    <p><time datetime="2013-1-20">2013年1月20日</time></p>
  </header>
  <p>ブログ記事本文が入ります。…</p>
  <footer>
    <p><a href="#">コメントを見る</a></p>
  </footer>
</article>
<footer id="siteFooter">
<p><small>copyright © All Rights Reserved.</small></p>
</footer>
</body>
```

注意点

- header要素の中には通常h1-h6要素が入ることを想定していますが、無くても間違いではありません。見出し要素の他にはロゴ、目次、検索フォームなどを入れて使用することが想定されています。
- footer要素の中には一般的には著作者情報、連絡先などが入ります。
- header要素・footer要素の中にheader要素・footer要素を含むことはできません。section要素・nav要素といったセクション要素を入れることは可能です。

main 要素

main 要素は、Web 文書・アプリの「メインコンテツ領域」を明示するための要素です。

使い方としては、従来 <div id="main"> としていたような領域をこの要素に置換えるようなイメージで問題ありません。

【使用例】

```
<body>
<header>ヘッダー</header>
<main>
<section>メインコンテンツ</section>
</main>
<aside>サイドバー</aside>
<footer>フッター</footer>
</body>
```

注意点

- main要素はページ内で1つしか使用できません。
- section / article / aside / nav / header / footer 要素の中でmain要素を使うことはできません。

figure 要素 / figcaption 要素

figure 要素は、挿絵や図版、解説用の音声・動画、プログラムコードなど、本文から参照される独立したコンテンツを表す要素です。figure 要素の中に入るコンテンツには、figcaption 要素でキャプションを付けることができます。

【使用例】

```
<figure>
<img src="img/fig10-1.png" alt="…図版の説明文…">
<figcaption>図版10-1</figcaption>
</figure>
```

注意点

- figure要素を使う場合は、「本文内容を説明するのに必要なコンテンツか」「本文から切り離して別ページ表示にしても意味が通るか」の2点を両方とも満たすかどうかを判断基準としてください。本文に関係のない単なる装飾・デザイン要素的なイメージ写真や、前後の文章と連続した段落の一部を画像化したようなものはfigure要素としてふさわしくありません。
- figcaption要素はコンテンツの前か後ろのどちらか1つしか入れることはできません。

COLUMN

セクション関連新要素は絶対に使わなければならない？

HTML5で文書構造をマークアップする際、セクション関連の新要素を使うことは必須ではありません。HTML5には高い後方互換性がありますので、DOCTYPEとhead要素の中身だけHTML5の規格に合わせて記述して、コンテンツ部分は新要素を使わずに従来通りのマークアップとしたとしても文法的には何ら問題ありません。また、ヘッダー・フッター・サイドバー・メインコンテンツといった大枠部分にはきちんとセクション関連要素を使うけれども、コンテンツの中身には敢えてセクション要素は使わず、従来通りの見出しレベルによる暗黙のアウトラインで文書構造を表現する、といった選択肢もあります。

POINT

- 文書構造の骨格となるセクション要素はsection／article／aside／navの4つ。
- header／footer 要素／main 要素などの新要素も活用することでより完成したHTML5 の文書を作ることができる。
- セクション関連新要素を使う場合は、各要素の意味を十分理解して適切に使用する必要があるが、必須要素ではないので必ずしも無理に使う必要はない。

Chapter 04
LESSON 14

本格的なHTML5によるマークアップを行うための基礎知識

新しいカテゴリと コンテンツ・モデル

Chapter01で解説した「ブロック／インライン」の2大分類と、その入れ子の法則を順守するだけでも、基本的にほぼ問題無くHTML5としてマークアップすることはできます。しかし、新しい要素も含めたHTML5のマークアップルールをより正確に把握するためには、HTML5から大きく変更された要素のカテゴリ分類と、「コンテンツ・モデル」と呼ばれる要素同士の入れ子の法則を理解しておいた方が良いでしょう。Lesson14ではこれらHTML5の新しい概念・ルールを解説します。

講義 HTML5新カテゴリの概要とコンテンツ・モデル

要素カテゴリの細分化

▶ ブロック要素／インライン要素の分類を廃止

HTML が登場して以来ずっと、HTML の要素には「ブロック要素」と「インライン要素」の 2 つのカテゴリしかなく、しかもどちらか二者択一という非常にシンプルなものでした。ところが HTML5 からは長年続いたブロック要素／インライン要素という分類が廃止され、より細分化されたコンテンツカテゴリが採用されています。そのうちの主要な 7 つのカテゴリとそこに含まれる要素群を示したものが以下の表になります。

●表 14-1　7 つの主なカテゴリ

カテゴリ	説明
メタデータ・コンテンツ	主にhead要素内に記述される文書のメタ情報を表す要素 (meta / script / style / link / title など)
フロー・コンテンツ	コンテンツとして表示されるほとんど全ての要素
セクショニング・コンテンツ	見出しと概要からなるセクション（章・節）を構成する要素 (section / article / aside / nav)
ヘッディング・コンテンツ	セクションの見出しとなる要素 (h1 / h2 / h3 / h4 / h5 / h6)
フレージング・コンテンツ	段落内で使用するような要素・テキスト (a / span / strong / time / ruby その他従来のインライン要素に相当する要素)
エンベッディッド・コンテンツ	画像・音声・動画などの外部ファイルを埋め込むための要素 (img / iframe / audio / video / embed / object / canvas / math / svg)
インタラクティブ・コンテンツ	ハイパーリンクやフォームなど、ユーザーが操作できる要素 (a / button / input / select / textarea など)

新しいカテゴリの特徴は、従来のブロック要素／インライン要素のように二者択一で区別されているのではなく、相互に重複している点です。

●図 14-1　カテゴリ概念図

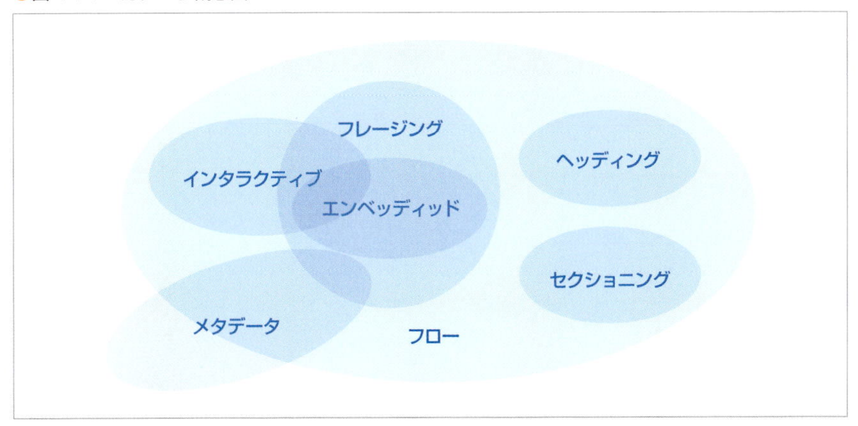

上の図は各カテゴリの区分を表した概念図です。この図からは例えば、

- 一部のメタデータを除くほぼ全ての要素は「フロー・コンテンツ」に所属する
- 「ヘッディング・コンテンツ」は「フロー・コンテンツ」以外のカテゴリとは重複しない
- 「エンベッディッド·コンテンツ」は全て「フレージング·コンテンツ」であり「フロー·コンテンツ」でもある。

などのような情報を読み取ることができます。

基本的にはどんな要素がどこに所属するのかカテゴリ自体の意味によって大まかに把握できていれば問題ありませんが、特定の条件によって所属するカテゴリが変わる要素もあり、実際にはかなり複雑ですので、詳細については必要に応じてリファレンスサイト等で確認する必要があります。

【参考サイト】

- 「HTML5.jp」　URL http://www.html5.jp/tag/models/
- 「World Wide Web Guide」　URL https://w3g.jp/html5/content_models

コンテンツ・モデル

コンテンツ·モデルとは、「要素の中にどんな要素を入れることができるか」といったことを定義したものです。例えば従来のブロック要素／インライン要素の分類で言えば、「インライン要素の中にはブロック要素を入れることができない」といったルールがありました。このような構造上のルールを、新しいカテゴリを使って詳細に定めたものがHTML5のコンテンツ・モデルとなります。

▶ コンテンツ・モデルのパターン

HTML5の仕様書には、個別の要素ごとに「所属カテゴリー」や「コンテンツ・モデル」といった情報が記載されています。HTML5ではこの情報を元に文法的に正しいかどうかを判断します。

●表 14-2　HTML5 タグリファレンス情報の例

要素名	カテゴリー	コンテンツ・モデル
div 要素	フロー・コンテンツ	フロー・コンテンツ
ul 要素	フロー・コンテンツ	0 個以上の li 要素
strong 要素	フロー・コンテンツ フレージング・コンテンツ	フレージング・コンテンツ
br 要素	フロー・コンテンツ フレージング・コンテンツ	空

各要素のコンテンツ・モデルには、いくつかのパターンがあります。

- カテゴリ単位で指定されている（div, span, p など）
- 特定の要素しか入れられない（table, ul, ol, select など）
- 他の要素を入れられない（br, img, input など＝空要素）
- 親要素の条件を引き継ぐ（del, ins など）
- 上記パターンに更に特定の条件がつく（header, footer, a など）

一見複雑で難しそうに見えますが、HTML5 以前から存在する要素のコンテンツ・モデルは、原則として従来と同じか、呼び方が変わっているだけで実質同じというパターンがほとんどです。また、新しい要素についても実は従来通りのブロック／インラインの感覚でマークアップしたとしても致命的な問題はほぼ起きないようになっています。ですので、実際問題としてこの新しいカテゴリ分類とコンテンツ・モデルのルール変更の件については初心者の方が無理に全て暗記しようとする必要は無いと言えます。

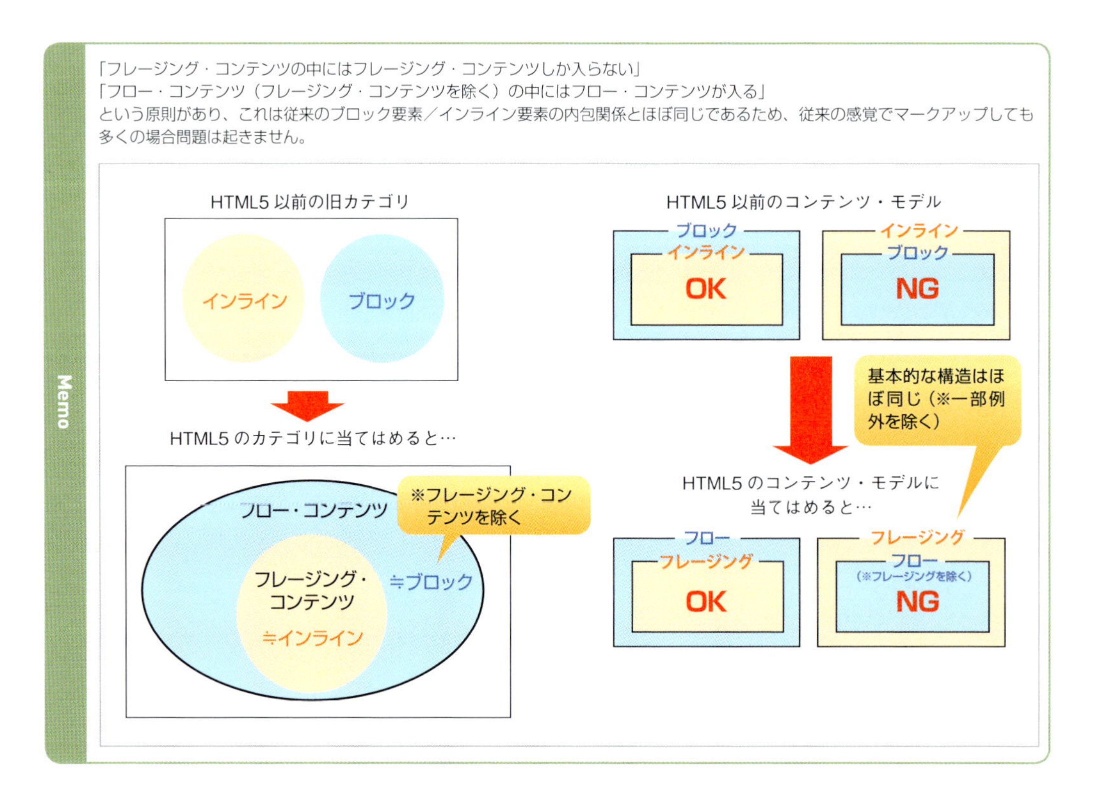

ただし、文法チェックの際にコンテンツ・モデル違反を指摘された場合は自分で仕様書を調べ、ルールに従って適切に修正できるようにすることが求められます。また技術ブログや解説書などではこの新しいルールに即して説明がなされますので、ルール・概念が変更されているという事実については知っておくべきでしょう。

【参考サイト】

- 「HTML5.jp」 URL http://www.html5.jp/tag/elements/
- 「World Wide Web Guide」 URL https://w3g.jp/html5/content_models

親要素の条件を引き継ぐ「トランスペアレント」

仕様書を見ると、コンテンツ・モデルが「トランスペアレント」となっているものがいくつか存在します。「トランスペアレント」とは、親要素のコンテンツ・モデルを継承するという意味です。

親要素がフロー・コンテンツを含むことができるのであれば、同じようにフロー・コンテンツを含むことができ、親要素がフレージング・コンテンツしか含めない場合は、同じようにフレージング・コンテンツしか含むことができません。また、もしも親要素が存在しなかった場合は、全てのフロー・コンテンツを入れることができるようになります。

このように、親要素の条件によって中に入れても良いコンテンツが変わってくるタイプの代表的な要素にa要素があります。a要素はHTML5におけるカテゴリ分類方法とコンテンツ・モデルの変更によって、従来とは大きく異るマークアップが可能になった代表的な要素となりますので、しっかり理解してWebサイト制作に活かしていきましょう。

a要素の新しい使い方と注意点

a要素のカテゴリとコンテンツ・モデル

仕様書に記載されているa要素のカテゴリとコンテンツ・モデルは以下の通りです。

要素名	カテゴリー	コンテンツ・モデル
a要素	フロー・コンテンツ フレージング・コンテンツ インタラクティブ・コンテンツ	トランスペアレント

コンテンツ・モデルが「トランスペアレント」になったことで、HTML5以前の規格では文法的に許されなかった「div要素をa要素で囲む」といった使い方が可能となりました。タッチデバイスの登場でリンク領域を大きく取るデザインが主流となってきた今の時代にとって、この変更はコーディングを簡略化できる大変うれしい変化であると言えます。

●図 14-2　ブロックリンク

Memo HTML5 以前の規格でブロック全体をひとつのリンク領域にとして機能させるためには、JavaScript の力を借りたり、a 要素の中に入れる要素を span などの他のインライン要素に無理やり置き換えるなどの強引なマークアップをするなど、面倒な対応が必要でした。

a 要素の新しいマークアップルール

a 要素の中に div 要素や p 要素などのブロックレベルの要素を入れることができるようになったからといって、何でも入れていいというわけではありません。ブロック領域全体を a 要素で囲む場合には、以下の 3 つのルールを順守する必要がありますので、注意してください。

ルール①：a 要素を除いた残りが文法的に正しくなければならない

【例 1】

```
<a href="#">
<section>
<h1>見出し</h1>
<p>テキストテキストテキストテキスト</p>
</section>
</a>
```

ブロック領域全体を a 要素で囲む場合、基本的にそのコードから a 要素を取り除いた状態で、文法的に正しい状態をきちんと維持しなければなりません。例 1 の場合、a 要素が無かった場合「section 要素の中に h1 要素と p 要素が入っている」というコードが残りますが、これは何ら問題ありません。あくまで正しいマークアップをするのが前提で、その上で必要な領域にリンクを設定する必要があるということです。

ルール②：親要素のコンテンツ・モデルに従わなければならない

【例2】

```
<ul>
<a href="#"><li>テキストテキストテキスト</li></a>
<a href="#"><li>テキストテキストテキスト</li></a>
</ul>
```

仮に a 要素を取り除いた残りのコードが正しい状態だったとしても、【例2】は文法違反になります。「ul 要素の直下には li 要素しか入れることができない」というルールがあるからです。a 要素のコンテンツ・モデルは「トランスペアレント」すなわち「親要素のコンテンツ・モデルに従う」ということですので、親要素である ul 要素自身のルールには従わなければなりません。ul、ol、dl、table といった、直下に配置できるものが特定の要素に限られているものは特に注意が必要です。

ルール③：自分自身の中に他のクリック・操作可能な要素を入れてはならない

【例3】

```
<ul>
  <li>
    <a href="#">
      <div class="ph"><img src="xxxxx.jpg" alt=""></div>
      <dl class="data">
        <dt>商品名</dt><dd>完熟南高梅(1kg)</dd>
        <dt>数量</dt><dd><input type="num" value="1"></dd>
      </dl>
    </a>
  </li>
</ul>
```

【例3】はルール①もルール②もクリアしていますが、文法違反になります。a 要素の中に input 要素が含まれているからです。a 要素はそれ自身が「インタラクティブ・コンテンツ」のカテゴリーに所属しているのですが、「インタラクティブ・コンテンツの中に他のインタラクティブ・コンテンツを含めてはならない」というルールがあり、それに抵触します。インタラクティブ・コンテンツとは「ユーザーによるクリック・操作が可能な要素」で、a / input / button / label / select / textarea / audio ※ / video ※などが含まれます。

※ controls 属性がある場合のみ

以上3つのルールを順守していれば、これまでよりも柔軟にデザイン仕様に合わせたリンク領域を設定できるようになりますので、是非試してみてください。

POINT

- HTML5 では新しいカテゴリ分類とコンテンツ・モデルが採用されている
- 従来通りブロック／インラインといった認識でのマークアップでも概ね問題はない
- a 要素はルール変更によりブロック領域全体に対して使用できるようになっている

本格的なHTML5によるマークアップを行うための基礎知識

その他の新要素と属性

HTML5で追加された新要素・属性は他にも多数ありますが、ブラウザのサポート状況にばらつきがあったり、Webアプリでの利用が前提だったりするなど、一般的なWeb文書ではあまり利用する機会がないものも多くあります。Lesson15ではこれまで紹介したセクション関連要素以外に、通常のWeb文書のマークアップで比較的よく使うと思われる新要素・属性について解説します。

講義 セクション関連以外のよく使う新しい要素と属性

テキストの意味付けに関する新要素

time要素

time要素は、コンピュータから読み取り可能な形式で24時間表記の時刻や、新暦（グレゴリオ暦）の正確な日付を表すための要素です。日付や時刻であれば必ずtime要素でマークアップしなければならないというわけではなく、正確な日時をブラウザに読み取らせたい場合に使用します。time要素の中の日時が「明日」とか「2015年1月1日」のようにコンピュータから読み取りができない形式である場合は、time要素にdatetime属性を追加し、そちらに正確な日時のデータを入れる必要があります。

【使用例】

```
<p><time>13:55</time></p>
<p><time datetime="2015-02-18">明日</time>は重要な会議がある。</p>
```

【属性・値】

datetime属性	値には正確な日付・時刻が入ります。 datetime属性で指定する日時はコンピュータで使用することを想定しているため、正式な日付や時刻を決められた書式で記述する必要があります。 【書式】 YYYY-MM-DDThh:mm:ssTZD	① 年 ② 年月 ③ 年月日 ④ 時分 ⑤ 時分秒 ⑥ 年月日時分秒 ⑦ 年月日時分秒＋タイムゾーン	2015 2015-01 2015-01-01 08:30 08:30:21 2015-01-01T08:30:21 2015-01-01T08:30:21+9:00

ruby 要素 / rt 要素 / rp 要素

ruby 要素は、ルビ（ふりがな）をふるための要素です。rt 要素にふりがな、rp 要素にルビ非対応ブラウザで表示する記号などを入れます。rp 要素で指定した部分は、ルビ対象ブラウザの場合は表示されません。

> **Memo**
> ruby 要素は長らく Firefox のみ非対応でしたが、38 から対応しました。したがって現在主要なブラウザはほぼ全て対応しています。

【使用例】

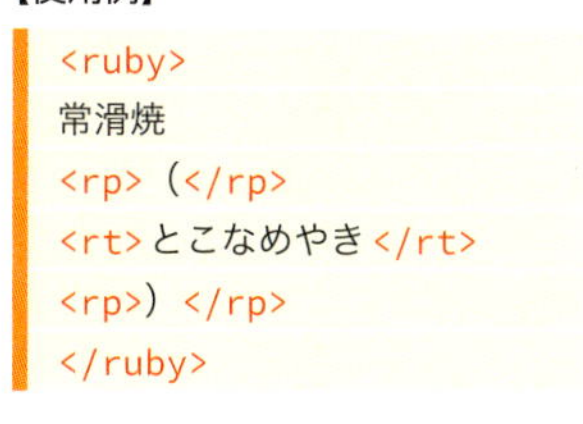

```
<ruby>
常滑焼
<rp>（</rp>
<rt>とこなめやき</rt>
<rp>）</rp>
</ruby>
```

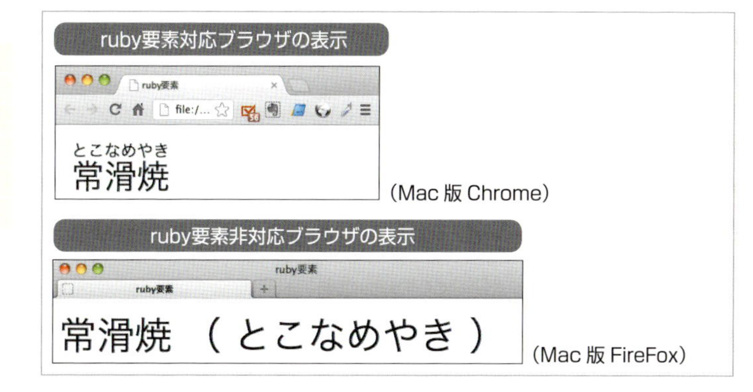

mark 要素

mark 要素は、参照目的で特定の語句をマークしたりハイライト表示したりするための要素です。引用したコンテンツや解説を加えたいコンテンツの中で、「この部分に注目してほしい」という箇所をハイライト表示させるような形で使用します。また、検索結果画面などで検索キーワードをハイライト表示するような場面でも mark 要素を使用できます。

【使用例】

```
<pre><code>
#gnav ul{
  <mark>overflow:hidden;</mark>
}
#gnav li{
  width:100px;
  float:left;
}
</code></pre>
<p>親要素のulにoverflow:hidden;を設定することで、clearfixしたのと同じ効果が得られます。</p>
```

video 要素・audio 要素

video 要素は、ブラウザ上で動画メディアを再生するための要素、audio 要素はブラウザ上で音声メディアを再生するための要素です。これらの要素を使うことで、動画・音声配信の際にユーザーの環境にプラグインがインストールしているかどうかを気にする必要が無くなります。

【使用例】

```
<video src="sample.mp4" type="video/mp4" controls>
  video要素をサポートしていないブラウザで閲覧されています。最新ブラウザで御覧ください。
</video>
```

```
<audio src="sample.mp3" controls>
  audio要素をサポートしていないブラウザで閲覧されています。最新ブラウザで御覧ください。
</audio>
```

動画・音声の再生・停止・音量調節などのコントロールをユーザーができるようにするには、controls 属性を設定する必要があります。また、video 要素・audio 要素の中のテキストはこの要素をサポートしていないブラウザだけで表示されます。

【使用例：複数のフォーマットを配信／IE8 でも再生できるようにする場合】

```
<video controls>
  <source src="sample.mp4" type="video/mp4">
  <source src="sample.webm" type="video/webm">
  <embed src="sample.mp4" width="480" height="320" type="video/mp4" autoplay="false"
controller="true" pluginspage=http://www.apple.com/jp/quicktime/download/>
  video要素をサポートしていないブラウザで閲覧されています。最新ブラウザで御覧ください。
</video>
```

```
<audio controls>
  <source src="sample.mp3" type="video/mp3">
  <source src="sample.wav" type="video/wav">
  <embed src="sample.wav" type="video/mp4" autostart="false" controller="true"
loop="false" pluginspage=http://www.apple.com/jp/quicktime/download/>
  audio要素をサポートしていないブラウザで閲覧されています。最新ブラウザで御覧ください。
</audio>
```

複数の動画・音声フォーマットを提供したい場合、video 要素・audio 要素の中に source 要素で複数の動画を読み込みます。またこれらの要素非対応の IE8 でも動画を埋め込みたい場合は、video 要素・audio 要素の中に embed 要素で動画を読み込むことで他のブラウザと同じように動画を埋め込むことができます。

HTML5 文書でよく使う新属性

HTML5 で追加された新しい属性で最もよく使うものは、Chapter01 Lesson4（p.048）で紹介したフォームの使い勝手を向上させる新属性になります。フォーム関連の新属性以外では data-* 属性（独自データ属性）、role 属性（ランドマークロール）などが比較的よく使われます。いずれも通常のマークアップに対して必須のものではありませんが、必要に応じて使うことでより使い勝手やアクセシビリティを向上させることができます。

form 関連の新属性

Chapter01 Lesson04（p.048）を参照してください。

data-* 属性（独自データ属性）

data-* 属性は「独自データ属性」と呼ばれるもので、制作者が必要に応じて「data-」から始まる独自の属性を自由に設定できるというものです。data-* の「*」の部分には好きな名称をつけることができます。

この属性は主に JavaScript などの外部プログラムに任意の値を渡すために使用するものであり、通常の HTML 文書をマークアップする際には使用しません。

●図 15-1　ツールチップの例

【使用例】独自データ属性の値をツールチップとして使用

```
<a href="#" data-tooltip="Hello">Example</a>
```

role属性

role属性は、Web文書・アプリのアクセシビリティを向上させるため、HTMLの各要素に「役割」を与えるための属性です。role属性は「ランドマークロール」「構造的ロール」「ウィジェットロール」といったカテゴリに分かれているのですが、このうちナビゲーションの目印として機能する「ランドマークロール」が注目されています。

ランドマークロールを設定すると「サイトのヘッダー・フッター」「メインコンテンツエリア」「検索フォーム」「ナビゲーション」「文書の補足情報」といった役割が各要素に与えられます。一部のスクリーンリーダーなどの対応アプリケーションでは、roleが設定された要素間を簡単に移動（ジャンプ）できるなど、文書閲覧上のナビゲーション機能が強化されるため、アクセシビリティの向上につながります。

●表15-1　role属性（ランドマークロール）の概要

値	意味	同様の役割を持つHTML5要素
application	文書ではなくWebアプリケーションであることを示す	―
search	検索フォームを含む領域を示す	―
form	検索フォーム以外のフォームコンテナを示す	―
main	ドキュメントの主要なコンテンツを示す（ページに1つ）	main要素
navigation	ドキュメントのナビゲーションを示す	nav要素
complementary	ドキュメントを補助する情報を示す	aside要素
banner	サイトのヘッダを示す（ページに1つ）	section/article要素の子要素ではないheader要素
contentinfo	コンテンツの著作権やプライバシー情報へのリンクを示す	section/article要素の子要素ではないfooter要素

一部のHTML5要素は、特にrole属性を設定しなくても暗黙的に該当のrole属性の役割を持っているため、これらの要素に対してはrole属性は設定しなくても良いとされています。従って、HTML5の新要素を正しく使ってマークアップされた文書であれば、application, search, form以外のrole属性を指定する機会は少ないと思われます。逆に、DOCTYPE宣言のみ<!DOCTYPE html>としてHTML5化しただけでコンテンツ部分は従来のHTMLと同じといったようなケースでは、role属性を指定することで文書構造を明確化し、HTML5新要素を使ったのと同等のアクセシビリティを確保することが可能となります。

Memo
スクリーンリーダーの種類によってはHTML5の新要素を正しく認識できないものも存在するようです。文法チェックで警告は出ますが、現状では確実にアクセシブルにしたい場合はrole属性の設定をした方が良いかもしれません。

POINT

- time要素は「コンピュータから読み取り可能な形式」で日時を表現する必要がある
- form関連新属性以外では、独自データ属性とrole属性が比較的よく使われる
- role属性を活用するとセクション関連要素を使わなくてもアクセシビリティの向上が期待できる

SUPPLEMENTARY LESSON 補講

HTML5の全体仕様と実装上の注意点

本格的なコーディング実習に入る前に、ここで少しHTML5という仕様の全体像と、実装状況にまつわる諸々の注意点に触れておきたいと思います。

狭義のHTML5と広義のHTML5

HTML5とは、その名の通りWebページの記述などに用いるマークアップ言語の最新版です。しかしこれまでのHTMLが単純な「文書作成」のための規格だったのに対し、HTML5ではその目的が拡張され、「Webアプリケーション作成のための標準仕様」といった役割を持つようになっています。

Webアプリケーションとしての様々な機能は、当然「文書作成」のための言語であるHTMLだけでは実現できないため、JavaScriptを使って様々な機能を実現できるようにしました。このJavaScriptを使った様々な機能を標準化し、機能ごとに仕様にまとめたものがHTML5 API（Application Program Interface）と呼ばれるものです。通常HTML5と言った場合は純粋なマークアップ言語としてのHTML5と、各種機能の仕様群であるHTML5 APIの両方を合わせたものを指しています。また、これにスタイリングのためのCSS3やその他のWeb関連標準仕様も含めて全部ひとくくりに「HTML5」と呼ぶこともあり、最も広い意味での「HTML5」はもはや「これからのWebを形作るテクノロジーそのもの」を指しているとも言えます。

本書はHTML+CSSの初学者向け入門書という位置づけであるため、基本的にHTML5のマークアップ分野の解説しかしていません。しかし将来的にWeb文書だけでなくWebアプリケーション・サービスの開発に携わりたいと考えている方は、HTML5 APIの分野の知識・スキルも必要になりますので、必要に応じて学習するようにした方が良いでしょう。

●HTML5の範囲

●広義のHTML5が持つ8つのテクノロジー

 **マルチメディア** 動画や音声といったマルチメディアに対する機能、API。	 **オフライン&ストレージ** オフライン機能やストレージ系API。デスクトップ上のファイルを読み取るAPI含む。
 **3D,グラフィック・エフェクト** グラフィックやエフェクト。Canvas、SVG、WebGL、3D機能など。	 **コネクティビティ** WebSocketなどの通信系API。
 **デバイスアクセス** デバイス内蔵カメラやGPSといった機能にアクセスできるAPI。	 **パフォーマンス** 所定の処理をバックグラウンドで動かすための機能・API。
 **セマンティクス** HTML5のマークアップ。RDFa、microdata、microformatsを含む。	 **CSS** WEBページやユーザーインターフェイスのスタイリング。

【W3C HTML5 Logo】
http://www.w3.org/html/logo/

HTML5策定とブラウザの実装状況

HTML5は既に「勧告」済み

HTML5の仕様は2014年正式に「勧告」となりました。HTML5仕様についてはこれ以上変更されることはないため、本書の内容や仕様書に記載されているものを覚えて実務に活用していって問題ありません。

ただし、W3Cでは2014年の「勧告」に間に合わなかった各種仕様について、現在HTML5.1として追加仕様を検討中であり、これを2016年に勧告するロードマップが発表されています。今後また新たな要素や属性、API機能などが追加されることも予想されますので、最新情報の動向には注意が必要です。

●W3Cの勧告プロセス

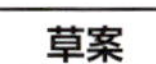

草案
(Working Draft)

↓

最終草案
(Last Call Working Draft)

↓

勧告候補
(Candidate Recommendation)

↓

勧告案
(Proposed Recommendation)

W3C勧告
(Recommendation)

ブラウザの実装状況には注意が必要

HTML5の仕様は勧告されましたが、各種ブラウザの実装（対応）状況は仕様策定とはまた別の話です。

各種ブラウザにおける機能実装はかなり進んできていますが、例えばform部品関連の新属性など、一部機能についてはまだ完全ではありません。また、そもそもIE8以下についてはHTML5そのものに非対応です。従って、現実問題として現時点でHTML5を使おうと思った場合には、動作保証をするターゲットブラウザ環境と、実際に利用する要素・機能についてそれぞれ事前に十分な検討が必要となってきます。「どこまでを対象に、何を使うか？」の判断の際に活用できる参考サイトを以下に紹介しておきますので、新しい機能を使おうと思う前には一度確認するようにすると良いでしょう。

● HTML5 & CSS3 Support

URL http://www.findmebyip.com/litmus/

HTML5とCSS3の各機能の実装状況を一覧表にまとめたサイトです。掲載されているブラウザのバージョンがやや古く、最新状況を反映しているとは言いがたい状態ですが、逆にこの表でOKになっているものについてはほぼ使っても問題ないものという判断が可能です。

● Can I use…

URL http://caniuse.com/

HTML5・CSS3・API等、各種機能ごとに細かく各ブラウザの対応状況を教えてくれるサイトです。一覧性はあまり良くありませんが、個別の機能について詳細な対応状況を知りたい場合に役立ちます。過去および最新版だけでなく、近い将来のアップデートで機能実装予定があるかどうかという情報も知ることができます。

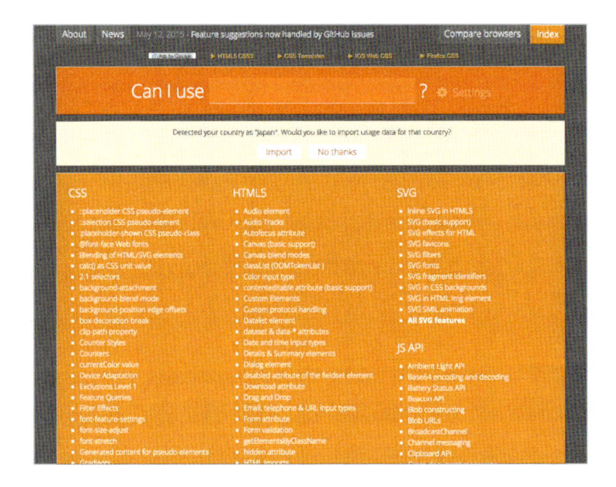

Internet Explorerへの対応

ビジネスユーザーを中心に現在も多くのシェアを持つIEですが、HTML5に対応しているのはIE9以上であるということに注意してください。IE8以下の場合、sectionなどの新要素をHTMLのタグとして認識できないため、新要素に直接スタイルを適用している場合はスタイルが反映されません。

そもそもHTML5に対応していない古いブラウザをサポートすべきかどうかという問題はありますが、現実問題として表示崩れはまずい、ということであれば「html5shiv」というJavaScriptファイルを読みこませることで解決できます。

● html5shiv

【配布元】 URL http://code.google.com/p/html5shiv/

上記サイトの「download html5shiv (zip file)」からダウンロードしたファイルを解凍して、「dist」フォルダの中の「html5shiv.js」を自分のサイトに移動させた上でヘッダから次のように呼び出します。

```
<!--[if lt IE 9]>
<script src="（ファイルを格納したパス）/html5shiv.js"></script>
<![endif]-->
```

これはHTML5の新要素をIE8以下にも要素として認識させるためのスクリプトで、IE独自の「条件コメント」を使ってIE8以下の場合にだけ適用するように記述したものになります。こうしておくことでHTML5の新要素を利用した場合でもCSSが正しく適用され、レイアウト崩れを起こすことは無くなります。

Caution

html5shivはあくまで新要素に対してスタイルの適用を補助するためのものであり、HTML5が提供する機能そのもの（新しいForm機能など）を補完するものではありません。

古いIEをどこまでサポートする必要があるか

2015年上半期の段階でデスクトップPCにおけるIE8の世界シェアはおよそ10～15%前後で推移しています。ただしこれは「デスクトップPCブラウザ」の中でのシェアですから、モバイルからのアクセスも含めたWebサイトへの訪問者全体からのシェアは実際にはもっと低いでしょう。さらにMicrosoftは2016年1月で古いIEのサポートを終了させることを発表しています。これ以後はセキュリティアップデート等も提供されないため、おそらく今後さらにシェア低下のスピードが早まることが考えられます。また、Webサイトの内容やターゲット層によっては、既に無視しても問題ないほど十分にシェアが低いということもあるかと思われます。

Windows10からは標準ブラウザがIEからEdgeに変更されたことからも分かるように、全体の流れとしては確実に古いIEは切り捨てる方向に世の中は動いていることは間違いありません。これから新しくWebサイトを立ち上げる場合には、そうした世の中の動向とアクセス解析による実際のユーザー動向を踏まえた上で、適切なサポート環境を設定していくことが重要かと思われます。

Memo

MicrosoftのIEサポート方針は「各OSバージョンに搭載できる最新のIEバージョンのみをサポートする」というものであるため、OSの種類ごとにサポートが継続されるIEのバージョンが異なります。この方針によって2016年1月以降はIE7,8,10のサポートが終了となり、IE9, IE11のみがサポート継続という状態となります。

廃止された要素・属性

HTML5では、

① CSSで代用可能なもの（basefont要素、center要素など）
② フレーム関連要素（frame要素、frameset要素など）
③ 他の類似要素・属性で代用可能なもの

などが仕様上「廃止」となっています。これらは数が多く、また既に使われていないものがほとんどであるため、改めてこれを全て覚えようとする必要はないと思います。基本的に以下の2点を守ってマークアップするように心がけることで対処するようにしましょう。

① CSSで指定できるものをHTMLの要素・属性で指定しない
② 必ず文法チェックをする（エラーになった要素や属性は削除する）

参考URL：HTML5で廃止された要素と属性

URL http://www.tagindex.com/html5/basic/abolished.html

COLUMN

文法チェックしても警告だけでエラーにならない廃止属性

ほとんどの廃止属性は文法チェックにかければエラーとなりますが、一部の属性については後方互換性を保つなどの理由から警告のみでエラーにはならないものもあります。これらの属性については使わなければならない正当な理由がある場合はそのままでも構いませんが、文法上は使わないほうが望ましいことに変わりはありませんので、可能であれば削除するか他の方法に置き換えるようにしましょう。

a要素のname属性	値が空でない場合は警告のみ、空の場合はエラーとなる。id属性に置き換えが望ましい。
img要素のborder属性	値が0の場合は警告のみ、他の値の場合はエラーとなる。CSSでの置き換えが望ましい。
img要素のwidth属性/height属性	使える値はpx単位のみ、%単位で指定した場合は警告となる。
script属性のlanguage属性	警告のみ。type属性に置き換えが望ましい。
table要素のsummary属性	警告のみ。削除が望ましい。

Chapter 05

本格的な Web制作のための 設計と準備

HTML・CSSの基礎を勉強した初心者の方が、いざ本格的なWebサイトを作ろうと思った時、実際にはどこから手をつけて良いかわからなかったり、思い通りにうまく表示をコントロールできなかったりすることがよくあります。この章では、実務的な内容のWebサイトを制作するにあたってあらかじめ知っておいたほうが良いと思われる知識・ノウハウや、効率よくコーディングを進めていくための下準備などについて解説します。

本格的なWeb制作のための設計と準備

Webサイトのコーディング設計

趣味や勉強のためのWebページ制作ではなく、実務的・本格的なWebサイトのコーディングを行う場合は、いきなりテキストエディタで入力しはじめるのではなく、一度紙面またはモニタ上でコーディングのための「設計図」をつくることが重要です。LESSON16では、コーディング設計図の役割や重要性、および具体的な考え方等を紹介します。

講義 コーディング設計のポイント

本格的なWebサイト制作におけるコーディング設計の役割

趣味や勉強でWebサイトを作る場合と違い、仕事でコーディングする際には「コーディング設計」が非常に重要なポイントとなります。単にその場で見た目が整えば良い、という作り方ではなく、

1. できる限り早く、正確に、無駄なく実装する
2. 複数人で作業することを想定して実装する
3. 修正・変更が発生した場合に素早く柔軟に対応できるように実装する

> **Term**
> **実装**
> 実装とは、ある機能を実現するための開発過程において、実際に動作する状態に持っていくための作業のことで、Web制作の場では主にHTML・CSS・JavaScriptなどの言語を使ってWebサイトの表示や機能を作り上げる工程のことを指しています。

といったことを考えながらコーディングしていくことが求められるからです。

従来の一般的なWebサイト制作では、事前にPhotoshop等のグラフィックソフトで作成した静的なデザインカンプでクライアント確認を行い、確定したデザインカンプを元にコーディングを進めるといったウォーターフォール型のワークフローが主流でした。

このやり方は、分業制に向いている・クライアント側がイメージしやすいといったメリットがあるため、現在でもこのようなワークフローで制作しているケースは多いと思われます。この場合、コーディング工程ではいかに「早く、正確に、無駄なく」実装するかという点が求められます。

また近年では、このようなウォーターフォール型のワークフローではなく、「プロジェクトの早い段階からモックを作成して実装・検証しながらプロジェクトを進める」といったプロトタイプ型のワークフローも浸透してきています。

複雑な機能を持つ高機能なWebサービスや、閲覧環境によって何段階にもレイアウトが変化するレスポンシブ・ウェブデザインなどのような動きのあるサイトを構築する場合などがこの方式に向いています。

ウォーターフォール型のワークフローでは実際に動く状態になるまでに時間がかかりすぎ、その段階になってから機能に修正が入ると大幅な手戻りが発生してしまいます。プロトタイプ型の場合は早い段階から実際に動く画面を見ながら調整を進めることができるため、リリース間際になって大幅な機能変更が入るなどといった致命的な問題が起きにくいのがメリットです。この場合、コーディングはプロジェクトの初期段階から関わることになり、プロトタイプ段階では特に修正が頻繁に発生するので、「流用しやすく、変更に強く、メンテナンス性が高い」実装が最重視されます。

●図 16-1　ウォーターフォール型の制作ワークフロー

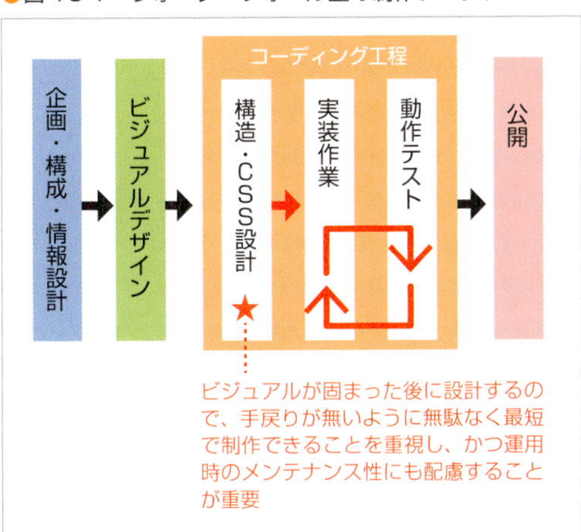

●図 16-2　プロトタイプ型の制作ワークフロー

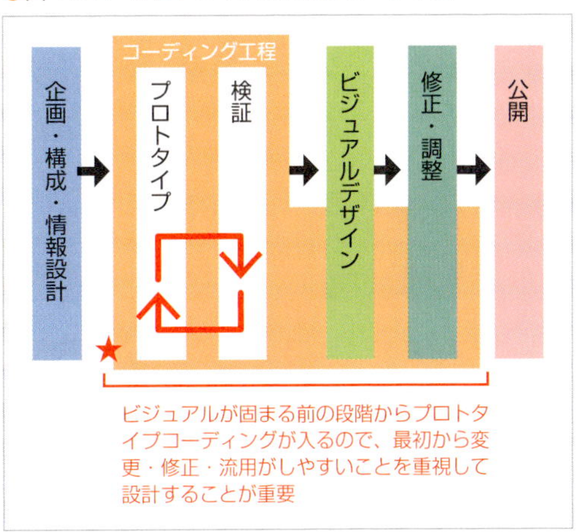

仕事の現場では、組織の体制やメンバーのスキルレベルなど様々な事情から、制作ワークフロー自体も様々なケースがあるかと思います。現場のワークフローや体制などによって「設計の際に何を一番重視するか」というポイントは変わってきますが、設計をすること自体はどのようなワークフローであっても非常に重要な工程であると言えます。設計工程をおろそかにして行き当たりばったりで作ってしまうと、制作や運用にストレスのかかる可能性が高まってしまうので注意が必要です。

本書は初心者向けの入門書という位置づけですので、わかりやすい従来型のワークフローを前提に、コーディング担当者が最低限配慮すべき一般的な設計項目について解説していきます。

設計時に検討しておくこと

コーディングに着手する前に設計しておくべきものは主に次のようなものがあります。

❶ 文書構造設計
❷ 情報グループの構造化とレイアウト枠の設計
❸ ファイル命名ルール
❹ id ／ class 命名ルール
❺ サイズ計測・色コード指定
❻ セレクタ設計

一部複数の工程にかかわるものもありますが、❶・❷は主にHTMLマークアップ時、❸は画像スライス時、

❹〜❻は主に CSS コーディング時に必要な情報になります。

このような情報は手を動かしながらその都度決めていくこともできますが、デザインカンプが手元にあるなら、コーディング着手前に全体を把握しながらまとめてルール化してしまった方が効率が良い場合が多いと言えます。

1 文書構造設計

いわゆる HTML 文書の「マークアップ」そのものの作業です。基本的には作成する文書の内容に応じて見出し・段落・箇条書き・表組み等の文書構造を決定していけば良いのですが、h1 要素に関しては SEO における内部対策との関係で、トップページと下層ページで位置を変更するケースが考えられます。h1 は全ての見出し要素の起点となるものですので、h1 要素をどのように設定するのか最初に方針を固めておいた方が良いでしょう。

●図 16-3 h1 要素の配置パターン例

> **Memo**
> **文書構造と SEO**
> title 要素や h1 要素に含まれる単語は、その他の要素と比較して相対的に重要であると判断されます。一般論としては h1 要素の中には検索キーワードとなり得る文言が入っていたほうが SEO 的に有利であると言われます。
> ただし、実際にはコンテンツ自体の質や独自性、外部サイトからの被リンク数等、マークアップ構造以外の要因の方が圧倒的に検索順位に対する影響力が大きいため、h1 の調整だけで何とかなるというようなものではありません。

2 情報グループの構造化とレイアウト枠の設計

文書全体における情報のグルーピングです。これはグループ化するものの性質によって大きく 2 つに分かれます。

❶ 情報構造としての役割を持つ領域

❷ デザインを再現するために必要となる領域

「情報構造としての役割を持つ領域」とは、例えばヘッダー、フッター、サイドバー、メイン領域、といった大枠の情報構造に加え、「見出しとそれに伴うコンテンツ」や「ナビゲーション」といった細かいコンテンツのセクション構造、同じ機能・役割を持った領域などを指します。これらの領域は基本的にその役割に応じたセクション要素、セクション関連要素などを使って文書構造を明確化できます。

Memo
適当なセクション関連要素が無い場合や、HTML5以前の規格を使用する場合など、そもそもセクション関連要素自体を使わない前提の場合はdivで代用してください。

完成されたデザインカンプを元に設計する場合は、上記に加え具体的にレイアウト・デザインを再現するために必要な枠も全て事前に見つけ出しておく必要があります。

例えば、「コンテンツ幅を設定するためのコンテナ枠」などは、文書構造的には特別な意味は持ちませんが、CSSでレイアウト・デザインを再現するために必要な領域です。純粋なレイアウト用の枠は、原則として全てdivでマークアップします。

グループ化した領域には後述の命名ルールに則した形で役割が分かりやすい名前をつけておきます。

●図 16-4　情報構造設計の例

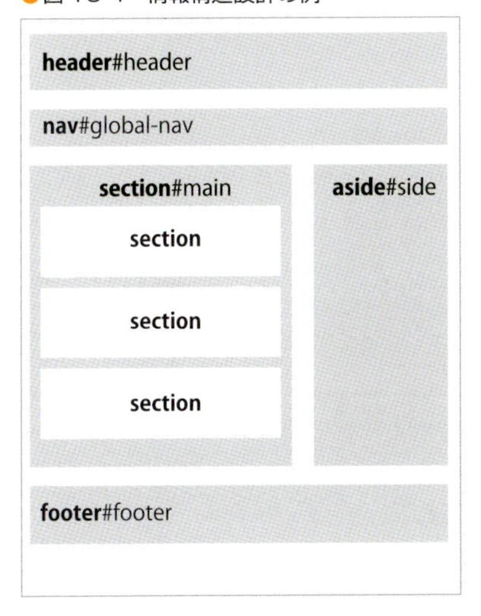

●図 16-5　レイアウト枠を追加した例

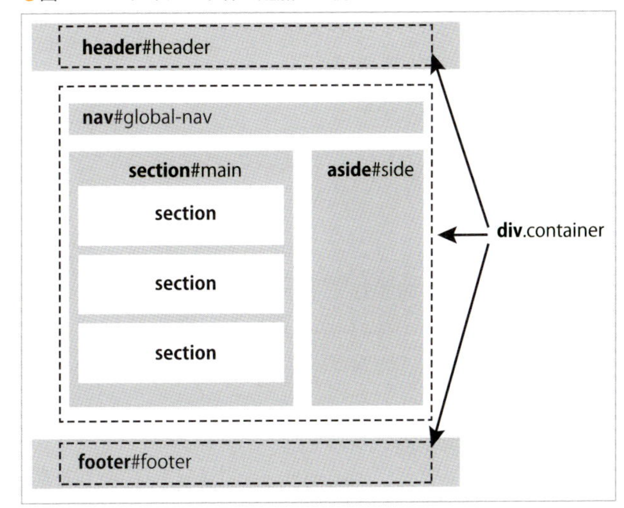

3 画像ファイル命名ルール

サイト全体のディレクトリ・ファイル名は事前にWebディレクターの方で決定済みであることが多いと思いますが、素材となる画像ファイル名は多くの場合コーディングする人が自分で決めることになります。画像の命名ルールは面倒でも事前にある程度決めておかないと、制作時や運用時に非常に手間がかかるおそれがあります。

専門の制作会社などではルールがある場合も多いですが、自分で決めなければならない場合には以下の点に注意して命名ルールを検討するようにしましょう。

❶ 一覧表示されたときに探しやすいようにする
❷ ファイル名を見ただけである程度内容や使う場所が推測できるようにする
❸ 規則性のある識別子や連番を活用する
❹ 更新によって増減する可能性がある画像にはむやみに連番は使わない

以下は筆者がよく使っている命名ルールですので１つの例として参考にしてください。

●図 16-6　画像命名ルール例

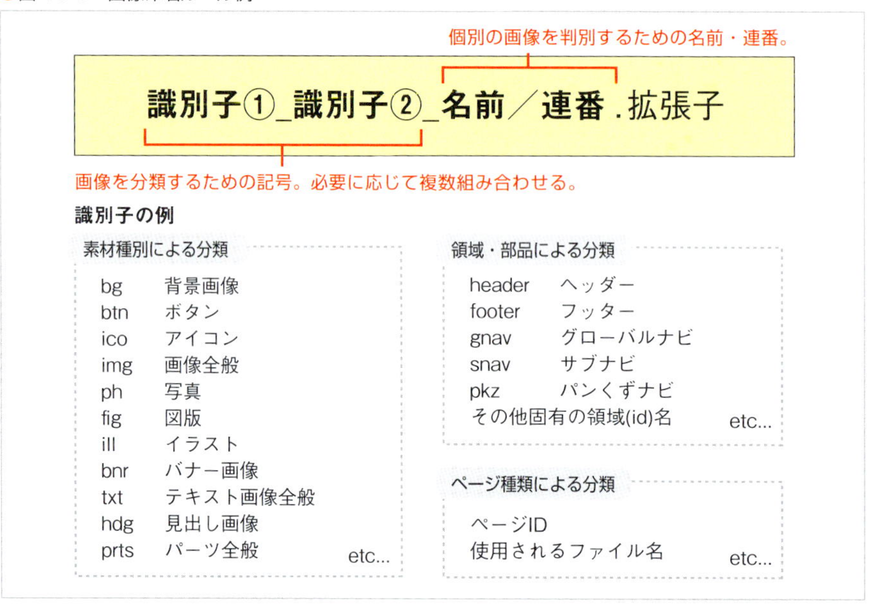

4 id ／ class 命名ルール

id 属性や class 属性の名前も、ある程度ルール化しておくと頭を悩ませる時間を減らすことができます。一般的には領域やスタイルの内容を英訳して id ／ class 名とすれば良いと思いますが、２つの単語をつなげて１つの id ／ class 名とする際には単語のつなぎ方を「-（ハイフン）つなぎ」「_（アンダーバー）つなぎ」「キャメルケース」など、何らかのルールに従って統一することが望ましいと言えます。

具体的にどのような命名ルールにするかはともかくとして、命名で重要な事は、「実践可能な範囲でルール化する」ということと、「決めたルールを守る」ということです。特に複数人で制作·管理する場合は、ルールをドキュメント化して周知徹底するようにする必要があります。

●図 16-7　つなぎ方式３種類

●表 16-1　レイアウト用の id・class でよく使う名称

レイアウト上の機能・エリア	id / class 名の例
ページ全体の外枠コンテナ	container, wrapper, wrap
ヘッダー	header, header-area
フッター	footer, footer-area
グローバルナビゲーション	gnav, global-nav, global-navigation
ローカルナビゲーション	lnav, local-nav, local-navigation
パンくずナビゲーション	topicpath, breadcrumbs, pankuzu
コンテンツ領域	contents, contents-area
メインコンテンツ	main, main-contents
サイドバー	side, sidebar, sub
メインビジュアル	mainvisual, keyvisual
検索ボックス	search, search-box, search-area

5 サイズ計測・色コード指定

デザインとコーディングが完全に分業化されている場合は、各要素のサイズや余白の規則性、文字色や背景色や境界線の色等、デザイナーの設計思想をあらかじめきちんと数値化しておく必要があります。この作業は CSS のコーディング時にその都度行っても構いませんが、作業開始前にまとめて計測・メモしておくことで CSS 用の設計図をつくることができ、複数人での分担作業や時間をおいての作業の際に役立つことがあります。また、サイズや色などの数値に規則性が見られないようであれば、その意図を確認した上で必要に応じてコーディング側で数値を統一するなどの対処も必要です。

●図 16-8　計測例

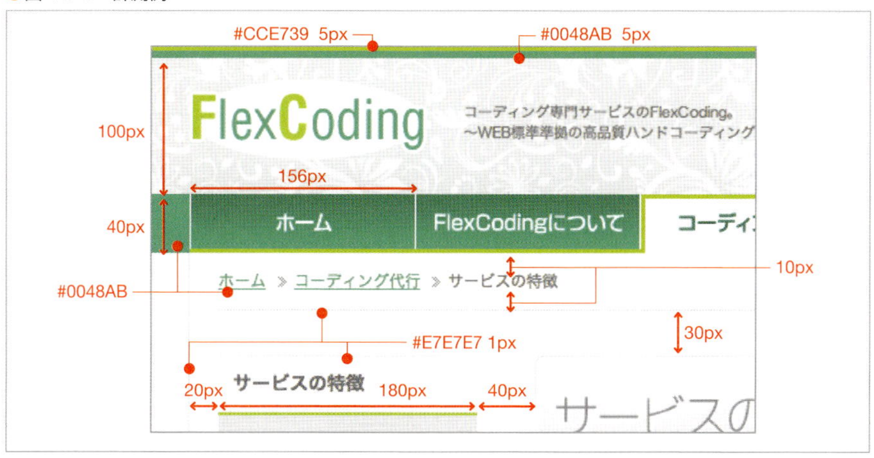

6 セレクタ設計

CSS の設計で最も重要なことは「どのようにセレクタを作るか」という点です。この分野は様々な考え方や手法があるのですが、次のような観点でスタイルを分類していくと、初心者の方でも比較的簡単に CSS を設計できると思います。

❶ サイト全体で共有 or ページ固有

　→ CSS のスタイル定義を記述するファイルそのものを分けるかどうかの判断に活用

❷ 特定の箇所だけで使う or 複数箇所で使いまわす

　→ id セレクタと class セレクタの使い分けの判断に活用

> **Memo**
> HTML に読み込むファイル数は少なければ少ないほど表示パフォーマンス向上につながるので、近年ではできるだけ CSS ファイルを 1 つにまとめるのがトレンドとなっています。
> しかしサイトデザインの性質によっては各ページの固有デザインパーツが非常に多く、使い回しできるものがほとんどないような場合もあります。そういう時は無理せず下層のページ／カテゴリー専用の CSS を別途作ったほうが良いと思われます。

●図 16-9　CSS 設計例

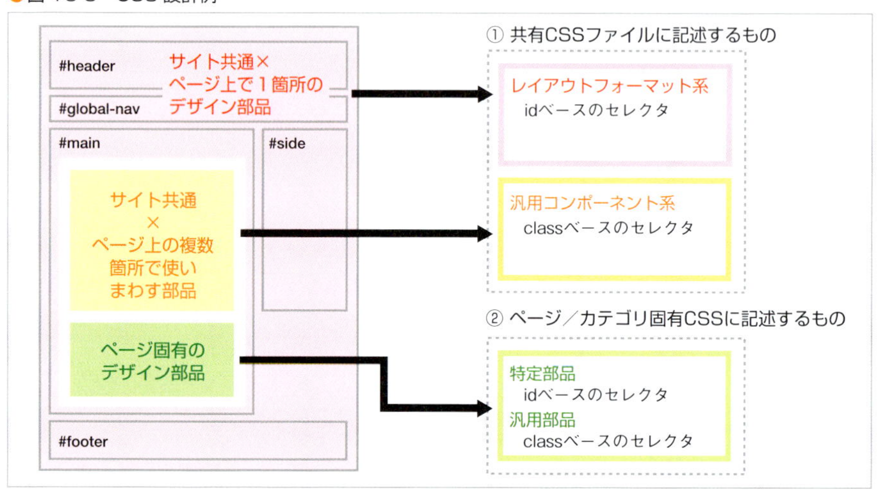

では、次のサンプルサイトを使って実際にコーディング設計をしてみましょう。

●図 16-10　デザインカンプ

COLUMN

コンポーネント単位の設計

近年Webサイトの複雑化・大規模化が進んでいます。また、マルチデバイス対応などにより同一サイトでありながら複数のレイアウトパターンが必要になるようなケースが増えてきていることもあり、昔ながらのページ単位のデザイン・コーディングでは効率が悪いと感じられることが増えてきています。
そのような背景から、これまでのような「ページ単位」ではなく「コンポーネント単位」でコンテンツ設計を行うという考え方が登場し、急速にWeb制作の現場にも浸透してきています。

●デザイナーの仕事

デザイナーはまず

- 全体のトーン&マナー
- タイポグラフィルール
- カラー設計
- レイアウトグリッドパターン

などを設計し、それに基いてコンポーネント単位で必要な全てのパーツデザインを行います。

●コーダーの仕事

コーダーはデザイナーが設計した各種ルールとコンポーネント一覧を元にそれらを数値化し、テンプレートとして流用可能なCSSルール集（スタイルガイド）を設計。それを元にワイヤーフレーム・原稿と照らし合わせながら各ページを量産していきます。

このような制作方法であれば、デザイナーは全ページのデザインカンプを作成するような不毛な作業から解放され、本質的なデザイン設計に集中できますし、コーダーは全体の統一ルールを確認しながら効率的なCSS設計ができ、かつ共通のテンプレートを元にコピー&ペーストでページの量産も可能となるため、大規模開発もしやすくなります。

●新しいCSS設計ルール

コンポーネント単位のWebサイト設計手法と相性の良いCSS設計ルールというものも提唱されています。「OOCSS」「SMACSS」「BEM」といったものがそれにあたります。
これらのCSS設計ルールの特徴は、「流用性」「保守性」「拡張性」といったものを最重視したオブジェクト指向の考え方を取り入れたものであるという点です。これらの設計ルールに基づくセレクタに共通する特徴としては、

1. コンポーネント（モジュール）単位
2. HTML構造に依存しない
3. 配置される場所に依存しない
4. 明確な命名ルールを持つ

といったものが挙げられます。本書では詳細には触れませんが、興味のある方は参考にしてみると良いでしょう。

・OOCSS（http://oocss.org/）
・SMACSS（https://smacss.com/）
・BEM（https://bem.info/）

実習 サンプルサイトの画面コーディング設計をする

文書構造設計をする

1 hx 要素で文書構造の骨格を決める

まず文書構造の基本となる「見出し」を見つけていきます。講義の方で解説した通り、h1 は SEO 対策との兼ね合いでどこにするか検討する必要がありますが、今回のサイトでは階層によって h1 の位置は変更しない方針で作成しますので、ロゴを h1、コンテンツ大見出しを h2、コンテンツ小見出しを h3 とします。

2 ナビゲーション要素をリスト要素でマークアップ

Web サイトは通常の「書類」と違って、他のコンテンツを見て回るための「ナビゲーション」がたくさん配置されています。デザイン上では縦並び·横並びといろいろあるでしょうが、基本的にどのようなスタイルになっていてもナビゲーション·メニュー類は全てリスト要素でマークアップしましょう。通常は ul 要素で良いですが、パンくずのように並びの順序に意味があるようなメニューの場合は ol 要素とした方がより適切でしょう。

3 その他の要素をマークアップ

残りのコンテンツ要素をそれぞれ適切な要素でマークアップします。今回の文書ではあまり種類はありませんが、p 要素、dl 要素、table 要素、address 要素、form 要素などがよく使われます。

p 要素は「見出しでも箇条書きでもその他の要素でもないテキストのかたまり」くらいに考えれておけば OK です。

なお、フッターのコピーライト情報のように、細かい意味付けが必要な箇所も可能な限り同時に検討するようにしましょう。

●今回の個別要素のマークアップ

情報の構造化とレイアウト枠の設計をする

1 コンテンツの情報構造をグルーピングする

次に、ページ全体の情報構造を検討します。ヘッダー・フッター・ナビゲーション・メイン領域・サイドバー領域といった、デザインを再現するレイアウト枠の役割も兼用している領域だけでなく、「見出しとそれに伴うコンテンツ」の固まりや、各ブロック内で同じ機能・役割を持つ領域はそれぞれ個別にグルーピングしておきます。

2 グルーピングした構造を適切な要素でマークアップする

HTML5 以前の規格であればこれらは全て div 要素でマークアップすることになりますが、HTML5 の場合は情報グループのもつ文書構造的な意味合いに合わせて、セクション要素などで適切にマークアップします。

「ヘッダー領域」「フッター領域」「メイン領域」などのレイアウト的な意味合いの強いエリアはほぼ機械的に header 要素、footer 要素、main 要素に割り当てれば良いですが、それ以外の情報グループについては

section/article/aside/nav の 4 つのセクション要素をどのように割り当てるか、あるいは割り当てずに div 要素とするかの判断がその都度必要となります。今回は以下のようにマークアップすることにします。

●図 16-11　情報構造

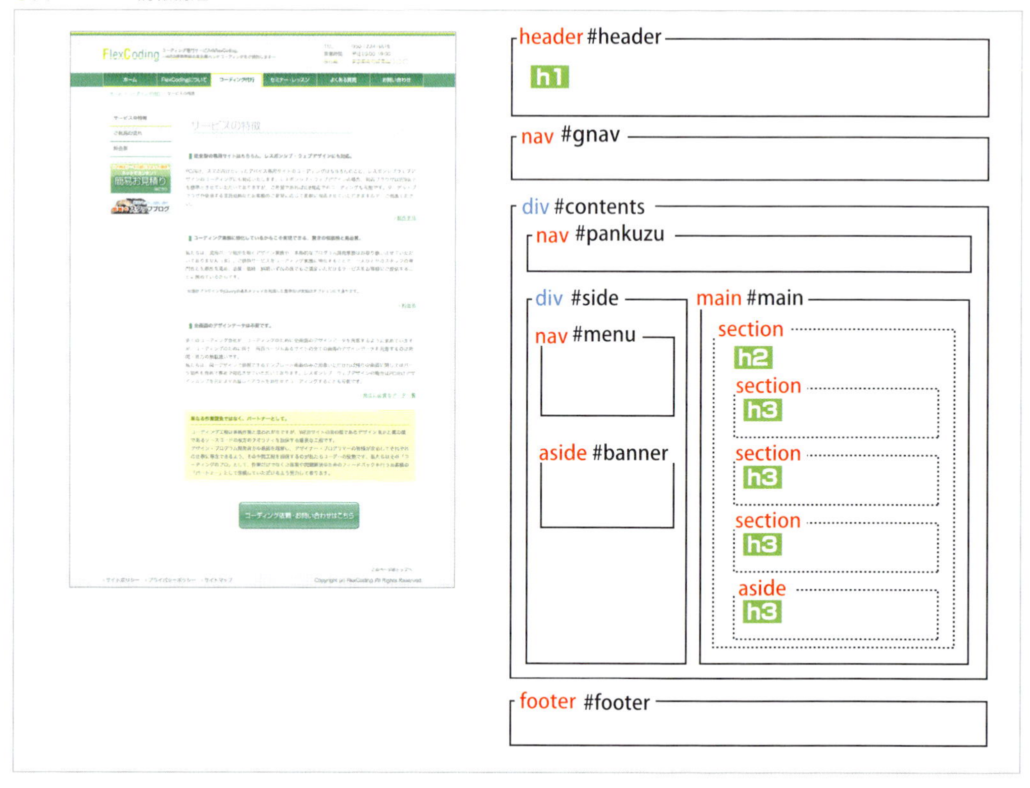

サイドバー領域

今回はサイドバー領域全体を aside 要素とはせず、ローカルナビ領域を nav 要素、その下のバナー領域を aside 要素としてマークアップしています。aside 要素は「コンテンツと関連が薄く、切り離しても問題がない要素」という意味を持ちますが、サイドバーの中にサイトにとって重要なローカルナビゲーション（nav 要素）が含まれるため、サイドバー全体を aside 要素とするのは適切でないと判断したためです。

メインコンテンツ領域

メインコンテンツ領域を main 要素でマークアップした上で、その内側を更に section 要素でもマークアップしています。レイアウト構築のことだけを考えた場合はどちらか 1 つだけでも良さそうなものですが、main 要素はセクション要素ではない（＝アウトラインを作らない）ので、あくまで「h2 とそれに伴うコンテンツ」のセクションを明確化するために section 要素を使用しています。

また、今回のメインコンテンツのセクションは、その領域だけで自己完結したコンテンツとはなっていないため、article 要素ではなく section 要素としています。

> **Memo**
> 仮に今回のh1がヘッダーロゴではなくメインコンテンツの大見出しだった場合は､main要素の直下をsection要素で囲んではいけません。文書の第一階層のアウトラインはbody要素によって既に作られているため、body要素とh1要素の間にsection要素が入るとbody要素が作る最上位のアウトラインがUntitledになってしまうからです。原則としてsection要素で囲むのは第二階層以下のセクションと覚えておきましょう。
> なおbody要素のように独自のアウトラインを作るカテゴリを「セクショニング･ルート」といいます。body / figure / blockquote / details / fieldset / tdが該当します。

3 レイアウトの都合で必要な枠を見つけてdiv要素でマークアップする

情報構造のグルーピング以外で、デザイン・レイアウトの再現性を考慮した上でどうしても必要な枠があればdiv要素でマークアップします。

このようなレイアウトの都合でdivが必要かどうかを判断する際には、デザイン仕様を確認しておく必要があります。

今回のデザイン仕様の場合は、次の3点を考慮する必要があります。

❶ヘッダー／フッター／グローバルナビの背景色は横100％で伸びる
❷各領域のコンテンツ幅は横940pxで固定＋センター揃え
❸ヘッダーの高さは可変

●図16-12　デザイン仕様

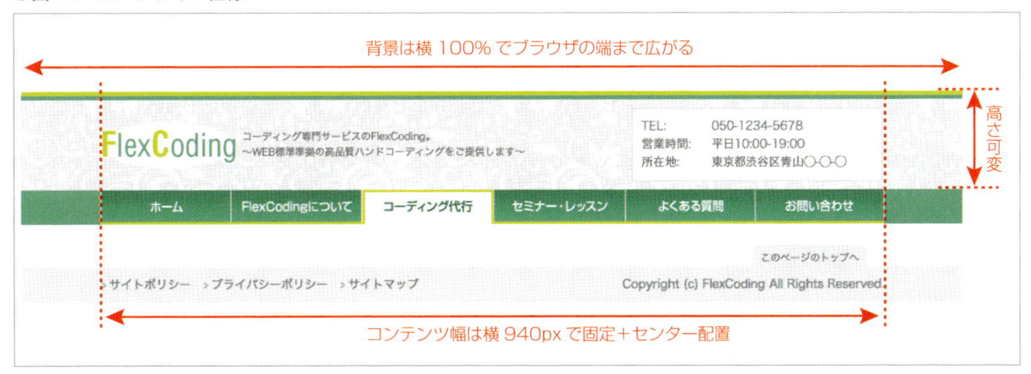

❶と❷の条件を実現するためには、横幅100％で伸びる枠と横幅940pxで固定される枠の2つが必要となります。ヘッダー／フッター／グローバルナビの各領域は、外枠と内枠の二重構造が必要となることが分かります。また、ヘッダー領域の高さが可変となるため、ヘッダ～グロナビまでの背景をまとめて1枚の画像とし、body要素の背景に設定するような実装はできないことが分かります。

このように、デザイン仕様の条件によって必要となるHTMLの構造は変わってくるので、特にデザインとコーディングが分業体制となっている場合は、ウィンドウやコンテンツのサイズが変更された場合にどのように表示させたいのかという情報を事前にきちんと確認しておくことが重要です。

●図 16-13　レイアウトの都合で必要な枠

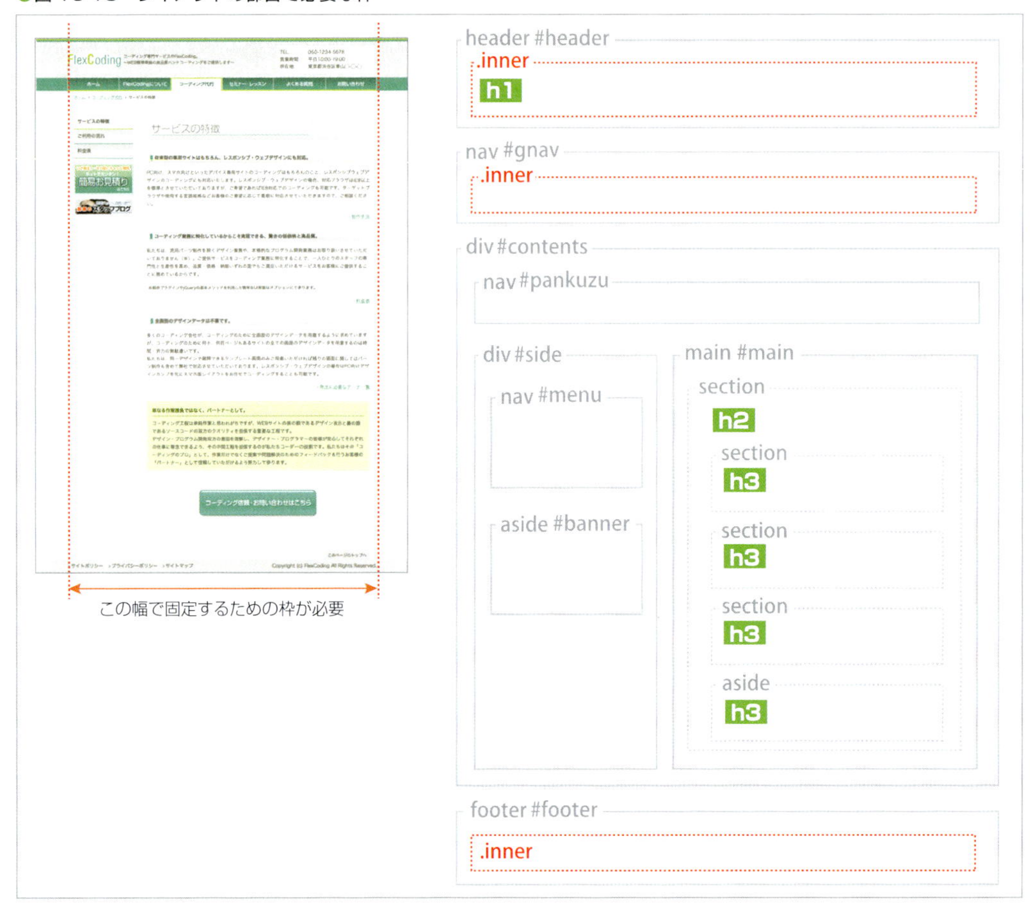

4 アウトラインチェック

念のため構造と見出しだけを仮にマークアップし、スケルトン状態の HTML を「HTML5 Outliner（https://gsnedders.html5.org/outliner/）」でアウトラインチェックしておきます。

●図 16-14　アウトライン結果

1. FlexCoding
    1. *Untitled Section*
    2. *Untitled Section*
    3. サービスの特徴
        1. 従来型の専用サイトはもちろん、レスポンシブ・ウェブデザインにも対応。
        2. コーディング業務に特化しているからこそ実現できる、驚きの低価格と高品質。
        3. 全画面のデザインデータは不要です。
        4. 単なる作業請負ではなく、パートナーとして。
    4. *Untitled Section*
    5. *Untitled Section*

Memo

アウトラインチェックのタイミング

全てのマークアップが終わってから文法チェックと同時にアウトラインチェックをする形でも構いませんが、仮に構造がおかしかった場合、マークアップ完了後だと他の要素との兼ね合いで修正がやりづらくなる恐れはあります。あまり自信がない、あるいは試行錯誤したい場合は先にスケルトン状態でチェックするほうがお勧めです。

階層構造と見出し内容をチェック

アウトラインチェックで確認すべきポイントは、階層構造と見出し内容の2箇所です。チェック結果のインデントの下がり具合が、情報の階層構造＝アウトラインを示していますので、この状態を見てセクション同士のグルーピングが正しく行われているかどうかを確認しましょう。

また、見出し内容については「untitled」となっている部分に着目します。aside要素とnav要素を使ったところが「untitled」になっている場合はそのままでOKですが、section要素とarticle要素を使ったところが「untitled」になっていた場合は、本来セクション要素とすべきでない領域にセクション要素を使ってしまっている可能性がありますので構造を再検討した方が良いでしょう。

●図16-15　アウトラインのチェックポイント

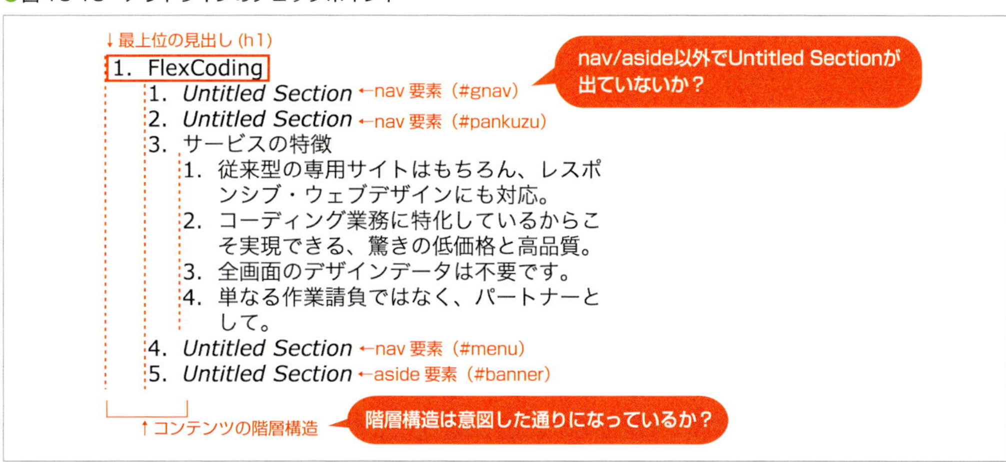

COLUMN

nav と aside の見出し

nav要素とaside要素については、ブラウザが内部的に「navigation」などの見出しを持っているため、マークアップ上で見出しを明示しなくても良いとされています。ただ、HTML5 Outlinerはそこを区別せず、見出しが無かった場合に一律でuntitledにしてしまいます。もし分かりづらいようであれば「Nu Html Checker（https://validator.w3.org/nu/）」の方を使うと良いでしょう。

●図16-16　Nu Html Checkerでのアウトラインチェック結果

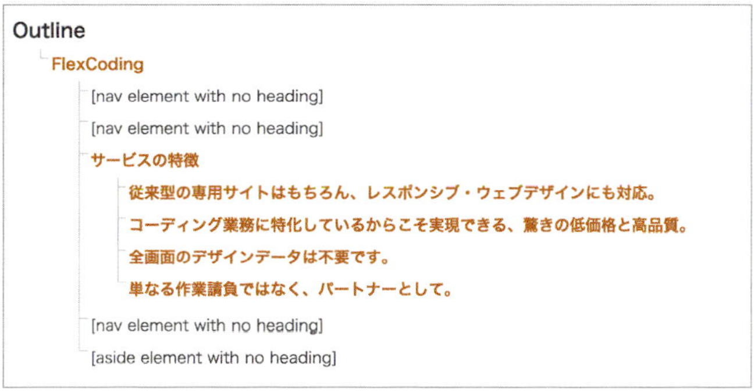

Outline
- FlexCoding
  - [nav element with no heading]
  - [nav element with no heading]
  - サービスの特徴
    - 従来型の専用サイトはもちろん、レスポンシブ・ウェブデザインにも対応。
    - コーディング業務に特化しているからこそ実現できる、驚きの低価格と高品質。
    - 全画面のデザインデータは不要です。
    - 単なる作業請負ではなく、パートナーとして。
  - [nav element with no heading]
  - [aside element with no heading]

画像として切り出す部分を決定する

マークアップの設計図ができたら、次は画像素材を準備します。

画像素材を準備する際には

❶ 画像化する必要のある部分を見つける
❷ 背景画像化するか、img として HTML に配置するか判断する
❸ 画像の命名ルールを決める
❹ 必要な素材を書き出す

といった手順を踏みますが、ここで 1 つ考えておくべきことがあります。「画像化する必要のある部分」を判断する際に、「どこまで CSS だけで再現できるか」という問題を見極めておく必要があるからです。

ブラウザ環境によって再現できるデザインの範囲が異なる

現在の Web 制作では、CSS で再現できるものは極力 CSS で記述し、画像素材は必要最小限に留めるのが主流となっています。chapter02 で学習したような全ての環境で再現できる CSS2.1 の範囲では、「ベタ塗りで角が四角いデザイン」以外は全て画像素材が必要となってしまいますが、CSS3 なら「角丸・グラデーション・ドロップシャドウ・複数の色を使った多重線・透過色」といった基本的なデザイン要素は全て CSS で再現できます。

従って、基本的にはロゴ・イラスト・写真・バナー・複雑な装飾文様・画像として表現したい文字以外はほぼ CSS を使用する前提で考えれば良いということになります。

ただし、制作の前提となるターゲットブラウザにこれら CSS3 のプロパティを再現できないブラウザが含まれていた場合は、少し話がややこしくなってきます。具体的には特に IE の CSS3 サポート状況に配慮した上で事前に方針を立てる必要があるということです。

●表 16-2　デザイン表現に関する主な CSS3 プロパティと対応環境

デザイン表現	CSSプロパティ・値	IE対応ver
角丸	border-radius	IE9 ～
ドロップシャドウ（box）	box-shadow	IE9 ～
ドロップシャドウ（文字）	text-shadow	IE10 ～
グラデーション	linear-gradient() radial-gradient()	IE10 ～
透過色	rgba()	IE9 ～

Memo 詳しいサポート状況は http://caniuse.com/ で確認できます。

今回の場合だと、見出しや囲い枠などに角丸・グラデーション・ドロップシャドウの利用を前提としたデザインが施されています。このような箇所については事前にサポート環境と対応方針を決めた上で画像化するかどうかを判断する必要がありますので注意してください。

●図 16-17　CSS で再現可能な表現箇所

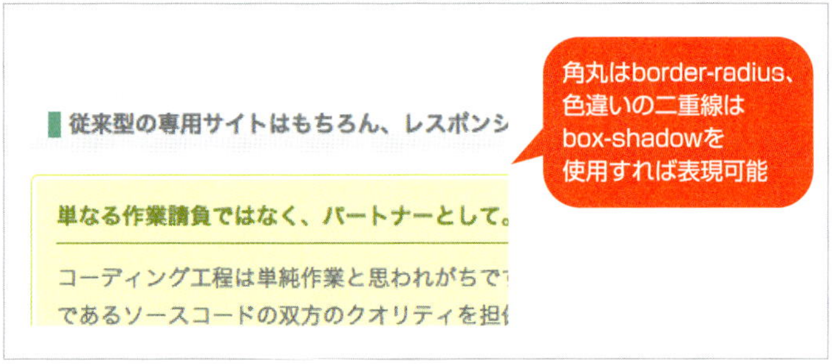

CSS3非対応環境には厳密なデザイン再現は求めない

IE8以下の環境はHTML5と同じくCSS3もほぼ全面的に非対応です。少し前までは多くのサイトがIE8もサポートに入れていましたが、現在では特別な事情がなければIE8のサポートは原則考えないことが一般的となっています。とはいえ、IE8の利用者割合はWebサイトの性質によってほぼ0%～15%前後までと幅がある状態ですので、特にBtoBサイトの場合にはある程度の配慮は必要かもしれません。ただ、仮にサポートするとしても角丸やシャドウといったコンテンツの本質に関わらない微細なデザインの再現まではこだわらない方が良いと思います。サポートの終了した古いブラウザを使い続ける一部のユーザーのために、その他多くの一般ユーザーやサイト運営者に不利益を強いるのは合理的ではないからです。

このように、Webサイトの制作方針の中で、「最新の機能をサポートした環境を基準として制作し、古い環境については無理な再現はせず、ベーシックな表現・機能にダウングレードする」という考え方のことを「グレイスフル・デグラデーション」と呼んでいます。今回もその考え方を採用して作業をすすめていくことにします。

手順と注意点は以下の通りです。

> **Memo**
> 同じような概念に「プログレッシブ・エンハンスメント」というものもあります。こちらは「古い環境を基準にベーシックな機能を実装し、最新環境ではよりリッチな表現・機能を追加する」という考え方で、新しい環境を基準にするグレイスフル・デグラデーションとは逆からのアプローチになります。一方、全ての環境で同じ見た目・同じ機能を完全に再現しなければならないと考える制作方針を「クロスブラウザ」といい、Web制作の世界では長らくこの考え方が主流でした。

1 画像化する必要のある部分を見つける

今回はCSS3の利用を前提に、グレイスフル・デグラデーションの方針でIE8以下は再現できない表現があっても許容することにします。また、IE9以上は全てのデザインを再現したいので、グラデーションについては今回は画像を使用することとします。

2 背景画像化するかimgとしてHTMLに配置するか判断する

原則として装飾·イメージ的なものは背景画像、情報として意味のあるものはimg画像となりますが、グローバルナビゲーションの画像については例外として背景画像として使用します。

3 画像の命名ルールを決める

p.190で紹介した命名ルールにのっとって名前を決めます。原則は「識別子_名前+連番」です。

素材の扱いをまとめたものが下図になります。

●図 16-18　画像化範囲と命名ルールなど

CSS プロパティで設定する箇所の数値を調べる

CSS で指定する必要がある部分の情報を調べます。主な項目はボックスのサイズ・余白、線や背景の色、文字サイズ・行間などです。大枠のレイアウトフォーマットに関わる部分については全体を把握する上でも設計図としてあらかじめ計測・メモしておいた方が良いと思われますが、細かい個別のスタイル情報は、グラフィックソフトでその都度調べながらコーディングしてもかまいません。

●図 16-19　CSS で設定する数値

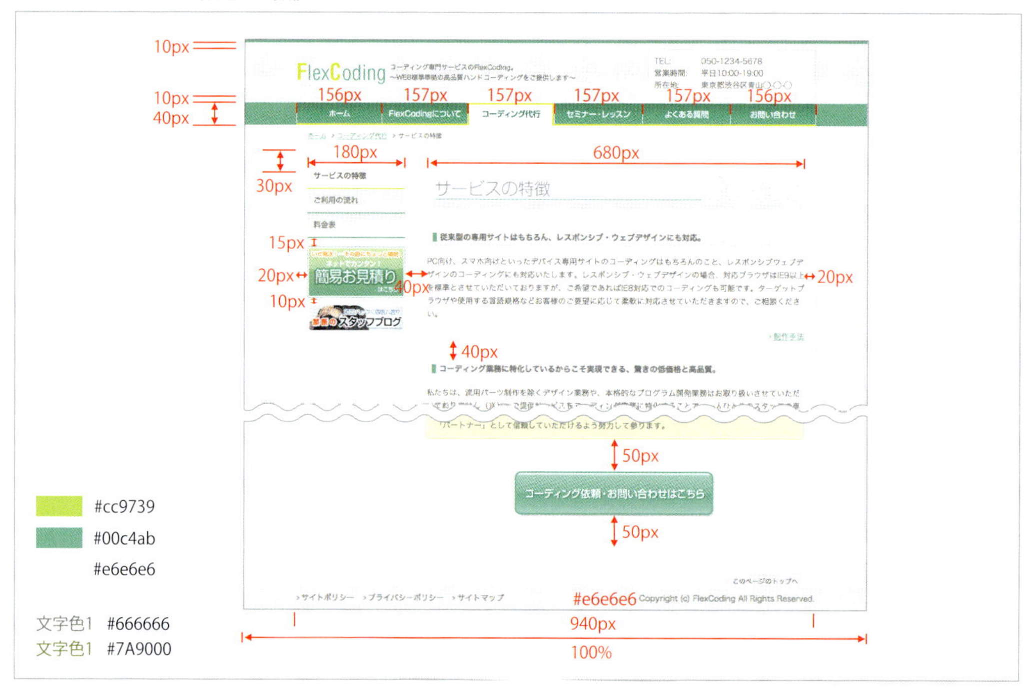

各デザイン要素の id/class 名を検討する

今回は初心者でも理解しやすいよう、基本の CSS セレクタのルールに従って「ページに 1 箇所しか存在しない部品は id、それ以外の使いまわす部品は class」というルールでセレクタを用意することにしていますので、残りの細かいデザイン要素についても全てルールに従って id/class で名前をつけておきます。

なお、メインコンテンツ領域の中の部品については後からどのように使い回しされても対応できるよう、各モジュールに対して原則として全て class で名前をつけておくようにした方が安全です。

Memo
実際には大枠のレイアウト構造を検討する段階で細かい部品の命名も一緒に作業してしまうことが多いと思います。最終的に破綻のないようにきちんと命名されていれば良いので、作業の順番にはあまり囚われなくても構いません。

●図 16-20　デザイン要素別 id ／ class 名

POINT

- 実制作に入る前にしっかり「設計」をすることがワークフロー上重要
- セクション要素を使用する場合はアウトラインチェックも行う
- ブラウザごとの CSS の再現性を考慮して事前に作り方の方針を決めておく

本格的なWeb制作のための設計と準備

効率的なCSSコーディングの下準備

事前のコーディング設計が完了したら、いよいよ本格的にコーディング作業に着手するわけですが、その前にちょっとした「地ならし」ともいうべき作業を追加しておくことで、まっさらな状態から制作するよりずっと楽に効率よく制作できるようになります。LESSON17では効率よくコーディング作業をすすめるための下準備に関する知識を紹介します。

講義 CSSコーディングのための下準備

CSS で効率よくコーディング作業を進めるためには、

1. 各種ブラウザの初期状態を統一する
2. 各種ブラウザが全て同じルールで表示コントロールできるようにする

という 2 つの重要なポイントがあります。このことは Web 制作の実務現場では常識ですが一般の方にはほとんど知られていないため、初心者の方がつまずきやすいポイントとなっています。

ブラウザの「初期スタイル」の問題とリセット CSS

HTML でマークアップしただけの状態でブラウザに表示をさせると、見出しは見出しらしく、箇条書きリストは箇条書きらしくそれなりに表示されます。この状態は実は何もスタイルシートが適用されていない状態ではなく、ブラウザ側が最初から持っている初期スタイルシートが適用された状態となっています。

ブラウザの初期スタイルには次のような問題点があります。

1. ブラウザごとに微妙に初期スタイルのプロパティや設定されている値が異なる
2. 一般的な Web 制作にとっては不要と思われるような設定が多い

●図 17-1　初期スタイルによる表示の違い

Internet Explore 9（Windows7）	Safari 5.1（MacOSX）
見出し1 見出し2 見出し3 段落要素テキストテキストテキスト ・リスト ・リスト ・リスト	見出し 1 見出し 2 見出し 3 段落要素テキストテキストテキスト • リスト • リスト • リスト

効率が優先される実務の現場では、初期スタイルのまま制作せず、ブラウザごとの違いを吸収し効率よく制作できるように、制作者にとって都合が良い形にブラウザの初期スタイルをリセットするということが行われています。そのためのCSSを一般に「リセットCSS」と呼んでいます。

よく利用されているリセットCSS

リセットCSSは一般に公開され、広くWeb制作の現場で使われているものが数多くありますので、そういったものをそのまま使うか、または気に入らない点だけを少しカスタマイズして使用する方が良いでしょう。以下のWebサイトで様々なリセットCSSのコードをダウンロードできますので、参考にしてみてください。

「CSS Reset」
URL http://www.cssreset.com/

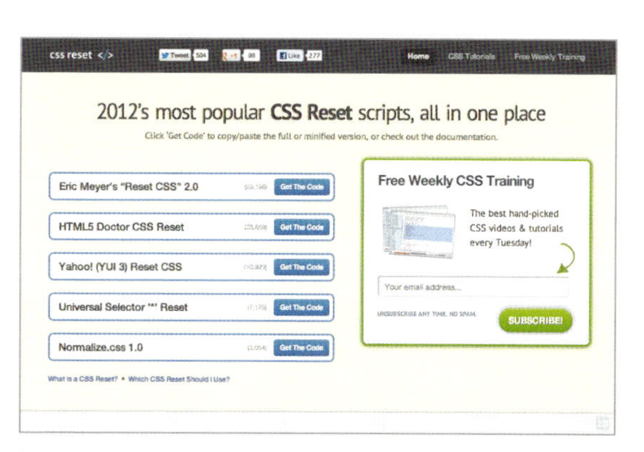

ここで紹介されているリセットCSSは「ブラウザごとの違いを無くして効率よくCSSコーディング作業をできるように地ならしするためのもの」という目的は一致していますが、少しずつ特徴が違いますので、利用する際には次のような基準で選択するのが良いと思います。

Eric Meyer's Reset CSS

世界中で最も利用されているリセットCSSの1つです。もともとXHTML用のリセットCSSとして提唱されましたが、v2.0でHTML5にも対応しました。特に理由がなければこちらを利用するか、またはこれをベースにカスタマイズするのが良いと思います。設定項目が少ないので内容が分かりやすく、必要に応じてカスタマイズもしやすいのが特徴です。

●図17-2　リセットCSS適用前後の比較

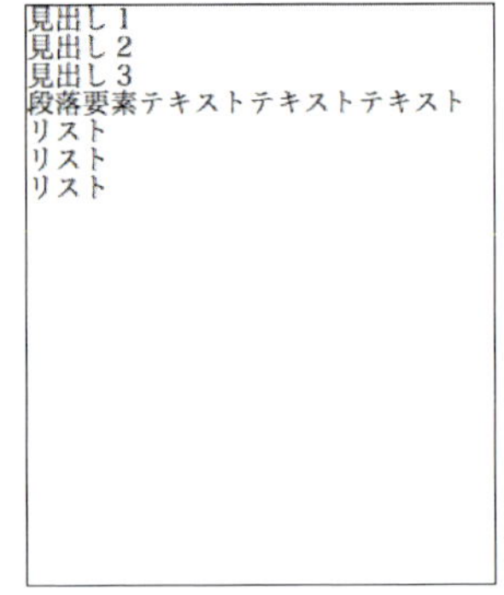

HTML5 Doctor Reset CSS

HTML5対応版のリセットCSSです。HTML5を使って制作する場合はこちらを使っても良いでしょう。基本的にはEric Meyer's Reset CSSと似たようなものですが、よりHTML5に特化した詳細な設定がされています。

YUI3 Reset CSS

全ての要素に対するデフォルトのスタイル設定をほぼ完全に削除するような形でリセットされているため、全てのスタイルを完全に制作側でコントロールしたいような場合に向いています。YUIのリセットCSSは単体で使うにはリセットされすぎているため、Yahoo! User Interface Libraryが提供するYUI Fonts CSSやYUI base CSSなどとセットで利用することを検討したほうが良いでしょう。ただ最近はあまり人気が無いので、特別な事情が無い限り他のもので良いかもしれません。

ユニバーサルセレクタ（*）によるリセット

CSSの冒頭で * {margin:0; padding:0;} などとすることで、全ての要素に対して一括でリセットをかける手法となります。一昔前にはよく使われていましたが、表示パフォーマンスがあまり良くないことと、一部フォームの表示などで不具合が生じることなどから現在はあまり使われない手法となりました。ただし、テストページを作成する場合など、一時的に何かCSSを書きたいような場合には便利ですので、そのようなケースでは利用すると良いでしょう。

Normalize.css

Normalize.cssは、他の「リセットCSS」とは少し異なる設計思想で作られています。リセットCSSがスタイル定義の多くをフラットにして、後から自分でスタイルを再定義しやすいようにすることを目的としているのに対し、Normalize.cssはブラウザの有用なデフォルトのスタイルをそのまま維持するように設計されています。その上で各要素のブラウザごとの表示の誤差やバグを除去して表示を正常化（Normalize）するための対策が施されています。

ブログ等のように読み物ベースのサイト等、ブラウザのデフォルトスタイルを有効活用した方がリセットして再定義しなおすよりも効率が良いと思われる場合に向いており、近年人気が高まっています。

●図17-3 Eric Meyer's Reset CSS v2.0

```
/**
 * Eric Meyer's Reset CSS v2.0 (http://meyerweb.com/eric/tools/css/reset/)
 * http://cssreset.com
 */
html, body, div, span, applet, object, iframe,
h1, h2, h3, h4, h5, h6, p, blockquote, pre,
a, abbr, acronym, address, big, cite, code,
del, dfn, em, img, ins, kbd, q, s, samp,
small, strike, strong, sub, sup, tt, var,
b, u, i, center,
dl, dt, dd, ol, ul, li,
fieldset, form, label, legend,
table, caption, tbody, tfoot, thead, tr, th, td,
article, aside, canvas, details, embed,
figure, figcaption, footer, header, hgroup,
menu, nav, output, ruby, section, summary,
time, mark, audio, video {
        margin: 0;
        padding: 0;
        border: 0;
        font-size: 100%;
        font: inherit;
        vertical-align: baseline;
}
/* HTML5 display-role reset for older browsers */
article, aside, details, figcaption, figure,
footer, header, hgroup, menu, nav, section {
        display: block;
}
body {
        line-height: 1;
}
ol, ul {
        list-style: none;
}
blockquote, q {
        quotes: none;
}
blockquote:before, blockquote:after,
q:before, q:after {
        content: '';
        content: none;
}
table {
        border-collapse: collapse;
        border-spacing: 0;
}
```

- 列挙した要素のテキストスタイルをフラット化する
- 古いブラウザにおけるHTML5新要素の表示を最適化する
- 行間を文字の高さと同じにする
- リストの先頭マークを非表示にする
- 引用文の〝〟を非表示にする
- 隣接するセルのborderを重ねて表示

ブラウザの「表示モード」とDOCTYPEスイッチ

リセットCSSでブラウザごとの表示の差違を吸収することと共に、もう1点気をつけたほうが良いのがブラウザの「表示モード」の存在です。

現在のブラウザには大きく分けて「標準準拠モード」と「後方互換モード」という2つの表示モードがあります。「標準準拠モード」はCSSの仕様に従って正しく表示するモード、「後方互換モード」は過去のブラウザ独自仕様に基づいて表示するモードで、同じCSSを書いても標準準拠モードと後方互換モードでは表示結果が異なってしまうことがあります。フルCSSのWebサイトを初心者でも楽にコーディングするためには、全てのターゲットブラウザが「標準準拠モード」になっている状態で制作することが重要です。

DOCTYPEスイッチ

標準準拠モードと後方互換モードを切り替えるスイッチとなっているのがDOCTYPE宣言です。DOCTYPE宣言が無い場合は全てのブラウザが後方互換モードとなります。その他はDOCTYPEの種類・URL（システム識別子と呼ばれるもの）を含むかどうか・XML宣言の有無（XHTMLの場合）などの組み合わせで若干違いが生じます。

> **Memo**
>
> **XML宣言**
>
> XML文書であることを宣言するための一文。本来XHTMLで作成する時には1行目に記述することが強く推奨されていますが、この一文があるとIE6は後方互換モードになってしまうため、かつてIE6対応が必須だった時代には問題視されていました。文字コードがUTFの場合には省略可能です。

●表17-1　DOCTYPEスイッチと表示モードの関係

分類	DOCTYPE宣言／XML宣言	Firefox Safari Opera	IE7 以上	IE6
なし		互換	互換	互換
HTML4.01 Strict	<!DOCTYPE HTML PUBLIC "-//W3C//DTD HTML 4.01//EN">	標準	標準	標準
	<!DOCTYPE HTML PUBLIC "-//W3C//DTD HTML 4.01//EN" "http://www.w3.org/TR/html4/strict.dtd">	標準	標準	標準
HTML4.01 Transitional	<!DOCTYPE HTML PUBLIC "-//W3C//DTD HTML 4.01 Transitional//EN">	互換	互換	互換
	<!DOCTYPE HTML PUBLIC "-//W3C//DTD HTML 4.01 Transitional//EN" "http://www.w3.org/TR/html4/loose.dtd">	標準	標準	標準
XHTML1.0 Strict	<!DOCTYPE html PUBLIC "-//W3C//DTD XHTML 1.0 Strict//EN" "http://www.w3.org/TR/xhtml1/DTD/xhtml1-strict.dtd">	標準	標準	標準
	<?xml version="1.0" encoding="文字コード"?> <!DOCTYPE html PUBLIC "-//W3C//DTD XHTML 1.0 Strict//EN" "http://www.w3.org/TR/xhtml1/DTD/xhtml1-strict.dtd">	標準	標準	互換
XHTML1.0 Transitional	<!DOCTYPE HTML PUBLIC "-//W3C//DTD XHTML 1.0 Transitional//EN" "http://www.w3.org/TR/xhtml1/DTD/xhtml1-transitional.dtd">	標準	標準	標準
	<?xml version="1.0" encoding="文字コード"?> <!DOCTYPE HTML PUBLIC "-//W3C//DTD XHTML 1.0 Transitional//EN" "http://www.w3.org/TR/xhtml1/DTD/xhtml1-transitional.dtd">	標準	標準	互換
HTML5	<!DOCTYPE html>	標準	標準	標準

万一、後方互換モードの状態になるような状態だった場合、そのままCSSでレイアウトをしていくことは非常に困難になります。特にInternet Explorerは標準準拠モードと後方互換モードの表示の違いが極めて大きく、ボックスモデルの計算方法も異なるため大幅なレイアウト崩れにつながる可能性が高くなります。

●図 17-4　標準モードと後方互換モードの表示比較

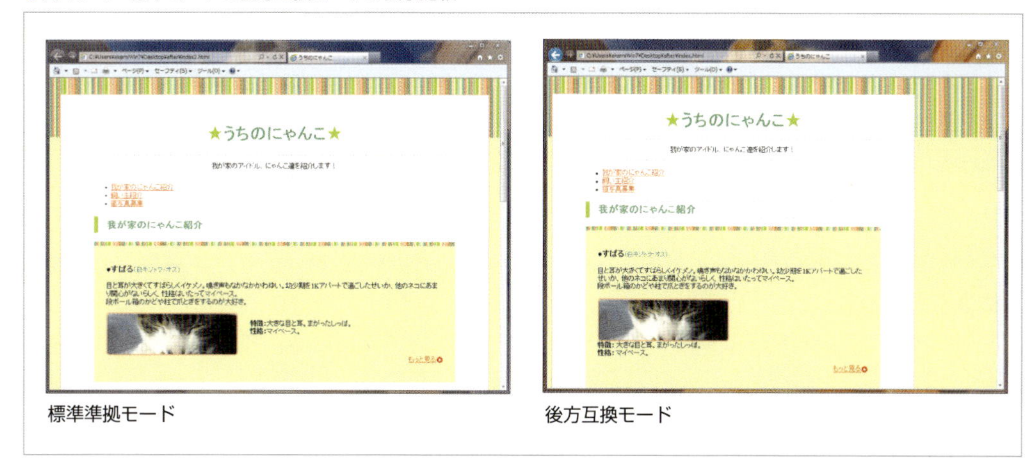

標準準拠モード　　後方互換モード

●図 17-5　表示モードの違いによる IE のボックスモデル計算の違い

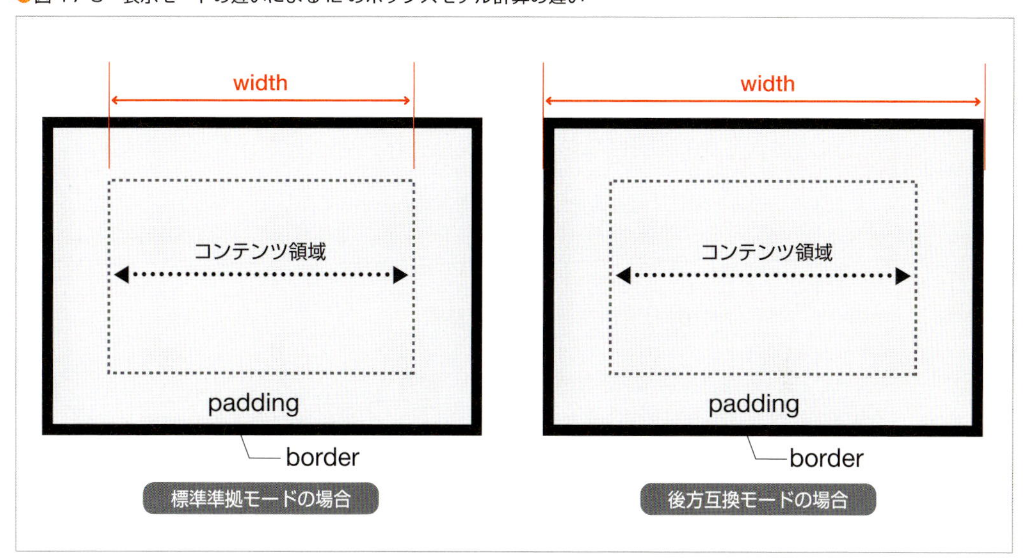

とはいえ、HTML5 の DOCTYPE である <!DOCTYPE html> を使用している場合は IE6 も含め現存する全てのブラウザ環境は自動的に「標準モード」で動作するようになるため、DOCTYPE スイッチのことを気にしなければならないのは HTML5 以前の古い規格でコーディングする必要がある時に限られています。

それよりむしろ気をつけなければならないのは、IE に搭載されている「互換表示」の機能の方です。

IE の「互換表示」とは？

IE の 8 以上に搭載されている互換表示機能とは、本来「古い IE で閲覧することを前提に制作された Web サイトの表示が乱れる場合に、互換表示機能を ON にすることで正しく表示されるようにする」ための機能であり、この機能が ON になっている場合は、仮に IE9 や 10 といったブラウザで閲覧していても IE7 相当のレンダリング表示となるというものです。

●図 17-6　互換表示 ON/OFF

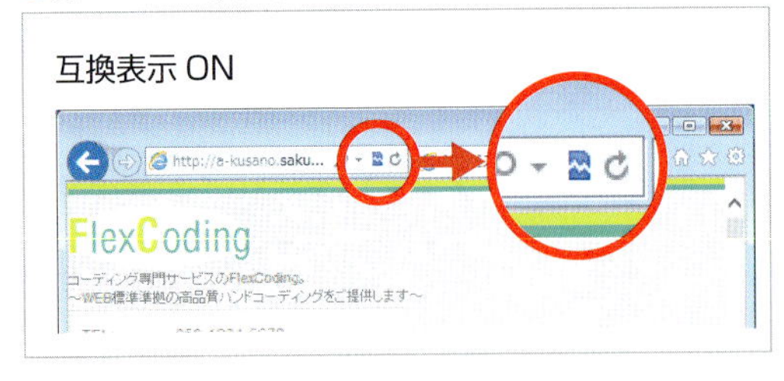

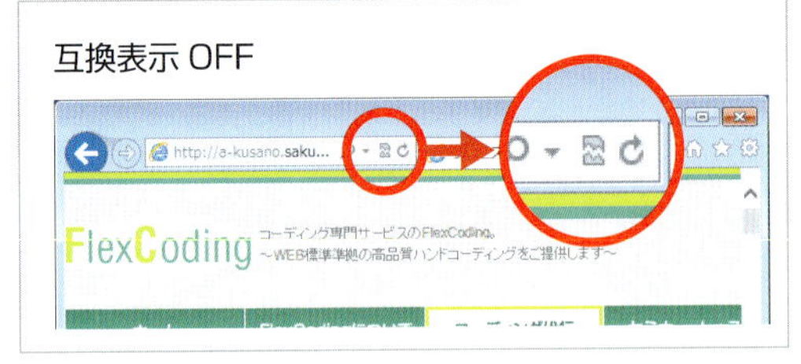

互換表示の問題点

この互換表示機能は任意でその都度 ON/OFF する以外に、ブラウザ設定で「全ての Web サイトを互換表示にする」ことも可能となっており、問題が起こる可能性があります。

特にビジネスユーザーの場合、ブラウザの設定はシステム管理部が全社一律で行っていて、個別のユーザーには設定を変更する権限がないケースもあります。このようなケースで「全ての Web サイトを互換表示」の設定にされてしまっていると、どのサイトも互換表示＝ IE7 相当で閲覧しているのと同じ状態となってしまい、モダンブラウザ向けに CSS で作りこまれた Web サイトを閲覧すると、逆に表示が崩れてしまう結果となります。

CSS を正しく理解するモダンブラウザを前提に Web サイトを作っても、IE7 相当の互換表示にされてしまったら元も子もありません。

万が一の互換表示を防ぐ方法

そこで、このようなトラブルを未然に防ぐため、当面は head 要素の中に次のコードを仕込んでおくことをお勧めします。

```
<meta http-equiv="X-UA-Compatible" content="IE=edge">
```

このコードを入れておけば、勝手に互換表示にされることを防ぐことができます。なおこのコードが記載されていると文法チェックで警告が出ることがありますが、問題ありませんので気にしなくても大丈夫です。

ちなみにこのコードは外部の CSS や JavaScript のファイルを読み込む前に記述する必要があります。外部ファイル読み込みの後に記述してしまうと機能しませんので注意してください。

Memo

content="IE=edge"

"IE=edge"と指定した場合、閲覧している IE 本来の最新バージョンのモードで動作せよ、という意味になります。つまり IE9 で閲覧している場合は IE9 モード、IE10 で閲覧している場合は IE10 モードで動作することになります。逆に、仮にどのバージョンで閲覧していても過去の特定バージョンの IE モードにしたい場合、IE=IE8 などといった指定も可能です。

POINT

- ブラウザの初期スタイルをリセットする
- IE が意図せず互換表示にならないように meta タグに仕込みを入れる
- HTML5 以前の規格でコーディングする場合は DOCTYPE スイッチに注意する

Chapter 06

実践的な Webサイトの コーディング

本章では、前章で確認したコーディング設計図に基づき、シンプルなコーポレート系Webサイトをコーディングしていきます。今回の内容はオーソドックスなPCサイトですが、どんなサイトをコーディングする場合でも役に立つ基本的な知識やテクニックを盛り込んでいますので、これまでに学習したHTMLとCSSの基本的な知識をベースにして、実践的なWebサイトのコーディングに挑戦しましょう。

実践的なWebサイトのコーディング

大枠のレイアウトフォーマットを作成する

LESSON18では、全体の共通フォーマットとなる下層の詳細ページを作成します。マークアップ済みのHTMLデータも用意してありますので、CSSの部分から実習することも可能です。画像のスライスは完了済みですので、用意してあるデータのimgフォルダを見て内容を確認しておくようにしてください。

サンプルファイルはこちら 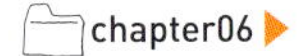  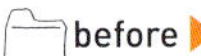 

講義 制作するWebサイトの構造・情報を確認する

実習に入る前に、本章で制作するサンプルサイトの構造・情報を確認しておきましょう。実際にWebサイトを制作する時にもこれらの情報は必ず確認が必要となります。特に動作環境(ターゲットブラウザ)の範囲を定め、どこまでを動作保証するのか事前に決めておくことは非常に重要です。他にも、サイトマップ（論理構造）ではなくディレクトリ・ファイル一覧（物理構造）を詳細に決めておくことも、実制作時には必要になります。以下に今回のサンプルサイトにおける情報を記しておくので、確認しておいてください。

コーディング規格・動作環境

サンプルサイトを制作するにあたっての前提条件である規格と動作環境は以下のとおりです。

【コーディング規格】
マークアップ：HTML5
文字コード：utf-8
改行コード：CR+LF（Windows）

【動作環境】
Windows：Windows 7+ /　IE9+ / FireFox, Google Chrome, Edge最新版
MacOS：Mac OS 10.6 +　Safari, Firefox, Google Chrome 最新版

【補足】
IE8は準サポート（※情報の読み取りに支障が出るような大きな問題は出ないように調整するが、デザイン表現の完全な再現は求めない）

動作環境について

Google Chrome, Firefox, Safari, Edge などのモダンブラウザは基本的に制作時点での最新バージョンをサポートする方針で問題ありません。IE についてはバージョンによって使える CSS の範囲が変わってくるため、事前にどこまでサポートするのか明確にしておかないとトラブルの元となる恐れがあります。現状では IE9 以上をサポート対象とするのが妥当かと思いますが、どこまでサポートするのが妥当かというのは時代が変われば当然変化しますし、またユーザー層の特性によって個別に事情が異なるため、具体的にはアクセス解析等で実際のユーザー比率を確認し、対応方針を検討する必要があるかと思います。

ディレクトリ・ファイル一覧

サンプルサイトのディレクトリ・ファイル一覧は以下のとおりです（ただし、サンプルのため実際に制作するのは /coding/service.html のみとなります）。

カテゴリ	画面名	ディレクトリ・ファイル		補足
トップページ		/ index.html		
FlexCodingについて		/about/index.html	/img/	
コーディング代行	コーディング代行INDEX	/coding/index.html	/img/	※カテゴリ内全ページの画像を格納予定
	サービスの特徴＊	/coding/service.html		
	ご利用の流れ	/coding/flow.html		
	料金表	/coding/price.html		
セミナー・レッスン	セミナー・レッスンINDEX	/seminar/index.html	/img/	※カテゴリ内全ページの画像を格納予定
	開催中のセミナー内容	/seminar/seminar.html		
	スケジュール	/seminar/schedule.html		
	個人レッスン	/seminar/lesson.html		
よくある質問		/faq/index.html	/img/	
お問い合わせ		/inquiry/index.html	/img/	
サイトポリシー		/policy.html		
プライバシーポリシー		/privacy.html		
サイトマップ		/sitemap.html		
※ルート直下ファイルの画像		/img/		
※サイト共通ファイル		/common/	/img/	共通画像
			/css/	CSSファイル全て
			/js/	JSファイル全て

なお、今回のサンプルサイト用のデータは chapter06 → lesson18 → before の中に「www」というフォルダにまとめて格納されています。この www フォルダが Web サーバにアップロードした時のルート・ディレクトリになることを想定しています（www フォルダが「http://www.xxxxxx.com/」といったドメインに置き換わると考えてください）。

●図 18-1　ローカルファイルとサーバ上のディレクトリの関係

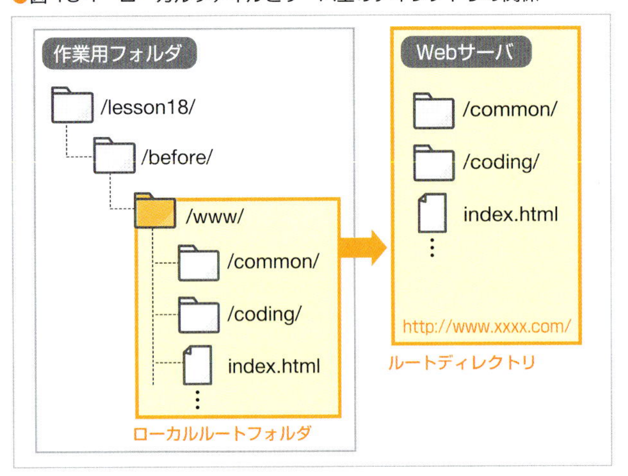

各階層のレイアウトフォーマット

今回のサンプルサイトは、大きく分けて「トップページ」「下層ページ（1カラム）」「下層ページ（2カラム）」の3つのレイアウトフォーマットとなることを想定しています。

●図 18-2　サンプルサイトのレイアウトフォーマット

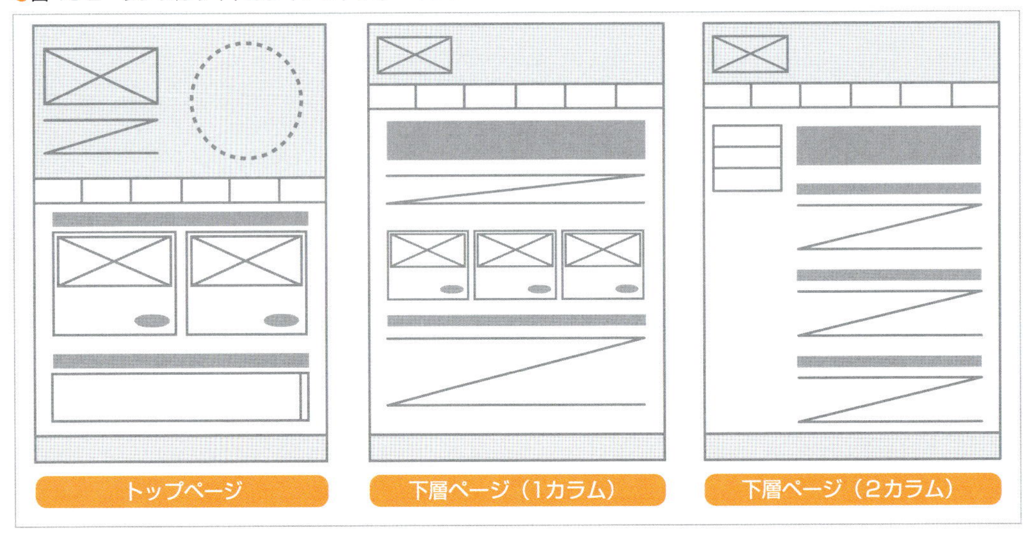

このうち本章では、最もカラム数の多い「下層ページ（2カラム）」に該当する、/coding/service.html を作成することで、実務的なWebサイト制作について詳しく学んでいきます。

実習 HTMLのマークアップと全体レイアウト

マークアップを確認する

LESSON17で決めた文書構造に従ってマークアップしたデータを用意しましたので、CSSレイアウトに入る前に一通り目を通して構造を確認するようにしてください。なお、この時点では一部のclassやid属性が省略されています。不足しているものについてはレッスンを進める中で随時追加していきます。

▶ マークアップ

【service.html】

```
<!DOCTYPE html>
<html lang="ja">
<head>
<meta charset="utf-8">
<meta http-equiv="X-UA-Compatible" content="IE=Edge">  ※IE互換モード防止
<title>サービスの特徴 | コーディング専門のFlexCoding</title>
<meta name="Keywords" content="コーディング,専門,FlexCoding">
<meta name="Description" content="コーディング専門サービスならFlexCoding。WEB
標準準拠の高品質ハンドコーディングをご提供します！">

<!--[if lt IE 9]>
<script src="../common/js/html5shiv.js"></script>   ※IE8以下HTML5機能補完
<![endif]-->
</head>

<body id="service">
<!-- ヘッダー部分 -->
<header id="header">
   <div class="inner">

      <h1 id="logo"><a href="../index.html"><img
src="../common/img/logo.png" width="164" height="53"
alt="FlexCoding"></a></h1>
      <p id="catch">コーディング専門サービスのFlexCoding。<br>
      ～WEB標準準拠の高品質ハンドコーディングをご提供します～</p>

      <dl id="info">
        <dt>TEL:</dt><dd>050-1234-5678</dd>
        <dt>営業時間:</dt><dd>平日10:00-19:00</dd>
        <dt>所在地:</dt><dd>東京都渋谷区青山○-○-○</dd>
      </dl>

   </div><!-- /.inner -->
</header><!-- /#header -->

<!-- グローバルナビゲーション部分 -->
```

```
<nav id="gnav">
  <ul class="inner">
    <li><a href="#">ホーム</a></li>
    <li><a href="#">FlexCodingについて</a></li>
    <li><a href="#">コーディング代行</a></li>
    <li><a href="#">セミナー・レッスン</a></li>
    <li><a href="#">よくあるご質問</a></li>
    <li><a href="#">お問い合わせ</a></li>
  </ul>
</nav> <!-- /#gnav -->
```

```
<!-- コンテンツ部分 -->
<div id="contents">
  <nav id="pankuzu">
    <ol>
      <li><a href="#">ホーム</a></li>
      <li><a href="#">コーディング代行</a></li>
      <li>サービスの特徴</li>
    </ol>
  </nav>

  <!-- メイン部分 -->
  <main id="main">
  <section>
    <h2 class="ptitle"><img src="../common/img/hdg_service.png"
width="680" height="80" alt="サービスの特徴"></h2>

    <section class="sec">
      <h3 class="hdg">従来型の専用サイトはもちろん、レスポンシブ・ウェブデザインにも対応。
</h3>
      <p>PC向け、スマホ向けといったデバイス専用サイトのコーディングはもちろんのこと、レスポンシブウェブデザインのコーディングにも対応いたします。レスポンシブ・ウェブデザインの場合、対応ブラウザはIE9以上を標準とさせていただいておりますが、ご希望であればIE8対応でのコーディングも可能です。ターゲットブラウザや使用する言語規格などお客様のご要望に応じて柔軟に対応させていただきますので、ご相談ください。</p>
      <p class="icon"><a href="#">制作手法</a></p>
    </section><!-- /.sec -->

    <section class="sec">
      <h3 class="hdg">コーディング業務に特化しているからこそ実現できる、驚きの低価格と
高品質。</h3>
      <p>私たちは、流用パーツ制作を除くデザイン業務や、本格的なプログラム開発業務はお取り扱いさせていただいておりません(※)。ご提供サービスをコーディング業務に特化することで、一人ひとりのスタッフの専門性と生産性を高め、品質・価格・納期いずれの面でもご満足いただけるサービスをお客様にご提供することに務めているからです。</p>
      <p class="note">※既存プラグインやjQueryの基本メソッドを利用した簡単なUI実装はオプションにて承ります。</p>
      <p class="icon"><a href="#">料金表</a></p>
    </section><!-- /.sec -->
```

```
      <section class="sec">
        <h3 class="hdg">全画面のデザインデータは不要です。</h3>
        <p>多くのコーディング会社が、コーディングのために全画面のデザインデータを用意するよう
に求めていますが、コーディングのために何十、何百ページもあるサイトの全ての画面のデザインデータを
用意するのは時間・労力の無駄遣いです。<br>
        私たちは、同一デザインで展開できるテンプレート画面のみご用意いただければ残りの画面に関
してはパーツ制作も含めて弊社で対応させていただいております。レスポンシブ・ウェブデザインの場合は
PC向けデザインカンプを元にスマホ版レイアウトをお任せでコーディングすることも可能です。</p>
        <p class="icon"><a href="#">発注に必要なデータ一覧</a></p>
      </section><!-- /.sec -->

      <aside class="r_box sec">
        <h3 class="r_box_tit">単なる作業請負ではなく、パートナーとして。</h3>
        <p>コーディング工程は単純作業と思われがちですが、WEBサイトの表の顔であるデザイン表示
と裏の顔であるソースコードの双方のクオリティを担保する重要な工程です。<br />
        デザイン・プログラム開発双方の意図を理解し、デザイナー・プログラマーの皆様が安心してそ
れぞれの仕事に専念できるよう、その中間工程を担保するのが私たちコーダーの役割です。私たちはその「コー
ディングのプロ」として、作業だけでなくご提案や問題解決のためのフィードバックも行うお客様の「パー
トナー」として信頼していただけるよう努力して参ります。</p>
      </aside><!-- /.r_box -->

      <p class="btn_inquiry"><a href="#"><img
src="../common/img/btn_inquiry.png" width="360" height="82"  alt="コー
ディング依頼・お問い合わせはこちら"></a></p>

    </section>
    </main><!-- /#main -->
```

```
    <!-- サイドバー部分 -->
    <div id="side">

      <nav id="menu">
        <ul>
              <li class="current"><a href="#">サービスの特徴</a></li>
              <li><a href="#">ご利用の流れ</a></li>
              <li><a href="#">料金表</a></li>
        </ul>
      </nav><!-- /#menu -->

      <aside id="banner">
        <p><a href="#"><img src="../common/img/bnr_mitsumori.png"
width="180" height="90" alt="ネットでカンタン！簡易お見積もりはこちら"></a></p>
        <p><a href="http://www.flexcoding.jp/blog/"
target="_blank"><img src="../common/img/bnr_blog.png" width="180"
height="50" alt="禁断のスタッフブログ"></a></p>
      </aside><!-- /#banner -->

    </div><!-- /#sidebar -->
```

```
    <p id="pagetop"><a href="#header">このページのトップへ</a></p>
</div><!-- /#contents -->


<!-- フッター部分 -->
<footer id="footer">
    <div class="inner">
        <ul id="flink">
            <li><a href="#">サイトポリシー</a></li>
            <li><a href="#">プライバシーポリシー</a></li>
            <li><a href="#">サイトマップ</a></li>
        </ul>

        <p id="copyright"><small>Copyright (c)  FlexCoding All Rights
Reserved.</small></p>
    </div><!-- /.inner -->
</footer> <!-- /#footer -->
</body>
</html>
```

全体のレイアウトフォーマットを作成する

まずはページ全体の大枠レイアウトを作るところから始めます。サンプルファイルのservice.htmlをブラウザに表示させて最初の状態を確認しましょう。まだ何もCSSを読み込ませていませんので［before］のような表示になっているはずです。

●Before

●After

1 サイト全体に共通する設定を記述する base.css を読み込む

/coding/ フォルダの中にある service.html をテキストエディタで開き、サイト全体の共通設定を行う base.css を読み込む記述を追加してください。

base.css には、あらかじめリセット CSS が記述してあるので、読み込ませた時点で要素間の余白が無くなり文字サイズが統一されるなど、CSS コーディングの下準備が整います。

【service.html】

```
1  <!DOCTYPE html>
2  <html lang="ja">
3  <head>
4  <meta charset="utf-8">
5  <meta http-equiv="X-UA-Compatible" content="IE=Edge">
6  <title>サービスの特徴 | コーディング専門のFlexCoding</title>
7  <meta name="Keywords" content="コーディング,専門,FlexCoding">
8  <meta name="Description" content="コーディング専門サービスならFlexCoding。
-  WEB標準準拠の高品質ハンドコーディングをご提供します！">
9  <link href="../common/css/base.css" rel="stylesheet" media="all">
10
11 <!--[if lt IE 9]>
12 <script src="../common/js/html5shiv.js"></script>
13 <![endif]-->
14 </head>
```

●図 18-3　リセット前→後

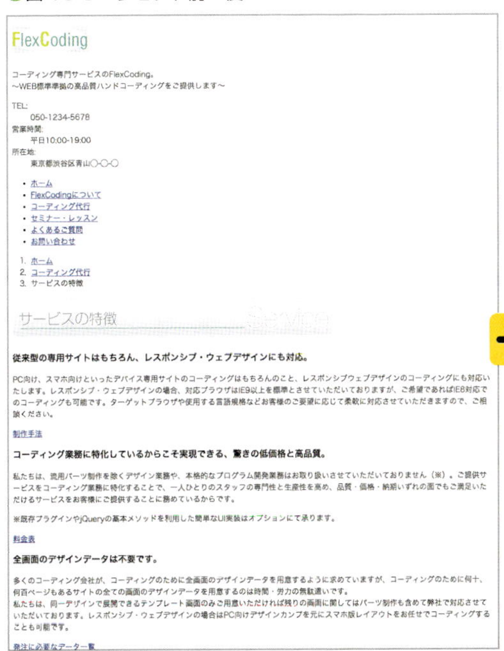

リセット前

リセット後

2 背景が 100% で広がる枠を設定する

ヘッダー・フッター・グローバルナビゲーションは、背景がウィンドウの横幅いっぱいに広がり、かつ中身のコンテンツ幅は 940px で固定＋センタリングとなります。このようなレイアウトを実現するためには、100% に広がる枠と 940px で固定される枠の 2 重構造を用意してやる必要があります。今回の場合は #header、#gnav、#footer には width を指定せずウィンドウ幅いっぱいまで広がるボックスとし、その子要素である .inner を 940px で固定してセンタリングしています。

Memo

CSS コーディングの順番

CSS のスタイル指定は親要素から子要素へ継承されるものがあり、またソースの先頭にあるブロックでの指定が後続のブロックに影響を与えることもあるので、「外→内」「上→下」の順で作りこむのがセオリーとなっています。

【base.css】

```
86 /*---------------------------
87 
88   レイアウト
89 
90 ---------------------------*/
91 .inner{
92     width: 940px;
93     margin: 0 auto;
94 }
95 
96 /* ヘッダー
97 ---------------------------*/
98 body{
99     border-top: #cce739 5px solid;
100 }
101 
102 #header{
103     padding: 10px 0;
104     border-top: #00c4ab 5px solid;
105     background: url(../img/bg_header.png) #e6e6e6;
106 }
107 
108 /* フッター
109 ---------------------------*/
110 #footer{
111     padding: 10px 0;
112     background: #e6e6e6;
113 }
114 
115 /* グローバルナビゲーション
116 ---------------------------*/
117 #gnav{
118     background: #00c4ab;
119 }
120 
121 #gnav a{
122     color: #fff;
123 }
```

固定幅のコンテンツ枠（91〜94行）

横100%の背景枠（98〜106行）

横100%の背景枠（110〜113行）

横100%の背景枠（117〜119行）

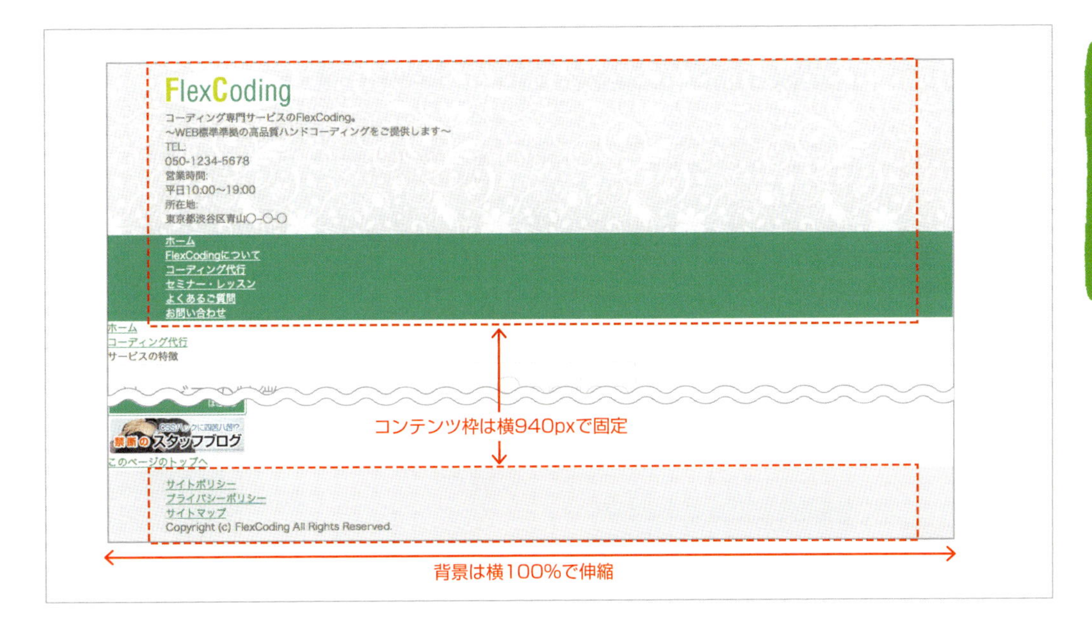

3 コンテンツ部分を2カラムレイアウトにする

> **Memo** floatの解除は#contentsに対してclearx指定する方法でも可です。

#contentsのデザイン上の横幅は940pxですが、左右に20pxずつのpaddingと、1pxずつのボーダー線があるため、ボックスモデルに基づくwidthの数値は940-40-2=898pxとなります。

この898pxの中に#mainと#sideをfloatで2カラムに配置します。左右振り分けですので、カラム間の余白は特に指定する必要はありません。floatの解除は#contentsの内側でする必要がありますので、#footerではなく#pagetopに対してclear:both;を指定します。

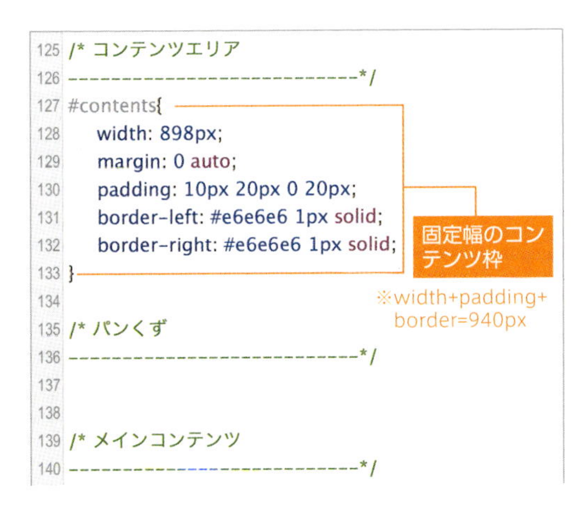

```
125 /* コンテンツエリア
126 ----------------------------*/
127 #contents{
128     width: 898px;
129     margin: 0 auto;
130     padding: 10px 20px 0 20px;
131     border-left: #e6e6e6 1px solid;
132     border-right: #e6e6e6 1px solid;
133 }
134
135 /* パンくず
136 ----------------------------*/
137
138
139 /* メインコンテンツ
140 ----------------------------*/
```

固定幅のコンテンツ枠
※width+padding+border=940px

```
141 #main{
142     width: 680px;
143     float: right;
144 }
145
146 /* サイドバー
147 ----------------------------*/
148 #side{
149     width: 180px;
150     float: left;
151 }
152
153 /* ページトップ
154 ----------------------------*/
155 #pagetop{
156     clear:both;
157 }
```

右にフロート（141〜144行目）
左にフロート（148〜151行目）
フロート解除（155〜157行目）

4 余白の調整をする

2カラムになっている#mainと#sideの上下に余白を作ります。上は#pankuzuのmargin-bottomでOKですが、下は#pagetopにclear:both;が指定されているため、#pagetopのmargin-topでは指定できません。従って、#mainと#sideの両方にmargin-bottomを設定しておきます。#mainだけでなく#sideにもmargin-bottomを設定するのは、#mainより#sideの方が長くなる可能性がゼロではないからです。

```
135 /* パンくず
136 ----------------------------*/
137 #pankuzu{
138     margin-bottom: 30px;
139 }
140
141 /* メインコンテンツ
142 ----------------------------*/
143 #main{
144     width: 680px;
145     margin-bottom: 40px;
146     float: right;
147 }
148
149 /* サイドバー
150 ----------------------------*/
151 #side{
152     width: 180px;
153     margin-bottom: 40px;
154     float: left;
155 }
```

どちらのボックスが長くなるか分からないので両方に下余白をつけておく。

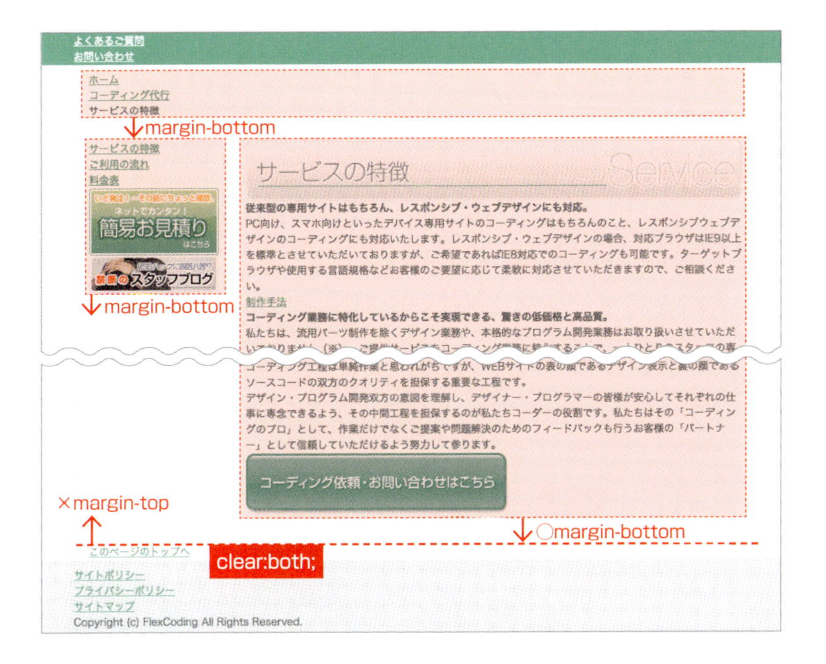

COLUMN

上下 margin の相殺

ボックス間の上下方向の隙間についてはmargin-top／margin-bottomのどちらでつけても結果的には同じですが、特別な理由がなければページ内ではmargin-topまたはmargin-bottomで一方向に統一したほうが間違いは少なくなります。連続して**隣り合うボックスの上下marginは、相殺されてどちらか一方大きいほうの数値が有効になる**というルールがあるからです。

ボックスによってmargin-topにしたりmargin-bottomにしたりまちまちの状態だと、意図しない上下marginの相殺が発生して表示がうまくできない状態に陥る可能性があります。

同じデザインを実現するのに複数のやり方がある場合には、できるだけ「表示崩れのリスクが少なく、メンテナンスがしやすい」方法を採用するようにしましょう。

●図 18-4　マージンの相殺

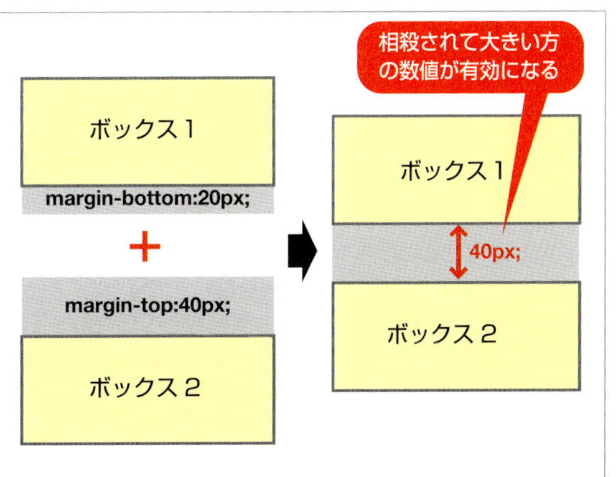

5 ヘッダーを3段組でレイアウトする

ヘッダー内の #logo, #catch, #info をデザインにならって3段組でレイアウトします。

3段組以上の場合、全てを float:left; として段間を margin 指定する方法と、最後のカラムだけ float:right; とする方法がありますが、今回の場合は明らかに #info だけ右寄せになっているので上から順に「左・左・右」の順にフロートさせて配置したいと思います。

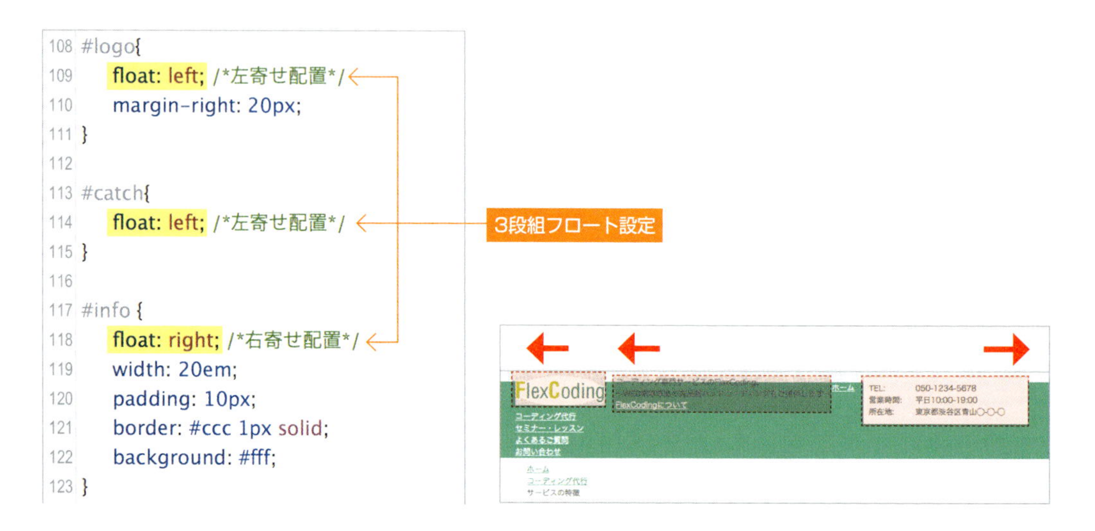

今回はヘッダーの子要素全てがフロートしており、「clear:both;」を適用すべき要素が存在しないため、ヘッダー領域の高さが無くなってレイアウトが大幅に崩れてしまっています。このようにフロートの後続要素が無い（clear:both; が適用できない）ケースでは、

❶ clearfix を利用
❷ overflow:hidden; を利用

のどちらかのテクニックでフロート解除をすることになります。

どちらの方法でも良いのですが、今回は clearfix で対処するようにしたいと思います（clearfix の CSS コード自体は既に base.css に記述済みです）。

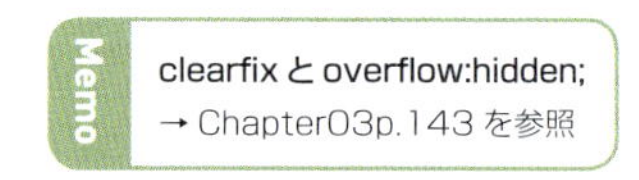

Memo
clearfix と overflow:hidden;
→ Chapter03p.143 を参照

フロートしている子要素の直近の親要素に2つ目の class として「clearfix」を追加。

```
16 <body id="s
17 <!-- ヘッダー部分 -->
18 <header id="header">
19     <div class="inner clearfix">
20
21         <h1 id="logo"><a href="../inde
-  common/img/logo.png" width="164" h
-  alt="FlexCoding"></a></h1>
```

最後にフッター内の#flinkと#copyrightもフロートで2段組レイアウトに設定しておきましょう。

[service.html]

```
114 <!-- フッター部分 -->
115 <footer id="footer">
116     <div class="inner clearfix">
117         <ul id="flink">
118             <li><a href="#">サイトポリシー</a></li>
119             <li><a href="#">プライバシーポリシー</a></li>
120             <li><a href="#">サイトマップ </a></li>
121         </ul>
```

[base.css]

```
137
138 #flink{
139     float: left;
140 }
141
142 #copyright{
143     float: right;
144 }
```

Lesson18ではフロートを使ってページ全体の大枠レイアウトを作りました。このように全体フォーマットに絡む大枠のレイアウトを作ったら、中身を作りこむ前に一度各ブラウザ環境での表示を確認しておくようにしましょう。

COLUMN

既存のセレクタにclearfixを組み込む

clearfixを使う場合、インターネットなどからclearfixのCSSコードを拾ってきて、適用したい要素にHTML上でclass="clearfix"を追加するというのが一般的な使い方です。ただしこのやり方だと、HTMLのソースコードがclearfixだらけ、ということになる可能性があります。

clearfixというのは要するに:after擬似要素にclear:both; の指定をしているだけのものですので、ソースにclearfixが溢れかえるのが嫌な場合は、既存のセレクタに対してclearfixと同じ設定を組み込んでしまうと良いでしょう。

【例】.innerというセレクタにclearfixと同じ効果を持たせたい場合

```
.inner:after{
  content: "";
  display: block;
  clear: both;
}
```

今回の実習用サンプルの場合も、3箇所ある.inner全てに最終的にはclearfixの効果を持たせたい状態となるため、HTML側に3箇所class= "clearfix"を追加するのではなく、既に用意している.innerに対してclearfixのコードを組み込んでしまった方がよりスマートなコーディングになると言えます。

POINT

- 制作を始める前にコーディング規約とターゲット環境の確認をしよう
- マークアップが終わったら必ず一度文法チェックをかけるようにしよう
- 大枠レイアウトのコーディングが済んだら、必ず各種ブラウザで表示確認しよう

実践的なWebサイトのコーディング

displayプロパティを活用したレイアウト

Lesson19では、要素の表示属性（displayプロパティ）を変更することで、初期状態では実現できない様々なレイアウトを実装するテクニックを学びます。

サンプルファイルはこちら　chapter06 ▶ lesson19 ▶ before ▶ www/coding/service.html

●Before

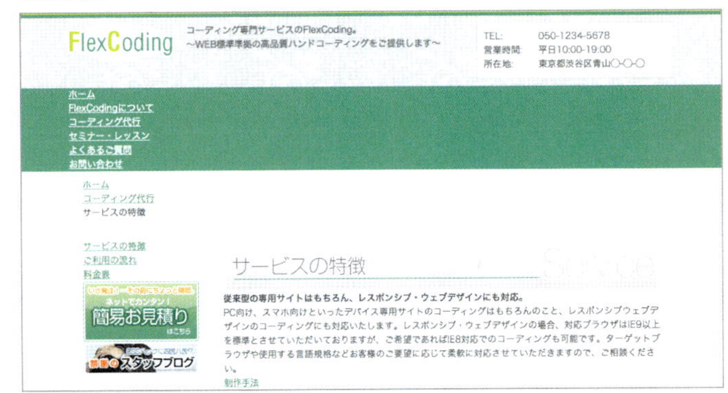

●After

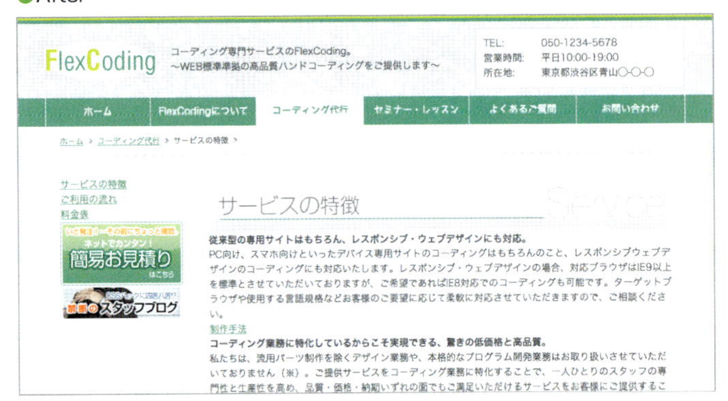

実習 displayプロパティをレイアウトに活用する

パンくずリストとフッターメニューを作る

1 display プロパティで li 要素を横並びに変更する

パンくずリストやフッターメニューのように、項目の幅の指定をする必要がなく、単純にテキストを横に並べれば良い場合は、**display プロパティの値を inline にする**のが最も簡単です。li 要素はブロックレベルの要素なので自動改行されますが、display プロパティの値を inline に変更してやることでテキストレベルの要素と同様の表示属性に変更され、その結果自動的に改行されなくなります。

【base.css】

```
131 /* フッター
132 ----------------------------*/
133 #footer{
...
142 #flink li{
143     display: inline;          ← li要素を横並びにする設定
144 }
145
146 #flink a{                     ← 背景画像でアイコンを設定
147     padding: 0 10px;
148     background: url(../img/ico_arw01.png) left center no-repeat;
149 }
...
175 /* パンくず
176 ----------------------------*/
177 #pankuzu{                     ← パンくず領域全体のスタイル設定
178     margin-bottom: 30px;
179     padding-bottom: 10px;
180     border-bottom: #ccc 1px dotted;
181 }
182
183 #pankuzu li{                  ← li要素を横並びにする設定
184     display: inline;
185     font-size: 83%;
186 }
187
188 #pankuzu li{                  ← 背景画像でアイコンを設定
189     padding-right: 15px;
190     background: url(../img/ico_arw01.png) right center no-repeat;
191 }
```

★覚えよう
display ［要素の表示属性を指定］
値：block ¦ inline ¦ inline-block ¦ list-item ¦ table ¦ table-cell ¦ none 等

お問い合わせ
ホーム » コーディング代行 » サービスの特徴 »

このページのトップへ
» サイトポリシー » プライバシーポリシー » サイトマップ

Memo
li 要素のデフォルトの display プロパティは「block」ではなく「list-item」ですが、list-style 等のリスト関連プロパティが設定可能であるという点以外は display:block; と同じです。

●図 19-1　display プロパティの変更

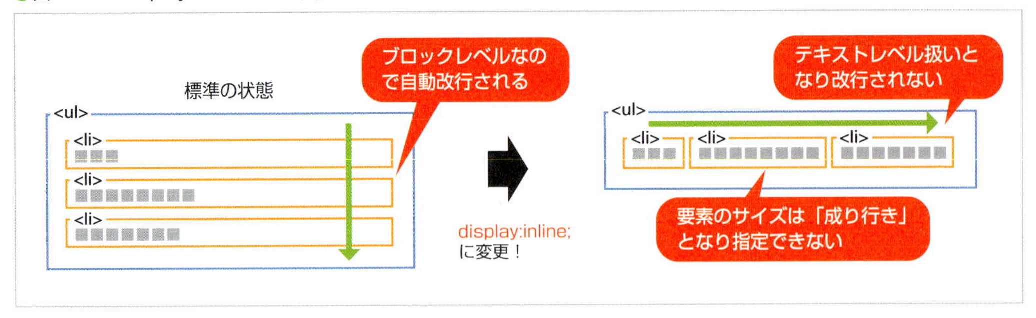

2 フッターのリンクスタイルを変更する

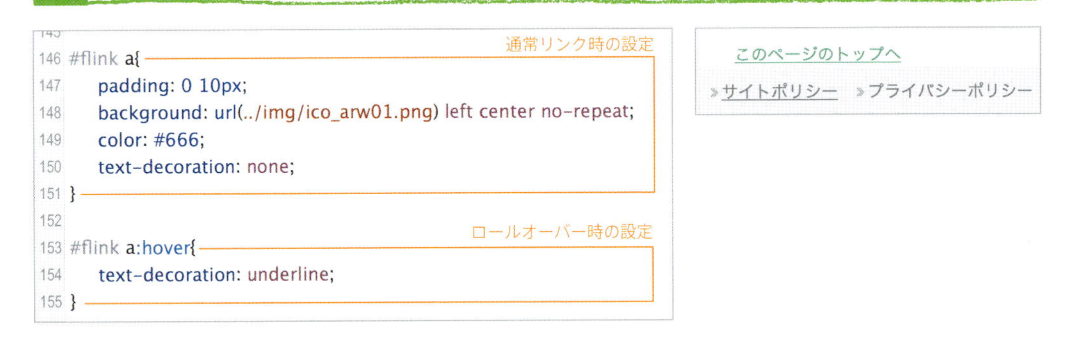

```
146 #flink a{
147     padding: 0 10px;
148     background: url(../img/ico_arw01.png) left center no-repeat;
149     color: #666;
150     text-decoration: none;
151 }
152
153 #flink a:hover{
154     text-decoration: underline;
155 }
```


パンくずのリンクは標準テキストリンクのスタイルのままで OK ですが、フッターリンクは標準のテキストリンクとはスタイルが異なります。このように特定の要素・領域でのリンクだけ部分的にスタイルを変更したいというケースはよくあります。このような場合、子孫セレクタを利用し一括指定した方が、a 要素に個別の class をつけるより効率的です。

グローバルナビゲーションを作る（テキストメニュー）

最終的なデザインではグローバルナビゲーションは画像になっていますが、練習のためにここで一旦テキストのまま CSS でグローバルナビゲーションをデザインしてみることにします。作成するテキスト版グローバルナビゲーションのデザインは以下のとおりです。

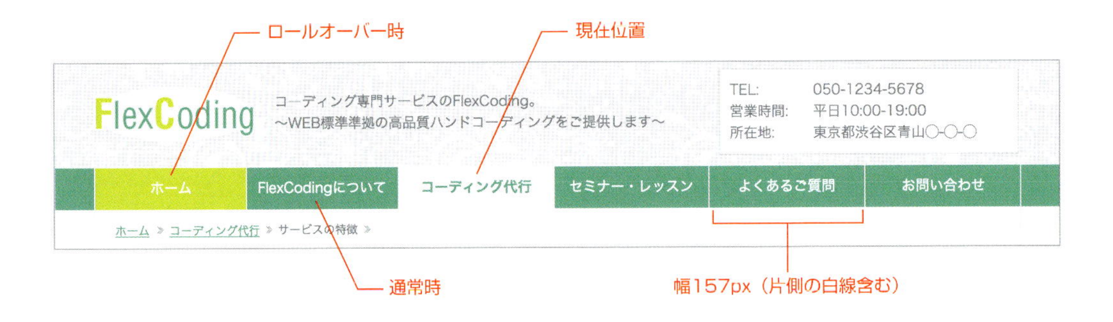

1 floatでli要素を横並びにする

先ほどのテキストリンクと違い、グローバルナビゲーションは各項目に横幅を設定する必要があります。このような場合には、floatを使って要素を横に並べます。ul要素の中で小さな段組レイアウトを作っている状態と考えてください。floatを使って横並びにする場合は、clear:both;を指定すべき要素が存在しないケースとなりますので、親要素のulにoverflow:hidden;を設定（またはclearfixを設定）して、確実にul要素内でfloat解除するようにしておくことがポイントです。

●図19-2　floatによる横並びとその解除

```
168 /* グローバルナビゲーション
169 ---------------------------*/
170 #gnav{
171     background: #00c4ab;
172 }
173
174 #gnav ul{
175     overflow: hidden;
176 }
177
178 #gnav li{
179     float: left;
180     width: 156px;
181     border-right: #fff 1px solid;
182 }
183
184 #gnav li:first-child{
185     width: 153px;
186     border-left: #fff 1px solid;
187 }
```

- 175行目：ul要素内部でのフロート解除
- 178〜182行目：li要素をフロートで横並びに
- 184〜187行目：940pxに収めるため、先頭のli要素だけ153pxに設定し、左端にborderを設定

固定幅を保持したまま横並びにできる

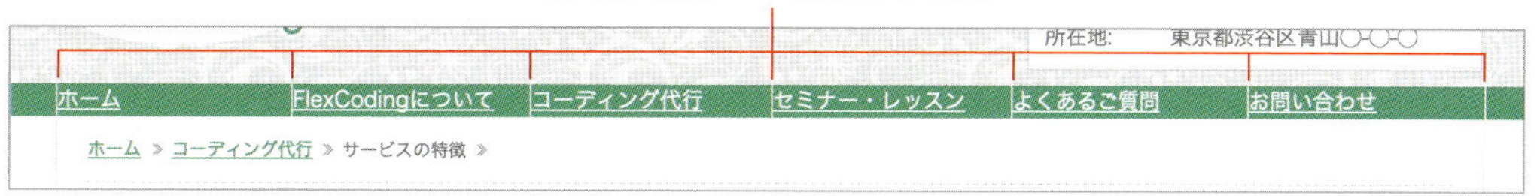

2 a 要素をブロック化する

次に必要なのが a 要素の「ブロック化」です。通常リンクとして認識するのは a 要素の中身である文字の上だけになっています。この状態を解消するため、a 要素に display:block; を指定してブロックレベルの要素と同等の表示に変更します。こうすることで幅と高さが指定できるようになり、枠いっぱいまで全てリンク領域として認識させることができるようになります。

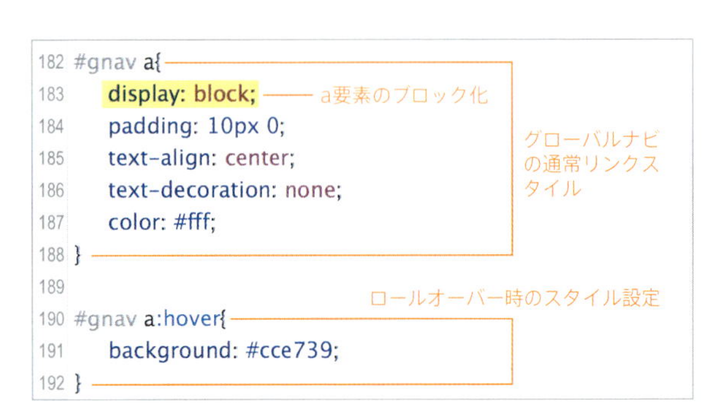

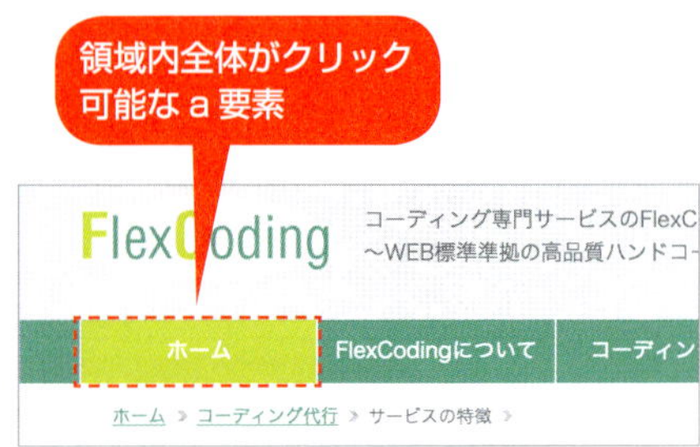

●図 19-3 a 要素のブロック化

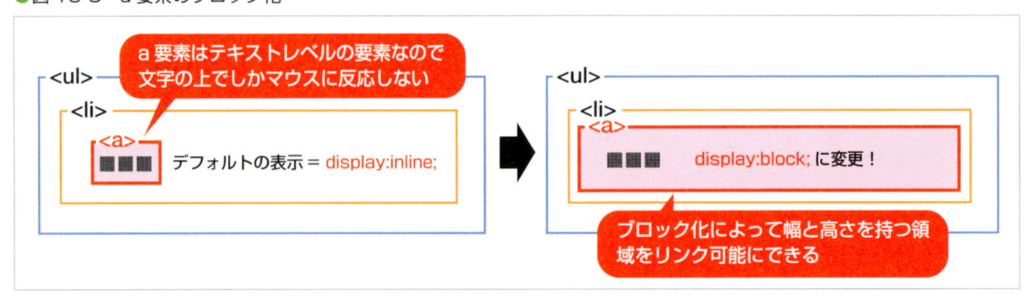

3 現在位置のスタイルを変更する

#gnav 内の a 要素は全て同一のスタイルですが、この中で特定の要素だけ例外的にスタイルを変更したいような場合、class をつけるのが最も簡単な方法です。

```
34 <!-- グローバルナビゲーション部分 -->
35 <nav id="gnav">
36     <ul class="inner">
37         <li><a href="#">ホーム</a></li>
38         <li><a href="#">FlexCodingについて</a></li>
39         <li><a href="#" class="selected">コーディング代行</a></li>
40         <li><a href="#">セミナー・レッスン</a></li>
41         <li><a href="#">よくあるご質問</a></li>
42         <li><a href="#">お問い合わせ</a></li>
43     </ul>
44 </nav> <!-- /#gnav -->
```

```
194 #gnav a.selected{
195     background: #fff;
196     color: #00c4ab;
197     font-weight: bold;
198 }
```

現在のページを示すためのスタイルを設定

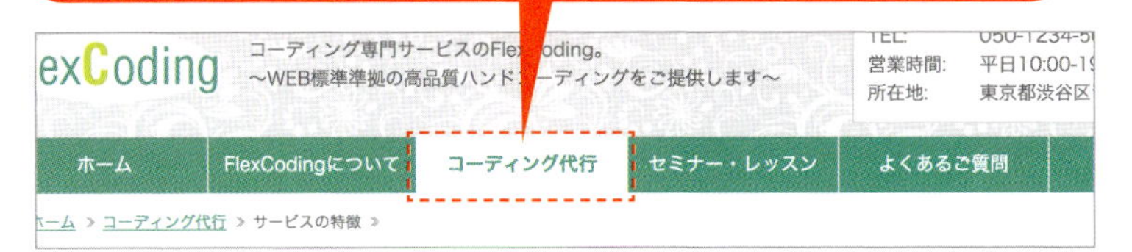

グローバルナビに限らず、メニューやタブなどのインターフェースは「現在選択中」の項目のスタイルを変更して分かりやすく表現することがよくありますが、このようなケースの時にいちいち個別の名前を考えてつけるのは面倒です。そこで「選択中」を表す場合の class 名をあらかじめ決めておき、どの部品で使う場合でも機械的にその class 名を使用するようにしておくと制作効率がアップします。

Memo
「選択中」を表す class 名としてよく使用されるものは「.selected」「.active」「.current」などです。

COLUMN

display:inline で横並びメニューを作る場合の注意点

li 要素を横並びメニューにする場合は、display:inline または float:left を使用しますが、display:inline には利用にあたっていくつか制約がありますので使える場面は限定的です。

【display:inline の制約】
❶ 項目の幅や高さ（width / height）が指定できない
❷ 上下の margin が指定できない
❸ ソースコード上の改行文字が半角スペースとなって表示されてしまう

❶❷は display:inline; にすることそのものによる制約ですので回避できません。デザイン的にサイズや margin の設定をしなくても良い場合にのみ利用するようにしましょう。
❸については、次頁の改善例①のようにソース上から改行文字を削除したり、改善例②のように改行部分にわざとコメントを入れたりすることで回避することは可能です。

●図 19-4　改行文字の半角スペース化

リスト項目1 リスト項目2 リスト項目3 リスト項目4

ソースコード上の改行文字が半角スペースになってしまう

【ソースコード】
```
<ul>
<li><a href="#">リスト項目1</a></li>
<li><a href="#">リスト項目2</a></li>
<li><a href="#">リスト項目3</a></li>
<li><a href="#">リスト項目4</a></li>
</ul>
```

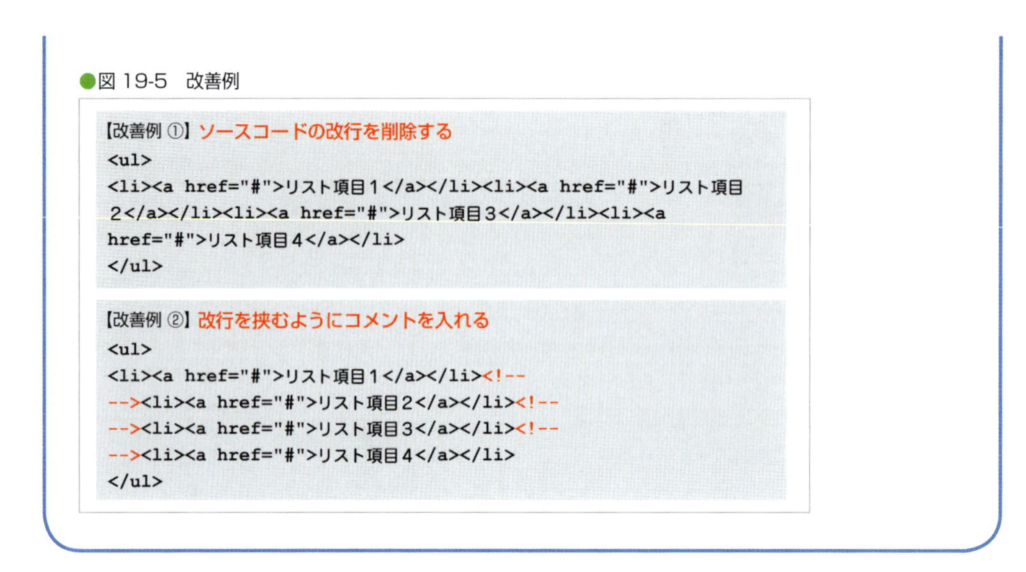

●図 19-5　改善例

【改善例 ①】ソースコードの改行を削除する

```
<ul>
<li><a href="#">リスト項目1</a></li><li><a href="#">リスト項目
2</a></li><li><a href="#">リスト項目3</a></li><li><a
href="#">リスト項目4</a></li>
</ul>
```

【改善例 ②】改行を挟むようにコメントを入れる

```
<ul>
<li><a href="#">リスト項目1</a></li><!--
--><li><a href="#">リスト項目2</a></li><!--
--><li><a href="#">リスト項目3</a></li><!--
--><li><a href="#">リスト項目4</a></li>
</ul>
```

ヘッダー内の要素を上下中央で揃える

●図 19-6　ヘッダー部分の現状と完成デザイン

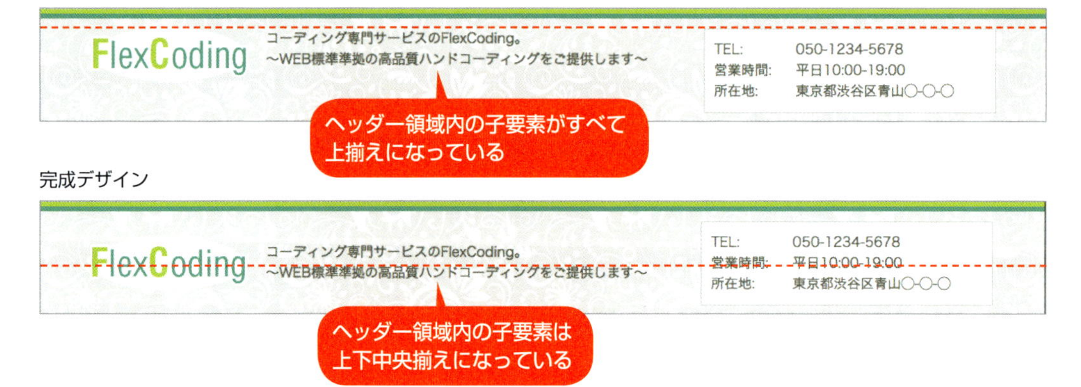

Lesson18 ではヘッダー部分は float で 3 段組レイアウトを作りました。しかし、float を使った場合、CSS の仕様上、常に各ブロックは上揃えでしか配置できません。目標とする完成デザインは、「高さ可変であるヘッダー領域に対して常に上下中央で揃える」というものですので、このデザイン仕様を完全に満たすことは float レイアウトでは不可能です。

基本的に「要素の上下中央に揃える」というデザイン仕様の場合、float は使えませんので他の方法を探す必要があります。代替策として昔からあるのは「position:absolute;」を利用する方法です。

●図 19-7　position:absolute; を利用した上下中央揃え

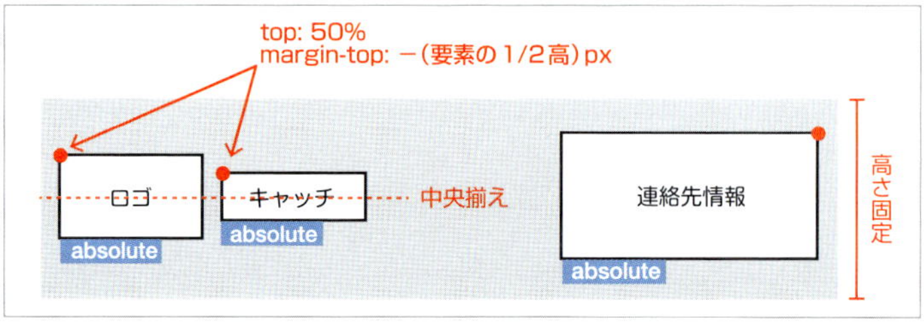

top: 50%
margin-top: −(要素の 1/2 高) px
ロゴ
absolute
キャッチ
absolute
中央揃え
連絡先情報
absolute
高さ固定

この方法は、

- 上下中央配置したい要素を絶対配置にする（position:absolute;）
- 親要素に対して上から 50% に配置する（top:50%;）
- 自分自身の高さの半分のサイズを margin-top にマイナスの値で設定する（margin-top: -［要素の 1/2 高］px;）

Memo
マイナス数値の margin のことを「ネガティブマージン」と呼びます。

という方法で上下中央揃えを実現する方法です。ただし子要素全てが position:absolute; で絶対配置になってしまう場合は親要素に height を設定しないといけなくなるため、今回のようなレイアウトだと更に一工夫が必要となってしまいます。

そこで最も簡単に上下中央揃えを実現する方法として注目したいのが「仮想テーブルレイアウト」と呼ばれる「display: table-cell;」を活用する方法です。

●図 19-8　display:table-cell; を利用した上下中央揃え

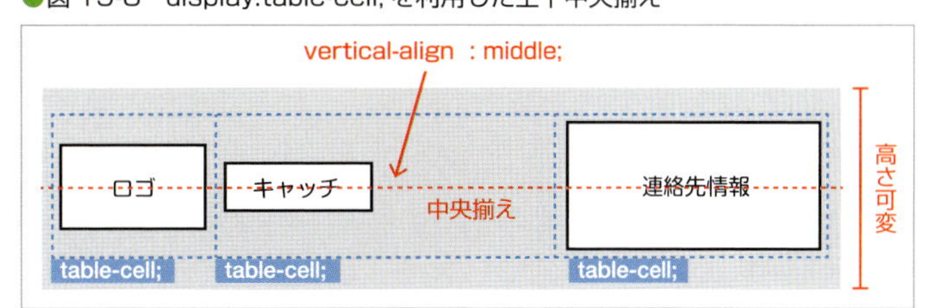

1 #logo, #catch, #info のフロート設定を削除し、td 要素表示に変更する

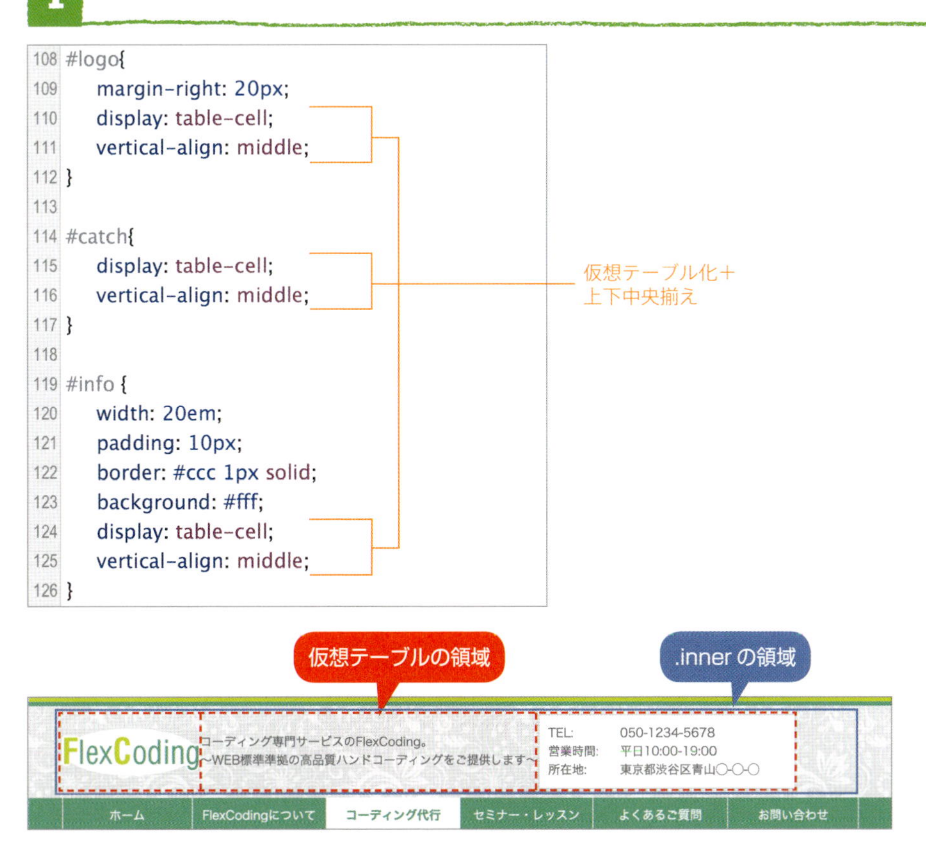

```
108 #logo{
109     margin-right: 20px;
110     display: table-cell;
111     vertical-align: middle;
112 }
113
114 #catch{
115     display: table-cell;
116     vertical-align: middle;
117 }
118
119 #info {
120     width: 20em;
121     padding: 10px;
122     border: #ccc 1px solid;
123     background: #fff;
124     display: table-cell;
125     vertical-align: middle;
126 }
```

display: table-cell; を設定された連続する要素は、まとめてひとつの表組データとみなされるため、自動的に一列に並ぶ状態となります。また隣り合うセルは最も内容の多い要素に合わせて自動的に高さが揃う形となり、更にセルの中では上下中央揃えを指定する vertical-align が有効になります。この table 要素の表示属性をレイアウトに利用するのが仮想テーブルレイアウトという手法で、IE8 以上の全ての環境で利用できます。

●図 19-9　仮想テーブルレイアウト

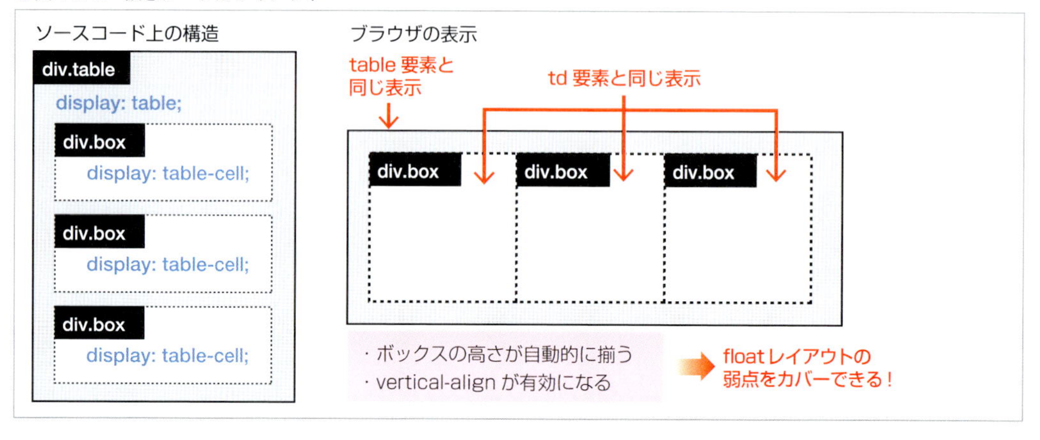

Term

仮想テーブルレイアウト

CSS が普及する以前の Web 制作では、物理的に table 要素をレイアウト用の枠として代用し、見た目の再現のみを重視したページ制作方法（テーブルレイアウト）が主流でした。仮想テーブルレイアウトは、当時のように物理的に table 要素をマークアップに使うのではなく、display プロパティの値だけを table 系のそれに変更することで、Web 標準に準拠したマークアップ構造を保ちつつ、テーブルレイアウトの利便性を再現したものになります。

2 #logo, #catch, #info の親要素を table 要素表示に変更する

```
91  .inner{
92      width: 940px;
93      margin: 0 auto;
94  }
95
96  /* ヘッダー
97  ---------------------------*/

108 #header .inner {
109     display: table;   #header内の.innerをtable要素化
110 }
```

.inner = table 要素相当

FlexCoding　コーディング専門サービスのFlexCoding。～WEB標準準拠の高品質ハンドコーディングをご提供します～

TEL:　050-1234-5678
営業時間:　平日10:00-19:00
所在地:　東京都渋谷区青山○-○-○

ホーム | FlexCodingについて | コーディング代行 | セミナー・レッスン | よくあるご質問 | お問い合わせ

display: table-cell; を設定した各要素を親要素の幅に合わせて自動的に伸縮するようにするためには、直近の親要素に対して明示的に display: table; を指定した上で、その要素に width 指定をする必要があります。

table 要素に width が設定されていない場合、子要素のコンテンツ量に応じて全体の横幅が自動的に調節されるという表示上の特徴があります。このような挙動は display プロパティを使った仮想テーブルレイアウトでも同じですので、仮想テーブル全体の幅を任意で設定したければ、

1. 親要素に display: table; を明示し、width を設定する
2. display:table-cell; を設定した要素全てに固有の width を設定する

のどちらか、もしくは両方を設定する必要があります。

講義 displayプロパティの活用

display プロパティとは

display プロパティは要素の表示特性をコントロールするもので、実習でも学んだ通り、CSS で後からいつでも他の値に変更可能です。display プロパティの値それぞれの表示特性を理解しておけば、情報構造に即した正しいマークアップを行いつつ、見た目の表示だけは別の要素のように振舞わせることが可能となり、表現の幅が広がります。

実習で使ったもの以外にも様々な display プロパティが定義されており、うまく使えば通常の表示では表現が困難なデザインも実現できるようになる可能性があります。

display プロパティの種類と特徴

仕様上 display プロパティの値として定義されているものは、表 19-13 の通りかなり沢山ありますが、普段の制作で比較的よく使う値は限られています。以下によく使う display プロパティの値とその特徴をまとめておきましたので、参考にしてください。

▶ block

特徴：

- 幅と高さ（width・height）の概念がある
- 上下左右の padding を設定できる
- 上下左右の margin を設定できる
- float や position などで特別に指定しない限り、配置された要素は自動改行され上から下に並ぶ
- vertical-align プロパティが無効のため、要素内コンテンツの上下方向の位置揃えはできない（常に上揃えとなる）

●図 19-10 display:block;

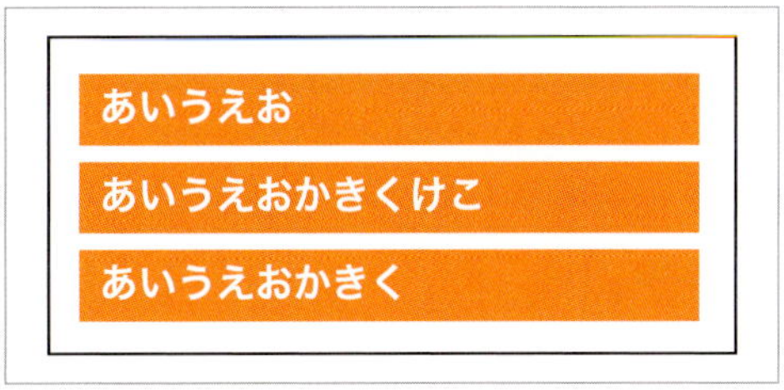

inline

特徴：

- 幅と高さ（width・height）の概念がない（サイズ指定ができない）
- 上下 margin が無効
- br 要素で強制改行されない限り、テキストと同じように行に沿って横並びで表示される
- vertical-align プロパティが有効のため、隣り合うテキストやインライン要素との間で行中の上下方向の位置揃えが可能

●図 19-11　display:inline;

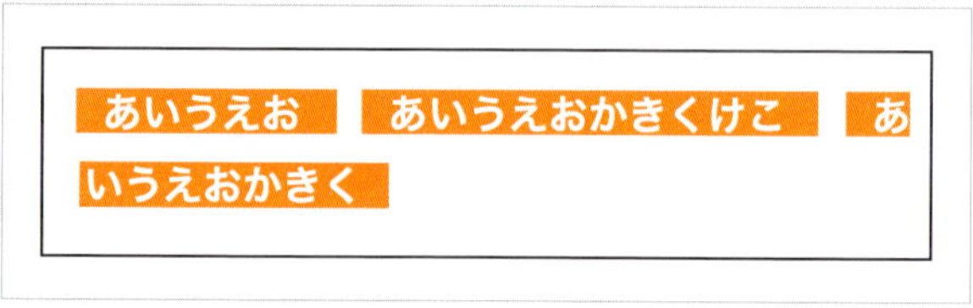

あいうえお
あいうえおかきくけこ
あいうえおかきく

inline-block

特徴：

- inline と同様に要素の前後で改行されず、横に並ぶ
- block と同様に width・height・上下左右の margin / padding が全て指定できる
- 親要素の text-align 属性でテキスト同様に左右方向の行揃えが可能
- vertical-align によってボックス同士の上下方向揃えが可能

●図 19-12　display:inline-block;

あいうえお
あいうえお
かきくけこ
あいうえお
かきく

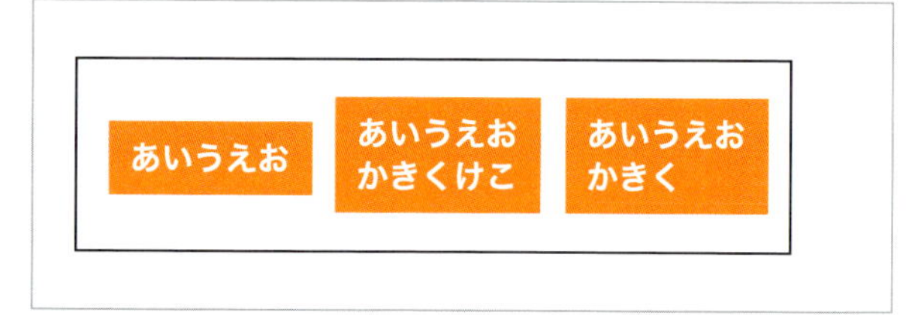

table-cell

特徴：

- table 要素の th・td と同様の表示属性にすることが可能
- table-cell が指定された要素は表組みのセルと同様に一列に横並びし、隣り合う要素の高さも自動的に最も大きい物に揃えられる
- vertical-align が有効になるため、要素内コンテンツの上下方向の位置揃えが可能

●図 19-13　display:table-cell

あいうえお
あいうえお
かきくけこ
あいうえお
かきく

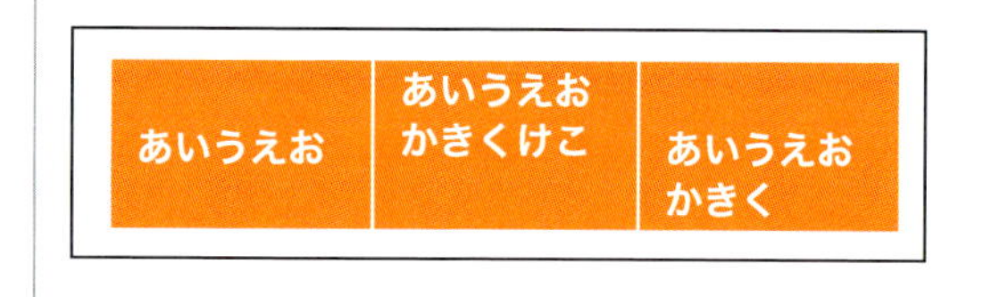

none

特徴：

- 要素を非表示にする
- 指定された要素は「存在しないもの」として扱われるため、空白領域は確保されず、後続の要素が上に詰めて表示される

●表19-1　displayプロパティ一覧

値	解説	デフォルト要素
inherit	直近の親要素で指定された値を継承	—
none	ボックスを非表示にする	—
inline	インラインボックスとして表示	テキストレベルの要素（span, a, strong, small等）
block	ブロックレベルボックスとして表示	ブロックレベルの要素（div, ul, dl, p, h1-h6, address等）
list-item	ブロックレベルボックスとして配置されるが、リスト項目として表示	li
inline-block	inlineと同様に前後で改行されずに配置されるブロックレベルボックスとして表示	img / input / select / button /object
table	ブロックレベルボックスとして配置される表	table
inline-table	インラインボックスで配置される表	—
table-row-group	表の行グループ	tbody
table-header-group	表のヘッダグループ	thead
table-footer-group	表のフッターグループ	tfoot
table-row	表の行として表示	tr
table-cell	表のセルとして表示	td / th
table-column-group	表の列グループ	colgroup
table-column	表の列として表示	col
table-caption	表の表題	caption
run-in	インラインまたはブロックレベルボックスとして表示（後続要素による）	—
flex	フレキシブルボックスコンテナとして表示	—
inline-flex	インラインフレキシブルボックスコンテナとして表示	—

POINT

- 横並びメニューを作る際、サイズ指定が不要ならdisplay:inline;、必要ならfloat:left;が便利
- li要素をfloat:left;で横並びにする場合、必ず親のul要素にoverflow:hidden;かclearfixを指定する
- 仮想テーブルレイアウトを活用すれば、floatレイアウトの弱点を補うことができる

実践的なWebサイトのコーディング

CSSスプライトの仕組みを理解する

LESSON20では、画像としてデザインされたグローバルナビゲーションを作ります。項目がテキストではなく画像としてデザインされている場合、いくつかの制作手法が考えられます。その中で今回はbackground-positionプロパティの変更を利用した「CSSスプライト」という手法を解説します。

サンプルファイルはこちら　chapter06 ▶ lesson20 ▶ before ▶ www/coding/service.html

●Before

●After

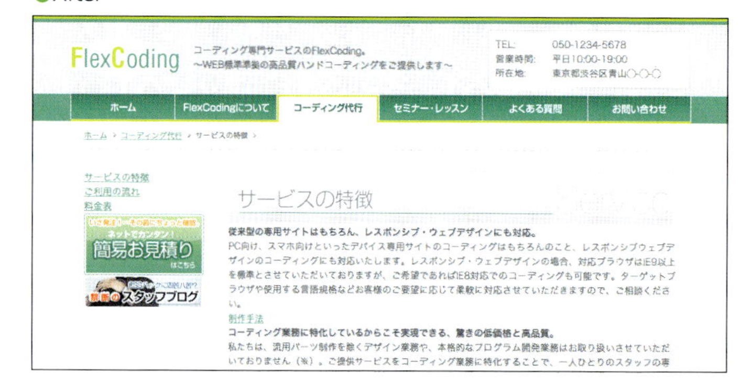

 実習 CSSスプライトでグローバルナビを画像化する

グローバルナビのスプライト化

1 グローバルナビの li 要素に個別の class 名をつける

まず、CSS スプライトを使うためにはスプライト用画像の特定の場所を呼び出せるようにするため、HTML 側に固有の id または class 名をつけておく必要があります。

【service.html】

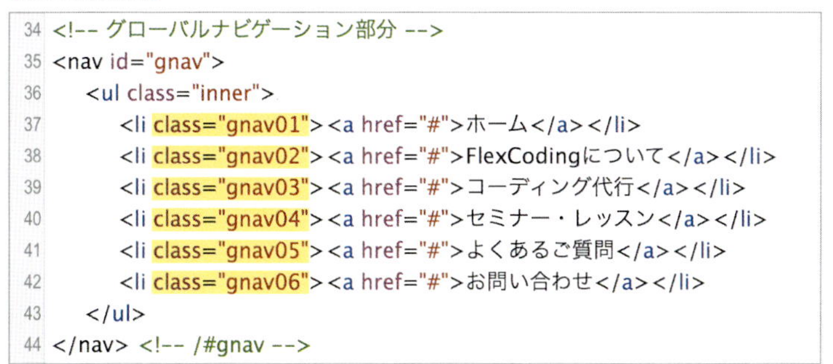

```
34 <!-- グローバルナビゲーション部分 -->
35 <nav id="gnav">
36     <ul class="inner">
37         <li class="gnav01"><a href="#">ホーム</a></li>
38         <li class="gnav02"><a href="#">FlexCodingについて</a></li>
39         <li class="gnav03"><a href="#">コーディング代行</a></li>
40         <li class="gnav04"><a href="#">セミナー・レッスン</a></li>
41         <li class="gnav05"><a href="#">よくあるご質問</a></li>
42         <li class="gnav06"><a href="#">お問い合わせ</a></li>
43     </ul>
44 </nav> <!-- /#gnav -->
```

2 通常・ロールオーバー・現在位置の全ての画像を1つにまとめた背景画像を用意する

	156px	157px	157px	157px	157px	156px	
40px	ホーム	FlexCodingについて	コーディング代行	セミナー・レッスン	よくある質問	お問い合わせ	※通常表示
40px	ホーム	FlexCodingについて	コーディング代行	セミナー・レッスン	よくある質問	お問い合わせ	※ロールオーバー
40px	ホーム	FlexCodingについて	コーディング代行	セミナー・レッスン	よくある質問	お問い合わせ	※現在位置

次に図のように通常・ロールオーバー・現在位置に必要な画像を全て1つにまとめた画像を用意し、あらかじめ各メニュー項目の幅と高さを調べておきます。

3 float で横並びにしたグローバルナビの a 要素に背景用画像を配置する

#gnav の a 要素に1枚絵にしたグローバルナビ画像を背景画像として配置します。この段階では全ての項目が「ホーム」という1つ目のメニュー項目になりますが、それで構いません。

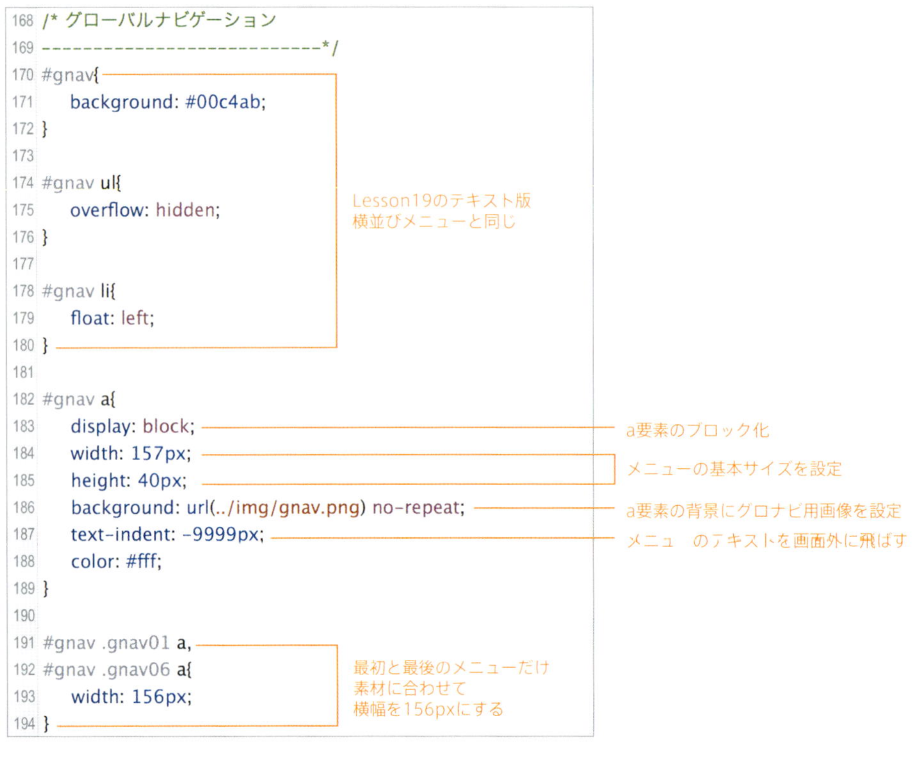

```
168 /* グローバルナビゲーション
169 ---------------------------*/
170 #gnav{
171     background: #00c4ab;
172 }
173
174 #gnav ul{
175     overflow: hidden;
176 }
177
178 #gnav li{
179     float: left;
180 }
181
182 #gnav a{
183     display: block;
184     width: 157px;
185     height: 40px;
186     background: url(../img/gnav.png) no-repeat;
187     text-indent: -9999px;
188     color: #fff;
189 }
190
191 #gnav .gnav01 a,
192 #gnav .gnav06 a{
193     width: 156px;
194 }
```


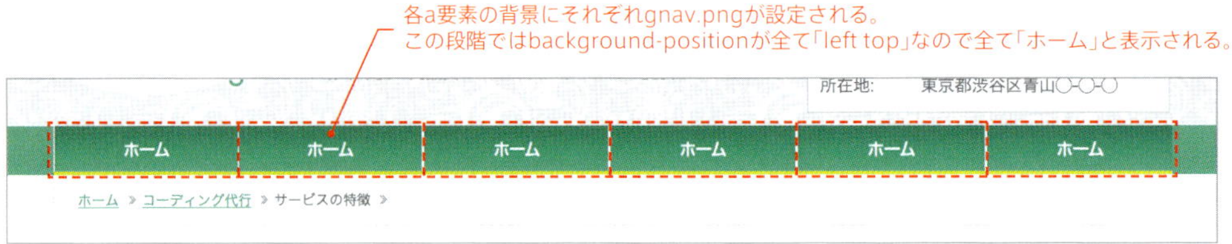

4 メニューごとに背景画像の表示位置を変更する

各 a 要素を個別に指定するセレクタを追加し、それぞれ background-position プロパティで背景画像の表示位置を調整します。

【base.css】

```
196 #gnav .gnav01 a{ background-position: 0 0;}
197 #gnav .gnav02 a{ background-position: -156px 0;}
198 #gnav .gnav03 a{ background-position: -313px 0;}
199 #gnav .gnav04 a{ background-position: -470px 0;}
200 #gnav .gnav05 a{ background-position: -627px 0;}
201 #gnav .gnav06 a{ background-position: -784px 0;}
```

.gnav01 aのwidth（156px）分だけ背景画像を左にずらす

width(157px)分ずつ表示位置を左にずらしていく

background-positionで水平座標をずらすことで、それぞれ違う領域が表示される。

所在地: 東京都渋谷区青山○-○-○

ホーム | FlexCodingについて | コーディング代行 | セミナー・レッスン | よくある質問 | お問い合わせ

ホーム > コーディング代行 > サービスの特徴 >

5 ロールオーバー時の背景画像の位置を変更する

:hover疑似クラスで各a要素のロールオーバー時を指定するセレクタを追加し、background-positionプロパティの縦方向座標をメニューの高さ分だけ上にずらします。高さは全てのメニューで40pxと固定なので、垂直方向の座標を全て-40pxとします。

```
203 #gnav .gnav01 a:hover{ background-position: 0 -40px;}
204 #gnav .gnav02 a:hover{ background-position: -156px -40px;}
205 #gnav .gnav03 a:hover{ background-position: -313px -40px;}
206 #gnav .gnav04 a:hover{ background-position: -470px -40px;}
207 #gnav .gnav05 a:hover{ background-position: -627px -40px;}
208 #gnav .gnav06 a:hover{ background-position: -784px -40px;}
```

ロールオーバー時には
height(40px)分だけ背景画像を上にずらす

:hoverで垂直座標をずらすことでロールオーバー用領域が表示される

所在地: 東京都渋谷区青山○-○-○

ホーム | FlexCodingについて | コーディング代行 | セミナー・レッスン | よくある質問 | お問い合わせ

ホーム > コーディング代行 > サービスの特徴 >

このように、複数の画像素材を1枚絵にまとめ、background-positionプロパティで位置を変えることで違う絵を見せる手法のことを「CSSスプライト」と呼びます。

今回のようにナビゲーション部分で使用する際には各メニュー領域のwidth/height分だけ規則的にbackground-positionをずらしていく形になります。小さな窓の向こう側に大きな絵が配置してあり、絵をずらしていくことで窓から見える景色が変わっていくようなイメージを想像すると、仕組みが理解しやすいかと思います。

Memo

今回の素材は最初と最後だけ156px、残りは157pxと均等幅ではないためやや計算が面倒になっていますが、基本的に前から順番に項目のwidthサイズを足していくだけです。

●図 20-1　CSS スプライトの仕組み

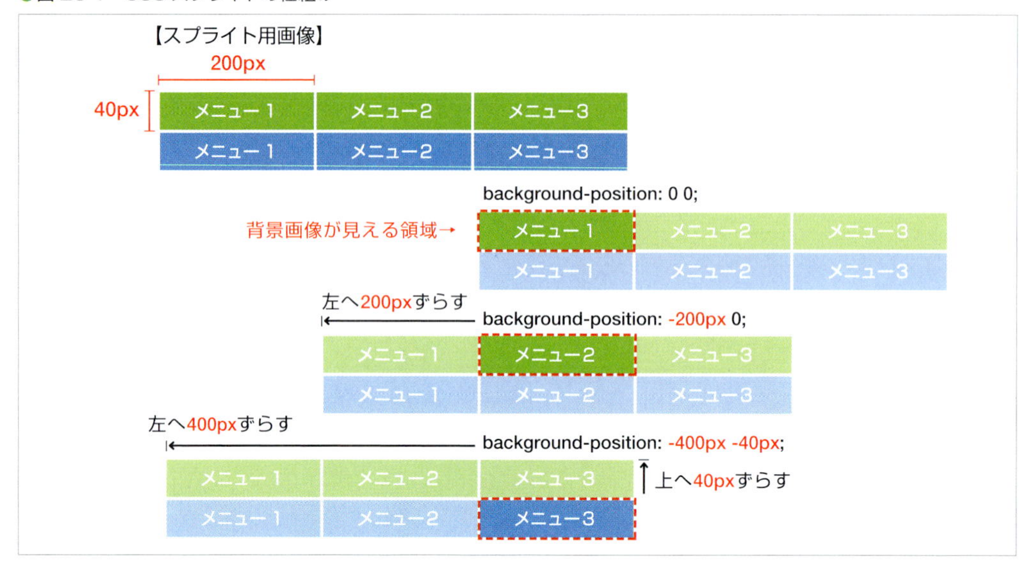

グローバルナビゲーションの現在位置を表示する（CSS シグネチャ）

現在位置を示すために、LESSON19 では a 要素に class を設定しました。それでももちろん表示的には問題ないのですが、この方法では他のページを作る度にいちいち HTML に修正を加える必要があり、共通部品であるグローバルナビゲーションのソースコードが流用できないという問題が生じます。

そこで今回は全く同じグローバルナビゲーションのソースコードを使ったまま、CSS だけで現在位置を自動認識させる方法で実装します。

> **Memo**　特に共通部品を外部ファイル化し、PHP などで動的に埋め込むようなケースの場合、全く同じソースを使いまわすことができるのかそうでないのかで実装の手間が大きく変わってきます。

body 要素に class でカテゴリ名を追加する

グローバルナビゲーションの各項目は、Web サイトのカテゴリを表しています。そこで、HTML の body 要素にカテゴリ名を表す class 名を設定しておきます。ここが、今回のポイントです。

> **Memo**　body 要素へのカテゴリ class 名の追加は、他のページでも同様に行う必要があります。

【service.html】

```
7  <meta name="Description" content="コーディング専門サービスならFlexCoding。WEB標
-  準準拠の高品質ハンドコーディングをご提供します！" />
8  <link rel="stylesheet" type="text/css" href="../common/css/base.css" media="all" />
9  </head>
10
11 <body id="service" class="coding">
12 <!-- ヘッダー部分 -->
13 <div id="header">
14 <div class="inner">
15 <h1 id="logo"><a href="../index.html"><img src="../common/img/logo.gif"
```

2 カテゴリ名×リスト項目名の掛け合わせで現在位置を判断する

次に、body のカテゴリ class 名とグローバルナビのリスト固有の class 名を掛けあわせて子孫セレクタを作り、background-position プロパティの垂直座標を全て－ 80px に設定します。こうすることで、CSS だけで自動的に現在位置の状態にスタイル変更することが可能になります。

```
148 .home #gnav .gnav01 a {background-position:0 -80px; }
149 .about #gnav .gnav02 a {background-position:-156px -80px; }
150 .coding #gnav .gnav03 a {background-position:-313px -80px; }
151 .lesson #gnav .gnav04 a {background-position:-470px -80px; }
152 .faq #gnav .gnav05 a {background-position:-627px -80px; }
153 .inquiry #gnav .gnav06 a {background-position:-784px -80px; }
```

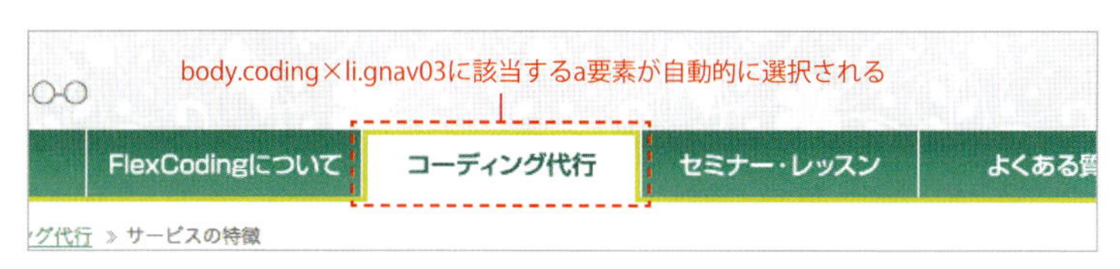

このように、body 要素に振られたページ固有の class ／ id 名を使ってページ単位でスタイルにバリエーションをもたせる手法は「CSS シグネチャ」と呼ばれ、ページ／カテゴリ単位でのスタイルバリエーションの管理をしやすくする際に利用されることがあります。

講義 CSSスプライトとCSSシグネチャ

CSS スプライトのメリット・デメリット

CSS スプライト以外の方法で今回のような画像のメニューを作ろうとした場合、通常・ロールオーバー・現在位置用の画像パーツを一枚ずつ全て別々に用意する必要があります。今回の場合であれば 6 項目× 3 パターン＝ 18 枚の画像が必要になります。

Web ページの表示には多くの外部ファイルが必要ですが、それらのデータの重さに加えて数の多さもページの表示を遅くする原因となるため、表示パフォーマンスの観点から見るとあまり良い方法とは言えません。

▶ CSS スプライトのメリット

CSS スプライトは必要なすべての画像を一枚にまとめますので、画像の読み込みが 1 度で完了します。既に読み込まれている画像の表示位置をずらすだけであるため、:hover の時にも新たにサーバに対して画像をリクエストすることはありません。そのためユーザーの操作に対して遅延することなくリアルタイムで表示を切り替えることが可能となります。

CSS スプライトの最も大きなメリットはこのように表示パフォーマンスの向上が期待できるという点になります。特に多くのアクセスが集中するような Web サイト・サービスを構築するときには表示パフォーマンスが非常に重視されるため、ナビゲーションだけでなくアイコンやボタン類等、必要な画像素材を全て 1 枚にまとめてスプライトさせることもあります。

CSS スプライトは単なる表示テクニックなのではなく、HTTP リクエストを減らすことにより Web サイトの表示パフォーマンスを向上させるための手段の一つであると理解したほうが良いでしょう。

Memo
ブラウザが Web サイトの表示に必要な各種ファイルを Web サーバに要求することを「HTTP リクエスト」といいます。1 度に 6 ファイル程度しか要求できないため、リクエスト数が多いと表示パフォーマンスが低下します。

CSS スプライトのデメリット

CSS スプライトにもデメリットはあります。それは、制作とメンテナンスに手間がかかるということです。今回のようにほぼ同じサイズの画像を 1 箇所で使うような場合はまだ良いですが、Google の例のようにアイコン類も含めて Web サイトのあちこちで使う画像をひとまとめにするような場合、これを手作業で管理するのは非常に大変です。もし手作業で対応するなら、すべての画像を無理に一枚にまとめてしまうのではなく、部品単位で複数のスプライト画像に分けて管理するなどの工夫が必要でしょう。

また CSS スプライト用の複数の画像から必要なコードを自動的に書きだしてくれる便利なアプリケーション・ツールもあるので、そのようなものを活用するのも良いでしょう。

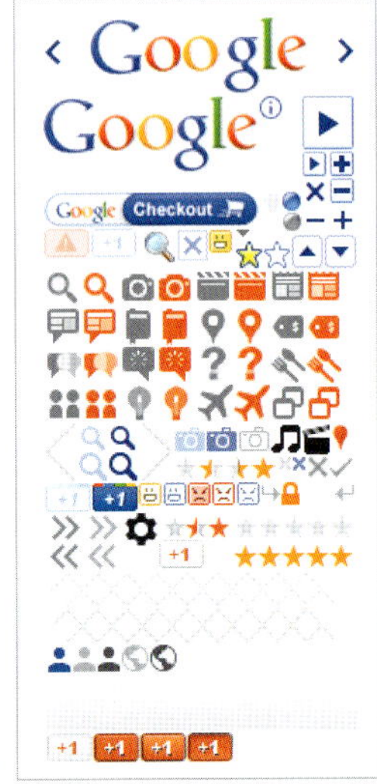

●図 20-2
スプライト画像の例：Google

【CSS スプライト作成支援ツールの例】

- CSS Sprite Generator URL http://ja.spritegen.website-performance.org/
  オンラインで利用する CSS スプライト書き出しツールの定番。スプライト化したい複数の画像を zip にまとめてアップロードすると一枚画像と利用するための CSS コードを書きだしてくれる（無料）。
- Sprite Pad URL http://wearekiss.com/spritepad
  スプライト化したい画像をドラッグ＆ドロップで配置することで、一枚画像と利用するための CSS コードを自動作成できる（無料）。
- Sprite Cow URL http://www.spritecow.com/
  スプライト用に 1 枚にまとめた画像をアップロードして画像を選択すると、その画像のスプライト用 CSS コードを表示してくれる（無料）

CSS シグネチャのメリットとデメリット

CSS シグネチャのメリット

CSS シグネチャのメリットは、カテゴリやページごとに異なるスタイルを簡単に設定できるという点です。カテゴリやページをまたいで共通のスタイルはまとめて一箇所に記述しておき、異なる部分（差分スタイル）を CSS シグネチャを用いて設定するだけで良いので、新規制作する場合も楽ですし、後でメンテナンスする際にも分かりやすいところがポイントです。

●図 20-3　CSS シグネチャ利用例

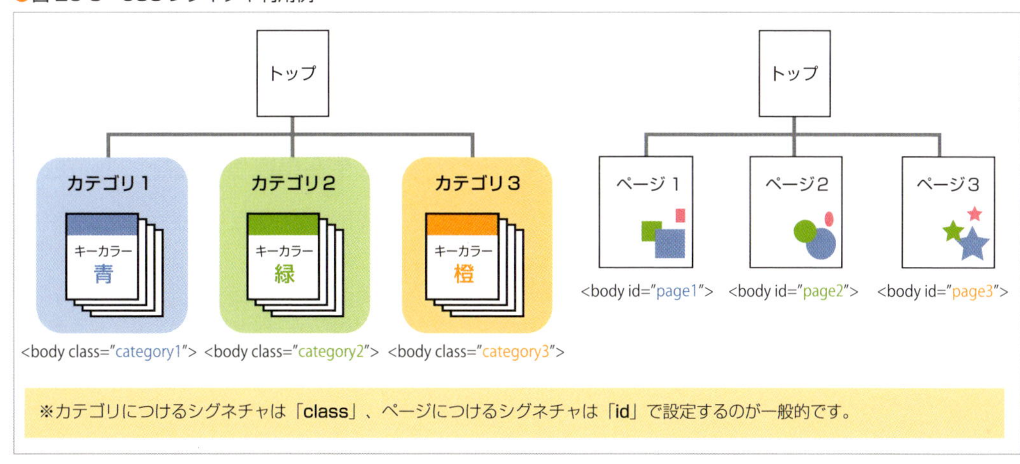

複数カテゴリからなる Web サイトで、カテゴリごとにテーマカラーが異なるようなケース、ページごとに背景のイメージビジュアルが異なるケース等は、CSS シグネチャを使うと効率が良くなる最も典型的な例となります。

CSS シグネチャのデメリット

CSS シグネチャは非常に便利なテクニックですが、あくまで「ページ単位」でスタイルを変更するための手法であるため、同じスタイルをページをまたいで様々なところで使いまわすといった用途には向きません。設定したい差分スタイルが本当に「ページに依存」しているものなのかどうかを見極めてから利用しないと、使い回しが効かない汎用性のない CSS を書いてしまうことになる恐れがあります。

POINT

- CSS スプライト、CSS シグネチャという定番テクニックのしくみを理解しよう
- 一箇所で多くの画像を必要とする画像ナビゲーションには CSS スプライトを利用しよう
- ページ／カテゴリ単位でスタイルにバリエーションを持たせたい時には CSS シグネチャを利用しよう

実践的なWebサイトのコーディング

メインコンテンツ領域を作成する

Lesson21では、コンテンツ領域内の各要素に対するスタイル設定を行いながら、各種セレクタの使い方や、角丸等のよくあるデザインの再現方法などを学習します。

サンプルファイルはこちら

●Before

●After

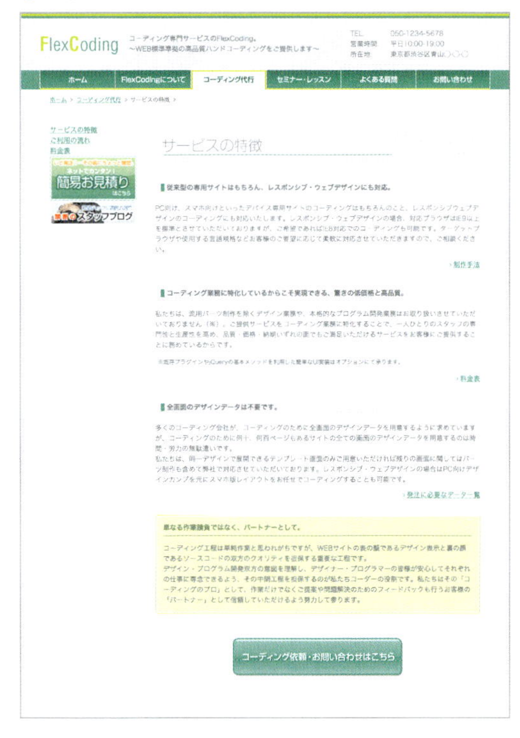

実習 メインコンテンツ領域を完成させる

見出し等の「共有スタイル」をスタイル指定する

大見出し・小見出し・本文・補足・リンクといった要素は、一般的に特定のページのみで使用されるものではなく、サイトの下層ページ全般で使用される共通コンポーネントです。Chapter05で事前に行った設計にもとづき、メインコンテンツ領域内の各デザイン要素については全てclassで命名した上で、「共有スタイル」としてbase.cssの後半にまとめて記述することにします。

```
267 /*--------------------------
268 
269   共有スタイル
270 
271 ----------------------------*/
272 
273 /*ページ大見出し*/
274 .ptitle{
275     margin-bottom: 30px;
276 }
277 
278 /*セクションスタイル*/
279 .sec{
280     margin-bottom: 30px;
281 }
282 .sec p+p{
283     margin-top: 10px;
284 }
285 
286 /*小見出し*/
287 .hdg{
288     margin-bottom: 15px;
289 }
290 
291 /*注意書き*/
292 .note{
293     padding: 5px;
294     background: #f2f2f2;
295     font-size: 85%;
296 }
297 
298 /*アイコンリンク*/
299 .icon{
300     text-align: right;
301 }
302 
303 .icon a{
304     padding-left: 10px;
305     background: url(../img/ico_arw02.png)
  - left center no-repeat;
306 }
307 
308 /*問い合わせボタン*/
309 .btn_inquiry{
310     margin: 50px 0;
311     text-align: center;
312 }
```

サービスの特徴　Service

従来型の専用サイトはもちろん、レスポンシブ・ウェブデザインにも対応。

PC向け、スマホ向けといったデバイス専用サイトのコーディングはもちろんのこと、レスポンシブウェブデザインのコーディングにも対応いたします。レスポンシブ・ウェブデザインの場合、対応ブラウザはIE9以上を標準とさせていただいておりますが、ご希望であればIE8対応でのコーディングも可能です。ターゲットブラウザや使用する言語規格などお客様のご要望に応じて柔軟に対応させていただきますので、ご相談ください。

› 制作手法

コーディング業務に特化しているからこそ実現できる、驚きの低価格と高品質。

私たちは、流用パーツ制作を除くデザイン業務や、本格的なプログラム開発業務はお取り扱いさせていただいておりません（※）。ご提供サービスをコーディング業務に特化することで、一人ひとりのスタッフの専門性と生産性を高め、品質・価格・納期いずれの面でもご満足いただけるサービスをお客様にご提供することに務めているからです。

※既存プラグインやjQueryの基本メソッドを利用した簡単なUI実装はオプションにて承ります。

› 料金表

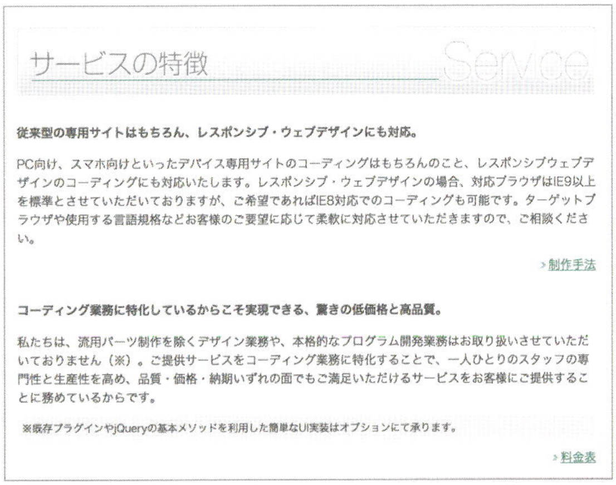

▶ メインコンテンツ領域のmargin設定

メインコンテンツ領域の各パーツ間に設定するmargin設定の方法は、大きく分けると二通りの手法があります。

❶ 各パーツのスタイル指定に固有のmargin指定を含め、パーツが配置されたら自動的にあらかじめ設定されたmarginで表示されるようにしておく

❷ 各パーツのスタイル指定に固有の margin 指定を含めず、margin のみを設定する汎用 class によって個別に margin 指定を行う

❶は**パーツ毎に明確な margin ルールが存在し、同じ margin 設定を使いまわせることが前提**となっています。パーツスタイルに margin 指定が含まれているので、コンテンツを量産するときも必要な HTML コードをコピー＆ペーストで流用するだけ済み、効率的であることがメリットです（今回のサンプルのサイトの場合もこちらのやり方を採用しています）。

逆に同じパーツであっても配置したい箇所によって margin を任意で変更したいような場合、元から設定されている margin 指定が邪魔になることが多いのがデメリットとなります。

❷は**各パーツの margin を自由に設定したいような場合に柔軟に対応できる**のがメリットです。ただし、パーツ間に margin 指定したい場合は、その都度 HTML に margin 指定専用の class を追加する必要があり手間がかかることと、既に margin 指定がされている要素を汎用 margin で上書きしようとした際に、セレクタの詳細度を考慮しないとうまく上書きされないトラブルが発生するおそれがあることがデメリットとなります。

Memo
セレクタの優先順位と詳細度
→ Chapter02 p.086 参照

基本的にはデザイン段階で margin ルールをきちんと設計して①の方法をベースに margin 設定しておいた方が良いですが、例外的なケースや単発的に設定したいようなケースに対応できるよう、あらかじめ margin 指定のための汎用 class も用意しておき、必要になったら使うという折衷案が現実的かと思います。

Memo
汎用 class
margin のみ、color のみ、text-align のみといった単発のデザイン要素を設定するだけの汎用的な class は「utility class」とも呼ばれ、実案件でのコーディングでは比較的よく使われています。事前にきちんと設計したとしても現実にはどうしても例外は生じますし、例えば単発で右寄せしたいだけの要素にいちいち用途に応じたセマンティックな名前を考えるのも困難なことが多いので、個別対応のためによく使うと思われるスタイル指定は汎用 class としてあらかじめ用意しておくと便利です。

●汎用 class の例

```
/*マージン*/
.mb0{ margin-bottom: 0px; }
.mb5{ margin-bottom: 5px; }
.mb10{ margin-bottom: 10px; }
.mb15{ margin-bottom: 15px; }
.mb20{ margin-bottom: 20px; }
.mb25{ margin-bottom: 25px; }

/*行揃え*/
.ta_l { text-align: left; }
.ta_c { text-align: center; }
.ta_r { text-align: right;}
```

高さ可変の角丸枠を設定する

小見出し（.hdg）と、4 段目のセクション（.r_box）には角丸のデザインが採用されています。

Chapter05 の設計で検討した通り、IE8 では完全なデザイン再現はしなくて良い方針で作成しますので、CSS3 を利用する前提で進めていきます。

1 CSS2.1で再現できるプロパティで基本の見出しスタイルを設定する

```
286 /*小見出し*/
287 .hdg{
288     margin-bottom: 15px;
289     padding: 8px 10px;
290     border: #e6e6e6 1px solid;
291     background: url(../img/bg_hdg_grad.png) left bottom repeat-x #f2f2f2;
292     line-height: 1.2;
293 }
```

○背景グラデ用画像（bg_hdg_grad.png）…10px×26px

従来型の専用サイトはもちろん、レスポンシブ・ウェブデザインにも対応。

まずは従来のCSSでできる範囲で基本的な見出しスタイルを設定しておきます。グラデーションは本来CSS3で対応できますが、IE9が非対応なので今回はグラデーション用の背景画像を用意しています。

2 ブレットマーク部分を設定する

[service.html]

```
61          <section class="sec">
62              <h3 class="hdg"><span>従来型の専用サイトはもちろん、
 -  レスポンシブ・ウェブデザインにも対応。</span></h3>
63              <p>PC向け、スマホ向けといったデバイス専用サイトのコー
 -  ディングはもちろんのこと、レスポンシブウェブデザインのコーディング
 -  にも対応いたします。レスポンシブ・ウェブデザインの場合、対応ブラウ
```

[base.css]

```
295 .hdg span{
296     display: block;
297     padding-left: 5px;
298     border-left: #00c4ab 8px solid;
299 }
```

▌従来型の専用サイトはもちろん、レスポンシブ・ウェブデザインにも対応。

見出しの左端にはブレットマークが必要ですが、borderは既に使ってしまっているため、このままでは小見出しの.hdgに対してブレットマークを設定することが困難です。また複数行になった場合には行をまたいでラインを引きたいので、:before擬似要素を使うことも困難です。そこでh3要素の中にspan要素を追加し、ブレットマークの設定を行います。

ここまでがIE8以下でも再現できるデザインの限界となります。

3 CSS3を利用して角丸と内側の白線を再現する

```
286 /*小見出し*/
287 .hdg{
288     margin-bottom: 15px;
289     padding: 8px 10px;
290     border: #e6e6e6 1px solid;
291     background: url(../img/bg_hdg_grad.png) left bottom repeat-x
    - #f2f2f2;
292     line-height: 1.2;
293     border-radius: 3px;
294     box-shadow: 0 0 0 1px #fff inset;
295 }
```

★覚えよう

border-radius ［角丸］

box-shadow ［ボックスの影］

従来型の専用サイトはもちろん、レスポンシブ・ウェブデザインにも対応。

角丸は「border-radius」を利用すれば簡単に実現できます。グレー線の内側についている1pxの白線は、要素に対して影をつけるプロパティである「box-shadow」を利用することで実現できます。また、今回可変となるのは高さのみですが、実際には横幅の可変にも対応しています。

このように、CSS3で追加された新しいプロパティにどんなものがあるのかわかっていれば、これまでよりも楽に、自由にデザインの再現が可能となります。次のChapter07では今回紹介したものも含め、CSS3で新たに追加された様々なプロパティを紹介していますので、ひと通り目を通しておくようにしましょう。

●box-shadow書式

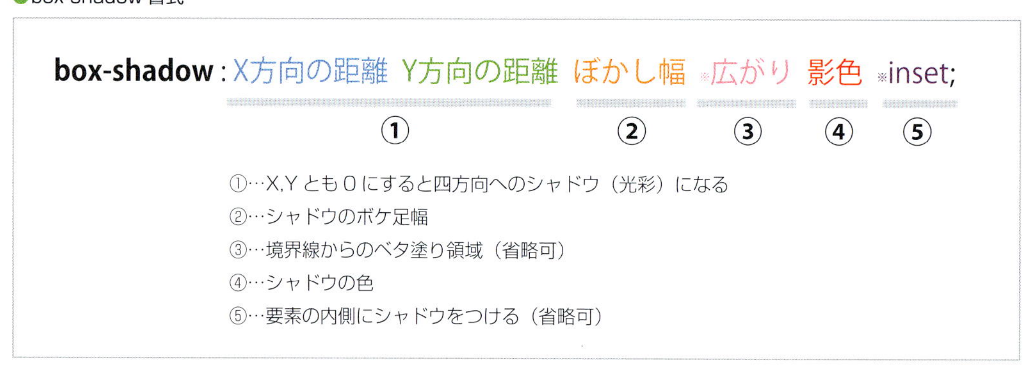

box-shadow : X方向の距離 Y方向の距離 ぼかし幅 ※広がり 影色 ※inset;
①
②
③
④
⑤
①…X,Yとも0にすると四方向へのシャドウ（光彩）になる
②…シャドウのボケ足幅
③…境界線からのベタ塗り領域（省略可）
④…シャドウの色
⑤…要素の内側にシャドウをつける（省略可）

4段目のセクション（.r_box）も仕組みは小見出しと同じです。

```
326 /*角丸囲い枠*/
327 .r_box{
328     padding: 15px;
329     border: #cce91d 1px solid;
330     background: #f8ffd1;
331     border-radius: 5px;
332     box-shadow: 0 0 0 2px #fff inset;
333 }
334
335 .r_box_tit{
336     margin-bottom: 15px;
337     padding-bottom: 5px;
338     border-bottom: #79906f 1px solid;
339     color: #79906f;
340 }
```

単なる作業請負ではなく、パートナーとして。

コーディング工程は単純作業と思われがちですが、WEBサイトの表の顔であるデザイン表示と裏の顔であるソースコードの双方のクオリティを担保する重要な工程です。
デザイン・プログラム開発双方の意図を理解し、デザイナー・プログラマーの皆様が安心してそれぞれの仕事に専念できるよう、その中間工程を担保するのが私たちコーダーの役割です。私たちはその「コーディングのプロ」として、作業だけでなくご提案や問題解決のためのフィードバックも行うお客様の「パートナー」として信頼していただけるよう努力して参ります。

なお、サイドバー領域とページトップはここまで学習してきたことの応用となりますので、解説は省略します。Lesson20 > complete に完成コードがありますので、確認しておいてください。

講義　画像素材を使ってサイズ可変枠を作る方法

実習では高さ可変の角丸枠を実装するのにCSS3を利用しましたが、

- どうしてもIE8でもデザインを再現したい場合
- 角丸のようなシンプルな枠ではなく、手描きで書いたような線や飾り罫などで枠を作りたい場合

などのケースでは、これまで通り画像素材を使ってデザインを再現する必要が出てきます。

このようなケースの場合の作り方としては大きく3パターンが考えられますので、実習で作った角丸枠を参考に基本的な作り方を覚えておきましょう。

パターン1：横幅固定＋ある程度高さの上限が予想できる場合

横幅が固定で、高さの上限がある程度想定できる可変枠の場合は、背景画像を2枚用意することで実現できます。この場合、想定されるコンテンツ量を十分にカバーできる大き目の背景素材を用意することがポイントです。

●基本構造

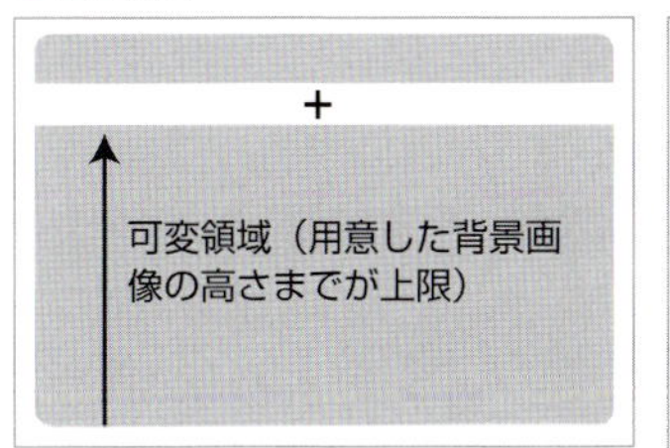

●用意する画像

上角丸…bg_rbox_top.png（680×10）

下角丸＋ボディ部…bg_rbox_body.png（680×200）

●ソース

【HTML】

```
<div class="rbox01">
<p>【ダミー】テキストテキスト…</p>
</div>
```

【CSS】

```
.rbox01{
        padding: 15px;
        background: url(../img/bg_rbox_body.png) left bottom no-repeat;
        position: relative;
}

.rbox01:before{
        content: "";
        display: block;
        width: 680px;
        height: 10px;
        background: url(../img/bg_rbox_top.png) no-repeat;
        position: absolute;
        left: 0;
        top: 0;
}
```

body+下角丸枠

上角丸枠(before擬似要素)

.rbox01の左上を起点に絶対配置

パターン2：横幅固定+高さ上限なしの場合

高さ上限なしの可変枠を作成する場合には、最低3枚の背景画像とそれを表示する枠が必要です。

固定サイズの上下枠には固定サイズの背景画像、中央の高さ可変となる枠の背景にはリピート可能な背景画像を用意することがポイントです。

●基本構造

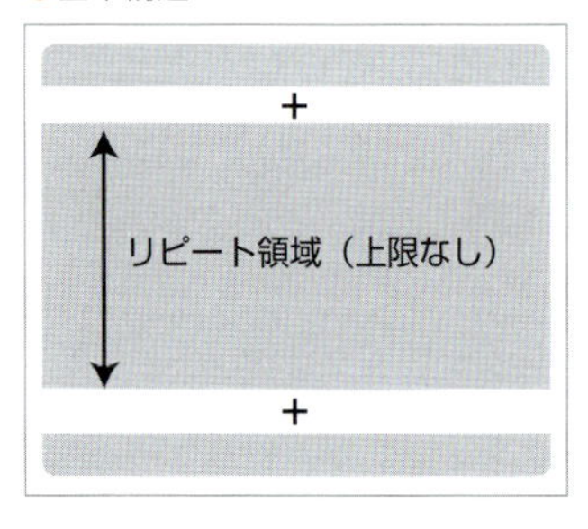

●用意する画像

上角丸…bg_rbox_top.png（680×10）

ボディ部…bg_rbox_body02.png（680×10）

下角丸…bg_rbox_btm.png（680×10）

●ソース

【HTML】

```
<div class="rbox02">
<p>【ダミー】テキストテキスト…</p>
</div>
```

【CSS】

```
.rbox02{
	padding: 15px;
	background: url(../img/bg_rbox_body02.png) repeat-y;
	position: relative;
}

.rbox02:before{
	content: "";
	display: block;
	width: 680px;
	height: 10px;
	background: url(../img/bg_rbox_top.png) no-repeat;
	position: absolute;
	left: 0;
	top: 0;
}

.rbox02:after{
	content: "";
	display: block;
	width: 680px;
	height: 10px;
	background: url(../img/bg_rbox_btm.png) no-repeat;
	position: absolute;
	left: 0;
	bottom: 0;
}
```

body（リピート領域）

上角丸枠（before擬似要素）

.rbox02の左上を起点に絶対配置

下角丸枠（after擬似要素）

.rbox02の左下を起点に絶対配置

パターン3：縦横ともに可変の場合

パターン1・2はいずれも横幅が固定サイズで高さのみ可変の場合の作り方ですが、横幅も可変にしたい場合にはかなり複雑な作り方をする必要が出てきます。この場合必要な背景画像は、作りたいデザインにもよりますが最大9枚となります。

このパターンは、:before / :after 擬似要素を駆使したとしても要素1つでデザイン実現することは不可能なので、デザイン再現のためにdiv要素などを追加する必要があります。

●基本構造

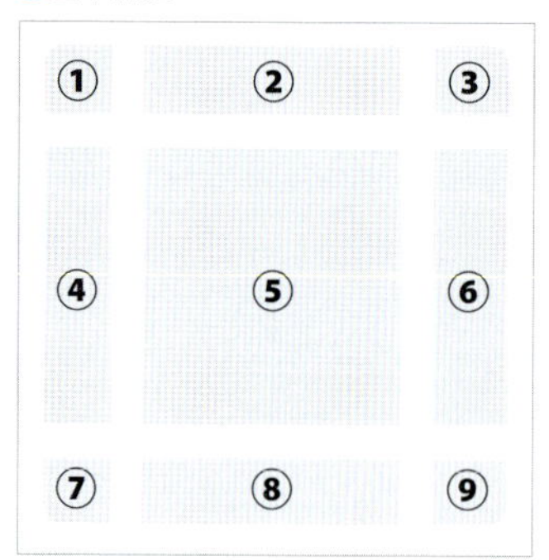

●用意する画像

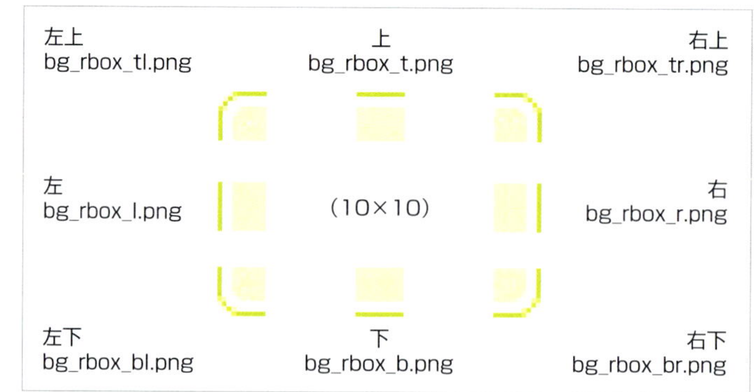

●ソース

【HTML】

```
<div class="rbox03">
<div class="rbox03_top">
<div class="rbox03_btm">
<div class="rbox03_body">
<p>【ダミー】テキストテキスト…</p>
</div><!-- /.rbox03_body -->
</div><!-- /.rbox03_btm -->
</div><!-- /.rbox03_top -->
</div><!-- /.rbox03 -->
```

rbox03_top：①②③　rbox03_btm：⑦⑧⑨　rbox03_body：⑤

【CSS】

```
/*上下*/
.rbox03_top{
	padding-top: 10px;
	background: url(../img/bg_rbox_t.png) repeat-x;
	position: relative;
}
.rbox03_btm{
	padding-bottom: 10px;
	background: url(../img/bg_rbox_b.png) left bottom repeat-x;
	position: relative;
}

/*四隅*/
.rbox03_top:before,
.rbox03_top:after,
.rbox03_btm:before,
.rbox03_btm:after{
	content: "";
	display: block;
	width: 10px;
	height: 10px;
	background-repeat: no-repeat;
	position: absolute;
}
```

①②③（上角丸）領域の枠に②の背景画像を表示

⑦⑧⑨（下角丸）領域の枠に⑧の背景画像を表示

①③⑦⑨（四隅の角丸）用の枠を:before/:after擬似要素で生成し、共通するスタイルを一括指定

```
/*左上*/
.rbox03_top:before{
background-image: url(../img/bg_rbox_tl.png);
left: 0;
top: 0;
}
/*右上*/
.rbox03_top:after{
background-image: url(../img/bg_rbox_tr.png);
right: 0;
top: 0;
}
/*左下*/
.rbox03_btm:before{
background-image: url(../img/bg_rbox_bl.png);
left: 0;
bottom: 0;
}
/*右下*/
.rbox03_btm:after{
background-image: url(../img/bg_rbox_br.png);
right: 0;
bottom: 0;
}

/*ボディ部*/
.rbox03_body{
padding: 5px 15px;
background: #f8ffcf;
position: relative;
}
/*左右*/
.rbox03_body:before,
.rbox03_body:after{
content: "";
display: block;
width: 10px;
height: 100%;
background-repeat: repeat-y;
position: absolute;
}
/*左*/
.rbox03_body:before{
background-image: url(../img/bg_rbox_l.png);
left: 0;
top: 0;
}
/*右*/
.rbox03_body:after{
background-image: url(../img/bg_rbox_r.png);
right: 0;
top: 0;
}
```

①の角丸を.rbox03_topの左上に絶対配置

③の角丸を.rbox03_topの右上に絶対配置

⑦の角丸を.rbox03_bottomの左下に絶対配置

⑨の角丸を.rbox03_bottomの右下に絶対配置

ボディ部分のスタイルを設定

④⑥(両サイド)用の枠を:before/:after擬似要素で生成し、共通するスタイルを一括指定

④の縦線を.rbox03_bodyの左上に絶対配置

⑥の縦線を.rbox03_bodyの右上に絶対配置

縦横可変の飾り罫枠の実装はこのように画像を使った従来の方法では非常に煩雑になってしまうのですが、CSS3の「border-image」というプロパティを使用すればHTMLの枠1つ、背景画像1枚だけで全く同じものが実装できます。

●border-imageの書式

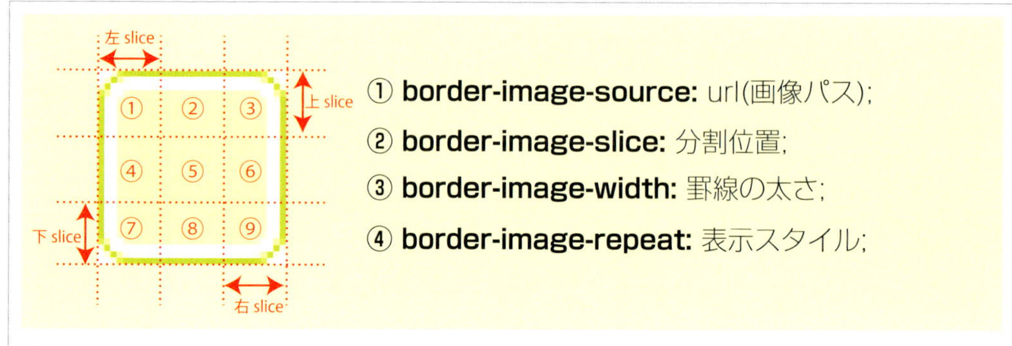

①…border-imageとして使用する画像を指定。（上下左右の各辺と、四隅、中央の9分割ができる素材を用意すること）
②…画像の上下左右各辺から何pxをborder-imageの各領域に割り当てるかを**単位無し数値**で指定。**fill**を追加すると⑤を画像で塗りつぶす。
③…罫線の太さを指定。widthサイズとsliceサイズが異る場合はwidthサイズに合わせて画像が伸縮される。
④…上下左右各辺のborder-image画像を引き伸ばす（stretch）のか繰り返す（repeat）のか指定できる。

●ソース

【HTML】

```
<div class="rbox04">
<p>border-image利用</p>
<p>【ダミー】テキストテキスト…</p>
</div>
```

【CSS】

```
.rbox04{
	padding: 10px;
	border-image-source: url(../img/bg_rbox.png);
	border-image-slice: 10 fill;
	border-image-width: 10px;
}
```

コードを比較すればそのシンプルさは一目瞭然です。ただし、このプロパティはIE10以下が非対応となるので、使用にあたっては動作保証すべき環境を十分に考慮する必要があります。

POINT

- メインコンテンツ領域で使用するスタイルは原則classベースで作るようにしよう
- 角丸やシャドウのようなよくあるデザインはCSS3を活用しよう
- 状況に応じたいろいろなサイズ可変枠の再現方法をマスターしよう

Chapter 07

CSS3入門

現在主要なブラウザのほとんどがサポートしているCSS3では、角丸やドロップシャドウにかぎらずデザイン表現の自由度を上げる様々なプロパティや、便利なセレクタ、その他機能などが多数用意されています。
特に近年のWeb制作でほぼ必須となってきているマルチデバイス対応をする際には、これらCSS3の知識がかなり重要な役割を果たすことになります。そこで本章では特に利用頻度が高く、今すぐ使えるものを中心にCSS3のセレクタ・プロパティ・機能を解説していきます。また、実務でCSS3を利用していくにあたって気をつけておきたい注意点についても解説します。

CSS3入門

CSS3の概要

LESSON22では、「CSS3で何ができるようになったのか？」「CSS3を使うにあたって注意しなければならないことはなにか？」といったCSS3の基本的な知識について解説します。

講義 CSS3の基本と導入に当たっての注意点

CSS3とは

「CSS3」と改めて言葉にすると、まるでこれまで使っていたCSSとは全く別の規格であるかのような印象を受けるかもしれません。しかし実際のところ、CSS3はこれまで使ってきたCSSの延長にすぎません。これまでのCSSを土台として、そこに新しいセレクタやプロパティ、その他の機能が追加されたものがCSS3（CSSレベル3）であり、単純にできることが増えただけと考えて差し支えありません。

ですので、ここまでの学習で既にCSSの基本的なルールや使い方をしっかり身につけてきたならば、CSS3を使うことは何も難しいことではありません。

●図22-1　CSSの拡張

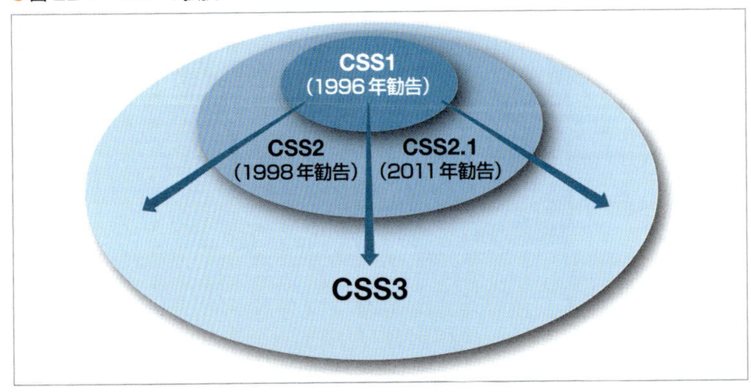

CSS3でできるようになること

まずはCSS3でできるようになったことをざっと確認しておきましょう。

1 classやidに頼らないセレクタ作りが可能になる

CSS3では新しいセレクタが多数追加されました。特に属性セレクタや疑似クラス・疑似要素が大幅に拡張されたことにより、classやidに頼らないセレクタ作りが可能となります。

2 CSS3だけで表現できるデザインの幅が格段に広がる

角丸・ドロップシャドウ・グラデーションをはじめとするビジュアル表現に欠かせないプロパティが数多く追加され、画像素材を用意しなくても表現できるデザインの幅がこれまでより格段に広がります。

3 簡単に柔軟な多段組を実現できるようになる

これまで段組レイアウトを作るにはfloatやpositionなどごく限られた手法しかありませんでしたが、「マルチカラムレイアウト」「フレキシブルボックスレイアウト」などと言った新しいレイアウトモジュールが追加され、これまでよりも簡単に柔軟な多段組が実現できるようになります（p.155補講参照）。

4 CSSだけでウェブに「動き」をつけられるようになる

オブジェクトの変形・トランジション効果・アニメーションなどといった「変形」や「動き」を表現するプロパティが追加され、以前はFlashやJavaScriptなどに頼らなければ表現できなかった動的な表現がCSSだけで可能となります。

●図22-2　transformの例

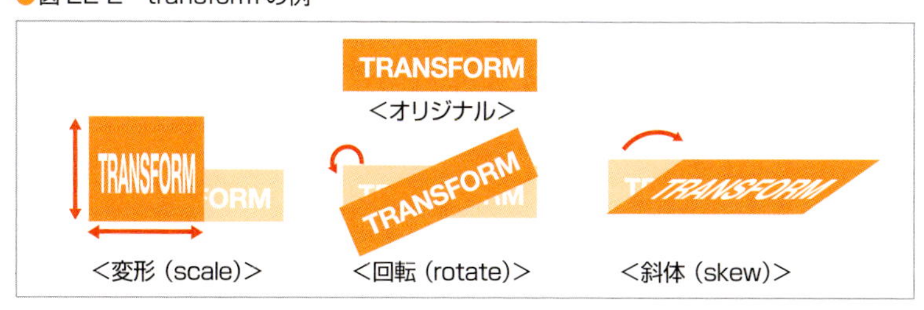

●図22-3　transitionの例

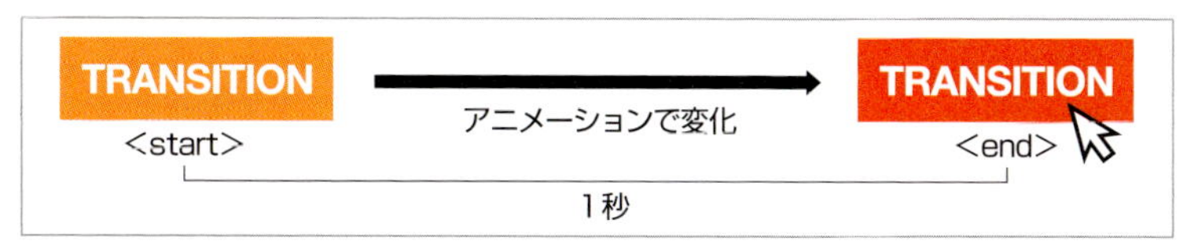

●図 22-4　animation の例

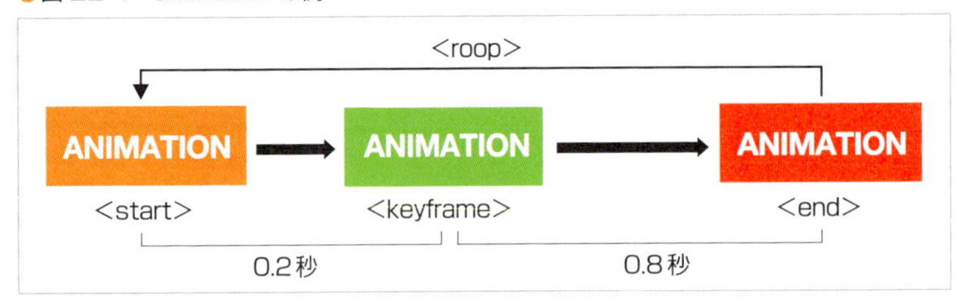

5 Web フォントをサポート

Web フォントとしてサーバ上にフォントデータを用意しておくことで、ユーザーのパソコンにインストールされていなくても好きなフォントを表示させることができるようになり、わざわざロゴや見出しを画像化しなくても済むようになります。自前で Web フォントデータを用意することもできますが、クラウドサービスを利用することが導入の近道となります。

●図 22-5　Web フォントの例

●Web フォントサービスの例

【Google Fonts】

URL http://www.google.com/webfonts/

【TypeSquare】

URL http://typesquare.com/

6 ウィンドウやデバイス画面サイズ等に応じて柔軟に CSS を切り替えられるようになる

CSS3 では media 属性が拡張され、ウィンドウやデバイスのサイズ、向き、ピクセル密度等のメディア特性に応じて読み込むスタイルを分岐させる「メディアクエリ」という機能が導入されました。近年ますます多様化するデバイス・表示環境の違いに対応するための欠かせない機能です。

●図 22-6　レスポンシブ・ウェブデザインの例（http://kinugawakanaya.com/）

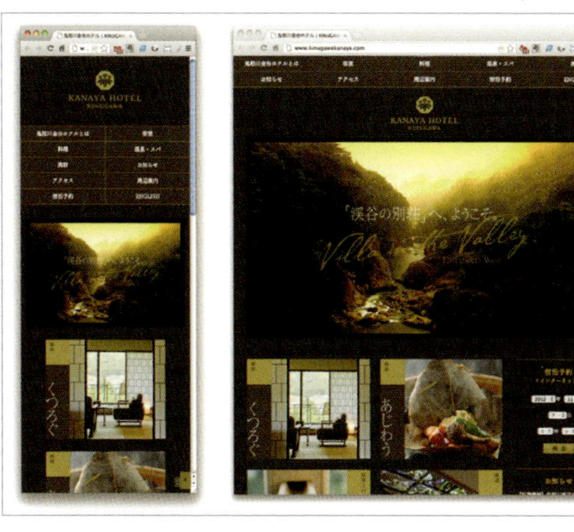

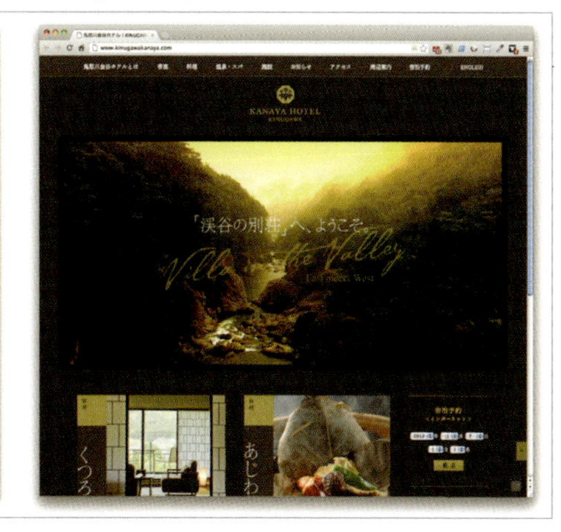

ブラウザごとの実装差

CSS3で追加された機能は非常に多岐にわたるため、全体の仕様を一括で進めるのではなく、モジュール単位で仕様策定が進められています。従ってあるモジュールは既に「勧告」となっているのに、別のモジュールはまだ「草案」の段階であるといったことが起きています。ブラウザへの実装もモジュールごと、機能ごとに随時実装が進められている最中であり、CSS3を使う場合には「自分の使いたい機能がブラウザのどのバージョンから使えるのか」といった情報が欠かせません。

ブラウザへの実装状況の確認には、Chapter05で紹介した「Can I use…」が非常に役立ちます（図22-7）。このサイトでは、個別のプロパティ等について各種ブラウザのバージョン毎に具体的にどこまで対応しているのか、一覧表で確認できます。また、このサイトは更新頻度が高く、最新情報がすぐに反映されるため、日々アップデートされるブラウザの最新状況を確認でき、かつ過去の全てのバージョンについての情報も必要があればさかのぼって確認することもできます。本書で紹介しきれないものについても全て情報が集約されていますので、初めて使用するCSS3のプロパティや、比較的最近実装が始まった機能などを利用したい場合にはまず最初に確認すべきサイトであると言えます。

ベンダープレフィックス

CSS3を使う上でもう1つ知っておく必要があるのが「ベンダープレフィックス」です。これは、草案段階の機能をブラウザベンダーが先行実装する場合に、本来のプロパティまたは値の前につけるキーワード（識別子）のようなものです。ベンダープレフィックスはブラウザごとに表22-1のように決められています。

ベンダープレフィックスは仕様が固まるまでの過渡期において暫定的に機能実装するためのもので、仕様が固まったものから順に外され、最終的には全てのプロパティがプレフィックス無しで動作するようになります。特に本書で紹介するような利用頻度の高いものについては、現状ほとんどのケースでプレフィックスは必要ない状態となっています。

ただし、それでもまだプレフィックスが必要なものは残っていますし、最新版だけでなく数世代さかのぼってサポートする必要がある場合にはプレフィックスが必要となることもあります。

●表 22-1　ベンダープレフィックス一覧

ブラウザ	プレフィックス
Internet Explorer	-ms-
Google Chrome	-webkit-
Safari	-webkit-
FireFox	-moz-
Opera	-webkit-
Opera（v12.16以下）	-o-

従って、制作中のWebサイトのサポート環境を考慮してケースバイケースで対応することが求められます。

●図22-7　Can I useの使い方とベンダープレフィックスの確認方法

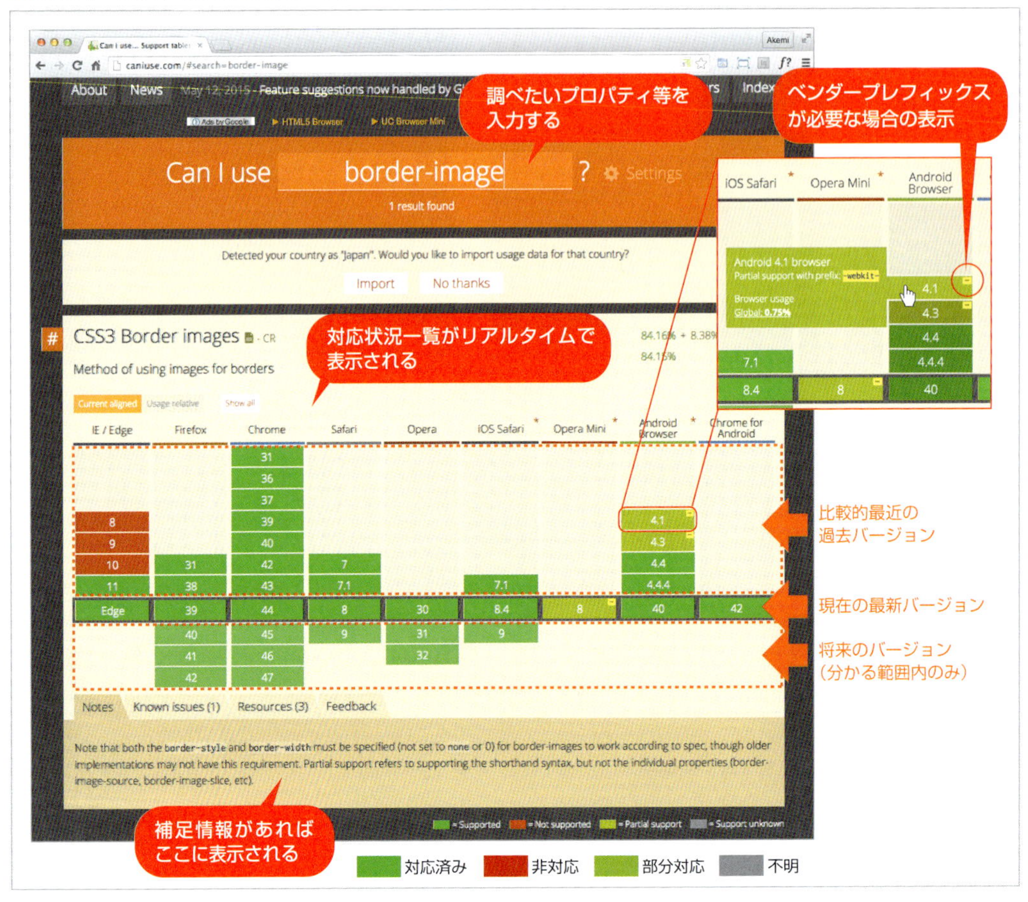

ベンダープレフィックスの使い方

ベンダープレフィックスは「草案」から「勧告候補」となった段階で外すことが推奨されていますので、そうなった時に動作に不具合が起きないよう、必ず本来のプロパティとセットで記述する必要があります。その際には必ず「プレフィクス無しのプロパティを最後に記述する」ようにしてください。

なお、相当古い過去のバージョンまでさかのぼって広くサポートするなら4種類全てを記述する必要が出てきてしまいますが、現状のサポート状況とブラウザの普及率を考えれば、ほとんどのケースでは「つけるとしたら-webkit-のみ、場合によっては-ms-も追加」くらいで良いと思われます。

ベンダープレフィックス例

```
.sample {
  -webkit-transform: rotate(45deg); ——— Chrome / Safari / Opera向け
  -ms-transform: rotate(45deg); ——— IE9向け
  transform: rotate(45deg); ——— 本来のプロパティ
}
```

> **Memo**
> CSS4
> CSS3の仕様策定と並行して、現在既にCSS4の仕様策定とブラウザへの実装が進められています。今後もCSSの発展の過程でプレフィックス付き実装→本実装というサイクルは繰り返されるものと思われます。

CSS3の普及状況と制作者の心構え

▶主要環境のほとんどで利用可能。ただしプレフィックスの有無に注意

2015年8月時点での一般的なサポート環境としては、

【PC環境】
・IE9+
・Chrome, Firefox, Safari→制作時点の最新版のみ

【モバイル環境】
・iOS7+
・Android4.x +

といったところが標準的な環境となっています。

CSS3非対応のIE8をサポートする必要が無い、もしくはサポートするとしても完全でなくても良いという状況になってきているため、スマホでもPCでもCSS3を利用することを前提として制作して問題ない状態と考えて差し支えありません。ただし利用するプロパティによってはベンダープレフィックスが必要なものも残っています。特にiOS、Androidなどのモバイル環境ではPCブラウザよりもプレフィックスを必要とするものが多く残っていますので、特に注意が必要です。

▶IE9,10とAndroid4.3以下の動向をチェック

これらの環境のうち、IE9,10とAndroid4.3以下については、他と比べるとややサポート状況が遅れています。特にIE9は対応していないプロパティも多く、「部分サポート」といった具合になりますので、PC向け（レスポンシブ含む）Webサイト制作におけるCSS3利用上の最も大きなネックとなっています。スマートフォン専用サイトではPC向けほどの制限はありませんが、Android4.3以下と4.4以上の間に一段階サポートレベルの壁がありますので、ここがネックになっています。

逆にこれらのネックとなっている環境のサポートをやめれば、ほぼCSS3全面解禁と言って良い状態となります。現時点ではまだ難しいとしても、定期的にシェア動向をチェックし、可能であればサポートをやめる判断をしても良いでしょう。

POINT

- CSS3はこれまでのCSSの延長であり、使える機能が増えただけのもの
- 一部の機能では「ベンダープレフィックス」の記述が必要
- サポートすべき環境を考慮して、利用する技術やプレフィクスの有無をその都度判断することが重要

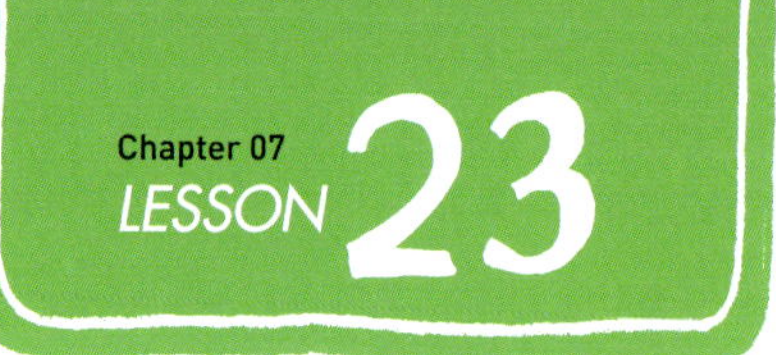

CSS3入門

CSS3セレクタ

CSS3では多くのセレクタが追加され、これまでよりも柔軟で複雑なセレクタを作ることができるようになりました。セレクタモジュールは既に「勧告」となっているため、IE9以上の全てのブラウザで使うことができます。LESSON23では、特に「属性セレクタ」と「疑似クラス」を中心に解説していきます。

サンプルファイルはこちら 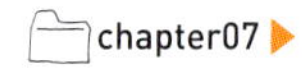

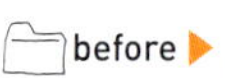

実習1 属性セレクタ

●表23-1　新たに追加された属性セレクタ

書式	意味
E[foo^="bar"]	foo属性の値がbarで始まるE要素
E[foo$="bar"]	foo属性の値がbarで終わるE要素
E[foo*="bar"]	foo属性の値がbarを含むE要素

属性セレクタは要素の属性とその値がどのようなものになっているかをもとに対象を選択するセレクタです。CSS3では、上記3つの属性セレクタが追加されました。

属性値が「～で始まる」要素を選択する

class属性値がSTARTで始まるli要素の枠線を赤くするようにCSSを設定します。属性値が「～で始まる」なのでE[foo^="bar"]を使用します。

【HTML】

```
<ul class="sample">
<li class="STARTxx">class="STARTxx"</li>
<li class="xxSTART">class="xxSTART"</li>
<li class="xxSTARTxx">class="xxSTARTxx"</li>
</ul>
```

【CSS】

```
/* ～で始まる */
li[class^="START"]{
  border-color:#f00;
}
```

class="STARTxx"

class="xxSTART"

class="xxSTARTxx"

class属性の値が「START」で始まっているのは最初のli要素だけなので、1行目だけ枠線が赤くなります。

属性値が「～で終わる」要素を選択する

class 属性値が END で終わる li 要素の枠線を赤くするように CSS を設定します。属性値が「～で終わる」なので E[foo$="bar"] を使用します。

【HTML】

```
<ul class="sample">
<li class="ENDxx">class="ENDxx"</li>
<li class="xxEND">class="xxEND"</li>
<li class="xxENDxx">class="xxENDxx"</li>
</ul>
```

【CSS】

```
/* ～で終わる */
li[class$="END"]{
  border-color:#f00;
}
```

class="ENDxx"

class="xxEND"

class="xxENDxx"

class属性の値が「END」で終わっているのは二番目のli要素だけなので、2行目だけ枠線が赤くなります。

属性値が「～を含む」要素を選択する

class 属性値が CNT を含む li 要素の枠線を赤くするように CSS を設定します。属性値が「～を含む」なので E[foo*="bar"] を使用します。

【HTML】

```
<ul class="sample">
<li class="CNTxx">class="CNTxx"</li>
<li class="xxCNT">class="xxCNT"</li>
<li class="xxCNTxx">class="xxCNTxx"</li>
</ul>
```

【CSS】

```
/* ～を含む */
li[class*="CNT"]{
  border-color:#f00;
}
```

class="CNTxx"

class="xxCNT"

class="xxCNTxx"

class属性の値に「CNT」の文字列が含まれているのは全てのli要素なので、3行とも枠線が赤くなります。

【実用例】リンクの種類別にアイコンを表示させる

「外部サイト」へのリンクには末尾に外部リンクアイコン、「PDF ファイル」へのリンクには先頭に PDF アイコンが自動的につくように属性セレクタを設定します。

リンク先の属性値をもとに判断しますので、対象となる要素は a 要素、使用する属性は href 属性となります。

【HTML】

```
<ul class="sample">
<li><a href="index.html">通常のリンク</a></li>
<li><a href="http://www.google.com/">外部サイトへのリンク</a></li>
<li><a href="img/file01.pdf">PDF ファイルへのリンク</a></li>
</ul>
```

【CSS】

```
/*外部サイトへのリンク*/
a[href^="http"]{
  padding-right:20px;
  background:url(../img/icon_blank.gif) right center no-repeat;
}

/*PDF ファイルへのリンク*/
a[href$=".pdf"]{
  padding-left:20px;
  background:url(../img/icon_pdf.gif)  no-repeat;
}
```

外部サイトへのリンクは「http（絶対パス）で始まるもの」、PDFファイルへのリンクは「拡張子が.pdfのもの」を探せば良いので、属性セレクタはそれぞれa[href^="http"]、a[href$=".pdf"]となります。

実習2 疑似クラス

●表 23-2　新たに追加された疑似クラス

種類	疑似クラス	意味
構造疑似クラス	E:last-child	最後の子要素E
	E:nth-child(n)	n番目の子要素E
	E:nth-last-child(n)	後ろからn番目の子要素E
	E:only-child	唯一の子要素E
	E:first-of-type	最初のE要素
	E:last-of-type	最後のE要素
	E:nth-of-type(n)	n番目のE要素
	E:nth-last-of-type(n)	後ろからn番目のE要素
	E:nth-only-of-type	唯一のE要素
	E:root	ルート要素（html要素）
	E:empty	中身が空のE要素
否定疑似クラス	E:not(s)	sではないE要素
ターゲット疑似クラス	E:target	参照URIの対象であるE要素
UI疑似クラス	E:enabled	有効なUIであるE要素
	E:disabled	無効なUIであるE要素
	E:checked	チェックされているE要素（チェックボックス／ラジオボタン）

上記はCSS3で追加された疑似クラス一覧です。以前から:first-child（最初の子要素）はありましたが、CSS3では最後の子要素、n番目の子要素などのバリエーションが増えているのが特徴です。

全ての子要素をカウントする「～ child」系疑似クラス

:first-child（CSS2.1で定義済み）／:last-child／:nth-child(n)／:nth-last-child(n)／:only-childの5つは、同一階層にある全ての子要素をカウントして条件に該当したものを選択する疑似クラスです。次のソースコードに対してこれらのchild系疑似クラスを適用するサンプルを見てみましょう。

【HTML】

```
<ul class="sample child">
<li>child1 (first)</li>
<li>child2</li>
<li>child3</li>
<li>child4</li>
```

```
<li>child5</li>
<li>child6</li>
<li>child7 (last)</li>
</ul>
```

ul.child の最後の子要素の枠線を赤くする

最後の子要素を選択するには、:last-child を使います。

【CSS】

```
/*最後の子要素*/
.child :last-child{
  border-color:#f00;
}
```

child1 (first)
child2
child3
child4
child5
child6
child7 (last)

「child7」の枠線が赤くなります。nth-last-child(1)としても同じ結果になりますが、最後の子要素を選択する場合は素直に:last-childとするのが自然でしょう。

3 番目の子要素の文字を赤くする

前から n 番目の子要素を選択するには、:nth-child() を使います。

【CSS】

```
/*3番目の子要素*/
.child :nth-child(3){
  color:#f00;
}
```

3番目の子要素である「child3」の文字が赤くなります。直接順番を指定する場合、:nth-child(n)のnには1から始まる整数を入れます。

後ろから 3 番目の子要素の文字を青くする

後ろから n 番目の子要素を選択するには、:nth-last-child() を使います。

【CSS】

```
/*後ろから3番目の子要素*/
.child :nth-last-child(3){
  color:#00f;
}
```

後ろから3番目の子要素である「child5」の文字が青くなります。今回のソースコードの場合、:nth-child(5)と:nth-last-child(3)は同じ子要素を指します。どちらから数えるかはCSSの設計次第です。

child1 (first)
child2
child3
child4
child5
child6
child7 (last)

偶数番目の子要素だけ背景色を #ccc にする

偶数番目の子要素を選択するには、:nth-child(even) を使います。

【CSS】

```
/*偶数番目の子要素*/
.child :nth-child(even){
  background-color:#ccc;
}
```

child1 (first)
child2
child3
child4
child5
child6
child7 (last)

child2,child4,child6の背景色が#ccc（濃いグレー）になります。:nth-child(n) のnを「even」とすれば偶数番目、「odd」とすれば奇数番目の子要素を選択できます。:nth-last-child(n)の場合も同様です。

2 番目を先頭に 3 つおきの子要素の枠線を 3px の黒実線にする

少し複雑なパターンで要素を選択する場合は、nth-child(n) の n に数列を入れて指定します。

【CSS】

```
/*2番目を先頭に3つおきの子要素*/
.child :nth-child(3n+2){
  border:#000 3px solid;
}
```

child1 (first)
child2
child3
child4
child5
child6
child7 (last)

child2とchild5の枠線が3pxの黒実線となります。
nには（α n＋β）という形式の数列を入れることができます。この場合のnには0,1,2...のように0から始まる整数が代入され、(3n+2)の場合は(3×0+2),(3×1+2),(3×2+2)...となり2, 5, 8....という数列が返ってきます。
なお(2n)とした場合は(even)、(2n+1)とした場合は(odd)と同じ結果となります。

同じ要素のみをカウントする「～ of-type」系疑似クラス

:first-of-type ／ :last-of-type ／ :nth-of-type (n) ／ :nth-last-of-type (n) ／ :only-of-type の 5 つは、同一階層にある同じ種類の要素をカウントして条件に該当したものを選択する疑似クラスです。次のソースコードに対してこれらの of-type 系疑似クラスを適用するサンプルを見てみましょう。

【HTML】

```
<div class="sample ofType">
<h4>heading1 (h4)</h4>
<p>paragraph1</p>
<h4>heading2 (h4)</h4>
<p>paragraph2</p>
<h5>heading3 (h5)</h5>
<p>paragraph3</p>
</div>
```

▶ .ofType の最初の要素の枠線を赤くする

最初の要素を選択するには :first-of-type を使います。

【CSS】

```
/*最初の要素*/
.ofType :first-of-type{
  border-color:#f00;
}
```

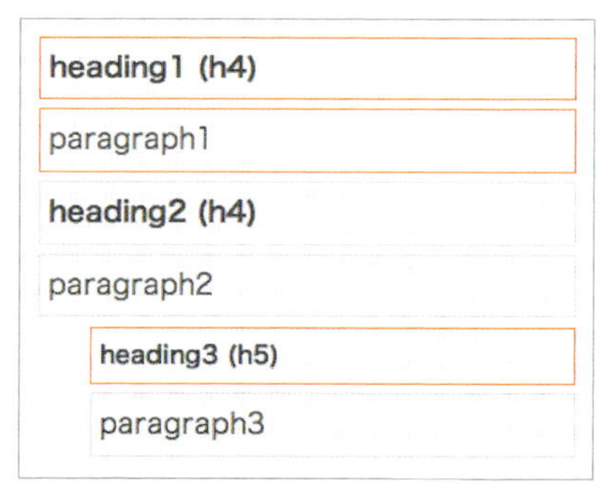

Memo
.ofType :first-child と指定した場合には、heading1 だけが選択されます。～ child は、要素の種類に関係なく全ての子要素を並列でカウントするため、「最初の子要素」というのは常に 1 つしか存在しません。

要素を指定せずに:first-of-typeと指定すると、heading1、paragraph1、heading3の 3 つが選択されます。これは、～ of-typeという疑似クラスが、同じ種類の要素ごとにそれぞれ順番をカウントする性質を持っているからです。.ofTypeというdivの子要素には、h4要素・p要素・h5要素の 3 種類が含まれており、:first-of-typeとした場合はそれぞれの中で最初の 1 つが選択されるため、この 3 つの枠線が赤くなるのです。

▶ .ofType の偶数個目の要素の枠線を青くする

偶数個目の要素を選択するには :nth-of-type(even) を使用します。

【CSS】

```
/*偶数個目の要素*/
.ofType :nth-of-type(even){
  border-color:#00f;
}
```

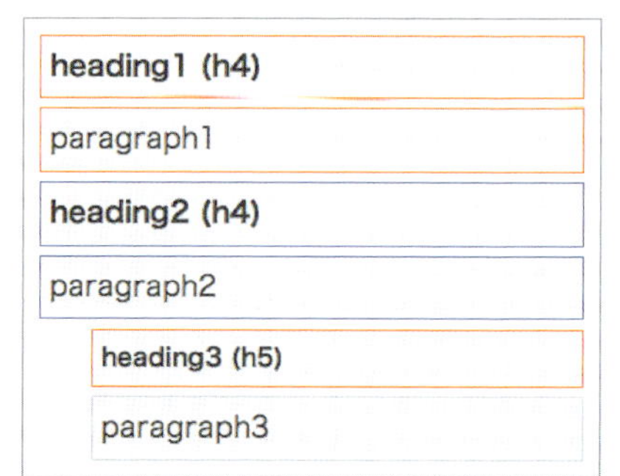

要素の種類ごとにそれぞれの 2 番目が選択されるので、headig2とparagraph2の枠線が青くなります。

.ofType の唯一の要素の文字を赤くする

唯一の要素を選択するには :only-of-type を使用します。

【CSS】

```
/*唯一の要素*/
.ofType :only-of-type{
  color:#f00;
}
```

heading1 (h4)
paragraph1
heading2 (h4)
paragraph2
heading3 (h5)
paragraph3

:only-of-typeは親要素の中で１つしか存在しない要素を選択します。h4要素とp要素は複数個ありますが、h5要素は１つしかないので、heading3が赤くなります。

【実用例 1】しましまテーブルを作る

次の table 要素で作られた表組みの、偶数行目の背景色を #eee にして、白とグレーのしましまテーブルを作ります。

【HTML】

```
<table class="stripe">
<tr><td>White</td><td>White</td></tr>
<tr><td>Gray</td><td>Gray</td></tr>
<tr><td>White</td><td>White</td></tr>
<tr><td>Gray</td><td>Gray</td></tr>
</table>
```

【CSS】

```
/*しましまテーブル*/
.stripe tr:nth-child(even){
  background-color:#eee;
}
```

White	White
Gray	Gray
White	White
Gray	Gray

カウントするものをtr要素に限定することがポイントです。td要素まで選ばれてしまうようなセレクタの作り方だとうまくいきません。またこの構造の場合は tr:nth-of-type(even)でもOKです。

【実用例 2】最後の 1 行だけ赤文字で強調する

次の dl 要素で作られたリストの、最後の 1 行だけ赤文字にします。

【HTML】

```
<dl class="lastRed">
<dt>Item1</dt>
<dd>XXXXXXXXXX</dd>
<dt>Item2</dt>
<dd>XXXXXXXXXX</dd>
<dt>Item3</dt>
<dd>XXXXXXXXXX</dd>
</dl>
```

【CSS】

```
/*最後の1行を赤文字に*/
.lastRed :last-of-type{
  color:#f00;
}
```

Item1	XXXXXXXXXX
Item2	XXXXXXXXXX
Item3	XXXXXXXXXX

見た目には 1 行でもソースコードを見るとdt要素とdd要素の 2 種類でできていますので、それぞれの最後の 1 つを選択するために:last-childではなく:last-of-typeとしてください。

実習3 否定／ターゲット／ UI疑似クラス

否定疑似クラス

:not(s) は、s で指定したセレクタの対象となるもの以外を選択する疑似クラスです。「○○以外全部」というセレクタを作ることができます。以下の HTML ソースに対し、最後の 1 行以外全ての枠を赤くするスタイルを設定してみます。

【HTML】

```
<ul class="sample nots">
<li>list1</li>
<li>list2</li>
<li>list3</li>
<li>list4</li>
<li>list5</li>
</ul>
```

【CSS】

```
/*最後の1行以外全てを選択*/
.nots li:not(:last-child){
  border-color:#f00;
}
```

list1
list2
list3
list4
list5

li要素の:last-child（最後の子要素）以外全てを選択する否定疑似クラスを作っています。今回はnot()の中に疑似クラスを入れていますが、id／classセレクタやタイプセレクタを入れても問題ありません。

ターゲット疑似クラス

「ターゲットされている要素」つまり、ページ内ジャンプのリンクをクリックした時に、ジャンプ先の要素に対してCSSを適用できるようにするのがターゲット疑似クラスです。使い道はいろいろありますが、簡易版の開閉パネルを作ることもできます。次のHTMLソースに対して、MENUをクリックしたらリンク先のdd要素が開くスタイルを設定してみます。

【HTML】

```
<dl class="sample target">
<dt><a href="#panel1">MENU1</a></dt>
<dd id="panel1">panel1 panel1 panel1 panel1 panel1 panel1 panel1 panel1 panel1</dd>
<dt><a href="#panel2">MENU2</a></dt>
<dd id="panel2">panel2 panel2 panel2 panel2 panel2 panel2 panel2 panel2 panel2</dd>
<dt><a href="#panel3">MENU3</a></dt>
<dd id="panel3">panel3 panel3 panel3 panel3 panel3 panel3 panel3 panel3 panel3</dd>
</dl>
```

【CSS】

```
/*リンク先を開く*/
.target dd:target{
  display:block;
}
```

MENU1
MENU2
panel2 panel2 panel2 panel2
panel2 panel2 panel2 panel2
panel2
MENU3

クリックした時にスタイルを適用するので、ついうっかり「リンク元」の要素の方に:targetをつけてしまいがちですが、:targetをつけるのは「リンク先」の要素ですので間違えないようにしましょう。

UI疑似クラス

入力フォームの状態に応じて要素を選択するための疑似クラスです。よくある使い方は、フォームに隣接したラベル要素に対して状態が分かりやすいスタイルを適用することです。

【HTML】

```
<form class="ui">
<input type="radio" name="radio" id="radio1" value="1">
<label for="radio1">選択肢1</label>
<input type="radio" name="radio" id="radio2" value="2">
<label for="radio2">選択肢2</label>
<input type="radio" name="radio" id="radio3" value="3" disabled>
<label for="radio3">選択肢3</label>
</form>
```

【CSS】

① 有効なフォームラベルはカーソルを指にし、:hover時に文字色を#00c4abに変更する
② 無効なフォームラベルは文字色を#cccにする
③ 選択されたフォームラベルは背景色を#cceebbにする

```
/*有効な選択肢のラベルのスタイル*/
.ui input:enabled+label{
  cursor:pointer;
}

.ui input:enabled+label:hover{
  color:#00c4ab;
}
```

①

```
/*無効な選択肢のラベルのスタイル*/
.ui input:disabled+label{
  color:#ccc;
}
```

②

```
/*チェックされた選択肢のラベルのスタイル*/
.ui input:checked+label{
  background:#cceebb;
}
```

③

フォーム部品自身ではなく、それに隣接するlabel要素にスタイルを適用するので、隣接セレクタ(E+F)を使用しています。

COLUMN

Internet Explorer でのセレクタ対応

●IEで使えるCSS3セレクタ

CSS3に定義されている各種セレクタは、IE9以上では全て利用可能です。
また以下の表にあるように、間接セレクタと属性セレクタだけはIE7以上で対応となっています。
しかしそれ以外の全てのCSS3セレクタはIE8以下では使うことはできません。

Memo
IE7/8でこれらの属性セレクタが使えるのは「標準モード」で表示している時だけです。

IE9以上	IE8	IE7	IE6
全て	間接セレクタ(E~F) E[attr^="value"] E[attr$="value"] E[attr*="value"]	間接セレクタ(E~F) E[attr^="value"] E[attr$="value"] E[attr*="value"]	なし

※間接セレクタ…兄要素Eの後ろに続く弟要素F全てを選択するセレクタ

●IE8のCSS3セレクタ対応方針

IE8は既に多くの場合メインのターゲットブラウザからは外れていますが、IE6のように「完全無視」という判断ができる状態に至るにはまだしばらく時間がかかるかもしれません。おそらく「完全に同じである必要はないが、大きくレイアウトが崩れることは無いようにしておいて欲しい」といった中途半端なサポートを求められることも多いのではないでしょうか。また、クライアントから求められてはいなくても、さほど手間をかけずに済むならユーザーのためにある程度後方互換を保っておきたいと考える気持ちも理解できます。
そのような場合は、IE8以下に対してCSS3のセレクタを使えるように機能補完するスクリプトを読み込ませておくのが良いでしょう。代表的なものは以下の2つです。

・「IE9.js」（URL http://code.google.com/p/ie7-js/）
　IE8以下をIE9相当に機能補完するスクリプトで、単体でほとんどのCSS3セレクタに対応できるようになります。ただしスクリプト自体がやや重いのと、:not(s)や:nth-of-type(n)などに若干バグが見られるので過信はできません。

・「Selectivizr.js」（URL http://selectivizr.com/）
　jQueryやprototype.jsなど他のJavaScriptライブラリと組み合わせて使用するもので、組み合わせるライブラリによって対応できるセレクタに違いがでます。特にjQueryとの組み合わせではnth-of-type(n)が利用できないなど、ややサポート力が弱くなります。

詳しい使い方等は各サイトの設置マニュアルを確認してください。

POINT

- CSS3セレクタはIE9以上の主要環境全てで使うことができる
- ～child擬似クラスは要素を区別せず全ての子要素をカウント、～of-type擬似クラスは同じ種類の要素をカウントする
- セレクタ機能補完スクリプトを利用すればIE8以下にも対応させることができる

CSS3 入門

CSS3 プロパティ

CSS3にはWebの表現力を高める様々なプロパティが数多く追加されています。LESSON24ではその中でも特に利用される場面が多く、各ブラウザでのサポート状況の良いものを中心に紹介していきます。サンプルファイルのCSSをテキストに従って自分で修正して、どのように表示されるのか実際に試してみましょう。

サンプルファイルはこちら　chapter07 ▶ lesson24 ▶ before ▶ /css/style.css | index.html

実習1 テキストの装飾と新しい色

text-shadow

●図 24-1　text-shadow 書式

```
text-shadow:X方向の距離 Y方向の距離 ぼかし幅 影色;
例：text-shadow:1px 1px 5px #000;
```

Chrome	Safari	Firefox	Opera	IE10+	IE9
○	○	○	○	○	×
iOS7.x	**iOS8.x**	**Android2.x**	**Android3.x**	**Android4.x**	**Android5.x**
○	○	○	○	○	○

text-shadowは文字に影をつけるプロパティです。X方向の距離とY方向の距離にはマイナスの数値を指定することも可能で、値をカンマ（,）で区切ることで複数の影を重ねづけすることもできます。使用にあたってプレフィックスは必要ありませんが、IE9以下は非対応です。

では以下のHTMLソースに対して、text-shadowを使ったいろいろなタイポグラフィ表現のサンプルを作ってみましょう。

【HTML】

```
<ul class="sample ts">
<li class="ts01">Drop Shadow</li>
<li class="ts02">Grow</li>
<li class="ts03">Bevel</li>
<li class="ts04">Embos</li>
<li class="ts05">Stroke</li>
<li class="ts06">Neon</li>
</ul>
```

▶ドロップシャドウ

【CSS】

```
.ts01{text-shadow: 2px 2px 3px #999;}
```

Drop Shadow

最も典型的なテキストのドロップシャドウ表現です。X方向・Y方向の距離をともにプラスにすれば右下、ともにマイナスなら左上に影がつきます。

▶グロー（光彩）

【CSS】

```
.ts02{color:#fff; text-shadow:0 0 5px #999;}
```

X方向・Y方向の距離をともに0とすると、いわゆる「グロー（光彩）」表現となります。

▶ベベル（浮き出し）

【CSS】

```
.ts03{color:#ccc;
text-shadow:-1px
-1px 0 #fff, 1px
1px 0 #aaa;}
```

Bevel

左上にハイライト、右下にシャドウをつけると「ベベル（押し出し）」表現となります。

▶エンボス（彫り込み）

【CSS】

```
.ts04{color:#ccc;
text-shadow:-1px
-1px 0 #aaa, 1px
1px 0 #fff;}
```

Embos

右下にハイライト、左上にシャドウをつけると「エンボス（彫り込み）」表現となります。

袋文字

【CSS】

```
.ts05{
  color:#fff;
  text-shadow:
    1px 1px 0 #999,
    -1px 1px 0 #999,
    1px -1px 0 #999,
    -1px -1px 0 #999;
}
```

Stroke

Memo
本来袋文字用には text-stroke というプロパティが用意されているのですが、-webkit-系のブラウザしか対応していないため、text-shadow で代用します。

上下左右に 1px ずつぼかしの無いシャドウをつけるといわゆる「袋文字」表現となります。

ネオン

【CSS】

```
.ts06{
  text-shadow:
    0 0 5px #fff,
    0 0 13px #f03,
    0 0 13px #f03,
    0 0 13px #f03,
    0 0 13px #f03;
}
```

Neon

白文字の周囲に明るい色のシャドウを何回か重ねると「ネオン（発光）」表現となります。

rgba()・hsla()

●図 24-2　rgba()・hsla() 書式

rgba(R, G, B, 透明度)

RGB 値：0〜255 / 0%〜100%
透明度：0〜1(0=透明 / 1=不透明)

hsla(色相, 彩度, 明度, 透明度)

色相：0〜360　彩度：0%〜100%　明度：0%〜100%
透明度：0〜1（0=透明 / 1=不透明）

Chrome	Safari	Firefox	Opera	IE10+	IE9
○	○	○	○	○	○
iOS7.x	**iOS8.x**	**Android2.x**	**Android3.x**	**Android4.x**	**Android5.x**
○	○	○	○	○	○

CSS3 では新しい色指定の値として、RGB 値に透明度を指定できる rgba()、色相・彩度・明度で色指定できる hsl()、色相・彩度・明度に透明度を指定できる hsla() が追加されました。

要素の背景色だけを半透明にする

【HTML】

```
<p class="rgba"><span>RGBA COLOR</span></p>
```

【CSS】

```
/*rgba()*/
.rgba span{
  border:#fff 1px solid;
  padding:10px;
  background:rgba(255,255,255,0.3);
}
```

span要素の背景色を#fffからrgba()値に変更すれば、背景色だけを半透明にできます。サンプルのように背景が写真などベタ塗りではない場合に特に効果を発揮します。

Memo
opacityプロパティでspan要素自体の透明度を変更した場合は、コンテンツも含めて全体透過してしまうため、上に乗っている文字も半透明となってしまいます。opacityとrgba()は、要素全体を透過させたいのか、個別の色だけ透過させたいのかによって使い分けるようにしましょう。

hsla()を使って色のトーンと透明度を変更する

【HTML】

```
<ul class="hsla">
<li class="hsla01">赤</li>
<li class="hsla02">橙</li>
<li class="hsla03">黄</li>
<li class="hsla04">緑</li>
<li class="hsla05">青</li>
<li class="hsla06">紫</li>
<li class="hsla07">桃</li>
</ul>
```

【CSS】

```
/*hsla()*/
.hsla01{background:hsla(0,100%,30%,0.7);}
.hsla02{background:hsla(30,100%,30%,0.7);}
.hsla03{background:hsla(60,100%,30%,0.7);}
.hsla04{background:hsla(120,100%,30%,0.7);}
.hsla05{background:hsla(240,100%,30%,0.7);}
.hsla06{background:hsla(270,100%,30%,0.7);}
.hsla07{background:hsla(300,100%,30%,0.7);}
```

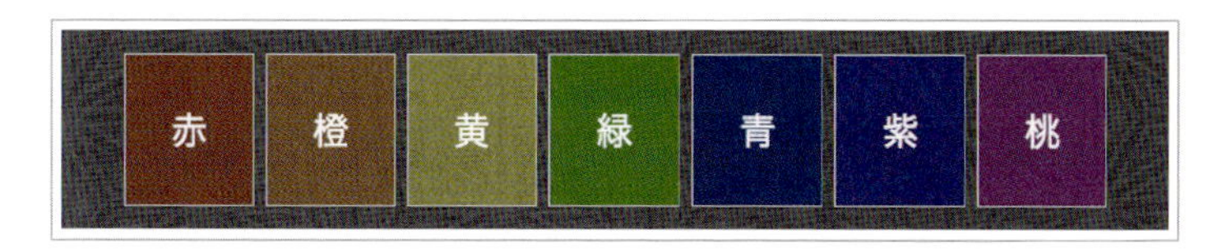

hsla()で原色で指定されているレインボーカラーの各要素を、「ダークトーン」に揃え、少しだけ背景を透過するようにしてみます。「ダークトーン」とは「彩度が高く、明度が低い」色ですので、hsla（色相,彩度,明度,透明度）の明度の値を50%→30%に落とします。更に背景を少し透過させたいので、透明度を1→0.7に変更します。

Memo
hsl() / hsla()で色指定をすると、色相・彩度・明度で色をコントロールできるため、同系色の色の並びを作ったり、複数の色相の「トーン」を揃えるといった処理が非常にしやすくなります。

●図 24-3　HSL 色空間

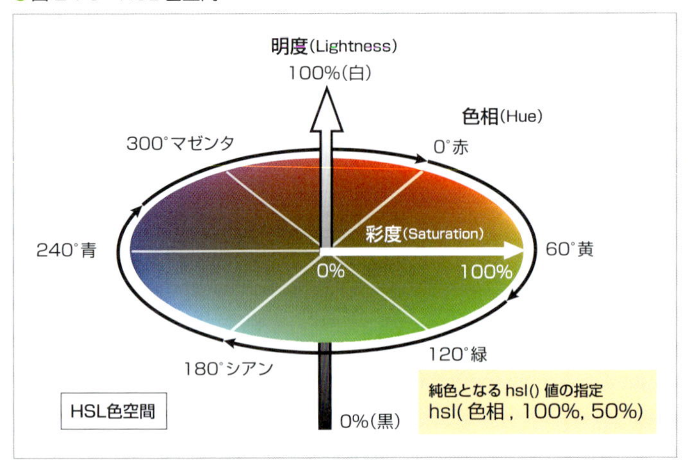

実習2　ボックスの装飾とボックスモデル

border-radius

●図 24-4　border-radius 書式

```
border-radius:角丸の半径;
例:border-radius:5px;
```

Chrome	Safari	Firefox	Opera	IE10+	IE9
○	○	○	○	○	○
iOS7.x	**iOS8.x**	**Android2.x**	**Android3.x**	**Android4.x**	**Android5.x**
○	○	○*	○	○	○

＊ 2.1 は -webkit- が必要

border-radius は要素を「角丸」にするためのプロパティです。4 つの角を一括して指定することも、バラバラに指定することもできます。

では以下の HTML ソースに対していろいろな角丸指定を試してみましょう。

【HTML】

```
<ul class="sample bdr">
<li class="bdr01">全て同じ</li>
<li class="bdr02">左上 | 右上 | 右下 | 左下</li>
<li class="bdr03">左上 | 右上と左下 | 右下</li>
<li class="bdr04">左上と右下 | 右上と左下</li>
<li class="bdr05">正円</li>
</ul>
```

値1つの角丸指定

【CSS】

```
.bdr01{ border-radius:10px; }
```

全て同じ

値1つで4コーナー一括指定となります。

値4つの角丸指定

【CSS】

```
.bdr02{ border-radius:5px 10px 15px 20px; }
```

左上 | 右上 | 右下 | 左下

値4つで4コーナー個別指定となります。この場合は左上から時計回りで指定します。

値3つの角丸指定

【CSS】

```
.bdr03{ border-radius:10px 0 20px; }
```

左上 | 右上と左下 | 右下

値3つは「左上」「右上と左下」「右下」を意味します。

値2つの角丸指定

【CSS】

```
.bdr04{ border-radius:10px 0; }
```

左上と右下 | 右上と左下

値2つは「左上と右下」「右上と左下」の対角線指定となります。

角丸指定で正円を作る

【CSS】

```
.bdr05{
  width:50px;
  height:50px;
  border-radius:50px;
  text-align:center;
  line-height:50px;
}
```

対象となる要素のwidth・heightと、border-radiusの値を同じにすると「正円」となります。

box-shadow

●図 24-5　box-shadow 書式

box-shadow:X方向の距離 Y方向の距離 ぼかし幅 広がり 影色;
※省略可　inset※省略可
例：box-shadow:0 0 5px 2px #000;

Chrome	Safari	Firefox	Opera	IE10+	IE9
○	○	○	○	○	○
iOS7.x	iOS8.x	Android2.x	Android3.x	Android4.x	Android5.x
○	○	-webkit-*	-webkit-*	○	○

＊ inset 指定とボケ足 0 のシャドウは無効

box-shadow はボックスに影をつけるためのプロパティです。text-shadow 同様、カンマ区切りで複数の影を重ねづけすることもできます。

では次の HTML ソースに対して、box-shadow を使ったいろいろな装飾表現のサンプルを作ってみましょう。

【HTML】

```
<ul class="sample bs">
<li class="bs01">Drop Shadow</li>
<li class="bs02">Grow</li>
<li class="bs03">Inset Drop Shadow</li>
<li class="bs04">Inset Grow</li>
<li class="bs05">Spread Shadow</li>
<li class="bs06">Multi Shadow</li>
</ul>
```

基本のドロップシャドウ

【CSS】

```
.bs01{ box-shadow:2px 2px 5px #999; }
```

Drop Shadow

X 方向の距離・Y 方向の距離にプラスの値を取る基本のドロップシャドウです。

グロー（光彩）

【CSS】

```
.bs02{ box-shadow:0 0 10px #999; }
```

Grow

X 方向・Y 方向の距離をそれぞれ 0 とすると「グロー（光彩）」表現となります。

▶内側へのドロップシャドウ

【CSS】

```
.bs03{ box-shadow:2px 2px 5px #999 inset; }
```

Inset Drop Shadow

Caution Android3.0以下ではinset指定は無効。

「inset」キーワードを追加することで要素の内側に影をつけられます。

▶内側へのグロー（光彩）

【CSS】

```
.bs04{ box-shadow:0 0 15px #ccc inset; }
```

Inset Grow

insetで内側に広めの光彩をつけると、ゆるやかな立体のような表現が可能です。

▶広がり（spread）指定で作る実線

【CSS】

```
.bs05{ box-shadow:0 0 0 3px #000; }
```

Spread Shadow

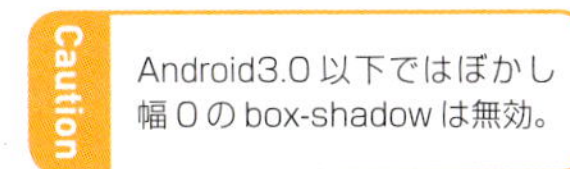

X方向の距離・Y方向の距離・ぼかし幅に続けて「広がり」を指定すると、要素の境界線から「広がり」で指定したサイズだけベタ塗りを足すことができます。ボカシ幅0で広がりを追加すると、見た目上は「ボーダー」のような実線となります。

▶シャドウの複数設定

【CSS】

```
.bs06{
  box-shadow:
    0 0 0 1px #000 inset,
    0 0 0 2px #000,
    2px 2px 10px #000;
}
```

Multi Shadow

値をカンマで区切って複数重ねづけすることで、多彩な表現が可能となります。カンマで複数の値を取る場合は、後から付け足したものがレイヤーの下に足される形となります。

box-sizing

●図 24-6　box-sizing 書式

```
box-sizing:content-box|border-box|padding-box;
例：box-sizing:border-box;
```

Chrome	Safari	Firefox	Opera	IE10+	IE9
○	○	○	○	○	○
iOS7.x	iOS8.x	Android2.x	Android3.x	Android4.x	Android5.x
○	○	-webkit-	-webkit-	○	○

＊ Firefox 以外は値に padding-box を取ることはできません。

box-sizing はボックスモデルの計算方法を指定するプロパティです。値を「border-box」とすると border までの領域を width として計算するため、特に border 付きのボックスを % でサイズ指定する際に重宝します。このプロパティは例外的に IE8 でも使用可能です。

Memo
初期値の「content-box」は通常のボックスモデルと同じ計算方法、「padding-box」は padding までの領域を width として計算しますが、「padding-box」に対応しているのは今のところ Firefox しかありません。

【HTML】

```
<ul class="sample bz">
<li class="bz01">content-box (width:300px;) </li>
<li class="bz02">border-box (width:300px;) </li>
</ul>
```

【CSS】.bz02 のボックスモデルを「ボーダーボックス」にする

```
.bz02{
  box-sizing:border-box;
}
```

content-box (width:300px;)

border-box (width:300px;)

width が 300px、padding が 10px、border が 5px のボックスの場合、通常はボックス全体の見た目上のサイズは 300+(10+10)+(5+5) = 330px となりますが、border-box とすると border まで含めて 300px となり、見た目と width のサイズが一致します。

●図 24-7　box-sizing モデル図

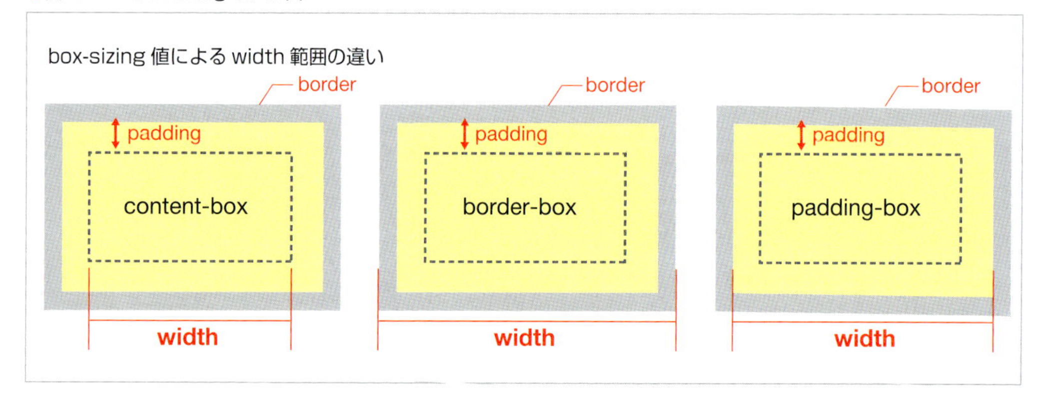

実習3 背景画像とグラデーション

multiple-background

●図 24-8　multiple-background 書式

```
background-image:url(画像パス),url(画像パス),url(画像パス);
```

一番上に配置 ←→ 一番下に配置

Chrome	Safari	Firefox	Opera	IE10+	IE9
○	○	○	○	○	○*
iOS4.x	**iOS5.x**	**iOS6**	**Android2.x**	**Android3.0**	**Android4.x**
○	○	○	○	○	○

＊ IE9 は複数背景画像とグラデーションを同時に使用することはできません。

CSS2.1 では 1 つの要素に指定できる背景画像は 1 枚だけでしたが、CSS3 からは 1 つの要素に複数の背景画像を指定できるようになりました。これにより、これまでのように複数の背景画像素材を配置するために div 要素を沢山入れる、といった無駄なマークアップが必要なくなります。

> **Memo**
> 複数背景画像に対応していないブラウザで閲覧すると複数画像を設定した箇所の背景画像は表示されなくなってしまいますので、例えば代わりに背景色を指定しておくなど何らかの対策をした方が良いでしょう。

【HTML】

```
<div class="multi-bg"> </div>
```

【CSS】

```
/*multiple-background*/
.multi-bg{
  background:
    url(../img/flower.png)  no-repeat,
    url(../img/ranikai.jpg) no-repeat;
}
```

従来通り普通に 1 枚背景画像を指定した後、カンマで 2 枚目以降の背景画像を指定します。その際、後から付け足した画像は一番下に配置されますので、画像の指定順に注意してください。この場合は海の写真（ranikai.jpg）が下、ハイビスカスのイラスト（flower.png）が上となりますので、指定順はハイビスカスが先、海が後となります。

COLUMN

個別プロパティで複数の背景画像を設定する場合

今回はbackgroundプロパティによるショートハンドで記述しましたが、background-imageプロパティを使って個別のプロパティで指定することも可能です。その場合の指定は以下のようになります。背景画像以外の関連プロパティも、それぞれの画像に対応する順番で複数指定します。複数指定しなかった場合は、全ての背景画像に対して同じ設定が適用されます。この場合はどちらの画像もno-repeatなので、1つの値でまとめています。

```
/*個別プロパティで指定した場合*/
.multi-bg{
  background-image:url(../img/flower.png), url(../img/ranikai.jpg);
  background-repeat: no-repeat;
}
```

background-size

●図 24-9　background-size 書式

```
background-size:auto|cover|contain|横 縦;
例：background-size:cover;
```

Chrome	Safari	Firefox	Opera	IE10+	IE9
○	○	○	○	○	○
iOS7.x	**iOS8.x**	**Android2.x**	**Android3.x**	**Android4.x**	**Android5.x**
○	○	-webkit-*	○*	○*	○

* Android4.3 以下は background-size プロパティを background ショートハンドの中で使用することはできません。

background-size は、背景画像の表示サイズを指定するためのプロパティです。初期値の auto は従来通り原寸表示となり、それ以外に「cover」「contain」「横 縦」が指定できます。cover と contain は元画像の縦横比率を保ったまま配置しますが、横／縦を数値指定すれば比率を変更することもできます。このプロパティによって、サイズ可変の要素を背景画像で常に覆う、といったデザインが簡単に実現できます。

では以下の HTML ソースに対して background-size をしてみましょう。使用している画像は 737 × 415 とかなり大きな画像ですので、auto の状態では画像の一部しか見えませんが、background-size の値を変えることで表示がどのように変わるか確認してみましょう。

【HTML】

```
<ul class="bgsize">
<li class="bgsize01">auto</li>
<li class="bgsize02">cover</li>
<li class="bgsize03">contain</li>
<li class="bgsize04">%</li>
<li class="bgsize05">px</li>
</ul>
```

cover を指定

【CSS】

```
.bgsize02{ background-size:cover; }
```

「cover」は写真の比率を保ちつつ、背景画像は常に縦または横の一辺に 100% フィットして要素全体を覆う状態となります。

contain を指定

【CSS】

```
.bgsize03{ background-size:contain; }
```

「contain」は写真の比率を保ちつつ、常に背景画像全体が要素の中に全て表示される状態となります。

パーセント指定

【CSS】

```
.bgsize04{ background-size:100% 100%; }
```

「横 縦」ともに 100% 指定すると、写真の比率を無視して常にその背景画像で要素全体を覆う状態となります。cover とどちらが良いかは、用意する素材次第です。

ピクセル指定

【CSS】

```
.bgsize05{ background-size:170px 100px; }
```

「横 縦」ともに px 指定すると、指定したサイズに拡大・縮小させて固定サイズで背景画像を表示できます。

linear-gradient

●図 24-10　linear-gradient 書式

```
~:-prefix-linear-gradient(角度,カラーストップ,カラーストップ);
```

角度(W3C 仕様)… to bottom | to top | to right | to left | 数値 deg
角度(prefix 仕様)… top | bottom | left | right | 数値 deg
カラーストップ … 色　位置

例：`background:linear-gradient(to right,#f00,#fff);`

●図 24-11　旧 webkit 書式（iOS4.3 以下、Android3.x 以下のみ）

```
~:-webkit-gradient(種類,始点,終点,始点の色,カラーストップ,終点の色);
```

種類 …………………… linear | radial
始点・終点 …………… 横位置 縦位置（横位置：left | center | right　縦位置：top | center | bottom）
始点の色 ……………… from(色)
カラーストップ ……… color-stop(位置 , 色)
終点の色 ……………… to(色)

例：`background: -webkit-gradient(linear,left top,right top,from(#f00),to(#fff));`

Chrome	Safari	Firefox	Opera	IE10+	IE9
○	○	○	○	○	×
iOS7.x	**iOS8.x**	**Android2.x**	**Android3.x**	**Android4.x**	**Android5.x**
○	○	-webkit- *1	-webkit- *1	○ *2	○

＊1　Android2.x/3.x は旧 -webkit- 構文しか使用できません。
＊2　Android4.0-4.3 は -webkit- が必要です。

linear-gradient は線形グラデーションを作成するための background-image の新しい値です。グラデーションは Web デザインでは非常に重要・ポピュラーなエレメントであり、border-radius、box-shadow と並んでかなりの頻度で使用することが予想されます。

ただし、グラデーションは仕様策定中に何度か大きな変更があったため、構文が大きく分けて① W3C 勧告候補仕様・②プレフィックス付き仕様・③旧 webkit 仕様の 3 種類が存在します。ただし③の旧 -webkit 構文は、Android3.x 以下・iOS4.3 以下という古いモバイルブラウザ環境だけが対象となるので、新規で作成する場合にはもう必要ないでしょう。

では以下の HTML ソースに対してグラデーションを設定してみましょう。

【HTML】

```
<ul class="grad">
<li class="grad01">2Colors (top → bottom) </li>
<li class="grad02">3Colors (left → right) </li>
<li class="grad03">3Colors (left top → right bottom) </li>
</ul>
```

上から下への2色グラデーション

【CSS】

```
/*linear-gradient()*/
.grad01{
  background-color:#f36;                                          ①
  background:-webkit-linear-gradient(top,#f36,#fff);              ②
  background:linear-gradient(to bottom,#f36,#fff);                ③
}
```

2Colors（top → bottom)

① グラデーションを表示できないブラウザのためのフォールバック指定です。
② 主にAndroid4.x+向けの書式となります。上から下は「top」となります。
③ W3C勧告候補の指定です。プレフィックス付き仕様とは角度の仕様が異なり、グラデーションの起点ではなく、「to＋方向」という記述になります。

linear-gradient で特に重要なのは、プレフィックス付きの書式とプレフィックスなしの書式におけるグラデーション角度指定の違いです。図 24-12 にある通り、プレフィックス付きはグラデーションの「起点」を、勧告候補は「to 付きの方向」を記述する必要があります。なお、方向・角度を省略した場合には -webkit- 有り / 無しともに「上から下」を表すことになります。従って先程のコードは次のように記述することもできます。

```
.grad01{
  background-color: #f36;
  background: -webkit-linear-gradient(#f36,#fff);
  background: linear-gradient(#f36,#fff);
}
```

●図 24-12　キーワード角度仕様比較

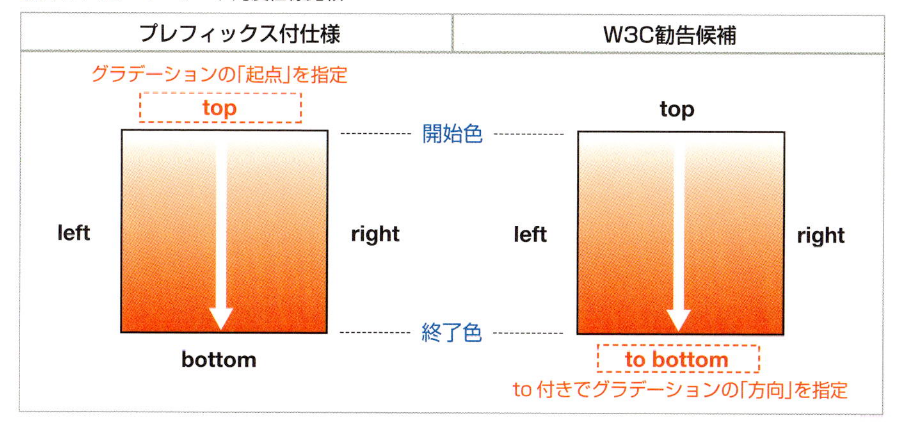

左から右への3色グラデーション

始点·終点以外の箇所に色を指定する場合は「カラーストップ（色が変化する位置）」の指定が必要になります。

【CSS】

```
.grad02{
  background-color:#f36; /*non-css3 browser*/
 background:-webkit-linear-gradient( ―――――――― ①
  left,
  #f36 0%,
  #fff 50%,
  #f63 100%); /*webkit*/
 background:linear-gradient( ―――――――― ②
  to right,
  #f36 0%,
  #fff 50%,
  #f63 100%); /*IE10 & future*/
}
```

3Colors（left → right）

① 3色以上使う場合は「色 位置」のセットをカンマで区切って必要なだけ追加します。
② W3C勧告候補では「左から右」は「to right」となります。

左上から右下への3色グラデーション

斜めグラデーションを作るには、キーワードではなく「角度（deg）」で指定します。

【CSS】

```
.grad03{
 background-color:#f36; /*non-css3 browser*/
 background:-webkit-linear-gradient(
  -45deg,
  #f36 0%,
  #fff 50%,
  #f63 100%); /*webkit*/
 background:linear-gradient(
  135deg,
  #f36 0%,
  #fff 50%,
  #f63 100%); /*IE10 & future*/
}
```

3Colors（left top → right bottom）

角度の仕様もW3C勧告候補とプレフィックス付き仕様では大きく異なります。

●図24-13　数値角度仕様の比較

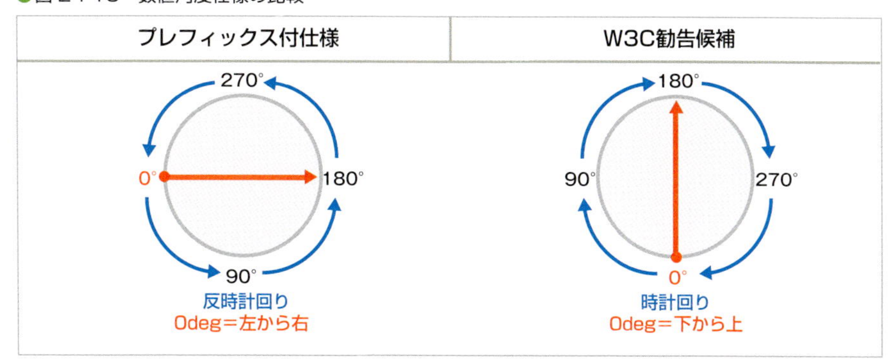

図のように、プレフィックス付きの場合は0°の位置は左でグラデーションは「左から右」を表しますが、W3C勧告候補では0°の位置は下でグラデーションは「下から上」を表します。また、0°から角度を増やす場合の回転方向も逆となっています。

したがって、「左上→右下」グラデーションの場合はW3C仕様なら135deg（または-225deg）、プレフィックス付き仕様は-45deg（または315deg）となります。

【実用例】CSS3で光沢のあるボタンを作る

●図24-14　デザイン見本

見本のようなボタンも、全てCSS3だけで実現できます。グラデーションでボタンの光沢を表現するには、カラーストップを多めに設定する必要があります。その分コード記述量もかなり多くなりますが、CSS3で指定しておけばサイズ変更や色違いも簡単に実装できるため、ある程度複雑なグラデーション指定にも慣れておいたほうが良いでしょう。

【HTML】

```
<p class="button"><a href="#">button</a></p>
```

【CSS】

```
.button a{
  display:block;
  padding:10px;
  border-radius:5px;
  box-shadow:1px 1px 3px #666;
  color:#fff;
  text-decoration:none;
  text-shadow:1px 1px 0 rgba(0,0,0,0.4);
  font-family:Helvetica, Arial, sans-serif;
  font-weight:bold;
  font-size:150%;
  background-color:#f36;
  background:-webkit-linear-gradient(
    top,
    #ffced7 0%,
    #f74657 49%,
    #f10013 51%,
    #fe2951 100%);
  background:linear-gradient(
    to bottom,
    #ffced7 0%,
    #f74657 49%,
    #f10013 51%,
    #fe2951 100%);
}
```

講義 CSS3コーディングを補助するツール

CSS3 だけでいろいろできるようになるのは大変便利ですが、その分記述量が多くなって大変だ、という人も多いと思います。特にグラデーションなどは凝ったものを作ろうと思うとかなり手間がかかってしまいます。また、プロパティごとにどのブラウザに対応しているのかいちいち考えるのも面倒です。

このような CSS3 ならではのコーディングの悩みをできるだけ軽減するためのツールをいくつか紹介しておきますので、興味があれば試してみてください。

CSS3 書き出しツール

▶ Adobe Photoshop CC /Fireworks CS6

URL http://www.adobe.com/Photoshop　URL https://creative.adobe.com/ja/products/fireworks

Adobe Photoshop CC および Fireworks CS6 であれば、設定されているレイヤー効果から CSS を書き出すことができます。

▶ CSS Hat（Photoshop プラグイン）

URL http://csshat.com/

Photoshop 用の CSS 書き出しプラグインです。旧バージョンの CSS Hat 1 であれば、Photoshop CS6 等でもレイヤーからの CSS 書き出しが可能になります。

▶ Ultimate CSS Gradient Generator

URL http://www.colorzilla.com/gradient-editor/

簡単な設定で旧 webkit から最新仕様、さらには IE 向けの filter 機能までのグラデーションコードを一気に作成してくれる CSS3 グラデーション書き出しツールの定番です。画像からグラデーションを読み取ってコードに変換してくれる機能もあります。

▶ CSS3 Button Maker

URL http://css-tricks.com/examples/ButtonMaker/

直感的な操作で「ボタン」に必要なコードを作成してくれるツールです。プレフィックス無しのグラデーション最新仕様の書式に対応していないようなので、それは自分で追記する必要があります。

▶ cssarrowplease

URL http://cssarrowplease.com/

直感的な操作で「吹き出し付きの枠」に必要なコードを作成してくれるツールです。グラデーションには未対応です。

▶ CSS3 Generator

URL http://www.css3generator.com/

必要な値を記入するだけでリアルタイムに表示を確認しながらCSS3コードを書いていくことできるツールです。豊富なプロパティに対応しています。

▶ border-image-generator

URL http://border-image.com/

リアルタイムに結果を確認しながら簡単な操作でborder-imageのコードを書き出してくれるツールです。border-imageは手作業で記述すると非常に分かりづらいので、値の変化を視覚的にリアルタイム表示してくれるこのツールはかなり便利です。

HTML5,CSS3での各種ブラウザ対応支援ツール

▶ Modernizr

URL http://modernizr.com/

ModernizrはHTML5やCSS3の便利な機能の対応状況を調べて、html要素にclassとして書きだしてくれるJavaScriptライブラリです。ブラウザ対応にバラつきがある機能を使う場合に、html要素に書きだされた機能別のclass名を利用して「対応している場合」と「対応していない場合」の両方の対策を比較的簡単に取ることができます。

《参考URL》

・「公式ドキュメント（英語）」
　URL http://modernizr.com/docs/

・「Modernizrを使ってブラウザの機能にあわせたCSS,JSを書く」
　URL http://www.tam-tam.co.jp/tipsnote/html_css/post61.html

・「様々なブラウザ環境に対応するためのJavaScriptライブラリ『Modernizr』」
　URL http://javascript.webcreativepark.net/library/modernizr

POINT

- AndroidとIE9のサポート状況に注意
- box-sizingは例外的にIE8でも使うことができる
- グラデーションは、最終仕様とプレフィックス付き仕様で構文が一部異なる

CSS3入門

変形・アニメーションとメディアクエリ

LESSON25では、その他の主なCSS3プロパティ機能として「transform（変形）」「transition（アニメーション）」と「Media Queries（メディアクエリ）」を紹介します。やや高度な内容であり、全ての人が必要になるものではないかもしれませんが、これからのWebのかたちを変える可能性のある機能ばかりですので、すぐに必要となるわけではない人も一通り目を通しておくと良いでしょう。

サンプルファイルはこちら　chapter07 ▶ lesson25 ▶ before ▶ /css/style.css | index.html

実習1 transform（変形）

●図25-1　transform書式

```
transform:トランスフォーム関数;
例：transform:rotate(45deg);
```

Chrome	Safari	Firefox	Opera	IE10+	IE9
○	-webkit-	○	○	○	-ms-
iOS7.x	**iOS8.x**	**Android2.x**	**Android3.x**	**Android4.x**	**Android5.x**
-webkit-	-webkit-	-webkit-	-webkit-	-webkit-	○

変形処理	関数
移動	translate()／translateX()／translateY()
拡大／縮小	scale()／scaleX()／scaleY()
回転	rotate()
傾斜	skew()／skewX()／skewY()

transformプロパティは二次元座標での変形を行うプロパティです。値にtranslate()／scale()／rotate()／skew()の4種類のトランスフォーム関数を取り、それぞれ移動、拡大縮小、回転、傾斜させることができます。

ではLESSON25のサンプルファイルを使ってtransformプロパティを使ってみましょう。

移動

●図 25-2　移動の書式

```
translate(X軸方向の距離,Y軸方向の距離※省略可)
translateX(X軸方向の距離)
translateY(Y軸方向の距離)
例：transform:translate(50px,30px);
```

translate()関数は、要素をX軸方向、Y軸方向に移動させることができます。X軸方向の値をプラスにすると右、マイナスで左へ移動、Y軸方向の値をプラスにすると下、マイナスで上へ移動します。

【HTML】

```
<div class="trans01">右へ30px移動</div>
<div class="trans02">下へ30px移動</div>
<div class="trans03">右へ30px上へ30px移動</div>
```

▶ .trans01 を右へ 30px 移動

【CSS】

```
/*translate()*/
.trans01{
-webkit-transform: translate(30px,0);
-ms-transform: translate(30px,0);
transform: translate(30px,0);
}
```

●図 25-3　右 30px 結果

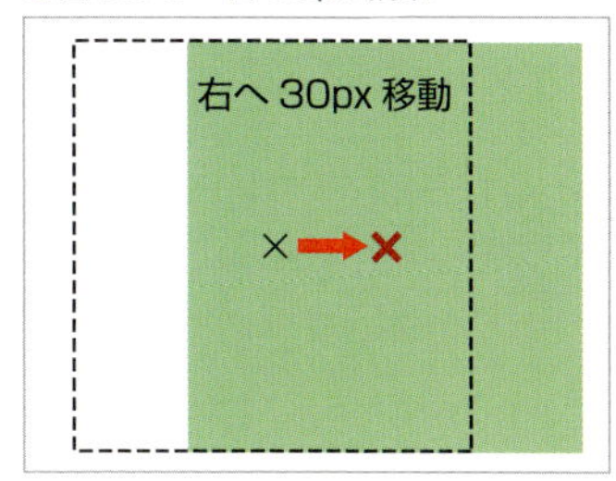

右へ 30px なので、translate(30px,0) と指定します。X 軸方向のみの移動の場合は Y 座標を省略できますので、translate(30px) と書くこともできます。また、X 軸方向のみの移動を指定する translateX() 関数を使って translateX(30px) と書くこともできます。

▶ .trans02 を下へ 30px 移動

【CSS】

```
.trans02{
-webkit-transform: translate(0,30px);
-ms-transform: translate(0,30px);
transform: translate(0,30px);
}
```

下へ 30px なので、translate(0,30px) と指定します。Y 軸方向のみの移動を指定する translateY() 関数を使って translateY(30px) と書くこともできます。

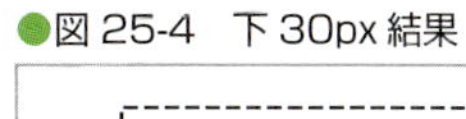

●図 25-4　下 30px 結果

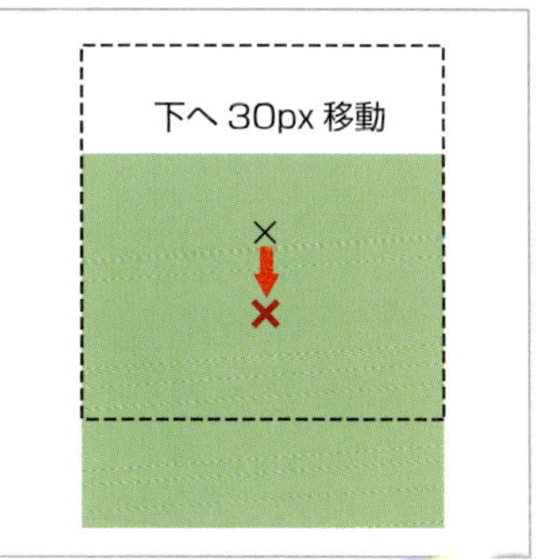

▶ .trans03 を右へ 30px 上へ 30px 移動

【CSS】

```
.trans03{
  -webkit-transform: translate(30px,-30px);
  -ms-transform: translate(30px,-30px);
  transform: translate(30px,-30px);
}
```

右へ 30px 上へ 30px なので、translate(30px,-30px) と指定します。「上」への移動は Y 座標にマイナスの値を指定します。

●図 25-5　右上 30px 結果

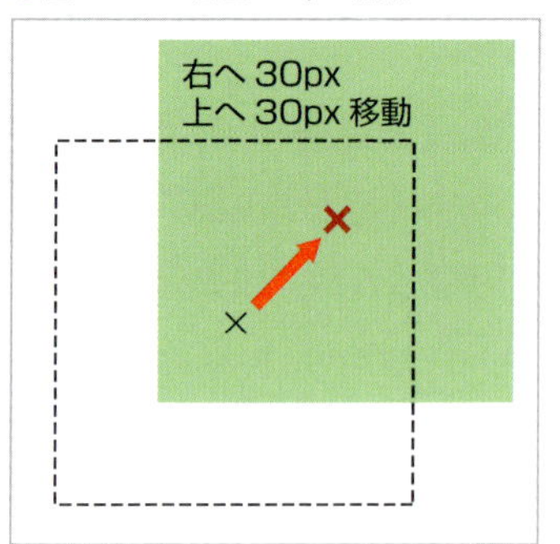

拡大／縮小

●図 25-6　拡大縮小の書式

```
scale(X軸方向の倍率,Y軸方向の倍率※省略可)
scaleX(X軸方向の倍率)
scaleY(Y軸方向の倍率)
例：transform:scale(0.5,0.5);
```

scale() 関数は、要素を X 軸方向、Y 軸方向に拡大／縮小させることができます。変形の原点はオブジェクトの中心となります。

【HTML】

```
<div class="scale01">80%に縮小</div>
<div class="scale02">横を半分に縮小</div>
<div class="scale03">縦に1.5倍に拡大</div>
```

●図 25-7　80% 縮小結果

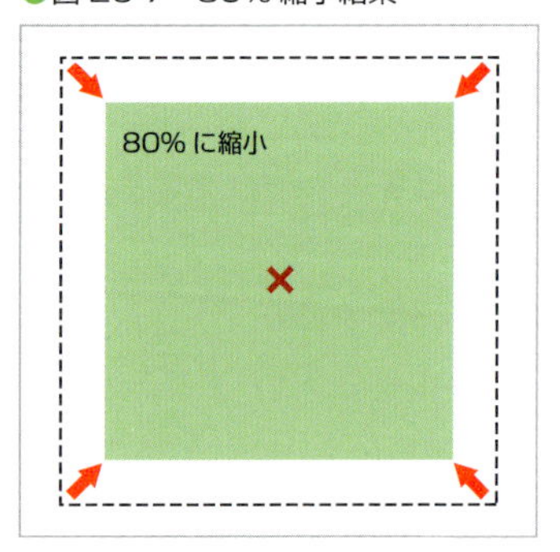

▶ .scale01 を 80% 縮小

【CSS】

```
.scale01{
  -webkit-transform: scale(0.8, 0.8);
  -ms-transform: scale(0.8, 0.8);
  transform: scale(0.8, 0.8);
}
```

「80% に縮小」とありますが、scale(80%, 80%) としたのでは効かないので scale(0.8, 0.8) という風に倍数の比率で指定します。縦横が同じ比率で拡大縮小する場合は Y 軸方向の数値は省略して scale(0.8) と記述できます。scale() で要素を拡大縮小した場合は、width ／ height の数値を変更した場合と違ってその要素の内容物（テキスト等）も含めて全体が拡大縮小します。

.scale02の横を半分に縮小

【CSS】

```
.scale02{
  -webkit-transform: scale(0.5, 1);
  -ms-transform: scale(0.5, 1);
  transform: scale(0.5, 1);
}
```

横の比率だけを変更するにはscale(0.5, 1)とX軸方向の数値だけを変更します。X軸方向の比率だけを変更するscaleX()関数を使ってscaleX(0.5)と記述することもできます。

●図25-8　横半分結果

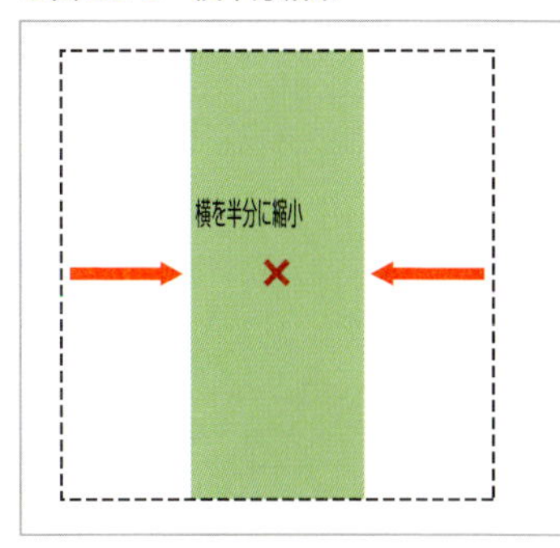

.scale03の縦を1.5倍に拡大

【CSS】

```
.scale03{
  -webkit-transform: scale(1, 1.5);
  -ms-transform: scale(1, 1.5);
  transform: scale(1, 1.5);
}
```

縦の比率だけを変更するにはscale(1, 1.5)とY軸方向の数値だけを変更します。Y軸方向の比率だけを変更するscaleY()関数を使ってscaleY(1.5)と記述することもできます。

●図25-9　縦1.5倍結果

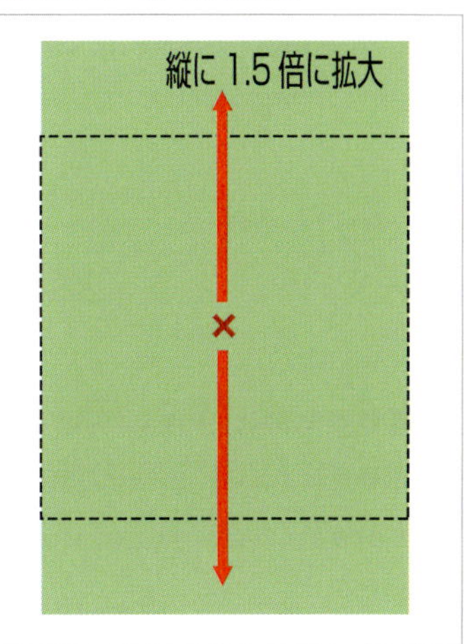

回転

●図25-10　回転の書式

rotate(回転の角度)

例：transform:rotate(45deg);

rotate()関数は、角度を指定して要素を回転させることができます。プラスの角度指定で時計回り、マイナスの角度指定で反時計回りに回転します。回転の原点はオブジェクトの中心となります。

【HTML】

```
<div class="rotate01">45度回転</div>
<div class="rotate02">15度逆回転</div>
```

【CSS】

```
/*rotate()*/
.rotate01{
  -webkit-transform: rotate(45deg);
  -ms-transform: rotate(45deg);
  transform: rotate(45deg);
}
```

```
.rotate02{
  -webkit-transform: rotate(-15deg);
  -ms-transform: rotate(-15deg);
  transform: rotate(-15deg);
}
```

●図 25-11　回転結果

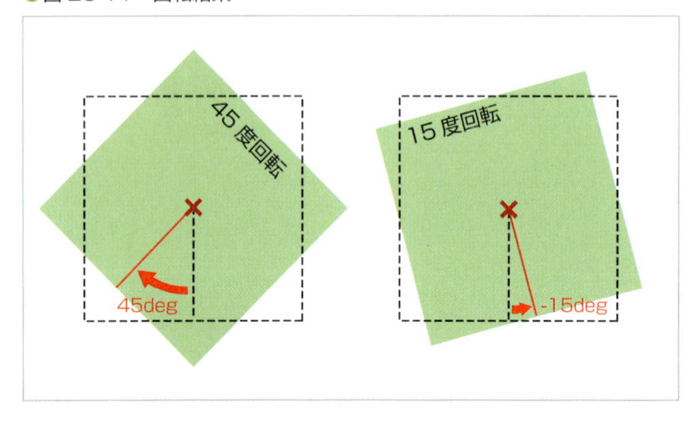

傾斜

●図 25-12　傾斜の書式

skew(X軸方向の傾斜角度,Y軸方向の傾斜角度※省略可)
skewX(X軸方向の傾斜角度)
skewY(Y軸方向の傾斜角度)

例：transform:**skew(30deg,0);**

skew() 関数は、X 軸方向・Y 軸方向に要素を傾斜させることができます。軸と角度の関係がやや分かりづらいので、以下の図で概要を把握しておきましょう。

●図 25-13　傾斜の軸と角度の関係

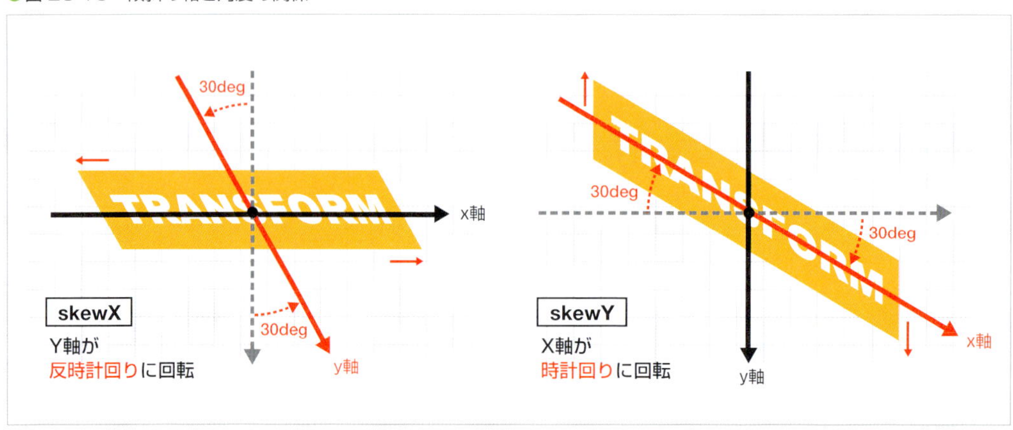

【HTML】

```
<div class="skew01">X軸方向に30度傾斜</div>
<div class="skew02">Y軸方向に30度傾斜</div>
<div class="skew03">X軸・Y軸両方向に30度傾斜</div>
```

●図 25-14　X 軸 30 度傾斜

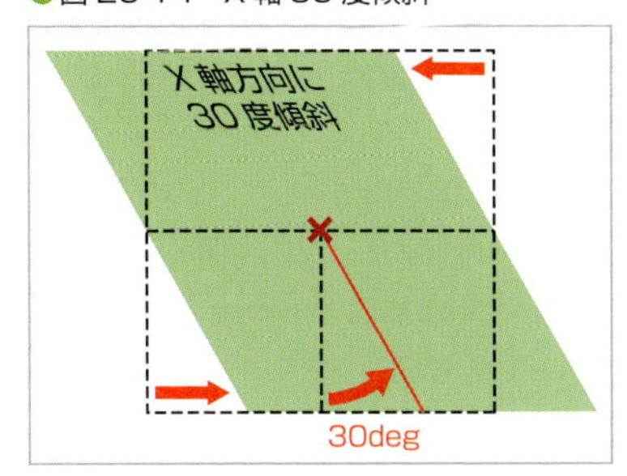

.skew01 を X 軸方向に 30 度傾斜

【CSS】

```
/*skew()*/
.skew01{
  -webkit-transform: skew(30deg, 0);
  -ms-transform: skew(30deg, 0);
  transform: skew(30deg, 0);
}
```

skew(30deg, 0) と X 軸方向のみにプラスの角度を指定すると Y 軸が反時計回りに回転するため、その軸に沿って左に倒れた平行四辺形になります。Y 軸方向の数値は省略できるので、skew(30deg) と書くこともできます。また X 軸方向の傾斜のみを指定する skewX() 関数を使って skewX(30deg) と書くこともできます。

.skew02 を Y 軸方向に 30 度傾斜

●図 25-15　Y 軸 30 度傾斜

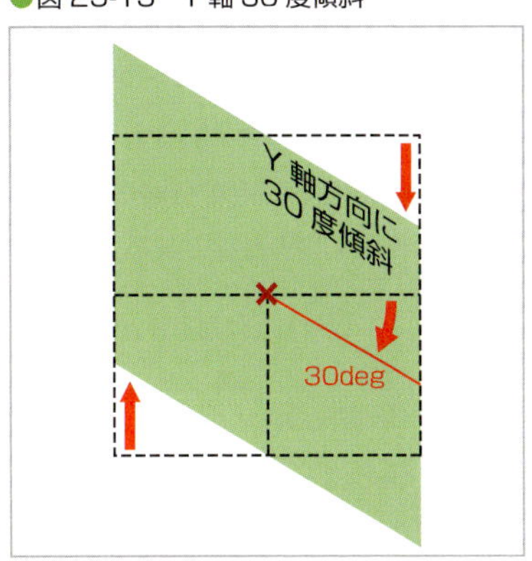

【CSS】

```
.skew02{
  -webkit-transform: skew(0, 30deg);
  -ms-transform: skew(0, 30deg);
  transform: skew(0, 30deg);
}
```

skew(0, 30deg) と Y 軸方向のみにプラスの角度を指定すると X 軸が時計回りに回転するため、その軸に沿って左が下がった平行四辺形になります。Y 軸方向の傾斜のみを指定する skewY() 関数を使って skewY(30deg) と書くこともできます。

.skew03 を X 軸 Y 軸方向にそれぞれ 30 度傾斜

●図 25-16　XY30 度傾斜

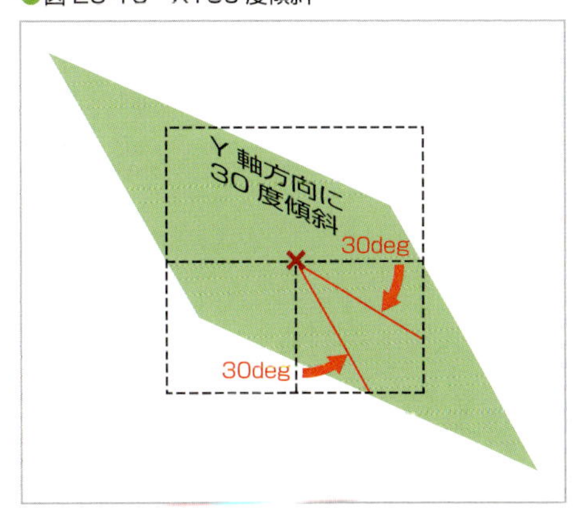

【CSS】

```
.skew03{
  -webkit-transform: skew(30deg, 30deg);
  -ms-transform: skew(30deg, 30deg);
  transform: skew(30deg, 30deg);
}
```

skew() 関数で X 軸、Y 軸をそれぞれ傾けた結果、X 軸と Y 軸が重なってしまった場合、オブジェクトは画面に表示されなくなりますので角度の組合せには注意してください。

実習2 transform-origin（変形の原点）

●図 25-17　transform-origin の書式

```
transform-origin:X軸方向の位置 Y軸方向の位置;
                 （左辺からの距離）（上辺からの距離）
```

X 軸方向の位置………… 比率 | 数値 | left | center | right
Y 軸方向の位置………… 比率 | 数値 | top | center | bottom

例：`transform-origin:0 50%;` ／ `transform-origin:left center;` ／
`transform-origin:10px 50px;`

Chrome	Safari	Firefox	Opera	IE10+	IE9
○	-webkit-	○	○	○	-ms-
iOS7.x	**iOS8.x**	**Android2.x**	**Android3.x**	**Android4.x**	**Android5.x**
-webkit-	-webkit-	-webkit-	-webkit-	-webkit-	○

Web ページにはブラウザの左上を原点とする座標系があり、各要素はそれに基いて配置されています。各要素にはそれとは別に自分自身の左上を原点とするローカル座標を持っており、transform-origin プロパティが原点の位置を決めています。

ローカル座標の原点は通常オブジェクトの左上ですが、transform プロパティを使って変形処理を施した場合は自動的に値が「50% 50%（オブジェクトの中央）」にセットされる仕様となっています。変形の原点がオブジェクトの中央なのはこのためです。

●図 25-18　ローカル座標と原点

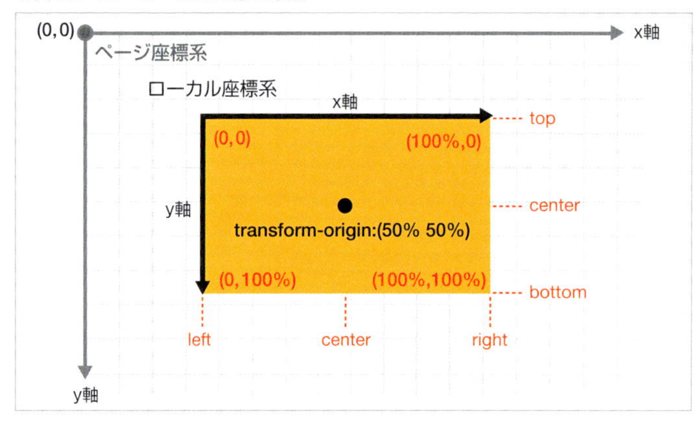

ローカル座標の原点は、transform-origin の値を変更することでいつでも変更できます。

変形の原点を変更する

transform プロパティは、:hover 疑似クラスで使うことでインタラクティブに変形させることもできます。scale() 関数でロールオーバーすると横に伸びるバーを用意しましたが、そのままでは原点が中心のため、左右に伸びてしまいます。そこで transform-origin プロパティを追加して、原点を左上に移動させましょう。

【HTML】

```
<ul class="sample origin">
<li>のび～る</li>
<li>のび～る</li>
<li>のび～る</li>
</ul>
```

●図 25-19　原点移動結果

【HTML】

```
/* Transform-Origin
----------------------------*/
.origin li{
  width:30%;
  cursor:pointer;
}

.origin li:hover{
  -webkit-transform: scale(2, 1);——①
  -ms-transform: scale(2, 1);
  transform: scale(2, 1);

  -webkit-transform-origin:0 0;———②
  -ms-transform-origin:0 0;
  transform-origin:0 0;
}
```

① hover 時に scale() 関数で横 2 倍に拡大する指定です。

② transform-origin プロパティを追加します。変形の原点は左上にしたいので、値は 0 0 (または left top)とします。

実習3 transition (トランジションアニメーション)

●図 25-20　transition 書式

transition:変化にかかる時間 プロパティ 変化の仕方 ディレイ;
transition-duration:変化にかかる時間;
transition-property:プロパティ;
transition-timing-function:変化の仕方;
transition-delay:ディレイ;

変化にかかる時間 …… 秒 (s) | ミリ秒 (ms)
プロパティ …………… all | none | プロパティ名
変化の仕方 …………… ease | linear | ease-in | ease-out | ease-in-out | cubic-bizer()
ディレイ ……………… 秒 (s) | ミリ秒 (ms)

例:**transition:1s color linear 0.5s;** ／ **transition:1s;**

Chrome	Safari	Firefox	Opera	IE10+	IE9
○	○	○	○	○	×
iOS7.x	iOS8.x	Android2.x	Android3.x	Android4.x	Android5.x
○	○	-webkit-	-webkit-	○*	○

＊ Android4.0-4.3 は -webkit- が必要です。

transition は、「:hover」などの動作をきっかけとして、アニメーションでプロパティの値を変化させることができるプロパティです。例えば「マウスを乗せると色が緑から黄色へ変わる」といった変化の場合、通常

の :hover では一瞬で黄色に変わるだけですが、transition プロパティを使うと緑から黄色までなめらかに色を変化させることができるようになります。

ではサンプルを使って transition プロパティの使い方を練習してみましょう。

一定の時間でプロパティを変化させる（transition-duration）

まずはロールオーバーで背景色と文字色が 1 秒かけて同時にフワッと変化する効果を設定してみましょう。

【HTML】

```
<p class="btn btn01"><a href="#">button</a></p>
```

【CSS】

```
p.btn01 a{
  background-color:#9c9;
  color:#fff;
  -webkit-transition:1s;
  transition:1s;
}
p.btn01 a:hover{
  background-color:#fc6;
  color:#000;
}
```

●図 25-21　transition 1

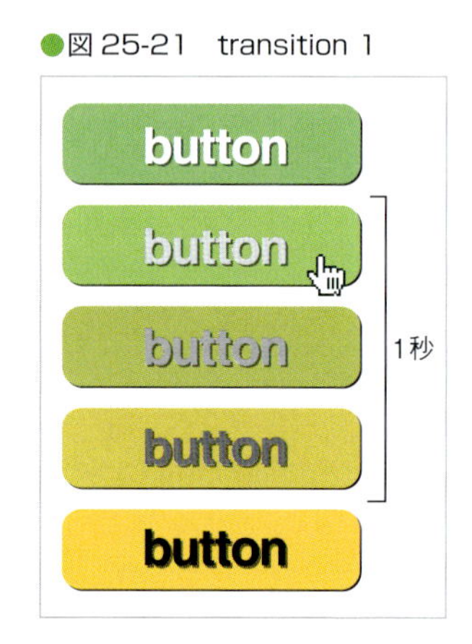

:hover の前後で変化するプロパティを全て同じように一律でアニメーションさせたい場合は、transition プロパティに対して変化にかける時間（秒数）を設定するだけなのでとてもシンプルです。

Memo
transition プロパティは、背景関連指定における background プロパティのようなショートハンド用のプロパティです。「transition-duration:1s;」と個別プロパティで書いても構いません。

Caution
transition プロパティは :hover の方ではなく、元の要素の方に設定するものですので注意してください。

特定のプロパティだけにトランジション効果をつける（transition-property）

次に、背景色だけにトランジション効果をつけるアレンジをしてみましょう。

【HTML】

```
<p class="btn btn02"><a href="#">button</a></p>
```

【CSS】

```
p.btn02 a{
  background-color:#9c9;
  color:#fff;
  -webkit-transition:background-color 1s;
  transition:background-color 1s;
}
```

●図 25-22　transition 2

:hover のタイミングで変化する複数のプロパティのうち、特定のものだけにトランジション効果をつけたい場合は、transition プロパティの値にそのプロパティ名を追加します。変化の時間指定と順番は前後しても構いません。

Memo
個別指定の場合は「transition-property: 対象プロパティ名;」となります。

トランジション効果の開始に時間差をつける（transition-delay）

最後に、背景色と文字色が時間差で変化する効果をつけてみましょう。

【HTML】

```
<p class="btn btn03"><a href="#">button</a></p>
```

【CSS】

```
p.btn03 a{
  background-color:#9c9;
  color:#fff;
  -webkit-transition:background-color 1s 0s, color 1s 1s;
  transition:background-color 1s 0s, color 1s 1s;
}
```

●図 25-23　transition3

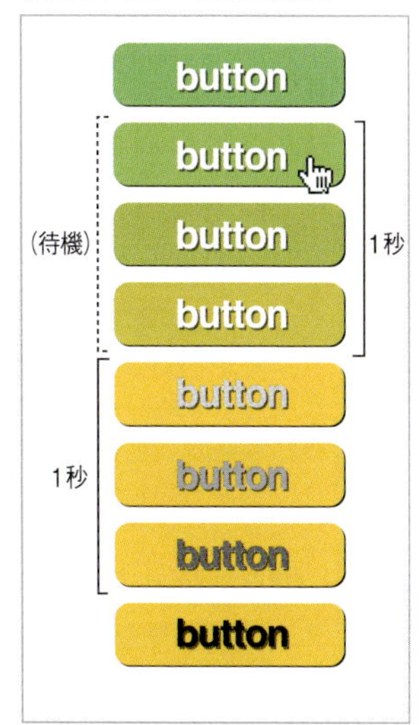

:hover のタイミングが発生してから実際に変化が開始するまでの時間を指定するのが transition-delay プロパティです。ショートハンドで記述する場合には、必ず transition-duration の数値より後ろに記述しなければなりません。今回は背景色の delay は 0 秒、文字の delay は 1 秒ですので、hover してすぐに背景色が変化し、1 秒後に文字色が変化する動作となります。

ショートハンドの記述が分かりづらい場合は、以下のようにプロパティ単位で記述することもできます。

```
  transition-property: background-color, color;
  transition-duration: 1s, 1s;
  transition-delay: 0s, 1s;
```

transition-timing-function

transition 関連のプロパティにはもう 1 つ、変化の仕方を設定する transition-timing-function プロパティというものがあります。主な値とその意味は次のとおりです。

値	変化の仕方
ease（初期値）	なめらかに始まりなめらかに終わる
linear	一定の速度で変化
ease-in	ゆっくり始まる
ease-out	ゆっくり終わる
ease-in-out	ゆっくり始まりゆっくり終わる

言葉ではなかなかイメージが掴めないと思いますので、サンプルファイルの最後にある「transition-timing-function」のデータを実際に触って動きの特徴を確認してみてください。

このサンプルは、黄色い領域にマウスが入ったら、ease から ease-in-out までの 5 つのボックスが 1 秒かけて右へ500px移動するように設定してあります。delayは設定してありませんので、同時にスタートして同時に終わります。ただしtransition-timing-functionの値をそれぞれ違うものにしてあるため、途中経過の動き方は全て違うものになっているはずです。

通常は初期値の「ease」で良いと思いますが、ものによってはその他の動き方のほうがしっくりくることもあると思いますので、それぞれの動きの特徴を押さえておきましょう。

●図25-24　timingサンプル

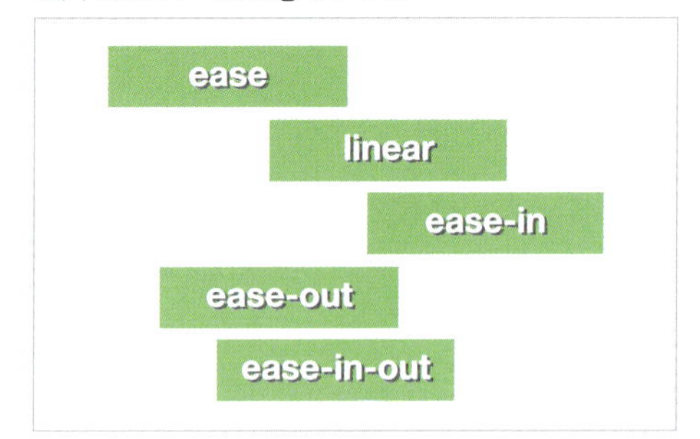

COLUMN

3D変形と高度なアニメーション

CSS3には3D（三次元）での変形処理を行うtransform3Dや、transitionよりもっと高度なアニメーション表現を実装するためのanimationプロパティといったものも用意されています。
これらは通常の文書としてのWebで使う機会はそう多くないかもしれませんが、よりインタラクティブで高度なインターフェースを必要とするWebサイトやWebアプリ、ゲーム開発などでは頻繁に利用されることになる機能です。比較的高度な内容になるため本書では触れませんが、そういった方面に進みたいと考えている方は別途これらの勉強も進めておくことをお勧めします。

●図25-25　transform3d、animationの例

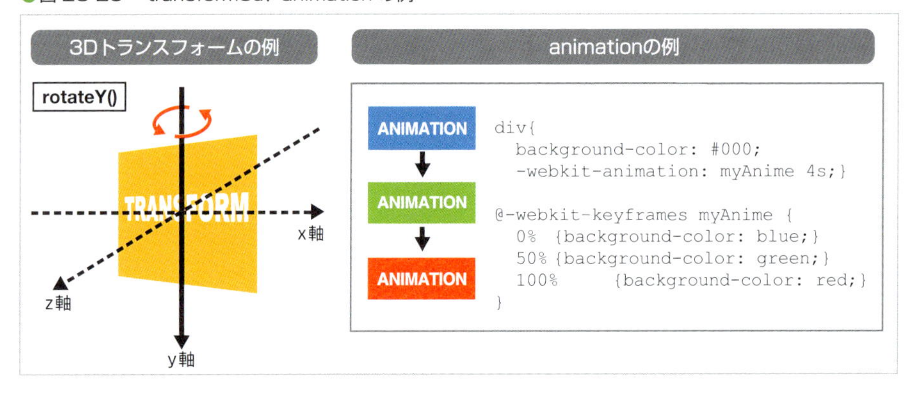

講義 CSS3 メディアクエリ

Chrome	Safari	Firefox	Opera	IE10+	IE9
○	○	○	○	○	○
iOS7.x	iOS8.x	Android2.x	Android3.x	Android4.x	Android5.x
○	○	○	○	○	○

最後に今後のWebサイトのスマートフォン対応にとって欠かせないものとなっている「メディアクエリ」の機能を紹介しておきたいと思います。

メディアクエリとは

メディアクエリは、ウィンドウのサイズやモニタの物理サイズ、画面密度やデバイスの向きなど、閲覧環境の特性（メディア特性）に応じてCSSを分岐させることができる機能で、CSS2.1の時代から使われているmedia属性（media="all"など）の拡張として定義されています。

メディアクエリの記述方法と書式

メディアクエリの記述は、① CSSファイル内の@media　② link要素のmedia属性　③ CSSファイル内の@import　のいずれかの場所に記述できます。①は他のCSSと同じファイル内に記述して管理する場合に使い、②と③は条件分岐するCSS記述を外部ファイル化して管理する場合に使います。

それぞれの場合の書式は以下の通りです。

●図25-26　メディアクエリ書式

① CSSファイル内に記述する場合

```
@media screen※and (メディア特性){…スタイル設定…}
```

※メディアタイプは「all」や「print」などscreen以外の値を取ることもできますが、実際の用途を考慮するとほぼ「screen」となるのが一般的です。

② link要素に記述する場合

```
<link rel="stylesheet"media="screen and (メディア特性)"href="ファイル名.css">
```

③ @importに記述する場合

```
@import url("ファイル名.css") screen and (メディア特性);
```

使用できる主なメディア特性

条件判別によく使うメディア特性には次のようなものがあります（一部抜粋）。

特性	条件	最大値／最小値	値
width	表示領域（ブラウザ画面）の横幅。	max-／min-	数値
height	表示領域（ブラウザ画面）の高さ。	max-／min-	数値
device-width	スクリーン（モニタ画面）の横幅。	max-／min-	数値
device-height	スクリーン（モニタ画面）の高さ。	max-／min-	数値
orientation	表示領域の向き。縦長（portrait）または横長（landscape）。	なし	portrait／landscape
aspect-ratio	表示領域の縦横比。「横／縦」（1/1など）という形で指定。	max-／min-	縦横比
device-aspect-ratio	スクリーンの縦横比。「横／縦」（16/9など）という形で指定	max-／min-	縦横比
device-pixel-ratio ※1	画面のピクセル密度（density）の値	max-／min-	1、1.5、2などの値
resolution ※2	画面のピクセル密度の値	max-／min-	dpi（1インチあたりドット数）、dpcm（1センチあたりドット数）、dppx（1px単位のドット数）

※1 device-pixel-ratioはW3C仕様には定義されていません。利用には-webkit-プレフィックスが必要です。
※2 W3C仕様に定義されているピクセル密度のメディア特性。まだサポート環境が少ないので-webkit-device-pixel-ratioとの併記が推奨されています。

メディアクエリの主な利用シーンと使い方

メディアクエリの機能が最も必要とされるのは、パソコンだけでなくスマートフォンやタブレットなど、様々な画面サイズを持つ多様なデバイスにそれぞれ適した形で画面を表示するような場面で、近年スマートフォン対応の手法の1つとして注目されている「レスポンシブ・ウェブデザイン」がその代表となります。

表示領域のサイズによってスタイルを変える

代表的な例として、表示領域サイズによってスタイルを変更するメディアクエリを見てみましょう。

※メディアクエリに必要な部分のみ抜粋

```
/*640px以下の環境*/
@media screen and (max-width:640px){ ―――― ①
  body{background-color:red;}
}

/*641px以上980px以下の環境*/
@media screen and (min-width:641px) and (max-width:980px){ ―――― ②
  body{background-color:green;}
}

/*981px以上の環境*/
@media screen and (min-width:981px){ ―――― ③
  body{background-color:yellow;}
}
```

①「○○px以下」という場合のメディア特性には「max-width」を使います。
② 条件が複数ある場合は、andでメディア特性をつなげば全ての条件を満たした時だけにスタイル指定できます。
③「○○px以上」という場合のメディア特性には「min-width」を使います。

●図 25-27　メディアクエリ例 1

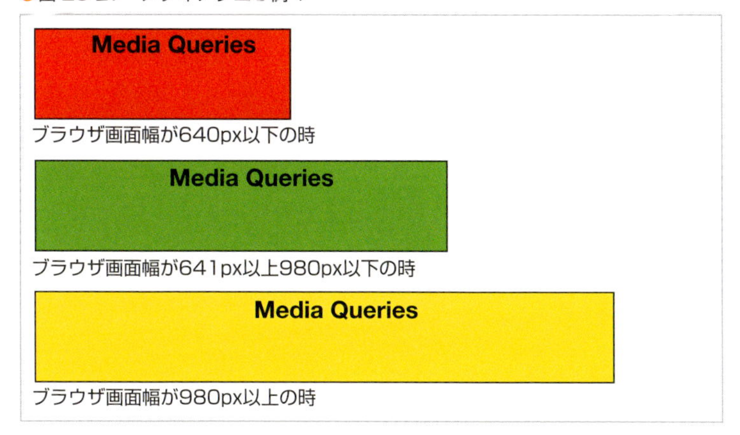

デバイスの向きによってスタイルを変える

もう1つの例として、スマートフォンなどの縦向き／横向きの概念があるデバイスで、画面を回転させた場合にスタイルを変更するメディアクエリを見てみましょう。

```
/*縦長表示の時*/
@media screen and (orientation: portrait) {
  body{background-color: yellow; }
}
/*横長表示の時*/
@media screen and (orientation: landscape) {
  body{background-color: green; }
}
```

●図 25-28　メディアクエリ例 2

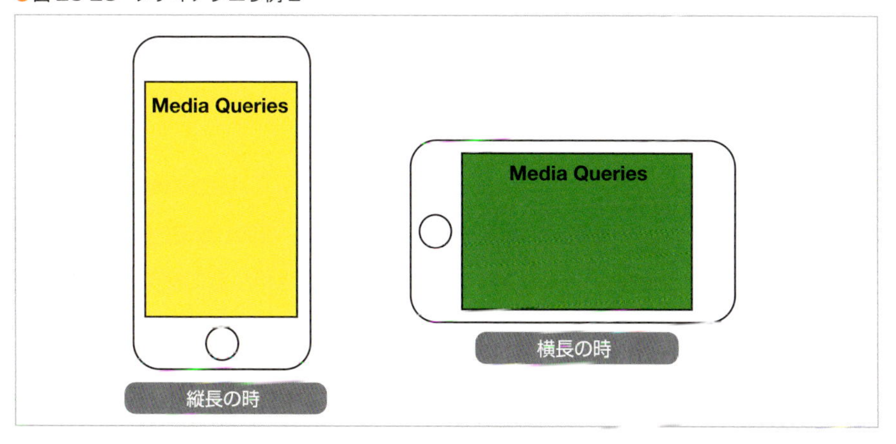

表示領域の向きを表すメディア特性が「orientation」で、縦長が「portrait」・横長が「landscape」となります。縦向きと横向きで細かくレイアウトを調整したいような場面で活用できます。

Memo

orientation を使うのはおそらく主にスマートフォン・タブレットの場合だけかと思われますが、「表示領域が横長か縦長か」だけを見ているので、実際には PC ブラウザにも適用されます。

メディアクエリの基本的な使い方は以上です。メディアクエリのより実践的な活用法については、次のChapter08「マルチデバイス対応の基礎知識」・Chapter09「レスポンシブ・ウェブデザインのコーディング」にて解説していますので、そちらを参照してください。

POINT

- transform プロパティで要素の「移動／拡大縮小／回転／傾斜」ができる
- transition プロパティでマウスオーバー時のスタイルをなめらかに変化させることができる
- メディアクエリで多様なデバイスに応じた柔軟なスタイル指定ができる

Chapter 08

マルチデバイス対応の基礎知識

スマートフォン・タブレットの普及により、パソコン以外のモバイル端末からWebサイトを閲覧する人の数が増えており、Webサイトのマルチデバイス対応に迫られる時代となってきています。本章では、スマートフォン・タブレット向けのWebサイトを制作する際にきちんと理解しておく必要のあるデバイスの特性や、制作上の注意点などの基礎知識を解説していきます。

マルチデバイス対応の基礎知識

デバイスの特性を理解する

スマートフォンやタブレットというデバイスは、PCとはかなり異なる特性を持っています。LESSON26では、Webサイトのマルチデバイス対応をするにあたってまずデバイスの特性を理解し、サイトを制作する上で注意すべきポイントを解説します。

講義 スマートフォンとタブレット

スマートフォン・タブレットの普及と対策の必要性

統計から見るスマートフォン・タブレットの普及率

総務省が2015年5月19日に発表した「平成26年情報通信メディアの利用時間と情報行動に関する調査報告書」によると、スマートフォンの利用率は全年代合わせて62.3%となっています。このうち20代は94.1%、30代は82.2%と、若年層で圧倒的多数を占める結果となっており、タブレットの利用率も全年代平均で20%を超えています。

また2012年から2014年の3年間の推移を見ても、特にスマートフォンは毎年高い伸び率を示しており、これらのデバイスからWebサイトが閲覧される機会も今後ますます増えることは確実です。実際、ごく一般的な内容のWebサイトであっても、アクセス数のおよそ5割から6割はパソコン以外のデバイスから閲覧されるのが当たり前という状況になっているため、Webサイトのマルチデバイス対応はまさに「待ったなし」の状況にあると言えるでしょう。

●図26-1　経年モバイル機器等の利用率（全年代・年代別）

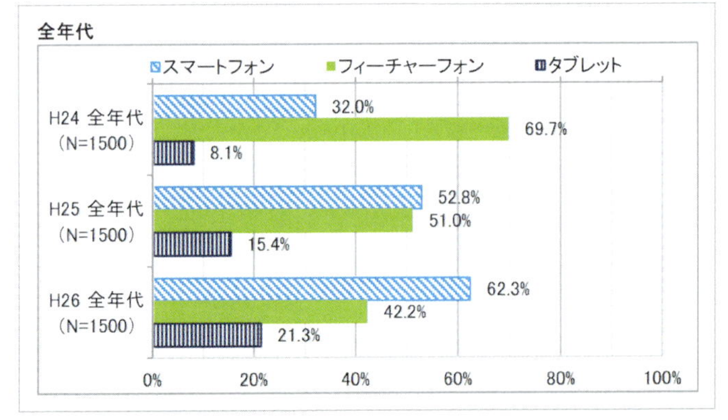

出典：総務省 「平成26年情報通信メディアの利用時間と情報行動に関する調査報告書」
(http://www.soumu.go.jp/main_content/000357570.pdf)

Google の［スマホ対応］ラベル

機器の普及率と合わせてマルチデバイス対応を急ぐ必要がある理由のひとつに、Google が 2015 年 4 月 21 日からスタートさせた「スマホ対応ラベル」の存在があります。これは Google が Web サイトのページ設計がモバイル端末に最適化されているかどうかを判断し、最適化されていると判断した Web サイトには検索結果に「スマホ対応」のラベルをつけるというものです。

「スマホ対応ラベル」の有無は PC からの検索順位には影響ありませんが、モバイルからの検索順位には大いに影響があります。モバイル端末の普及率を考えるとスマホ対応ラベルの有無による検索順位結果の変動は、特にビジネスサイトにおいて死活問題となりかねないため、対応が急がれる大きな要因となっています。

●図 26-2　スマホ対応ラベル

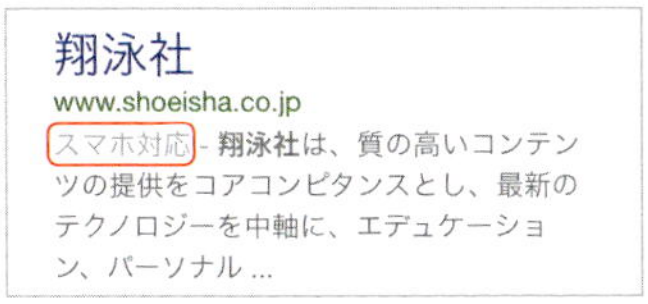

翔泳社
www.shoeisha.co.jp
スマホ対応 - 翔泳社は、質の高いコンテンツの提供をコアコンピタンスとし、最新のテクノロジーを中軸に、エデュケーション、パーソナル ...

●図 26-3　モバイルガイド

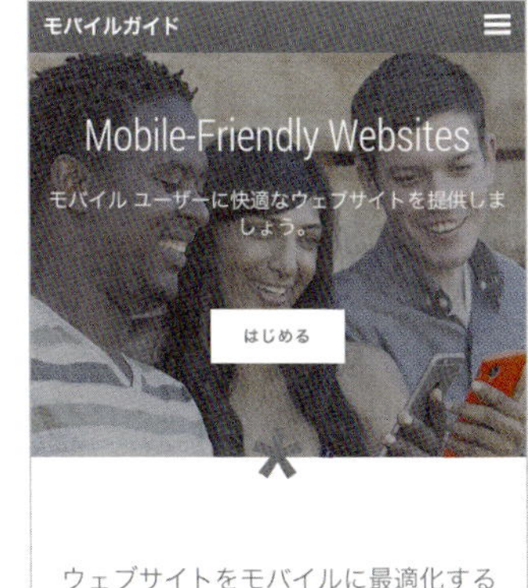

モバイルフレンドリーテスト

Web サイトがモバイル端末に最適化されているかどうかをチェックするツールが「モバイルフレンドリーテスト」(https://www.google.com/webmasters/tools/mobile-friendly/) です。まずはここでモバイルフレンドリーと認識されるかどうかをチェックし、問題がある場合には何らかの対策を取ることが求められます。

●図 26-4　モバイルフレンドリーテスト結果画面

スマートフォン・タブレットのデバイス特性

具体的なマルチデバイス対応の方法を解説する前に、スマートフォンやタブレットといったデバイスがどのような特徴を持っているのか確認しておきましょう。

タッチデバイス

最も大きな特徴は、タッチデバイスであるということでしょう。これはつまり、「指で直接画面を触って操作する」ということを意味しています。したがってマウスを使った細かい操作やキーボードからの高速入力ができる PC とは操作性そのものが大きく異ります。また、指で操作することに特化した「スワイプ」「フリック」「ピンチイン／ピンチアウト」といった PC にはない独自の操作インターフェースもあります。

限られたスペック

スマートフォンやタブレット端末は、近年高機能になってきたとはいえ、やはり全体としてみれば PC より総じてスペックが劣る貧弱な端末であるということを忘れてはいけません。そのため、あまりにも処理に負荷がかかるようなコンテンツは避けなければなりません。

Web閲覧環境の違い

Webサイトが閲覧される環境もPCとは大きく異なります。以下はPCとモバイル端末のWeb閲覧環境を比較した表ですが、PCでの閲覧環境よりも、モバイル端末を使ったWeb閲覧環境の方が制約が大きいということが分かります。

●表26-1　PCとモバイルのWeb閲覧環境の違い

	PC	モバイル
画面サイズ	大きい	小さい
通信回線	速い・安定している	遅い・不安定
閲覧場所	屋内	屋内・屋外
閲覧方法	じっくり座って閲覧	移動中、ながら閲覧
閲覧時間	長い	比較的短い
文字入力の難易度	低い	高い（長文入力に向かない）

スマートフォン・タブレット向けのインターフェース

指で操作することを意識する

モバイル端末向けのWebサイトを制作する際、特に注意すべきことは「指で操作する」という点です。指での操作はマウスと違ってタッチする領域が大きくなるため、細かい文字のテキストリンクが並ぶような、小さく隣接するリンク領域を作らないようにすることが重要です。

●図26-5　使いにくいリンク例

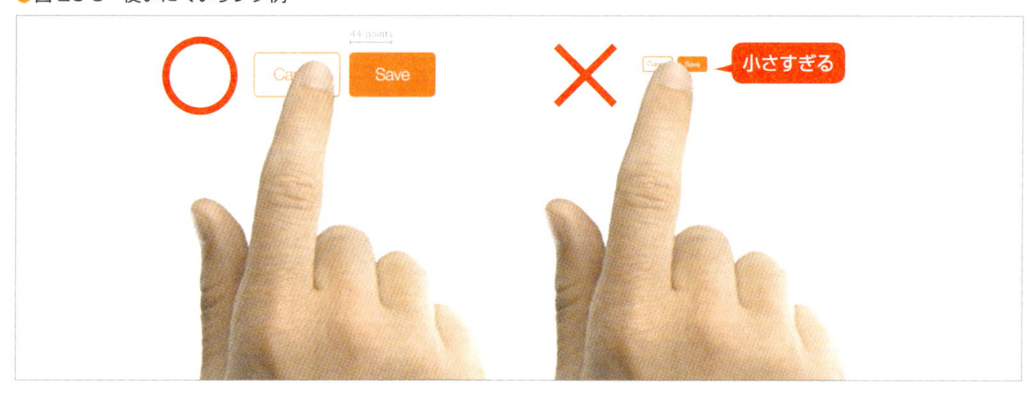

出典：UI Design Do's and Don's（https://developer.apple.com/design/tips/）

ひと目で「押せる」ことが分かるデザイン

もう一つ気をつけたいことが、スマートフォン・タブレットのようなタッチデバイスには「ロールオーバーの概念が無い」ということです。PCであればマウスをのせた段階（ロールオーバー）で何かしらの反応があるため、直感的に「ここはリンクだな」ということが分かりやすいのですが、タッチデバイスの場合は実際に押してみるまでリンクしているのか

●図26-6　押せると分かるデザイン例

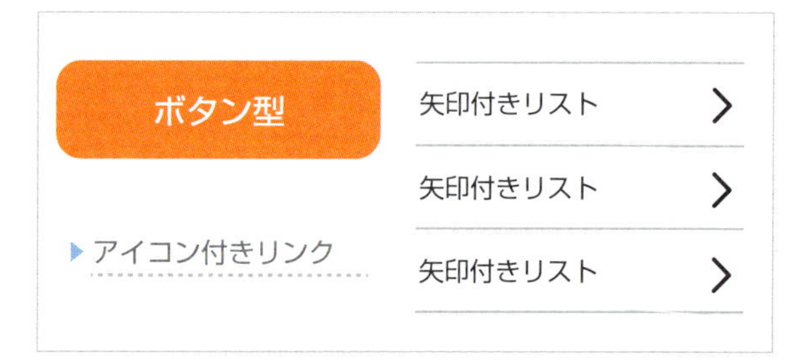

どうかは分かりません。従って、パッと見てひと目で「押せる」ことが分かるようなデザインを心がける必要があります。

デザインの基本は「横幅可変」

スマートフォン・タブレットには実に多種多様な機種が存在しています。特にAndroid端末ではアスペクト比の異なる様々な機種が発売されているため、縦向き（portfolio）・横向き（landscape）も含めると少しずつサイズの異なる画面サイズが無数に存在する状態となります。

このような状況では、広い画面を持つことが多いPC向けサイトのように、平均的なモニタサイズに合わせてコンテンツ幅を固定サイズにすることは現実的ではありません。

そこで、モバイル端末向けにWebサイトを制作する場合には、「横幅可変」を前提としたデザインで作るのが基本です。

横幅可変とする場合、「リキッドレイアウト（配置される画像のサイズは固定でコンテナサイズのみ可変）」と「レスポンシブレイアウト（配置される画像サイズやカラム幅も同一比率を保ちながら可変）」の2パターンがありますが、どちらか一方でなければならない理由はありませんので、一画面に収まる情報量とデザインのバランスを見ながら適宜組み合わせてデザインすると良いでしょう。

●図26-7　Android端末の画面サイズ断片化

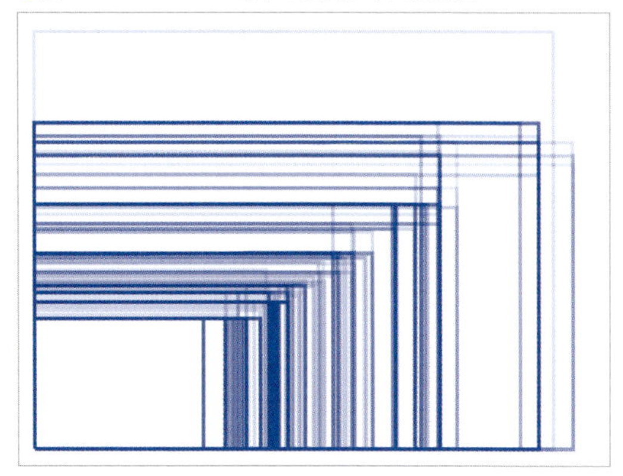

●図26-8　幅可変のデザイン

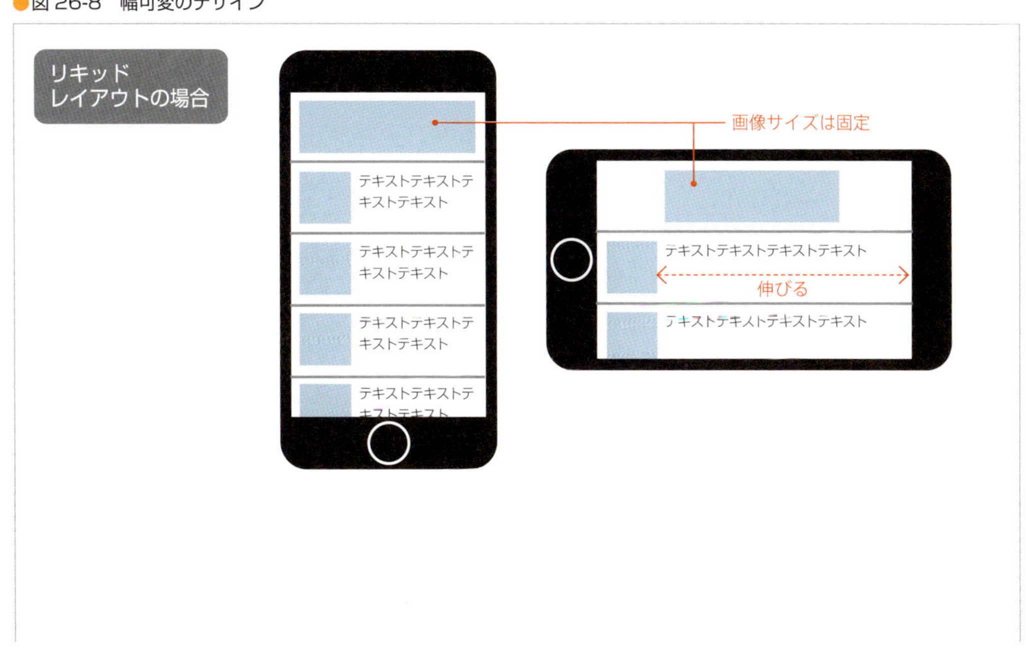

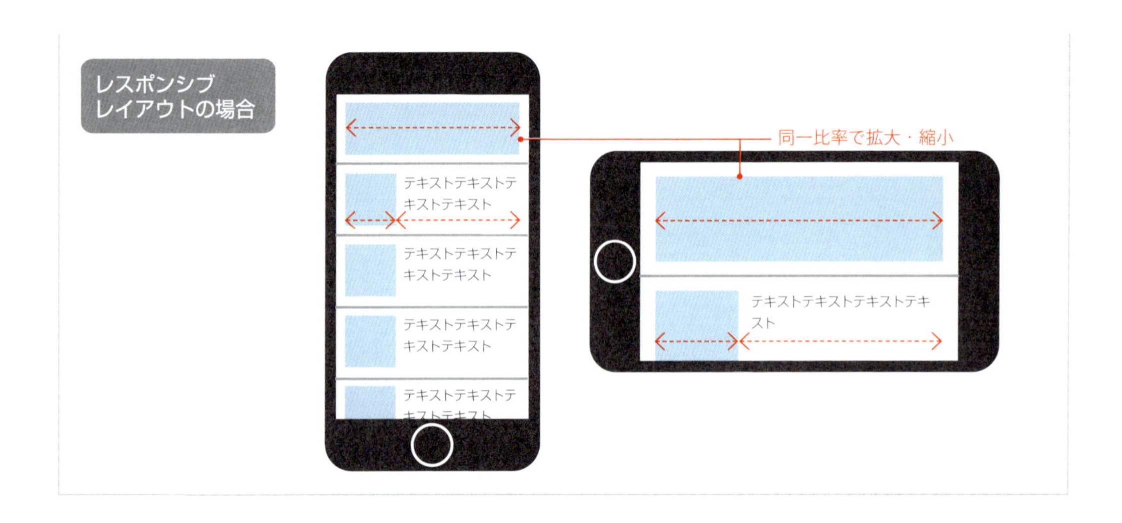

モバイル向けデザインガイドライン

初めてモバイル向けのユーザーインターフェース（UI）を設計するのであれば、Appleの「UI Design Do's and Don'ts」（https://developer.apple.com/design/tips/）が参考になります。英語サイトですが、簡潔な文言と分かりやすい写真で「モバイルUIデザインでやっていいこと、悪いこと」を10個厳選して紹介してくれています。特に

- デバイスの画面サイズに合わせたレイアウト
- 最低44×44px以上のリンク領域
- 最低11point以上の文字サイズ

あたりはモバイル向けのUIデザインを行う上での最低限の常識となっています。また、これ以外の項目もいずれも大事なことばかりですので、是非一度目を通しておくことをお勧めします。

Memo

最少フォントサイズ

日本語の場合は画数の多い漢字を使用しますので、最低サイズは12px以上、また特にメインの本文フォントは14px以上とした方が読みやすいとされています。

●図26-9　UI Design Do's and Don'ts 画面

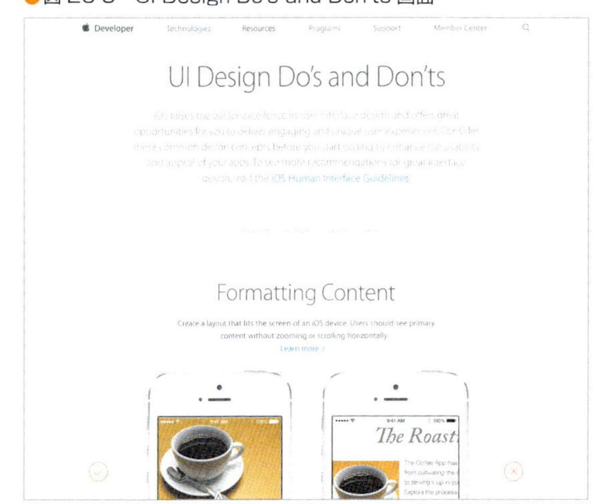

画面サイズと viewport の関係

viewport とは

viewport とは、モバイル端末においてデバイスのスクリーンを何ピクセル×何ピクセルとして扱うかを設定するもので、いわばモバイル端末の「仮想ウィンドウサイズ」とも言えるものになります。通常の PC 向け Web サイトをスマートフォン等で閲覧すると、多くの場合そのまま縮小されて全体が表示されると思いますが、これはデフォルトの viewport のサイズが多くの場合 980px となっているためです。

●図 26-10　PC サイトをスマートフォンで閲覧した場合

viewport の設定と画面表示

viewport が 980px の状態で PC サイトを閲覧した場合、本来 320 ～ 360px 程度しかないスクリーンの中に 980px 分の情報を縮小して詰め込む形となりますので、文字などは小さくなりすぎて拡大しないと読めません。また、拡大すれば当然画面内に情報が収まらなくなりますので、他の部分を見るには画面を縦横に移動させる必要もあります。これでは閲覧する際にストレスが溜まってしまいます。

そこで、モバイル向けの Web サイトを制作する際にはモバイルの画面サイズに最適化されたレイアウトにした上で、それをデバイス本来の画面サイズに合わせた viewport で表示する必要があります。

viewport の値を変更するには、meta 要素を使います。HTML の head 要素の中で以下のように記述すると、それぞれのデバイス本来のスクリーンサイズに合わせて自動的に viewport のサイズを調整してくれるようになります。

```
<meta name="viewport" content="width=device-width">
```

Memo

viewport の width

viewport の width の値には、conetnt="width=640px" のように固定値を入れることもできます。その場合画面幅 640px だと想定してコンテンツは拡大縮小表示されます。しかし固定値で指定した場合、指定幅より大きなスクリーンを持つデバイスでは拡大されすぎて使いづらい状況になるなど、必ずどこかにしわ寄せが来ることになります。様々な画面サイズのデバイスに対応させるためには、今のところ content="width=device-width" とするのがベストだと思われます。

●図 26-11　viewport を device-width に設定した場合

デバイスピクセル比と画像表示の関係

画面サイズと解像度

画面サイズと解像度の関係は、PC とモバイルでは少し様子が異なります。PC では基本的に解像度が高くなれば画面サイズもそれに比例して大きくなりますが、モバイル端末の場合は解像度の大きさと画面サイズが比例しません。例えば iPhone3 までと iPhone4/5 は物理的な端末の画面サイズは同じです。しかし、解像度を比較すると iPhone3 までが 320 × 480 なのに対して、iPhone4/5 は 640 × 960 です。解像度が 2 倍になっているのに、画面サイズは変わりません。なぜでしょうか？

それはスクリーンのピクセル密度が 2 倍になっているからです。ピクセル密度とは 1 インチあたりのピクセル数のことで、dpi（dot per inch）や ppi（pixel per inch）と呼ばれています。ピクセル密度が高いほど、面積あたりの解像度が高くなります。ちなみに Apple では iPhone4 以降で採用されたピクセル密度が通常の 2 倍以上あるディスプレイのことを「Retina ディスプレイ」と呼んでいます。Android ではこのような呼び名はありませんが、同様にピクセル密度の高い端末が存在しています。

Caution

Retina ディスプレイとは Apple 製品における呼び名であり、Android 端末などその他のメーカーではそのようには呼びません。ただし、本書では便宜上 Android 端末も含めてピクセル密度の高い高精細なディスプレイのことを総じて「Retina ディスプレイ」と表現していますのでご了承ください。

●図 26-12　Reina・非 Retina 比較

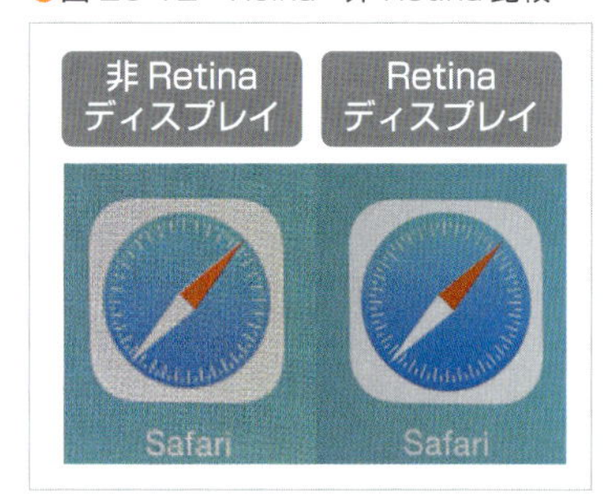

デバイスピクセル比とは

端末の解像度・ピクセル密度が高くなると、同じサイズの画面の中により広い表示領域を確保できます。しかし単純に 1px ＝液晶の 1dot として表示させてしまうと困ったことがおきます。例えば 320 × 320px の要素を表示させた場合、iPhone3 までは画面幅いっぱいに表示されたのに、iPhone4 以降では画面の半分にしか表示されないことになり、端末の解像度・ピクセル密度によって見え方がバラバラになってしまいます。このような事態を避けるために考えられたのが「デバイスピクセル比（device-pixel-ratio）」という概念です。

まずWebデザインで扱うピクセルを「CSSピクセル（csspx）」、液晶上の物理的なdot＝ピクセルを「デバイスピクセル（dpx）」として区別して考えてください。Retinaディスプレイのようにピクセル密度が2倍となったスクリーンでは、1csspx = 2dpxとして表します。1つのCSSピクセルを何ピクセルのデバイスピクセルで表示するかの比率、これがデバイスピクセル比です。

多くのPCモニタや初期のスマートフォンでは「CSSピクセル＝デバイスピクセル」なのでデバイスピクセル比のことを気にする必要はありませんが、いまやデバイスピクセル比が1、1.5、2、3といった様々な種類のデバイスが存在するため、マルチデバイス対応のWebサイトを制作する時にはこの点にも注意が必要となります。

Memo
厳密に言うと「デバイスピクセル比：2」の端末では、1つのCSSピクセルを表示するのに縦2dpx、横2dpx合計4dpx使用することになります。つまり縦に2倍、横に2倍、面積比4倍ということです。

●図26-13　CSSピクセルとデバイスピクセル

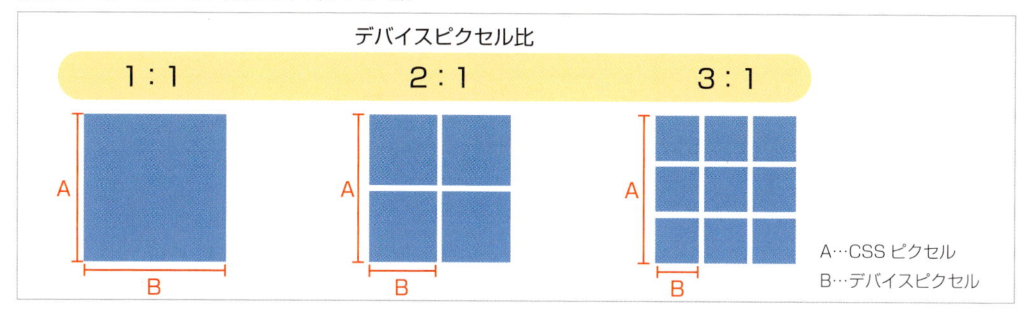

Retinaディスプレイで画像がぼやける問題

デバイスピクセル比が異なる複数のデバイス向けにWebサイトを制作する場合、問題となるのはビットマップ画像の扱いです。前述した通り、デバイスピクセル比が2の端末では、1csspx=2dpxとして横2倍に拡大される形となります。その際、jpegやpngのようなビットマップ形式の画像データは、拡大されるとぼやけて画質が悪くなってしまうのです。これは、Photoshopなどで100×100pxの画像を無理矢理200×200pxに解像度変更した場合に起こる現象と同じものですので、経験のある方も多いと思います。

つまり、PCサイトを作るときのように表示したい原寸サイズの画像を用意していたのでは、Retinaディスプレイなどでは画像がぼやけてしまい、画面のクオリティが下がってしまうのです。

●図26-14　テキスト・画像の比較

画像のRetina対応方法

この問題を解決するには、Retina環境では「表示したいCSSピクセルの2倍サイズの画像を用意し、1/2に縮小して表示する」という対策を取ることになります。Webサイトで使用する画像はimg画像と背景画像の2種類がありますが、img画像の場合はwidth / heightで、背景画像の場合はbackground-sizeプロパティを使ってそれぞれ1/2サイズに縮小表示させます。

また、レスポンシブ・ウェブデザインのように画像自体が固定サイズではなく伸縮するような場合は、数値で1/2サイズに固定することはできませんので、2倍サイズの画像を用意しておき、親要素のサイズに合わせて自動縮小されるようにしておくことで対応します。

●図26-15　Retinaディスプレイ対策

●表示したいサイズ… 100×100px　　●用意する画像……… 200×200px

①img画像の場合

```
<img src="img/sample.png" width="100" height="100" alt="">
```

②背景画像の場合

```
.selector{ /*コンテナサイズ可変の場合*/
    background: url(img/sample.png) no-repeat;
    background-size: 100px 100px;
}
.selector{ /*コンテナサイズ固定の場合*/
    width: 100px;
    height: 100px;
    background: url(img/sample.png) no-repeat;
    background-size: contain;
}
```

Memo
デバイスピクセル比：3に対応させるのであれば3倍サイズの画像を用意し、1/3に縮小して表示することになります。

Retina対応の問題点とその対策

このようにマルチデバイス対応を考える場合、どうしてもデバイスピクセル比が2以上の端末に対して画像をどのように見せるかという問題がつきまといます。この問題の難しいところは、デバイスピクセル比の大きい端末に合わせると、そうでない端末にとっては無駄に大きな画像データを読み込まなければならなくなる、という点にあります。

理想的なのは、画面サイズや解像度に合わせて複数サイズの画像を用意しておき、ブラウザ側が自動的に自らの環境に適したものだけを選択的に読み込んで表示してくれることです。これができれば、それぞれの環境に適したサイズの画像のみを1枚だけ読みこめば良いので、データ容量の無駄は少なくなります。

このようなしくみで表示される画像のことを「レスポンシブ・イメージ」と呼びます。レスポンシブ・イメージの仕組みは現在HTML・CSSで仕様を固めている最中で、既に一部の環境では利用が可能となっているものもあります。従って、Retina対応する環境をこれら最新環境のみとすることができるのであれば、新しいレスポンシブ・イメージの仕組みを使って対応することが可能です（詳細は後述のコラム参照）。

しかし、レスポンシブ・イメージに対応していない環境でも適切にRetina対応したいとなると、別の方法を検討する必要が出てきます。以下がその対策方法です。

①背景画像の場合

背景画像を解像度によって差し替える際には、CSS3のメディアクエリによる分岐を利用します。

```
@media screen and (-webkit-min-device-pixel-ratio:2),(min-resolution:2dppx) {
  .selector{
    background: url(../img/sample@2x.png) no-repeat;
    background-size: 100px 100px;
  }
}
```

解像度によってCSSを分岐させる場合、device-pixel-ratioとresolutionの2種類の指定が存在します。device-pixel-ratioはAppleの独自規格であり、iOSとAndroid4.3以下はこの仕組みのみを利用します。resolutionはW3Cが定めるWeb標準規格であり、Chrome等の最新ブラウザが対応しています。resolutionでデバイスピクセル比の数値を表現する場合には主に「dppx」という単位を用います。デバイスピクセル比：2＝2dppxとなります。

② img 画像の場合

HTML 上に埋め込まれた img 画像を動的に差し替えることは、現状の HTML や CSS では不可能ですので、解像度によって画像を差替えたければ何らかのプログラム言語を利用することになります。このうち最も有名なものは「Retina.js」です。このスクリプトは、「元画像のファイル名 @2x.png」のように拡張子の前に「@2x」という文字列をつけて元画像と同じフォルダに 2 倍の画像を格納しておけば、あとはスクリプトファイルを読み込むだけで自動的に Retina 環境だった場合に @2x の方に画像を差替えて表示してくれます。

- Retina.js URL http://imulus.github.io/retinajs/

このように CSS3 メディアクエリや JavaScript を使って使用する画像を使い分けることはできるのですが、ここにも問題があります。メディアクエリの場合も Retina.js を使った場合も、まず一度等倍画像を読み込み、その後 2 倍画像に差し替えるという手順を踏むため、Retina 環境において等倍と 2 倍の 2 種類の画像が両方ともダウンロードされてしまうという問題が生じています。つまり見た目の美しさと表示パフォーマンスがトレードオフの関係になってしまっており、美しさを追求すればするほどデータ転送量が肥大化し、表示パフォーマンスが落ちていくというジレンマに陥ってしまう恐れがあるのです。

この問題はレスポンシブ・イメージがきちんと使えるようになるまでは技術的に回避が困難であるため、クオリティと表示パフォーマンスを天秤にかけ、ある程度何かを犠牲にして妥協する必要があるのが現状です。

表示パフォーマンスを改善するための対策

表示パフォーマンスを良くするためには、画像を使用する箇所を減らすことと、画像のデータサイズ・転送量を小さくすることの 2 点が基本的な対策となります。ただしそれによってクオリティが著しく低下するようなことがあっては本末転倒なので、ある程度クオリティを保ちつつ、最小の転送データサイズで済むようなバランスを考えて対策を取ることが重要となってきます。

①ビットマップ画像を減らす

マルチデバイス対応のサイトを制作する場合、まず挙げられることは「極力ビットマップ画像を使わないようにデザインする」ということです。もちろん必要な写真データ等は使えば良いのですが、例えば

- CSS で描画可能なオブジェクトは CSS に任せる
- 特殊な書体は Web フォントを利用する
- 単色アイコンはアイコンフォントを利用する

といったように、ビットマップ画像以外の選択肢がある場合には基本的にそちらを選ぶようにすれば、Retina

対応しなければならない箇所を減らすことができます。

- CSS Shapes Generator （URL https://coveloping.com/tools/css-shapes-generator）
- Google Web Fonts （URL https://www.google.com/fonts）
- IcoMoon （URL https://icomoon.io/）

②画像データサイズを最適化

Photoshop 等から書き出されただけの画像データには、表示には関係のないメタデータ等が含まれています。専用の画像最適化ツールを使えば、クオリティを下げることなくデータサイズを最適化することも可能です。どうしても使わなければならない画像については最適化しておきましょう。

- Image Optim （URL https://imageoptim.com/） ※ Mac 用
- ImageAlpha （URL http://pngmini.com/） ※ Mac 用
- PNGmicro （URL http://www.romeolight.com/ja/products/pngmicro/） ※ Win 用
- JPEGmicro （URL http://www.romeolight.com/ja/products/jpegmicro/） ※ Win 用

③ 2 倍画像のみ用意する

スマートフォン専用サイトの場合、既にシェア的にはデバイスピクセル比が 2 以上の端末の方が多い状況のため、全ての画像を 2 倍サイズのみとすることで、等倍／ 2 倍を差し替えるよりも結果的に多くの環境ではデータ転送量を減らすことができます。

④ 2 倍画像を用意しない

レスポンシブ・ウェブデザインの場合は画面の大きいデスクトップ向けの画像素材がほとんどとなります。レスポンシブの場合は画面サイズが小さくなるのに合わせて画像も縮小表示されるため、スマートフォン環境であれば特に差替えなくても写真のクオリティは保てるケースが多くなります。このような伸縮前提の画像については 2 倍画像を用意しないようにすることで、無駄な読み込みを抑えることができます。

COLUMN

レスポンシブ・イメージ

画面サイズやデバイスピクセル比などの環境に応じて使用する画像を選択的に表示できる新しい画像のことをレスポンシブ・イメージといい、マルチデバイス対応する場合の画像問題を解決すべく、現在 HTML・CSS 両面から仕様策定が進んでいるところです。現状では各ブラウザの実装状況の足並みが揃わないのでまだ限られた環境でしか使うことはできないのですが、将来的にはこれらを活用することで最適な画像選択ができるようになる予定です。

① srcset 属性

img 画像として表示させる画像ソースを複数用意しておき、ブラウザが環境に合わせて自動的に適切なサイズの画像を選択してくれる新しい属性です。画面サイズ、画面解像度、またはそれらの組み合わせ条件に応じて表示する画像ソースを切り替えることができます。画像ソースには基本的に同じ画像のサイズ違いを用意します。

```
<!-- 画面幅によって使い分け -->
<img src="img/small.jpg" srcset="img/small.jpg 400w, img/medium.jpg 800w,
img/large.jpg 1200w" alt="cat">

<!-- 解像度によって使い分け -->
<img src="img/sample.jpg" srcset="img/sample@2x.jpg 2x, img/sample@3x.jpg 3x"
alt="cat">
```

②picture要素

picture要素の子要素としてsource要素・img要素を用意し、画面サイズ、画面解像度などの条件に応じて表示する画像を出し分けるための新しい要素です。source要素には環境ごとの異なる画像を、img要素にはデフォルト表示用の画像を記述します。

```
<picture>
  <source
    media="(min-width: 640px)"
    srcset="img/large.jpg, img/large@2x.jpg 2x>
  <source
    media="(min-width: 480px)"
    srcset="img/medium.jpg, img/medium@2x.jpg 2x">
  <img
    src="img/small.jpg"
    srcset="img/small@2x.jpg 2x"
    alt="cat">
</picture>
```

③image-set()

image-set()は解像度の異なる複数の背景画像を出し分けるためのbackground-imageの新しい値です。

```
#selector{
background-image: image-set(url(img/bg.jpg) 1x, url(bg@2x.jpg) 2x, url(bg@3x.
jpg) 3x);
}
```

●表26-2　レスポンシブ・イメージの種類と用途

レスポンシブ・イメージの種類	用途
srcset属性	内容・アスペクト比が同じで**解像度（サイズ）のみ異なる画像**の出し分けに使用する。
picture要素	**内容・アスペクト比・解像度の異なる画像**を環境に応じて出し分ける場合に使用する。
image-set()	解像度の異なる**背景画像**の出し分けに使用する。

Memo

これら3つの仕様のうち、srcset属性とimage-set()は比較的ブラウザのサポート状況が良いので、「対応している環境のみ限定的に利用する」という方針であれば今でも使用することは可能です。srcset属性もimage-set()も、非対応環境では無視されるだけなので、適切にフォールバックの指定がされているのであれば表示上大きな問題は生じません。

なお詳しい構文を知りたい場合は下記サイトなどを参考にしてください。

【参考URL】

- srcset属性　URL http://www.marguerite.jp/Nihongo/WWW/RefHTML5/Attrs/srcset.html
- picture要素　URL http://www.html5rocks.com/ja/tutorials/responsive/picture-element/
- image-set()　URL http://css4.biz/notation/image-set.html

POINT

- ●PC環境とモバイル環境の違いを理解して、モバイルにやさしい設計を心がけよう
- ●モバイル対応のサイト制作ではviewportとデバイスピクセル比の理解が必須
- ●ビットマップ画像をRetinaディスプレイに対応させる方法を理解しよう

マルチデバイス対応の基礎知識

モバイル対応Webサイト制作の基礎知識

LESSON27では、モバイル対応Webサイト制作の基本方針およびレスポンシブ・ウェブデザインとモバイル専用サイトという、2つのモバイル対応方法のそれぞれのメリット・デメリットおよび注意点を解説します。

講義 モバイル対応の手法とそのメリット・デメリット

モバイル対応の２つの方法

いざモバイル対応サイトを制作するとなった場合、大きく分けると２つの方法が考えられます。１つはPCサイトとは別に**「モバイル専用サイト」**を構築する方法、もう１つはPCサイトと同じHTMLを使用して**「レスポンシブ・ウェブデザイン」**で構築する方法です。いずれの方法でもモバイル対応サイトを構築することは可能ですが、それぞれメリット・デメリットがありますので、自分が制作するWebサイトのユーザーにとって、どちらがより望ましいのかよく検討した上で判断する必要があります。

モバイル専用サイトのメリット・デメリット

メリット

モバイル専用サイトを構築する最も大きなメリットは、**モバイルユーザーならではのニーズや行動特性に合わせた最適なコンテンツ構成を提供することが容易**な点です。

- この後すぐ行ける近くのレストランを検索して、予約を入れる
- これから行く目的地の場所を地図で調べる
- 急ぎで交通機関の指定席を購入する

などのようにユーザーの要望がハッキリしている場合、それに最適化されたサイト設計・デザインを自由に行うことができます。またランディングページ等ビジュアル的なインパクトが重視されるようなサイトにおいても凝った画面デザインがしやすくなります。このように設計・デザインの自由度が高いのも専用サイトのメリットとなります。

● デメリット

モバイル専用サイトのデメリットは、制作・運用・メンテナンスが二度手間となり、コストも高くなりがちという点が挙げられます。特にCMSなどのコンテンツ管理システムを導入していない静的なサイトの場合、運用時の手間はミスにも繋がりやすいので注意が必要です。また、PCサイトもモバイルサイトもほとんど同じような内容だった場合は特に、「手間がかかる」というデメリットばかりが際立つことになります。

▶ レスポンシブ・ウェブデザインのメリット・デメリット

● メリット

レスポンシブ・ウェブデザインでサイトを構築する最も大きなメリットは、PC・モバイル問わず全てのユーザーに対して同一のコンテンツ・情報を発信しやすいことです。情報発信が主目的のWebサイトの場合は、基本的にPCユーザーとモバイルユーザーのサイト閲覧目的に大きな違いはありません。であれば同じHTMLを使って同一内容を掲載しておき、CSSで画面サイズに応じたレイアウトやUI設計のみを柔軟に調整するレスポンシブ・ウェブデザインは、情報発信系のWebサイトにとっても最も手早くスマートにマルチデバイス対応できる制作手法として推奨できる方法であると言えます。

● デメリット

レスポンシブ・ウェブデザインの主なデメリットは、PC・モバイルで同じHTMLを使用することによる技術的な制約がありうるという点です。モバイル専用サイトと違い、基本的に同じHTML構造を用いてCSSでデザイン・レイアウト変更を行いますので、作りたいデザイン・レイアウトによっては実現が技術的に不可能ということもあり得ます。その場合は部分的にビジュアル面で妥協せざるを得ないということもあるかもしれません。サイト構築にかかわる全ての担当者（クライアントも含む）がそのことを理解した上でプロジェクトに取り組む必要があります。

このように、専用サイトを構築することとレスポンシブ・ウェブデザインで構築することのメリット・デメリットは裏表の関係のような形となっています。まずは自らのWebサイトがどちらの手法に向いているか（どちらの手法がよりユーザーに高い価値を提供できるか）を判断し、その上で可能な限りデメリットを軽減するための対策を講じるようにすると良いでしょう。

● 表27-1　モバイル専用／レスポンシブサイトの比較

	モバイル専用サイト	レスポンシブサイト
コンテンツ配信の特性	PCユーザーとは異なるモバイルユーザー独自のニーズ・行動特性に最適化したコンテンツの配信	PC／モバイルユーザーの区別なく同一のコンテンツを配信
情報設計・デザインの自由度	高い	やや低い
新規作成時の技術的難易度	低い	高い
運用時の手間	高い	低い
URL正規化の必要性	有	無
コストと納期	まるまる2サイト分作るため、高額・長納期になりがち	レスポンシブ向きに上手く作れば低コスト・短納期も可能 （※ただし設計次第では逆に専用サイトより高く、納期も長くなる恐れがある）

モバイル対応サイトコーディングのための準備

PC サイトもモバイルサイトも制作の流れは基本的に変わりませんが、モバイル対応サイトを制作する際にはいくつか PC サイト時にはなかった準備やお約束の記述などが必要となってきます。

デザインカンプ

モバイルサイトのデザインカンプを作成する際には、Retina ディスプレイ用の素材を作る意味でも原寸の 2 倍サイズでカンプを作ることになります。これまでは 320csspx 基準× 2 倍 =640px で作るのが普通でしたが、iPhone6 の登場で 375csspx 基準× 2 倍 =750px で作る方が良いという流れも出てきています。どちらでカンプを作っても良いですが、いずれの場合も「全てのサイズを 2 の倍数で作成すること」と、「320px ～ 640px 程度の幅で横幅可変になること」の 2 点に注意してデザインするようにしてください。

viewport

既に説明した通り、モバイル向けサイトの場合には必ず viewport の設定が必要となります。基本的には

```
<meta name="viewport" content="width=device-width">
```

もしくは

```
<meta name="viewport" content="width=device-width, initial-scale=1">
```

としておけば良いかと思います。

この状態にした場合、ユーザーのピンチイン・ピンチアウトによる拡大・縮小が許可されます。「initial-scale=1」は初期状態での拡縮比率を等倍とするための指定ですが、基本的には記述しなくても初期状態は等倍となるのが普通ですので、今は念のための記述という意味合いが強くなっています。

Memo
iOS5 以前の iPhone では横向き(landscape)にした時に画面全体が約 1.5 倍に拡大表示となるため、これを避けるために「initial-scale=1」を記述していました。この回転時の拡大仕様は iOS6 から改善されたため、今では特に記述しなくても問題ありません。

なお、何らかの事情でユーザーによるピンチイン・ピンチアウトを許可したくない場合には以下のように viewport を記述することもあります。

```
<meta name="viewport" content="width=device-width, initial-scale=1, minimum-scale=1,
maxmum-scale=1, user-scalable=no">
```

古いiOSやAndroidのブラウザは、ピンチイン／アウトができる状態だとposition:fixed;が機能しないなど、レイアウト崩れの原因になることが多かったため、比較的古いスマホ専用サイトなどでこの記述が多く見られました。しかし制作の都合でユーザー操作の自由を制限することは好ましくないため、よほど致命的な問題が発生するのでもなければ拡大縮小の禁止はしないことをお勧めします。

回転時の文字サイズ自動調節機能

iPhone や Android のブラウザには縦向きと横向きで文字サイズを自動調整する機能があり、横向きにした際に文字が拡大されるようになっています。文字が大きくなることによって 1 行あたりの文字数が少なくなり読みやすくなるため、このような機能が搭載されているものと思われます。しかし 1 画面に入る情報量が減ってしまうことや、画像と文字の間でデザインバランスが崩れてしまうこと等から、一般的にこの機能はオフにするのが慣例です。

文字サイズ自動調節機能をオフにするには、CSSで以下のように指定します。

```
html {
-webkit-text-size-adjust: 100%;
}
```

電話番号自動認識機能

iPhoneにはテキスト中に電話番号があると自動的にリンクを作成し、タップで電話できるようにする機能があります。しかし電話番号とFAX番号は区別できませんし、電話番号ではない数字であっても配列が似ていると誤認識してリンクを作ってしまうため、通常この機能はmetaタグでオフにしておきます。

```
<meta name="format-detection" content="telephone=no">
```

URL正規化

PCサイトとは別にモバイル専用サイトを制作する場合には、URLの正規化を行う必要があります。URL正規化とは、異なるURLを持つWebページの内容が同一もしくはほぼ同じ内容だった場合に、検索エンジンから「重複コンテンツ」とみなされてSEO上不利な扱いを受けてしまうことが無いよう、オリジナルのURLを指定しておくことを指します。

PCサイトとモバイルサイトを別々に作っており、URLも異なるような場合には、次のような処理をしてPC用とモバイル用のページを1対1で参照できるようにしておく必要があります。例えば

- PC用URL …………… http://www.example.com/
- モバイル用URL …… http://www.example.com/sp/

だった場合には以下のようにそれぞれのページに対してURL正規化の記述を入れておくようにします。

① rel="alternate"でスマホ用ページの存在を明示する

まず、「PC用サイト」のHTMLにrel="alternate"という属性を使用してスマートフォン用のページが別に存在することを検索エンジンに対して伝えます。

```
<link rel="alternate" media="only screen and(max-width:640px)" href="http://www.example.
com/sp/">
```

② rel="canonical"でPCサイトのURLと紐付ける

次に「モバイル用サイト」のHTMLにrel="canonical"でそのページに対応するPC用URLを紐付けし、URLを正規化します。

```
<link rel="canonical" href="http://www.example.com/">
```

この正規化の処理は、PC用ページとモバイル用ページを1対1で紐付けし、正しくクロール、インデックスしてもらうためのものですので、1ページずつ全てのページを正確に紐付けする必要があります。ただし、PC／モバイルどちらか一方にしか存在しないページの場合は無理に正規化する必要はありません。また、これは「モバイル専用サイト」で「PCサイトと表示されるURLが異なる」場合に行うものになりますので、レスポンシブ・ウェブデザインで構築している場合や、.htaccessなどサーバ側の設定でURLを統一している場合にも記述す

る必要はありません。

ホームアイコンの設定

PCサイトのfaviconのように、モバイル端末ではWebサイトへのショートカットを「ホームアイコン」としてデバイスのホーム画面に登録できます。

特別な指定をしなければWebサイトの画面キャプチャがホームアイコンとして自動的に使われるため、それで良ければ特に何もする必要はありませんが、専用画像を用意したほうが見栄えが良くなるため、できれば対応することをお勧めします。

●図27-1 ホームアイコンの有無

ホームアイコンに必要な画像

ホームアイコン用に用意する画像はpng形式の正方形の画像で、厳密には端末によって適合サイズが異なります。（下記表参照）しかし適合サイズが無くても端末側が存在するホームアイコンの中から適宜選んで表示してくれるので、手間を省きたければ一番大きなサイズだけ用意しておくのでも構いません。

●表27-2 iOS端末のホームアイコン必要サイズ

端末（デバイスピクセル比）	サイズ（px）
iPhone6 Plus（@3x）	180×180
iPhone5 / 6（@2x）	120×120
iPhone4（@2x）	120×120
iPad / iPad mini（@2x）	152×152
iPad 2 / iPad mini（@1x）	76×76

ホームアイコン設定用の記述

iOSデバイスは、「apple-touch-icon.png」という名前のpng画像をサーバのルートディレクトリに入れておけば自動認識してホームアイコンとして使用してくれます。しかしAndroidではHTMLに<link rel="apple-touch-icon" ～>の記述をしないと読んでくれません。またAndroid Chromeはこの記述が将来的にサポートされなくなる可能性があるということですので、Google推奨の<link rel="icon" ～>という記述をしておく方が無難です。

```
<!-- iOS Safari・Android標準ブラウザ -->
<link rel="apple-touch-icon" href="apple-touch-icon.png">
<!-- Android Chrome -->
<link rel="icon" sizes="192x192" href="apple-touch-icon.png">
```

なお、PC用のfaviconとモバイル用のホームアイコンを1つの元画像から一式作成し、更にHTMLへの設置記述まで一発で作成してくれる便利なWebサービスもありますので、こういったツールを活用するのも良いでしょう。

- 「Favicon Maker」 URL http://favicon.il.ly/

確認環境の用意

モバイル対応サイト制作の場合、制作の途中段階で何か修正するたびにいちいちFTPでサーバにアップロードして、複数の実機でURLを打ち込んで再読み込みして……とやっていたのでは手間がかかって仕方がありません。最終的な動作確認は実機でする必要がありますが、ある程度形になるまでの間の表示確認はコーディング作業をしているPC環境で手軽に済ませてしまうのもひとつの方法です。

▶ Chromeデベロッパーツール

iOSやAndroidのブラウザはWebkitであり、中身はSafariやChromeに近いものになります。従って-webkit-プレフィクスの有無など、事前にある程度モバイルブラウザ側の癖に注意しながらコーディングしておけば、途中段階の表示確認についてはデスクトップ用のSafariやChromeのブラウザ幅を狭くしたりしながらの確認でもさほど問題ありません。

ただ、SafariやChromeは400pxより幅を狭くすることはできないため、より実機の表示領域に近い状態で確認ができるよう、Chromeデベロッパーツールのデバイスモード機能を活用することをお勧めします。

使い方は次の通りいたって簡単です。

①表示確認したいページをChromeで開き、「デベロッパーツール」を起動
②「デバイスモード」アイコンをクリック
③表示確認したいデバイスを選択

●図27-2　デバイスモード機能の使い方

①デベロッパーツールを起動

※画面はMac版です。Windowsは「F12キー」で起動します。
　また、Mac/Winともに画面上で右クリック>要素の検証でも起動します。

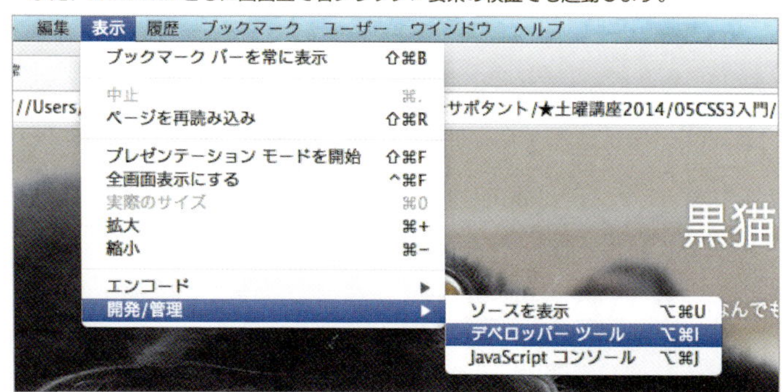

②デバイスモードを起動

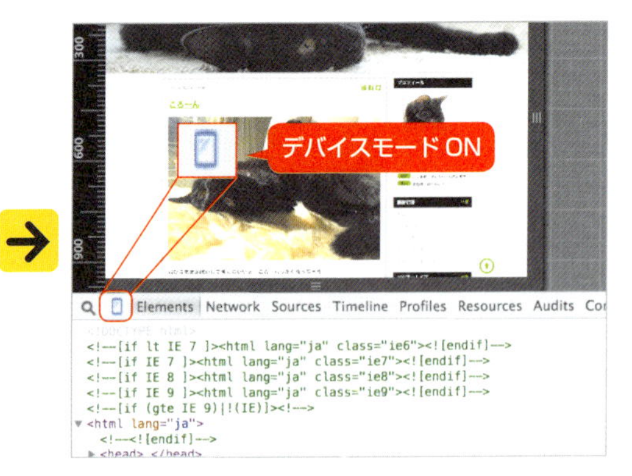

③エミュレートしたいデバイスを選択

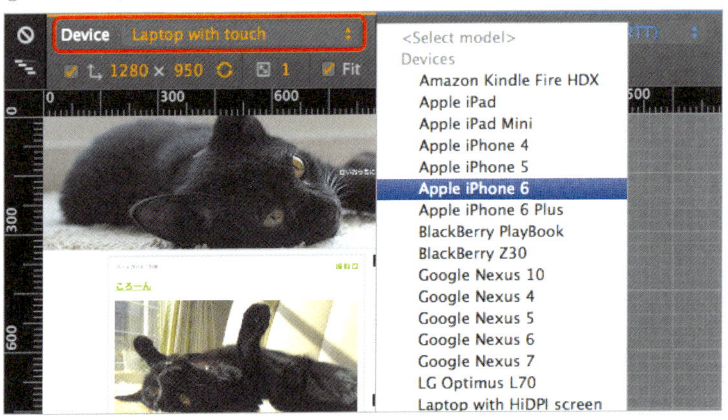

④再読み込みして各デバイス表示を確認

モバイルフレンドリーテストに合格するための5つの最低条件

今からモバイルサイトを構築するのであれば、少なくともLESSON26で紹介したGoogleモバイルフレンドリーテストに合格できる内容で制作するようにした方が良いでしょう。もちろんこれはモバイル対応のゴールではなく、スタート地点にすぎません。これにパスしたからといってコンテンツ内容が薄くユーザーにとって価値の無い情報であればそれは全く意味がありませんし、これだけでモバイルに最適なUIが提供されていると判断することもできません。ですが、最低限の守るべき指標として客観的な判断基準となるという意味では非常に分かりやすいので、どんな手法で制作するとしても、次の5つの条件は満たすようにしておきましょう。

1. タップ要素同士が近くなりすぎないようにする

Appleのガイドラインではタップ（リンク）領域は最低44×44pxを推奨していますが、Googleのガイドラインでは48×48px以上を推奨しています。またひとつひとつのタップ領域が48×48px以上あったとしても、それらがぴったりくっつくような状態で配置されている場合、誤って隣を触ってしまうことがあるので、十分な余白を取るように心がけてください。

2. 拡大しなければ読めないような小さな文字にしない

使用するフォントサイズはユーザーが拡大しなくても読める十分なサイズを確保するようにしましょう。12～16px程度あれば問題ありません。

3. モバイル用のviewportを設定する

様々な画面幅のデバイスで問題なくコンテンツが表示されるよう、HTMLにはviewportを設定してください。基本的にwidthは固定値より"device-width"の方が推奨されます（固定値が絶対にダメというわけではありませんが、固定値にしたことによってモバイル環境の表示に悪影響が出る場合には修正項目として指摘される可能性があります）。

4. コンテンツがviewportからはみ出さないようにする

viewportの値が「width=device-width」となっていても、HTML要素や画像に固定値が設定されているとコンテンツがviewportからはみ出してしまう場合があります。HTML要素のwidthは基本的にautoか%指定、画像にはmax-width: 100%; を設定するようにしておきましょう。

なお固定幅のネット広告は基本的にユーザー側で幅を可変にすることはできないため、可変幅の広告に切り替えるか、PCとモバイルでコンテンツの出し分けをする等の対策が必要となります。

5.Flashを使用しない

ほとんどのモバイルブラウザはFlashに対応していませんので、FlashコンテンツはHTML5＋CSS3＋JavaScriptで対応するようにしましょう。

COLUMN

既存サイトのモバイルフレンドリー対策

全面リニューアルでモバイル対応サイトを構築する場合は良いのですが、そこまでする時間的・金銭的余裕がないため、とりあえず応急処置的にモバイルフレンドリーテスト対策をとりたいというニーズもあるかと思います。
モバイルフレンドリーテストは「ページ単位」で行われるため、そのような場合はまず既存サイトのアクセス解析を行って、モバイルユーザーからの流入・コンバージョンの多いページのみを優先的に改修するという選択肢を取っても良いかもしれません。ただし、サイト全体のうち一部のみがスマホ対応で他はPCのままという状態を長く続けるのはユーザーにとってあまり好ましい状態は言えませんので、折を見て全面的な改修・リニューアルを検討した方が良いと思われます。モバイル対応というのはGoogleのために行うのではなく、あくまでユーザーのために行うものであるということを忘れないようにしてください。

本章で解説した内容をふまえ、次のChapter09では実際に簡単なマルチデバイス対応サイトを作っていきます。

POINT

- モバイル専用サイトとレスポンシブサイトそれぞれのメリット・デメリットを理解しよう
- モバイルサイト制作で必要なお約束の記述をテンプレートに記述しよう
- モバイルフレンドリーテスト対策の５項目を理解しよう

Chapter 09

レスポンシブ・ウェブデザインのコーディング

Chapter09ではオリジナルデザインのWebサイトを自力でレスポンシブコーディングするために必要な知識とテクニックを解説していきます。
レスポンシブでのコーディングは、HTML・CSS・マルチデバイス対応の知識を総合的に活用していきますが、「レスポンシブならでは」のノウハウはさほど多くはありません。本章で基本的なレスポンシブコーディングのポイントを学習していきましょう。

レスポンシブ・ウェブデザインのコーディング

レスポンシブの画面設計とベースコーディング

レスポンシブ・ウェブデザインで制作する際には、「同じHTMLを使う」ということの特性を理解した上で、無理のない画面設計が重要となります。LESSON28ではレスポンシブサイトにおける基本的な画面設計の考え方と、レスポンシブならではのコーディング準備について解説し、ベースとなる画面のコーディングを行います。

サンプルファイルはこちら　chapter09 ▶ lesson28 ▶ before ▶ index.html

講義 レスポンシブ・ウェブデザインの画面設計

基本的な画面構成の考え方

▶ コンテンツファースト

PC向けのWebサイトの画面構成を考える際には、レイアウトを先に決めてその中にコンテンツ部品を並べていくような形で考えていることが多いかもしれません。しかしレスポンシブ・ウェブデザインの場合は「レイアウト」からではなく「コンテンツ」から画面を設計することが重要となります。

先にコンテンツから設計する手法は「コンテンツファースト」と呼ばれています。具体的には、

① 画面に必要なコンテンツ部品（コンポーネント）の洗い出しをする
② 情報の重要度を考慮してコンポーネントを縦一列に並べる
③ コンポーネント同士を必要に応じてグルーピングして最後にレイアウトに展開する

といった手順で画面構成を検討していくことになります。

ここで重要なことは、手順②で検討したコンテンツの並び順が基本的にマークアップの記述順となり、またスマートフォンでの表示順にもなるということです。

また、レスポンシブでは同じHTML構造を使って全ての環境向けのレイアウトを実現しますので、原則として②で決定したコンポーネント順序をCSSで並べ替えて作れる範囲のレイアウトにしておくことがポイントとなります。

●図 28-1　コンテンツファーストによる画面設計

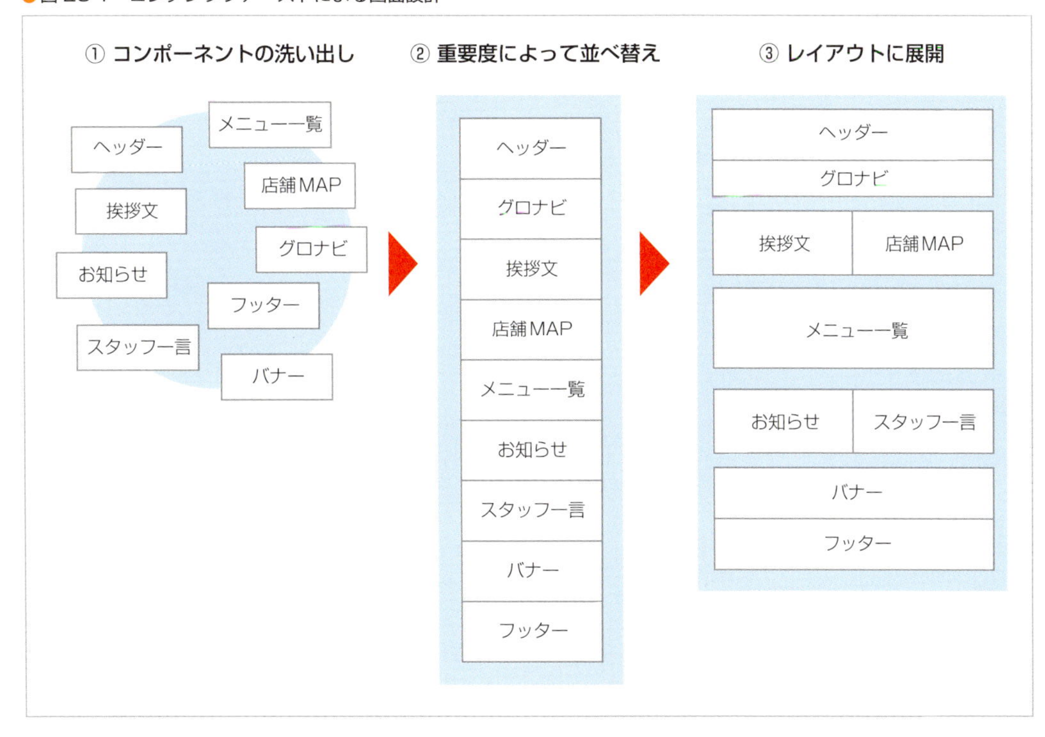

ブレイクポイントの数とレイアウトパターン

③でレイアウトに展開する際に検討しなければならないのが「ブレイクポイント」です。レスポンシブ・ウェブデザインでは、ある一定の画面サイズを基準として CSS でレイアウトを切り替えるように作ります。このレイアウトが切り替わる画面サイズの基準点をブレイクポイントと呼んでいます。

ブレイクポイントを設定するサイズをいくつにするのか、いくつブレイクポイントを用意するのか、といったことはレイアウトパターンの数とも連動することになるため、やみくもに増やすことはあまりお勧めできません。

- スマートフォン向けと PC 向けの 2 つのレイアウトパターンを用意してその境目にブレイクポイントを 1 つ設定
- スマートフォン向け・小型タブレット向け・PC 向けの 3 つのレイアウトパターンを用意してその境目にブレイクポイントを 2 つ設定

のどちらかをベースとして、あとはコンポーネント単位で必要があれば微調整する形が良いと思われます。

> **Memo**
> スマホ向け／ PC 向けといった根本的にレイアウトフォーマットを切り替えるようなブレイクポイントのことを「メジャーブレイクポイント」と呼びます。これに対して部分的にレイアウトを調整するために設定するブレイクポイントを「マイナーブレイクポイント」と呼びます。実際の案件ではメジャーブレイクポイントとマイナーブレイクポイントを組み合わせてレイアウトを調整していきます。

●図 28-2　ブレイクポイントとレイアウトパターンの例

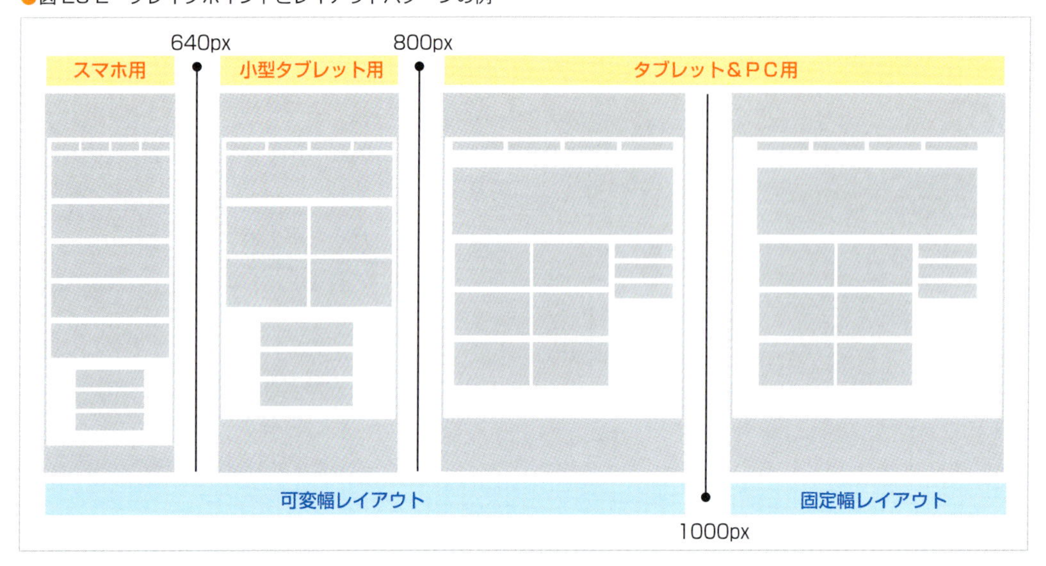

ブレイクポイントの決め方

ブレイクポイントを設定する具体的な数値（画面サイズ）や数に業界全体で統一されたものなどは特にありません。デバイスの種類が少なかった頃には iPhone、iPad などの代表的なデバイスのサイズを基準にスマホ用、タブレット用、PC 用といった感じでデバイスを切り分けるイメージのブレイクポイントを設定することも多かったのですが、現在ではデバイスの種類も増え、サイズによってデバイスを単純に切り分けることはできなくなっています。従って主なデバイスのサイズは意識しつつも、基本的にはウィンドウサイズに対するコンテンツの見せ方によってブレイクポイントを設定することが多くなってきています。

なおブレイクポイントを決める際には、

① 最小ブレイクポイントの場所
② 最大ブレイクポイントの場所
③ 中間ブレイクポイントの場所

といった順に考えると初心者でも比較的スムーズに決定できるかと思います。

①最小ブレイクポイント

最小ブレイクポイントは、「スマートフォン向けレイアウトとそれ以外とを切り分ける」ための重要なブレイクポイントです。基本的にこのブレイクポイントを境に小さい画面ではシングルカラム、大きい画面ではマルチカラムがレイアウトのベースとなります。比較的よく見られるのは 480px、640px、768px といった数値です。

②最大ブレイクポイント

レスポンシブ・ウェブデザインではコンテンツの横幅は原則として可変ですが、一定サイズ以上は PC 専用サイトと同様にコンテンツ幅を固定とする場合が多くなります。その場合、最大ブレイクポイントは「それ以上は横幅固定レイアウトに変更する」ためのブレイクポイントとなり、基本的に PC レイアウトにおけるコンテンツ固定幅と同じとなります。比較的よく見られる数値は 960px、978px、1024px といった数値です。

③中間ブレイクポイント

500 ～ 800px 前後の中間サイズ付近は、コンテンツやレイアウトによって「スマホ向けレイアウトでは間延びしすぎる」「PC 向けレイアウトでは窮屈過ぎる」といった不具合が出やすいサイズとなります。従って最小と最大のブレイクポイントが離れすぎている場合には 1 ～ 2 箇所中間ブレイクポイントを追加した方が良いと思われます。

画面設計を検討する際の注意点

レスポンシブサイトの画面設計を検討する際に最も注意する必要があるのは、スマートフォン向けも PC 向けも「同じ HTML を使う」という点です。コンテンツの位置調整は CSS のみで行いますので、CSS の技術的制約を超えた配置変更は原則としてできません。

仮に同一 HTML での実装が物理的に不可能だった場合、どうしてもそれを実現したいならスマホ用・PC 用でそれぞれ別々のコードを両方記述しておくことになり、コードを二重管理しなければならなくなります。そのような実装は無駄も多く、なにより「二重メンテが不要で管理・運用がしやすい」というレスポンシブの大きなメリットを無くしてしまうことにつながってしまいますので、やむを得ない場合を除いて原則として避けるようにするべきです。

実際にコードを書く人と画面設計をする人が同一人物であれば、何が可能で何が不可能なのかは大体判別がつくでしょうが、画面設計をする人にコーディングの知識が無い場合はそれができないため、問題の多い画面設計をしてしまう可能性が高くなります。

実際のコードをイメージできない人が画面設計の担当であった場合には、次のような方法で比較的簡単に問題の有無を見分けることができます。

●図 28-3　画面設計チェック①

【安全な画面設計】

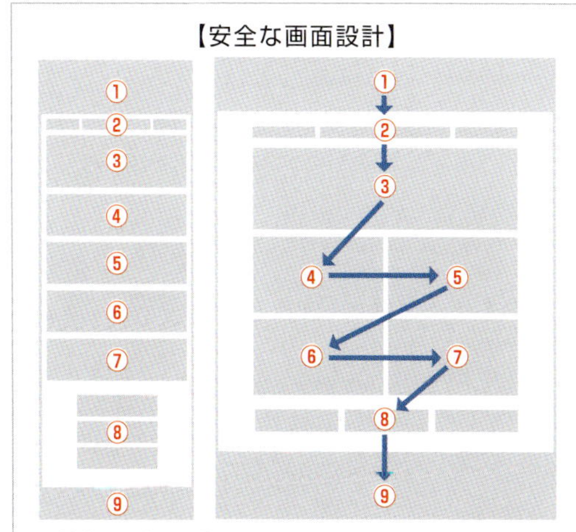

一筆書きで流れる配置は通常配置・フロート配置で問題なく制作できる典型的なレイアウトなので、技術的に問題になることは基本的にありません。

【危険な画面設計】

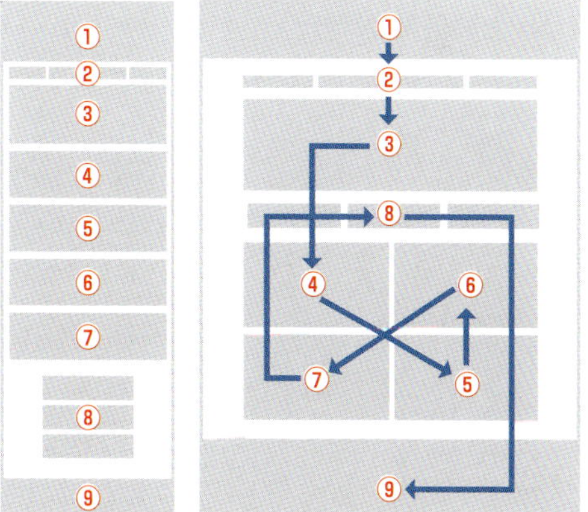

流れの逆流やクロス、ジャンプが発生する配置は、同一HTMLでレイアウトできない可能性があります。必ず事前に動作テストし、実現可能かどうか確認しておく必要があります。

左の例のように連番を繋いだ線がスムーズに一筆書きで流れるような状態であれば、CSS でのレイアウト上、技術的な制約はほぼ無いと考えて大丈夫です。逆に右の例のように繋いだ線が上下方向に行ったり来たりしたり、線がクロスするように複雑な流れになっている場合は、本当にそれが CSS だけで実現可能なのか必ず事前に確認する必要があると考えてください。

●図 28-4　画面設計チェック②

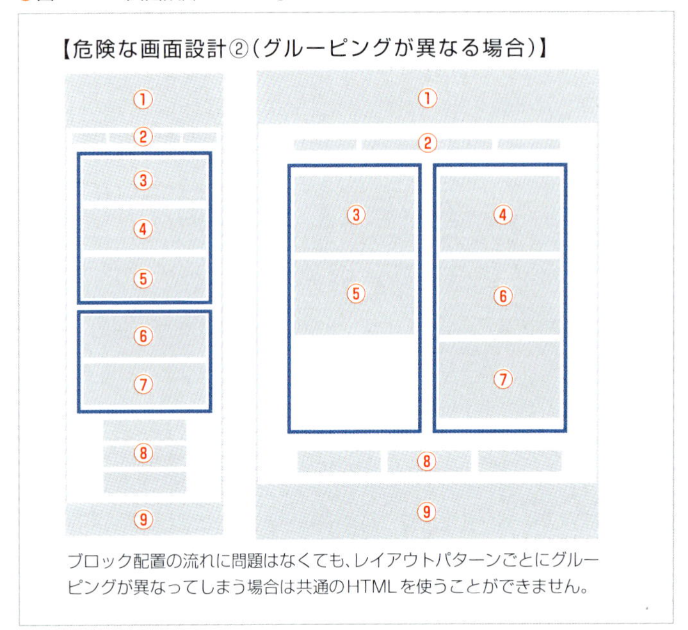

ブロック配置の流れに問題はなくても、レイアウトパターンごとにグルーピングが異なってしまう場合は共通のHTMLを使うことができません。

またこちらの例のように各ブロックの流れに問題はなくても、レイアウトによってグルーピングが変わってしまうような設計は同一 HTML でのレイアウトができないため、避けるべき典型的な例となります。

以上のことは実際のコーディング作業以前の話ではありますが、レスポンシブでつくるメリットを最大限に活かしながら効率よく制作していくための重要なポイントとなっていますので、実際にコーディングする人だけでなく、ディレクターやデザイナーなどのプロジェクトに関わる全員が理解をしておくことが望ましいと言えます。

実習 設計方針の確認とベースコーディング

●Before

●After

では実際にレスポンシブ・ウェブデザインのサイトを制作していきましょう。今回制作するのは架空の紅茶専門カフェのWebページとなります。事前にコンテンツファーストで画面設計を行い、それにもとづいてPC／スマホそれぞれのデザインカンプを起こしておきましたので、これを元にレスポンシブでのコーディング実装を行っていきます。

●図 28-5　デザインカンプ

1 対象環境と設計方針を確認する

まずはコーディングするにあたっての前提条件を確認しておきます。前提条件によって使用する技術や作り方の選択肢が変わってきてしまうため、必ず事前にチェックしておくことが重要です。

動作確認対象環境

レスポンシブですので、スマートフォンからデスクトップ PC まで幅広い環境から閲覧されることを想定して作ります。従って Windows、MacOS と各種ブラウザのバージョン、および iOS と Android のバージョンを確認しておきます。今回は以下の条件で制作します。

デスクトップ環境		モバイル環境	
OS	ブラウザ	OS	ブラウザ
Windows7 ～	・IE9, 10, 11 ・Chrome, Firefox, Edge最新版	Android 4.x ～	・標準ブラウザ（4.0 ～ 4.3） ・Chrome（4.4 ～）
MacOS 10.6 ～	・Safari, Chrome, Firefox最新版	iOS7 ～	・モバイルSafari

※ IE8 以下、Android3.x 以下は非サポート

ブレイクポイント

今回のブレイクポイントは640px 1箇所です。この他にはPC環境でコンテンツ幅を固定するために940px に1つマイナーブレイクポイントを設けておきますが、640〜939pxと940px以上はコンテナ横幅が固定されるか否かの違いだけですので、レイアウトパターンとしてはスマホ向け・PC向けの2種類のみとなります。

●図28-6 ブレイクポイント図

CSSコーディング方式

レスポンシブのコーディングを行う場合、大きく二通りのCSSコーディング方式があります。

①スマートフォン向けレイアウトをベースとし、大きな画面用のレイアウトで上書きする
② PC向けレイアウトをベースとし、小さな画面用のレイアウトで上書きする

①を「モバイルファースト方式」②を「デスクトップファースト方式」と呼んでいます。どちらの方式でも出来上がる画面は同じものになりますが、基本的には①のモバイルファースト方式でコーディングすることが推奨されています。理由はモバイルファースト方式の方が非力なモバイル環境での負荷が低く、またシングルカラムが原則のスマートフォン向けレイアウトをベースにした方が大きな画面用の差分CSSもシンプルになることが多いからです。

●図 28-7　モバイルファースト方式とデスクトップファースト方式の CSS 継承の比較

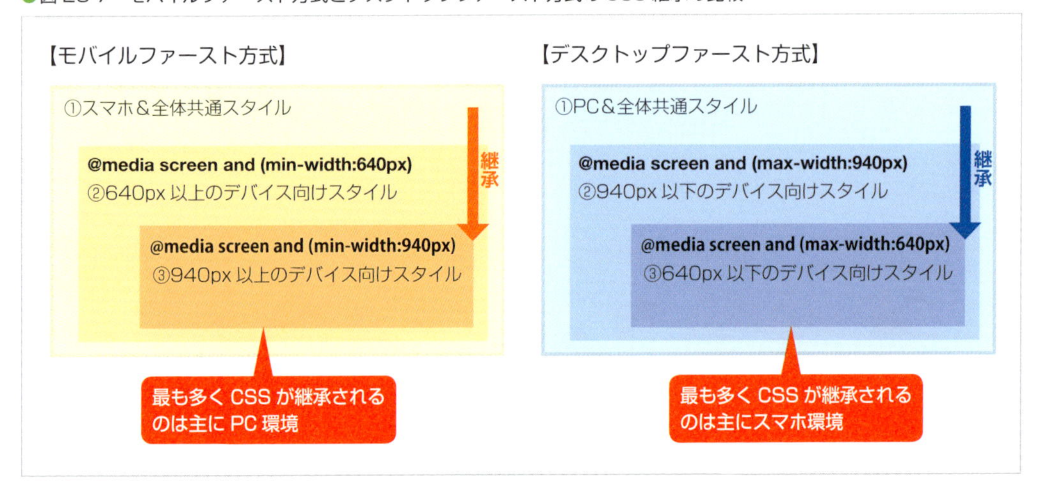

今回は動作対象環境が IE9 以上（IE8 以下非サポート）ということもありますので、一般的に推奨されているモバイルファースト方式でコーディングすることにします。

Memo

デスクトップファースト方式を選択するケース

基本はモバイルファースト方式ですが、既存の PC サイトをレスポンシブ化する場合はデスクトップファースト方式にせざるを得ません。また、新規に作る場合でも IE8 環境をサポートする場合などは対応の手間を減らすためにデスクトップファースト方式を採用することをお勧めします。

2 マークアップを確認する

動作環境と設計方針が決まったら、PC 専用サイトを作る時と同様に文書構造の検討を行います。基本的には Chapter05 で解説した方法と同じ要領になりますので詳しい解説は省略します。唯一レスポンシブならではの注意点を挙げるとすれば、「PC ／スマホ両方のレイアウトパターンを網羅できるように枠取りする」ということが挙げられます。つまり片方のレイアウトだけを見ながら検討するのではなく、PC ／スマホ両方のレイアウトを同時に見ながら文書構造・レイアウト枠の検討をしたほうが良いということです。

今回の文書構造の概要は以下の通りとなっています。

●図 28-8　文書構造概要

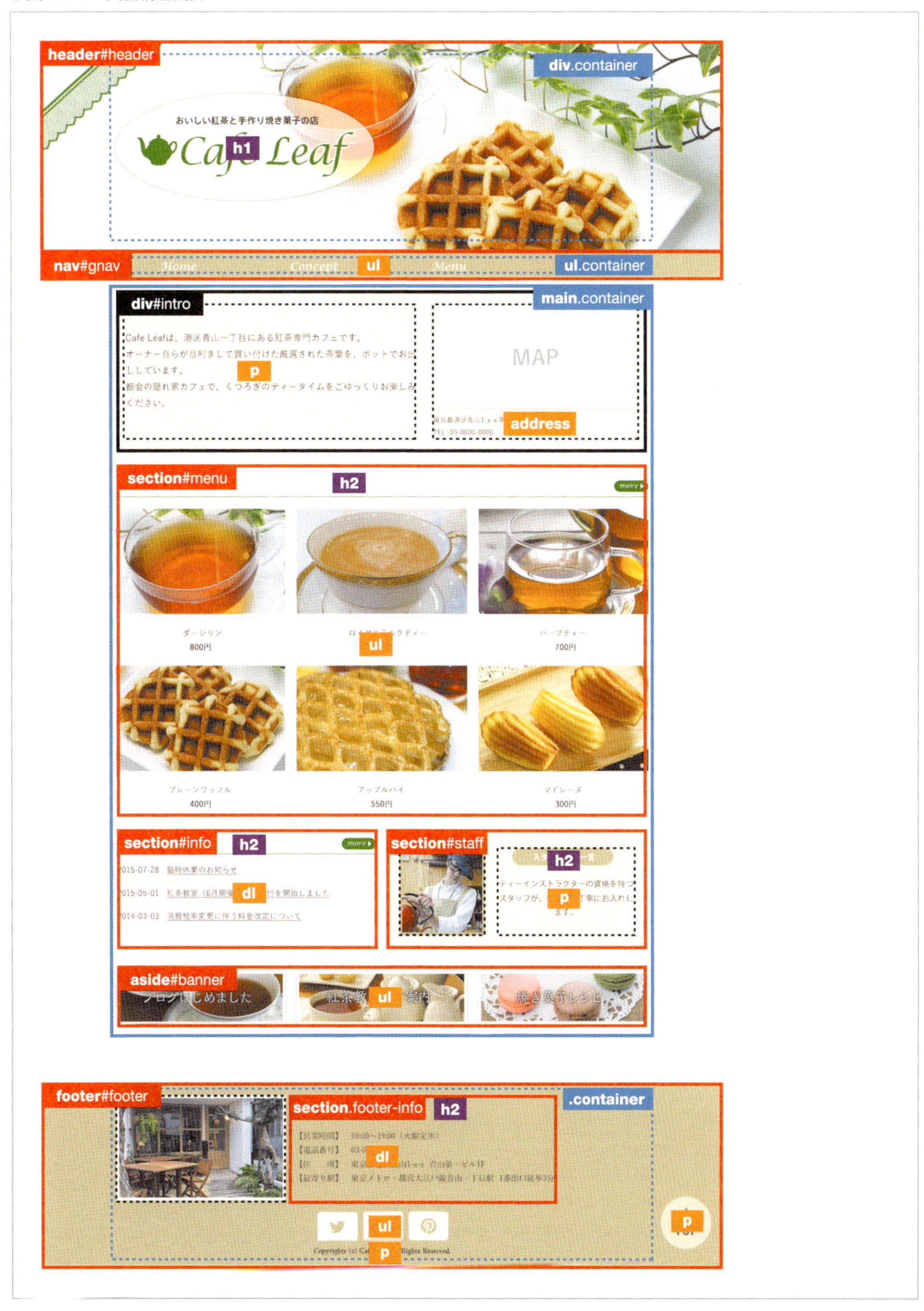

※一部の要素・class・id は省略しています。詳細は HTML ソースコードを確認してください。

3 レスポンシブ用のテンプレートを用意する

次にレスポンシブ用のHTML・CSSのテンプレートを用意します。Chapter08で紹介したマルチデバイス対応の各種コードのうち、レスポンシブ用として必要なものをあらかじめ盛り込んでおきます（※ソース中の赤字箇所）。今回は事前に必要なコードを盛り込んだテンプレートを用意してありますので、内容を確認しておきましょう。

【HTML】

```
<!DOCTYPE html>
<html lang="ja">
<head>
<meta charset="utf-8">
<meta http-equiv="X-UA-Compatible" content="IE=Edge">
<title>Cafe Leaf</title>
<meta name="description" content="">
<meta name="keywords" content="">
<meta name="viewport" content="width=device-width,initial-scale=1.0">
<meta name="format-detection" content="telephone=no">
<!--icon -->
<link rel="apple-touch-icon" href="apple-touch-icon.png">
<link rel="icon" sizes="192x192" href="apple-touch-icon.png">
<!-- stylesheets -->
<link rel="stylesheet" href="css/base.css" media="all">
</head>
```

【CSS】

```
@charset "utf-8";
/*
========================================
    Reset CSS
========================================
*/
html, body, div, span, object, iframe,
h1, h2, h3, h4, h5, h6, p, blockquote, pre,
abbr, address, cite, code,
del, dfn, em, img, ins, kbd, q, samp,
small, strong, sub, sup, var,
b, i,
dl, dt, dd, ol, ul, li,
fieldset, form, label, legend,
table, caption, tbody, tfoot, thead, tr, th, td,
article, aside, canvas, details, figcaption, figure,
footer, header, main, menu, nav, section, summary,
time, mark, audio, video{
    margin:0;
    padding:0;
```

```
}
article,aside,details,figcaption,figure,
footer,header,main,menu,nav,section{
    display:block;
}
html{
    -webkit-text-size-adjust: 100%;
}
body{
    font-family: sans-serif;
}
img{
    border: 0;
}
ul,ol{
    list-style-type: none;
}
table {
    border-collapse: collapse;
    border-spacing: 0;
}
img, input, select, textarea {
    vertical-align: middle;
}
```

4 フルードイメージの設定

レスポンシブ・ウェブデザインの大きな特徴のひとつに、コンテナ幅の伸縮に伴って埋め込まれた画像や動画メディアなどのサイズも伸縮するという点があります。このような伸縮する画像･埋め込みメディアのことを「フルードイメージ」と呼びます。

レスポンシブサイトの制作では、原則として全てのimg画像はフルードイメージとして伸縮するように設定しますので、リセットCSSなどのベースCSS設定の中に画像をフルードイメージにするための記述を加えておきましょう。背景画像や埋め込み動画、GoogleMapなども伸縮対応にしますが、そちらは個別のセレクタでの対応となりますので必要に応じて随時設定する形となります。

[CSS]

```
36 img{
37     border: 0;
38     max-width: 100%;
39     height: auto;
40 }
```

フルードイメージ化設定

●図 28-9　フルードイメージ

Memo　ロゴやアイコン等の比較的小さな画像についてはフルードイメージではなく固定サイズ画像として埋め込む場合もありますが、その場合は個別対応する形となります。

画像をフルードイメージ化したら、ブラウザの幅を広げたり縮めたりして画像のサイズが伸縮する様子を確認してみてください。一般的に「フルードイメージ」と言った場合、width:100%; ではなく max-width:100%; で設定されますので、画像自身の本来の横幅サイズ以上には拡大されないことに注意してください。このことは、準備する画像素材のサイズに影響します。

どのようなレイアウトにするのかによっても変わってきますが、カラム数の違いによって PC レイアウト用の写真素材よりもスマホレイアウト用の写真素材の方が最大サイズが大きくなることがあります。今回のサイトの場合も、メニュー写真は PC 用レイアウトの場合は 3 カラムなので最大 300px となりますが、スマホ用レイアウトの場合は 1 カラム表示となりますので、スマホ用レイアウトの最大幅である 640px の場合には最大 600px で表示されることになります。

●図 28-10　必要な写真素材のサイズ

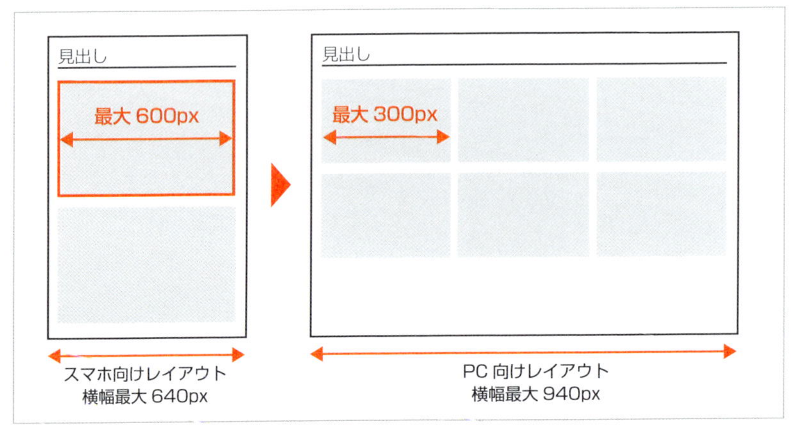

このように、レスポンシブサイトの場合は必要となる埋め込み画像の最大幅を正しく判断して素材を準備する必要があります。

Memo
諸々の事情により必要な最大幅の素材を準備できない場合には、その箇所だけ個別に img 要素を width: 100%; に変更することで対応可能です。しかしこれはあくまで例外とし、基本的には max-width:100%; での対応とするのが原則です。

5 ベースレイアウトのコーディング

基本設定が完了したら、いよいよベースレイアウトのコーディングです。

今回はモバイルファースト方式で制作しますので、まずはスマホ用レイアウトを基準にスタイル指定を行っていきます。ここで設定するスタイルは、スマートフォン向けだけでなく、全ての画面サイズに共通するベース設定となりますので、横幅が広がった際のこともある程度考慮しながらコーディングしていきます。

なおこの後のスタイル指定は全て base.css にまとめて記述していきます。base.css にはあらかじめコンポーネントごとにコメント見出しがつけてありますので、それを参考に CSS コードを加えていくようにしてください。

全体共通のスタイル設定

まずは全体に共通する基本フォント、リンク、コンテナ枠の設定を追加します。コンテナ枠はスマートフォン向けレイアウトでは自動伸縮なので特に width の指定は必要ありません。ただし PC レイアウトを考慮して最大 940px で固定されるようにしたいので、あらかじめ max-width で最大幅を指定しておきます。

[CSS]

```
32 body{
33     color: #59220d;
34     line-height: 1.5;
35     font-size: 14px;
36     font-family: sans-serif;
37 }
38
```

本文フォント基本スタイル（33〜36行目）

```
58 a{
59     color: #59220d;
60     transition: 0.5s;
61 }
62 a:hover{
63     color: #d53e04;
64 }
65
66 a:hover img{
67     opacity: 0.7;
68 }
69
```

テキストリンク基本スタイル（58〜64行目）

画像リンク:hover時に半透明化（66〜68行目）

```
70 /*
71 ==============================
72     Base Layout
73 ==============================
74 */
75 /*ALL and Smart Phone*/
76 .container{
77     max-width: 940px;
78     padding-left: 10px;
79     padding-right: 10px;
80     margin: 0 auto;
81 }
82 .container:after{
83     content:"";
84     display: block;
85     clear:both;
86 }
```

コンテナ幅設定（最大幅940pxまで）（76〜81行目）

コンテナ内でフロート解除（clearfix）（82〜86行目）

※ container には両サイド 10px の padding を取りますので、container ボックス全体としては 960px となります。

ヘッダー領域の背景画像とロゴの中央配置

ヘッダー領域のポイントは、背景画像です。ヘッダー領域はブラウザに対して横100%で広がります。背景画像はそのヘッダー領域全体を常に覆うように伸縮するため、背景画像をフルードイメージ化する必要があります。背景画像のフルードイメージ化には、CSS3のbackground-sizeプロパティを使用します。

サイトロゴはヘッダー領域の上下左右中央に配置されていますが、今回はヘッダー領域の上下左右にpaddingを設定することでロゴを中央に配置します。この時paddingをpxではなく%指定にしておくことで、ウィンドウサイズに応じて自動的にヘッダー領域のpaddingサイズも一定比率で伸縮するようにできます。何%にすれば良いかは、スマホ用のデザインカンプからまず固定数値のpxサイズを計測し、「padding÷親要素のwidth×100」で割合を計算します。

[CSS]

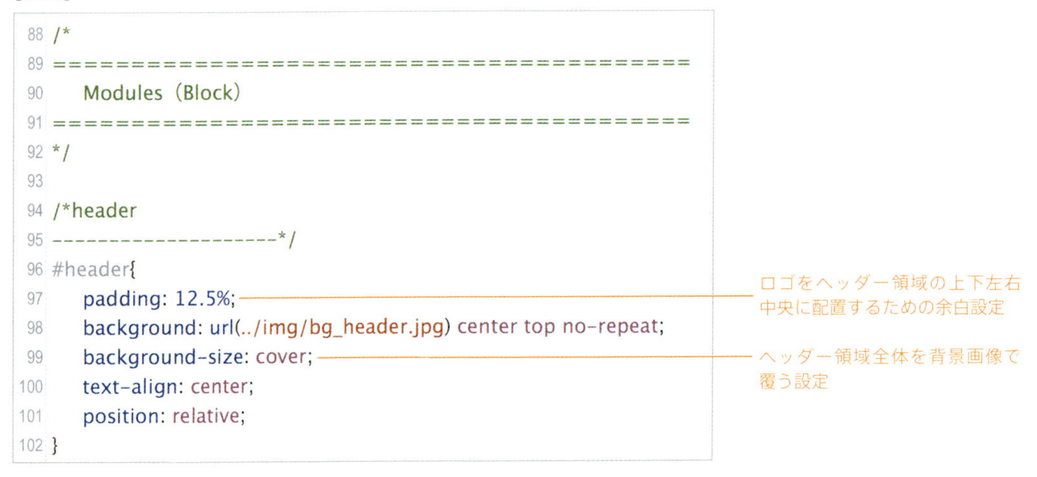

```
88  /*
89  ==========================================
90      Modules (Block)
91  ==========================================
92  */
93
94  /*header
95  ---------------------*/
96  #header{
97      padding: 12.5%;
98      background: url(../img/bg_header.jpg) center top no-repeat;
99      background-size: cover;
100     text-align: center;
101     position: relative;
102 }
```


●図28-11　padding/marginの%算出方法

スマホ用カンプから%数値を割り出したいpaddingサイズ(px)と、その親要素の横幅サイズ(px)を調べ、親要素の横幅を100%としてpaddingの割合を算出します。(※marginも同様の方法で算出します。)

ヘッダー領域のレース装飾

左肩にあるレースのオブジェクトは単なる装飾ですので、before 擬似要素で実装します。このレースの装飾も、ヘッダー領域のサイズに応じて一定比率で拡大・縮小するようにする必要がありますので、ここも親要素#header のサイズを基準として何 % にするかを計算する必要があります。

●図 28-12　width/height の % 算出方法

[CSS]

```
103 #header:before{
104     content: "";
105     display: block;
106     width: 33.75%;
107     height: 55.5555%;
108     background: url(../img/bg_race.png) no-repeat;
109     background-size: contain;
110     position: absolute;
111     left: 0;
112     top: 0;
113 }
```

サイズを%で指定

レース装飾画像を常に枠内に収まるように設定

ヘッダー領域の左上に固定

用意したbefore擬似要素にダミーの背景色をつけて、拡大・縮小してみてください。width/heightは%指定されていますので、親要素のサイズが大きくなれば同じ比率でどこまでも拡大することが分かります。この枠に、レースの背景画像をbackground-size:contain;で指定します。すると画面幅が広がった時にレース画像が原寸以上に拡大され、画質が劣化してしまう状態になります。

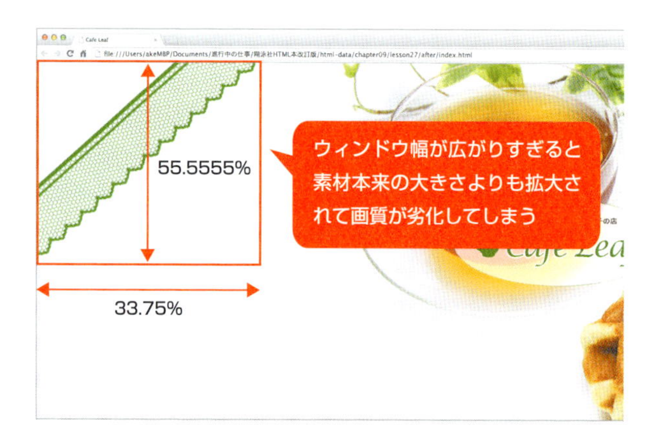
55.5555%
33.75%
ウィンドウ幅が広がりすぎると
素材本来の大きさよりも拡大さ
れて画質が劣化してしまう

このような場合、img画像のフルードイメージであればmax-widthで自分自身の画像サイズ以上には拡大されないように設定できますが、背景画像のフルードイメージの場合はそのように自動的に途中からサイズ固定することはできません。そこで背景画像を設定しているbefore擬似要素自身の最大サイズをmax-width/max-heightで指定しておくことで、画像の原寸サイズ以上には拡大しないように調整しておきます。

[CSS]

```
103 #header:before{
104     content: "";
105     display: block;
106     width: 33.75%;
107     height: 55.5555%;
108     max-width: 220px;
109     max-height: 200px;
110     background: url(../img/bg_race.png) no-repeat;
111     background-size: contain;
112     position: absolute;
113     left: 0;
114     top: 0;
115 }
```

レース画像の最大サイズ設定

グローバルナビ領域

グローバルナビ領域はChapter06で学習したものと同様にfloatでli要素を横並びにして実装します。Chapter06と違うのは、li要素の横幅がpx固定ではなくコンテナ領域の1/4幅で伸縮するように%で指定されるという点のみです。メニュー数は4つ、全て均等幅で良いので、1/4=25%がwidthのサイズとなります。

[CSS]

```
117 /*global navigation
118 --------------------*/
119 #gnav{
120     background: #d8c7a0;
121 }
122 #gnav ul{
123     overflow: hidden;
124 }
125 #gnav li{
126     float: left;
127     width: 25%;
128     text-align: center;
129 }
130 #gnav a{
131     display: block;
132     padding: 15px 0;
133     color: #fff;
134     text-decoration: none;
135     font-size: 18px;
136 }
137 #gnav a:hover{
138     background: #ecdfc2;
139 }
```

Google Map

今回はGoogleMapを埋め込んで地図を表示しています。GoogleMapの埋め込みコード自体はGoogleMapのサイトから簡単に取得できますが、埋め込み用のHTMLコードは固定サイズとなっているのでそのままでは画像のように伸縮しません。レスポンシブサイトではこのような埋め込みメディアもフルード化する必要があります。

GoogleMapのコードの特徴はiframe要素になっているという点です。これをフルード化するためには、まずそのiframe要素をdiv要素などで囲む必要があります。今回は既に<div class="map">でiframe要素を囲んでいますので、それを利用して以下のようなコードを記述します。

【HTML】

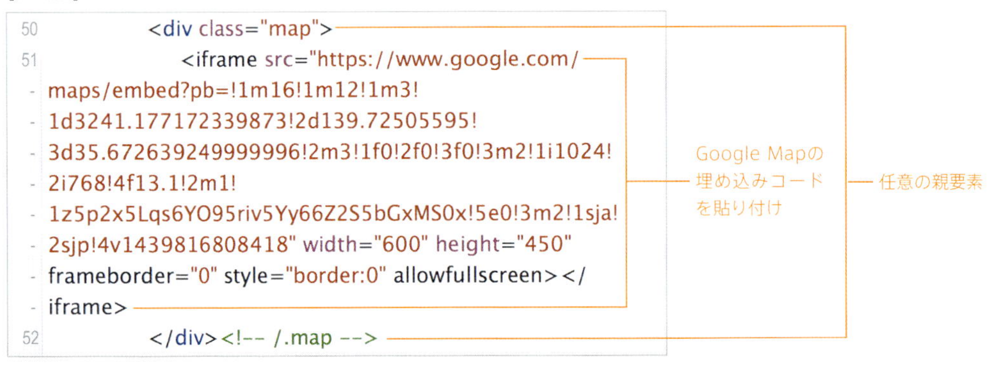

```
50            <div class="map">
51                <iframe src="https://www.google.com/
 -  maps/embed?pb=!1m16!1m12!1m3!
 -  1d3241.177172339873!2d139.72505595!
 -  3d35.672639249999996!2m3!1f0!2f0!3f0!3m2!1i1024!
 -  2i768!4f13.1!2m1!
 -  1z5p2x5Lqs6YO95riv5Yy66Z2S5bGxMS0x!5e0!3m2!1sja!
 -  2sjp!4v1439816808418" width="600" height="450"
 -  frameborder="0" style="border:0" allowfullscreen></
 -  iframe>
52            </div><!-- /.map -->
```


【CSS】

```
148 /*Google Map
149 --------------------*/
150 .map{
151     border: #d8c7a0 1px solid;
152     position: relative;
153     padding-bottom: 50%;
154 }
155 .map iframe{
156     position: absolute;
157     left:0;
158     top:0;
159     width: 100%;
160     height: 100%;
161 }
```

Map領域のアスペクト比指定

アスペクト比指定領域内に
縦横100%で絶対配置

このコードのポイントは**iframeを囲む親要素の高さをwidthに連動する%指定のpaddingで指定**するという点です。既にheader領域で解説した通り、要素のpaddingサイズを%指定した場合、その親要素のwidthサイズを基準として大きさが決まります。この仕組みを利用して高さをpadding-bottom（padding-topでも可）で指定することで、要素のアスペクト比を指定できるのです。あとはこの要素の中に絶対配置でiframe要素を重ね、width:100%、height:100%で親要素のサイズいっぱいに広がる状態にしてやれば埋め込みコードのフルード化が完成します。

この仕組みはYoutubeなどの動画埋め込みでも活用できますし、一定のアスペクト比で伸縮する領域内に何かを絶対配置したいような場合にも応用可能ですので、覚えておくと良いと思います。

●図 28-13 Google Mapのフルード化

イントロ（導入）領域

GoogleMap を含むイントロ領域のスタイルを設定します。ここは特に難しいことは無いので、普通にデザイン通りにスタイル指定しておきます。

【CSS】

```
162 /*introduction
163 --------------------*/
164 #intro{
165     margin-bottom: 40px;
166     padding: 20px 10px;
167     background: url(../img/bg_check.png);
168 }
169 .intro-text{
170     margin-bottom: 20px;
171     font-size: 114%;
172 }
173 .intro-map .map{
174     margin-bottom: 20px;
175 }
176 .intro-map address{
177     text-align: center;
178     font-style: normal;
179     font-size: 12px;
180 }
181 .intro-map address p+p{
182     margin-top: 10px;
183 }
184 
185 .btn-tel{
186     display: inline-block;
187     width: 70%;
188     max-width: 200px;
189     padding: 8px 0;
190     border-radius: 2em;
191     background: #d8c7a0;
192     color: #fff;
193     text-decoration: none;
194     font-size: 18px;
195 }
```

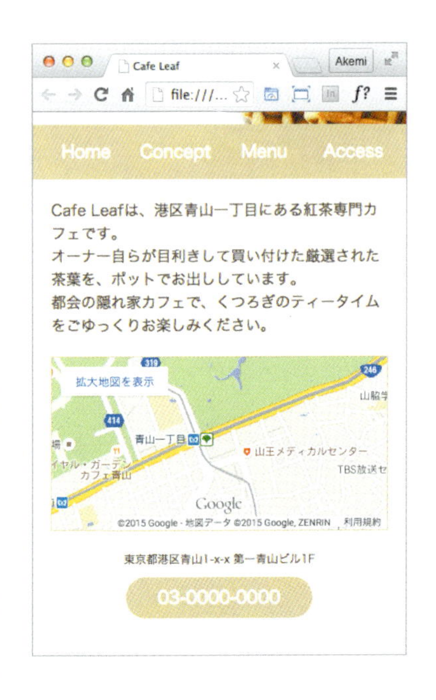

ここでブラウザ幅を狭くして表示を確認すると、デザインカンプと違ってイントロ領域の左右に 10px の余白があることが分かります。スマートフォンやタブレットなど、全画面表示になるデバイスの場合、コンテンツの左右にある程度の余白（10 ～ 20px 程度。今回は 10px）が無いとレイアウト的に読みづらい状態となってしまいます。そこで .container には一律で左右に 10px の padding が確保してあります。しかし背景色・背景画像がついている場合には画面幅いっぱいまで背景色・背景画像で塗りつぶすようにデザインすることが多いため、特定のコンポーネントでは左右の余白が邪魔となってしまいます。

このようなケースを解決する方法はいくつかあるのですが、今回は幅いっぱいまで広がるコンポーネントにネガティブマージンを設定することで、左右の余白領域分を相殺する方法を採用したいと思います。

【HTML】

```
35      <div id="intro" class="full">
36          <div class="intro-text">
37              <p>Cafe Leafは、港区青山一丁目にある紅茶専門
-   カフェです。<br>
38  オーナー自らが目利きして買い付けた厳選された茶葉を、ポ
-   ットでお出ししています。<br>
39  都会の隠れ家カフェで、くつろぎのティータイムをごゆっくり
-   お楽しみください。</p>
40          </div><!-- /.intro-text -->
```

左右余白を相殺したい要素にclass付与

【CSS】

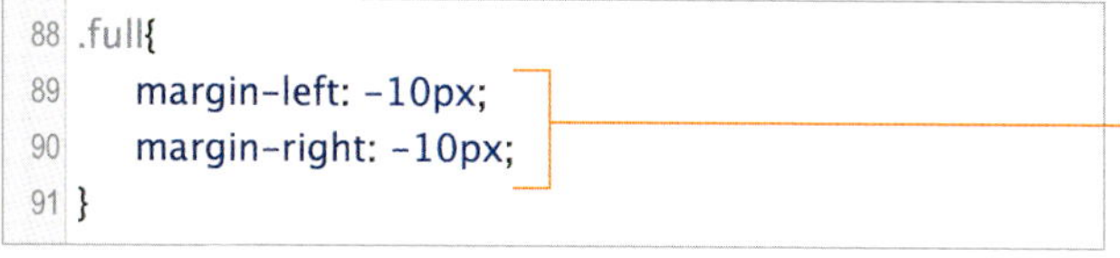

```
88  .full{
89      margin-left: -10px;
90      margin-right: -10px;
91  }
```

.containerについている左右10pxのpaddingを相殺するための専用classを用意

●図 28-14　余白相殺

この方法では、一律で余白をつけておき、必要に応じて class 指定するだけで左右余白を相殺できます。デザインに合わせて HTML の構造をいちいち調整しなくても済むという手軽さがメリットとなります。デメリットはネガティブマージンで余白を相殺できるのは px 指定の場合だけということです。左右の余白自体が % 指定となっている場合には使えませんので注意してください。

残りのスタイル指定についてはここまで解説した内容の繰り返しでデザイン再現するだけとなりますので、解説は省略させていただきます。Lesson29 > before > index.html がここまでのベースコーディング完了の状態となりますので、気になる方はコードを確認しておくようにしてください。

POINT

- 画面設計はコンテンツファースト、コーディングはモバイルファーストが基本。
- レスポンシブのコーディングでは「同じ HTML を使う」ことを意識しよう。
- 画像はあらかじめフルードイメージにしておこう。

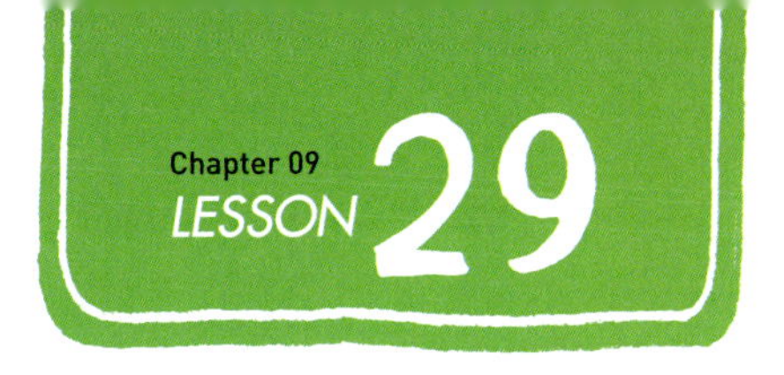

レスポンシブ・ウェブデザインのコーディング

メディアクエリを使ったレイアウトの調整

レスポンシブ・ウェブデザインでは、ブレイクポイントを境にCSSでレイアウトを変更することで様々な画面サイズに対応した柔軟なレイアウトを実現しています。LESSON29ではメディアクエリを使ってレイアウトを調整し、レスポンシブサイトとして仕上げていく過程を解説します。

サンプルファイルはこちら　chapter09 ▶ lesson29 ▶ before ▶ index.html

● Before

● After

メディアクエリを使って画面サイズごとのレイアウトを調整する

1 ブレイクポイントに合わせてメディアクエリを記述する

既にスマートフォン向けのレイアウトはベースとして設定済みですので、640px以上のスタイルを記述するため、メディアクエリの記述を追加していきます。メディアクエリの記述構文は「スクリーンサイズが640px以上」となるように条件を作りますので、次のような形となります。

```
@media screen and (min-width: 640px) {
    /*ここに640px以上向けのスタイルを記述*/
}
```

メディアクエリを記述する場所としては、

① ベーススタイル記述の末尾に1箇所にまとめて@media構文を記述する
② 各コンポーネントごとにベース記述の後ろに続けて@media構文を記述する

のように二通り考えられます。どちらで記述しても同じように作ることは可能なので、自分の好みで選択しても構いません。ただ、比較的複雑なレイアウト調整が必要なデザインの場合は、ベースレイアウト記述との比較がしやすいため②の方法の方が作りやすい場合が多いように思われます。

今回は各コンポーネントの末尾にメディアクエリを分散記述する②の方法で制作していくことにします。

●図29-1　メディアクエリの記述場所

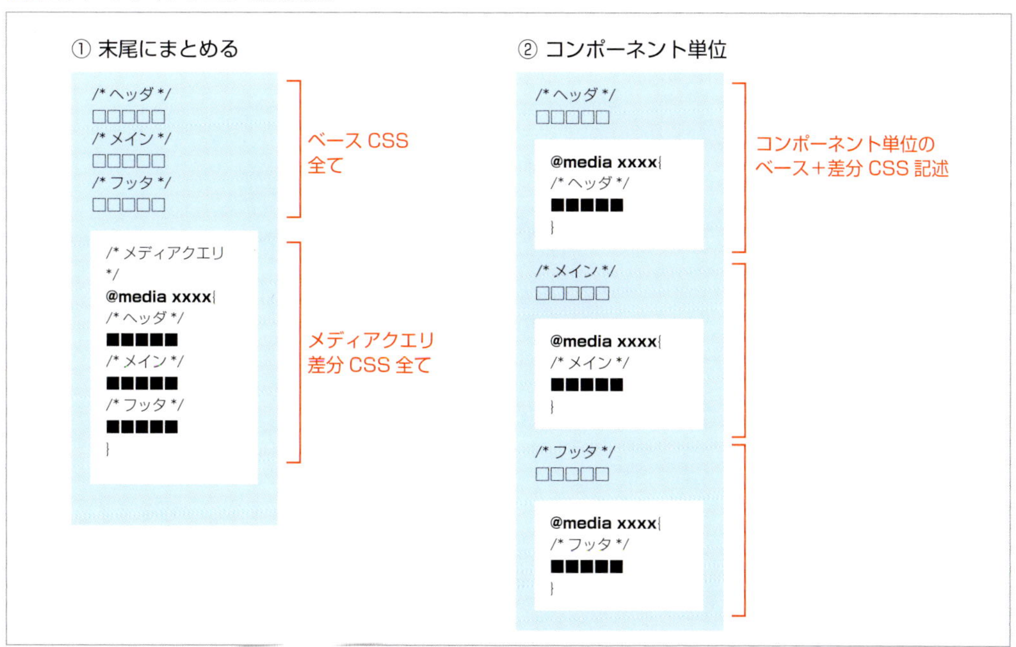

2 ヘッダー領域・グローバルナビ領域を調整

ヘッダーとグローバルナビでは、レイアウトの微調整を追加します。

[CSS]

```
99  /*header
100 --------------------*/
101 #header{
102     padding: 12.5%;
103     background: url(../img/bg_header.jpg) center top no-repeat;
```

```
121 @media screen and (min-width: 640px){
122     #header{
123         padding: 80px 0;
124         text-align: left;
125     }
126 }
```

PCレイアウト用の差分

```
129 /*global navigation
130 --------------------*/
131 #gnav{
132     background: #d8c7a0;
133 }
```

```
152 @media screen and (min-width: 640px){
153     #gnav{
154         margin-bottom: 20px;
155     }
156 }
```

PCレイアウト用の差分

このような要領で、各コンポーネントごとにレイアウト変更が必要な箇所にメディアクエリを追加していきます。

3 フルードグリッドによる全体カラム数の変更

残りのコンポーネントについては全て640pxを境としてシングルカラム→マルチカラムのカラム数変更が必要となります。640px以上では一定の格子(グリッド)に沿ってアイテムを配置する「グリッドレイアウト」となっていますが、レスポンシブ・ウェブデザインではこのグリッド自体が伸縮する「フルードグリッド」と呼ばれる状態を作る必要があります。

具体的な手順としては、まず固定pxサイズのカンプから各カラムと段間のサイズを計測し、その数値をpxから%に変換するという作業を行います。オリジナルデザインのレイアウトを独自にレスポンシブでコーディングする場合には、全ての伸縮対応サイズをpxから%に直す計算を自分で行う必要があります。

固定pxのサイズを%に変換する作業の際、重要なのは「直近親要素のcontent-boxのサイズ」を基準(100%)として、対象となる子要素のwidthを割り出すという点です。

●図29-2　フルードグリッドの作り方

【フルードグリッドのwidth算出計算式】

対象のwidth ÷ 親要素のcontent-boxのサイズ × 100

【計算例】

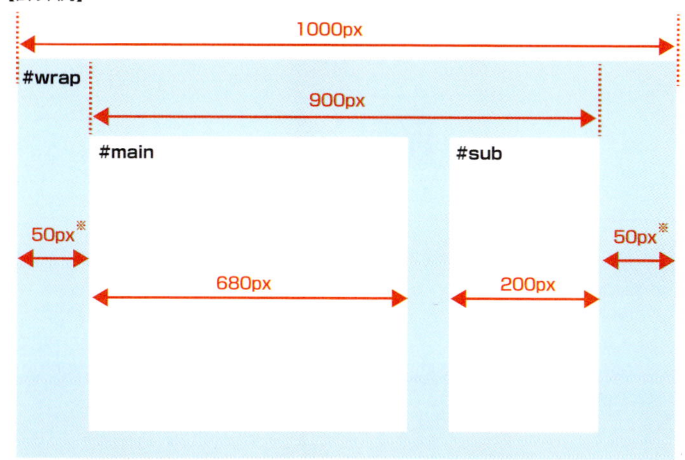

※#wrapのpaddingとする

- **#mainのwidth：680px÷900px×100 = 75.5555%**
- **#subのwidth　：200px÷900px×100 = 22.2222%**

> **Memo**
> content-box
> content-boxとはpadding、border、marginを除いた純粋なコンテンツ領域のサイズを指しますので、特に親要素にpadding・bordorが設定されていた場合には、それらを除いたサイズを先に割り出してから計算する必要があります。

以上の方法で今回のデザインにおける各カラムのwidthを%で算出するとこのようになります。

●図 29-3　各カラムの px 計測値

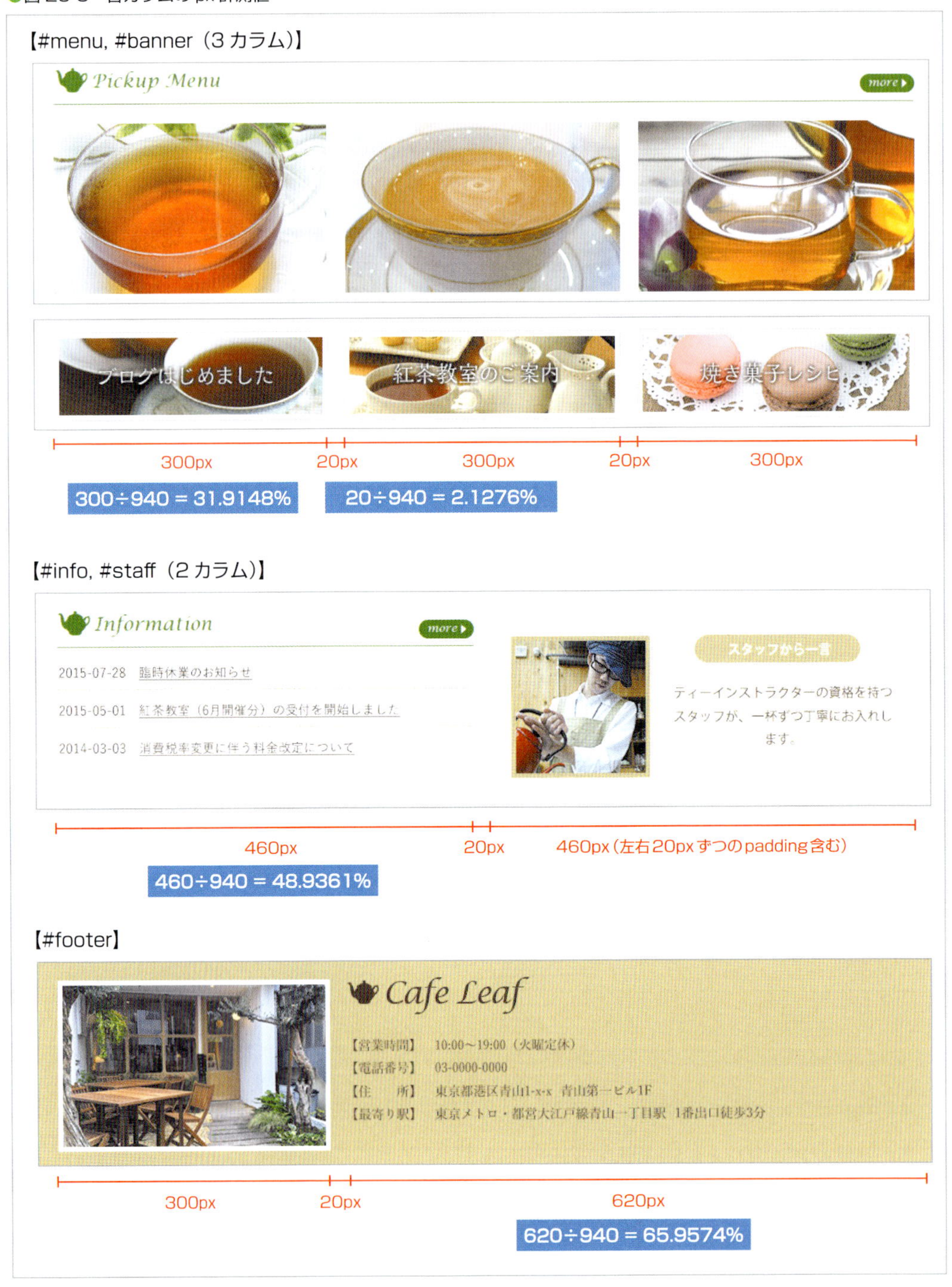

割り出した％単位の width を使ってフルードグリッドのマルチカラムでレイアウトを整えます。

[CSS]

```
215 /*Pickup Menu
216 --------------------*/
```

ベース記述省略

```
221 @media screen and (min-width: 640px){
222     #menu{
223         margin-bottom:40px;
224     }
225     .menu-list{                          ┐
226         overflow: hidden;                ├ 簡易clearfix
227     }                                    ┘
228     .menu-list li{                       ┐
229         float: left;                     │
230         width: 31.9148%;                 ├ 3カラム化
231         margin-right: 2.12765%;          │
232     }                                    ┘
233     .menu-list li:nth-child(3n){         ┐
234         margin-right: 0;                 ├ 右端カラムの余白削除
235     }                                    ┘
236 }
237
238 /*info
239 --------------------*/
```

ベース記述省略

```
259 @media screen and (min-width: 640px){
260     #info{                               ┐
261         float: left;                     ├ 2カラム化（左フロート）
262         width: 48.9361%;                 │
263     }                                    ┘
264 }
266 /*staff
267 --------------------*/
```

ベース記述省略

```
291 @media screen and (min-width: 640px){
292     #staff{                              ┐
293         float: right;                    ├ 2カラム化（右フロート）
294         width: 48.9361%;                 │
295     }                                    ┘
296 }
297
```

```
298 /*banner
299 --------------------*/
```

ベース記述省略

```
313 @media screen and (min-width: 640px){
314     #banner{                             ┐
315         clear: both;                     ├ フロート解除
316     }                                    ┘
317     .banner-list{                        ┐
318         width: 100%;                     │
319         max-width: none;                 ├ バナー領域全体のレイアウト調整
320         text-align: left;                │
321     }                                    ┘
322     .banner-list li{                     ┐
323         float: left;                     │
324         width: 31.9148%;                 ├ 3カラム化
325         margin-right: 2.1276%;           │
326     }                                    ┘
327     .banner-list li:nth-child(3n){       ┐
328         margin-right: 0;                 ├ 右端カラムの余白削除
329     }                                    ┘
330 }
331
332 /*footer
333 --------------------*/
```

ベース記述省略

```
392 @media screen and (min-width: 640px){
393     .footer-photo{                       ┐
394         float: left;                     │
395         width: 31.9148%;                 │
396         margin-bottom: 20px;             │
397     }                                    ├ 2カラム化
398     .footer-info{                        │
399         float: right;                    │
400         width: 65.9574%;                 │
401         margin-bottom: 20px;             │
402     }                                    ┘
403     .sns{
404         clear: both;
405         text-align: center;
406     }
407     .copyright{
408         text-align: center;
409     }
410 }
```

4 固定 padding がついた領域のフルードグリッド化

背景にチェック柄がついている 2 つの領域（イントロ・スタッフ）については、それ自身に上下左右 20px の固定 padding が設定されています。固定 px の padding や border が設定された領域をフルードグリッド（width を % 指定）にする場合には、box-sizing を使って padding/border も含めた全体（border-box）を width として計算させる必要があります。

またこの 2 つの領域は、左右の余白をネガティブマージンで相殺する設定も付いていますので、640px 以上の時にはこの設定が解除されるようにしておきます。

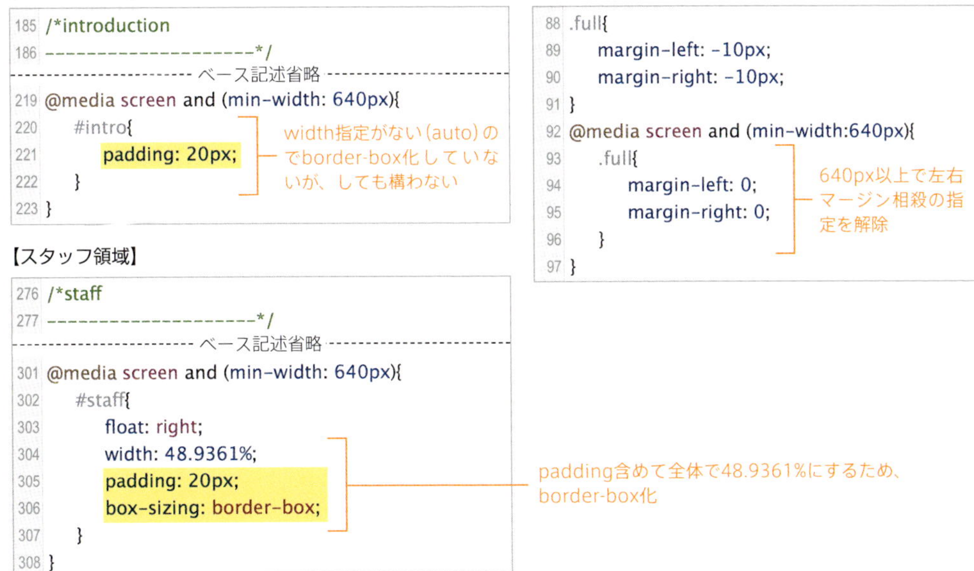

【イントロ領域】

```
185 /*introduction
186 --------------------*/
----------------------- ベース記述省略 -----------------------
219 @media screen and (min-width: 640px){
220     #intro{
221         padding: 20px;
222     }
223 }
```

width指定がない(auto)のでborder-box化していないが、しても構わない

【スタッフ領域】

```
276 /*staff
277 --------------------*/
----------------------- ベース記述省略 -----------------------
301 @media screen and (min-width: 640px){
302     #staff{
303         float: right;
304         width: 48.9361%;
305         padding: 20px;
306         box-sizing: border-box;
307     }
308 }
```

padding含めて全体で48.9361%にするため、border-box化

【左右余白相殺】

```
88 .full{
89     margin-left: -10px;
90     margin-right: -10px;
91 }
92 @media screen and (min-width:640px){
93     .full{
94         margin-left: 0;
95         margin-right: 0;
96     }
97 }
```

640px以上で左右マージン相殺の指定を解除

次にイントロ・スタッフ領域の中の子要素も2カラムのフルードグリッドにします。スタッフ領域は先ほどbox-sizingでborder-boxに設定しましたので、paddingも含めた全体がwidthとして計算される状態となっています。このようなborder-box化された領域内の子要素を更にフルードグリッド化する場合には、少々注意が必要です。

●図29-4　子要素のpx計測値

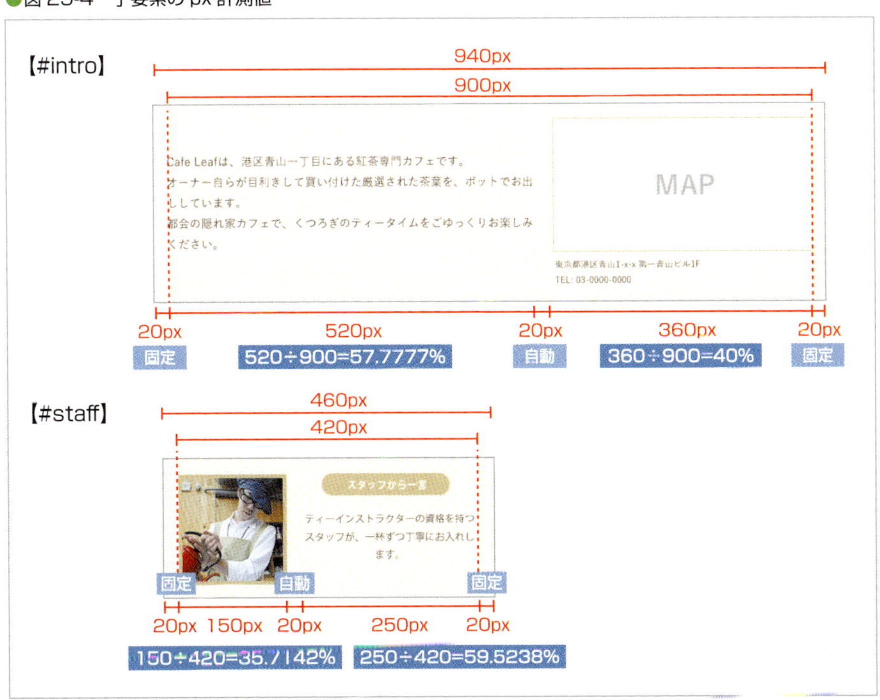

スタッフ領域（#staff）はボックスモデルの計算上 padding を含めて width としていますが、物理的に子要素を配置できる最大領域は、padding を除いた純粋なコンテンツ領域、つまり content-box の領域になります。従って子要素をフルードグリッド化する時には、親要素の box-sizing の値にかかわらず、あくまで親要素の content-box 領域のサイズを 100% として計算をするという点に気をつけてください。

width が指定されておらず（auto）、border-box にもなっていないイントロ領域（#intro）についても、ボックスモデル計算から content-box 領域のサイズを計算（940-40=900px）し、それを 100% として子要素の width% を計算します。

【イントロ領域】

```
219 @media screen and (min-width: 640px){
220     #intro{
221         padding: 20px;
222         overflow: hidden;
223     }
224     .intro-text{
225         width: 57.7777%;
226         float: left;
227         line-height: 1.8;
228     }
229     .intro-map{
230         width: 40%;
231         float: right;
232     }
233 }
```

【スタッフ領域】

```
311 @media screen and (min-width: 640px){
312     #staff{
313         float: right;
314         width: 48.9361%;
315         padding: 20px;
316         box-sizing: border-box;
317     }
318     .staff-photo{
319         float: left;
320         width: 35.7142%;
321         margin-bottom: 0;
322     }
323     .staff-msg{
324         float: right;
325         width: 59.5238%;
326     }
327 }
```

ここまでの設定で、レスポンシブ・ウェブデザインの実装における最も重要な「レスポンシブ」なレイアウトのコーディングがほぼ完了となります。レスポンシブのコーディングで重要なことは、基本的に以下の2点です。

❶ブレイクポイントを決めてメディアクエリでCSSを条件分岐させ、スタイルを上書きする
❷ px から % に単位を変換して、フルードグリッドでレイアウトする

ここさえしっかり押さえておけば、基本的にどんなレイアウトでも自由にレスポンシブにすることはできますので、しっかり理解するようにしておきましょう。
なお残りは細かいパーツの調整となりますので、解説は省略させていただきます。

POINT

- メディアクエリの記述はベーススタイルの後に書く。
- レスポンシブのレイアウトは % 単位で指定するフルードグリッドが基本。
- width を % 化する際には親要素の content-box サイズを基準とする。

レスポンシブ・ウェブデザインのコーディング

Retinaディスプレイ対策

ここまではデスクトップPC上で表示確認しながらコーディング実装をしてきました。しかしレスポンシブサイトはRetinaディスプレイのようなピクセル密度の高いデバイスから閲覧されることも考慮する必要があります。LESSON30ではChapter 08で解説したRetinaディスプレイにおける画像問題を解決するための各種対策をどのように取り入れていくのか、具体的に解説していきます。

サンプルファイルはこちら

実習 Retinaディスプレイ表示を踏まえたデザイン実装

Chapter 08で既に解説した通り、ピクセル密度の高いRetinaディスプレイのような環境では、原寸サイズの画像表示が劣化してしまう問題があります。レスポンシブサイトの場合も当然ですがそれを踏まえ、画面のクオリティとデータサイズのバランスを考慮して最適な方法を見つけていく必要があります。

そのためには、まずはデザインの中からRetina問題がおこりそうな箇所をピックアップし、どのような対策が取れるか検討することから初めていく必要があります。

1 今回のサイトでの問題箇所と対応方針を決める

ビットマップ画像の扱い

Retinaディスプレイで劣化が問題になるのは「ビットマップ画像」を使う箇所になります。ベクター形式の技術に置き換えることができない写真やその他の画像については、まず2倍サイズ画像を用意するかしないかを決める必要があります。

これについては、結論から言うと「フルードイメージは等倍のみ」「固定サイズ画像は2倍サイズを用意する」という対応にするのが最も簡単な方法です。

レスポンシブサイトにおけるフルードイメージは、もともとレイアウト的に最も大きくなるサイズで素材を用意し、画面サイズに応じて縮小させていくという使い方をします。ということは、ピクセル密度の高い環境が集中しているスマートフォンにおいては、フルードイメージのほとんどは既に大きな画像が縮小されて高密度対応された形で表示される状態になっていると言えます。

これに対して固定サイズで表示される画像は常に原寸表示されることになりますので、Retina 環境を考慮して最初から 2 倍のサイズで素材を用意し、1/2 に縮小して表示する必要があります。

今回のサイトにおけるビットマップ画像では、

- フルードイメージ：写真・ロゴ画像
- 固定サイズイメージ：見出しのポットアイコン

となっていますので、原寸の他に 2 倍サイズ画像を用意するのはポットのアイコン画像のみ、という方針で今回は対応することにします。

ベクトルデータで表現できるオブジェクト

Retina 対策のもうひとつの柱に、「ベクトルデータで表現できるものは極力ベクトル形式の技術を使う」というものがあります。ベクトルデータで表現できるものとして代表的なものは

- 丸・三角・矢印などの幾何学オブジェクト（CSS で描画）
- フォントデータ（Web フォント・アイコンフォント）
- SVG 画像

などがあります。今回のデザインでもこれらを活用することでビットマップ画像を使わずに済むものが沢山ありますので、こういったものは画像化せず CSS 描画や Web フォントを活用して実装することにします。

●図 30-1　ベクトル形式で表現する箇所

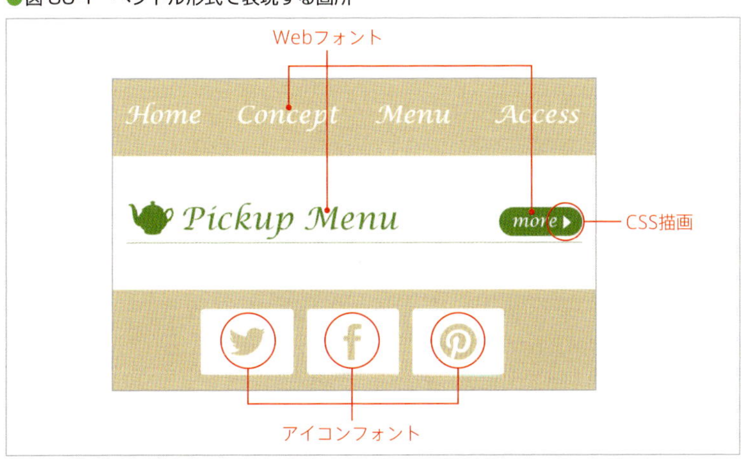

以上の方針を踏まえて Retina 対応の実装を進めていくことにします。

2 ポットの見出しアイコンを 2 倍画像で対応する

まずは、2 倍サイズ画像を用意した小見出しのポットアイコンを実装していきます。

アイコンは装飾なので、小見出しである class="heading" の before 擬似要素に背景画像として表示し、Android4.0 ～ 4.3 でも正しく 2 倍画像に差し替わるようにするために、メディアクエリを使った条件分岐を利用します。

●図 30-2　用意する画像素材

[CSS]

```
471 /*Heading
472 ---------------------*/
473 .heading{
474     margin-bottom: 15px;
475     border-bottom: #4d941a 1px solid;
476     color: #4d941a;
477     font-size: 20px;
478     font-weight: normal;
479     overflow: hidden;
480     position: relative;
481 }
482 .heading:before{
483     content:"";
484     display: inline-block;
485     width: 35px;
486     height: 26px;
487     margin-right: 5px;
488     background: url(../img/ico_pot.png) no-repeat;
489     position: relative;
490     bottom:-3px;
491 }
492 @media screen and (-webkit-min-device-pixel-ratio: 2),
493 (min-resolution: 2dppx){
494     .heading:before{
495         background: url(../img/ico_pot@2x.png) no-repeat;
496         background-size: contain;
497     }
498 }
```

- 482～491行：等倍サイズアイコンの指定
- 492～493行：デバイスピクセル比 2 以上の場合のみを条件分岐するためのメディアクエリ
- 495行：2倍画像に差替え
- 496行：擬似要素のサイズが1/2に固定されているのでcontain指定でもbackground-size: 35px 26px;とした時と同じ結果になる

Caution

メディア特性に resolution を併記した場合、その記述以下の CSS が IE8 で読めなくなる現象が発生します。IE8 を考慮する場合は -webkit-min-device-pixel-ratio だけを使ったメディアクエリで分岐するようにしてください。

●図 30-3　Retina ディスプレイでの表示比較

【等倍画像の場合】

【2倍画像の場合】

image-set()

2 倍画像に差し替えるのは最新機能に対応している OS だけで良いということであれば、image-set() を使うこともできます。メディアクエリによる分岐の場合、2 倍画像の方は background-size で 1/2 に縮小してやらなければなりませんが、image-set() を使う方法だと自動的にサイズを合わせてくれるので background-size の指定は不要となります。また、セレクタも分けずに済むので CSS の見通しがよく、メンテナンス性も高いと言えます。image-set() を使う場合は、非対応環境や将来プレフィックスが取れた時のことも考慮して以下のように記述します。

```
.heading:before{
    content:"";
    display: inline-block;
    width: 35px;
    height: 26px;
    margin-right: 5px;
    background:url(../img/ico_pot.png) no-repeat;—— image-set()非対応環境向けの設定
    background-image: -webkit-image-set(url(../img/ico_pot.png) 1x,
                                    url(../img/ico_pot@2x.png) 2x);
    background-image: image-set(url(../img/ico_pot.png) 1x,
                                 url(../img/ico_pot@2x.png) 2x);
    position: relative;
    bottom:-3px;
}
```

> **Memo**
>
> image-set()
>
> 2015 年夏の段階で image-set() に対応していないのは Android4.3 以下 , Firefox, IE, Edge です。高精細ディスプレイを搭載する環境は現状スマートフォン・タブレット環境がほとんどなので、Firefox, IE, Edge は非対応でも実害は無いと言えます。となると実質問題となるのは Android4.3 以下の環境のみですので、そろそろ実用化しても良い時期に来ていると思われます。

3 三角アイコンを CSS で描画する

見出しの右端にある「more」リンクボタンの三角アイコンは、CSS で描画します。三角形の描画には border プロパティを使うので、古い環境でも問題なく再現可能です。

[CSS]

```
514 .heading .more:after{
515     content: "";
516     display: inline-block;
517     width: 0;
518     height: 0;
519     margin-top: 2px;
520     margin-left: 5px;
521     border: transparent 5px solid;
522     border-left-color: #fff;
523 }
```

●図 30-4　border を使った三角形の仕組み

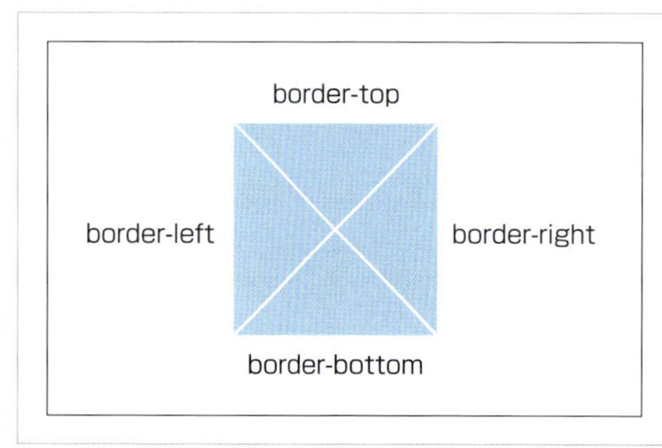

width:0、height:0のボックスに**透明なborderを引き、矢印の向きと反対側のborderにだけ色を設定**すると、簡単に三角形（二等辺三角形）を描画できます。
この方法はCSS2.1の範囲で可能なので、IE8でも問題なく表示できます。

なお二等辺三角形以外の三角形は若干プロパティの調整がややこしいので、ジェネレーターを使って CSS を自動生成すると楽に作ることができます。

●図 30-5　「CSS triangle generator」
URL http://apps.eky.hk/css-triangle-generator/

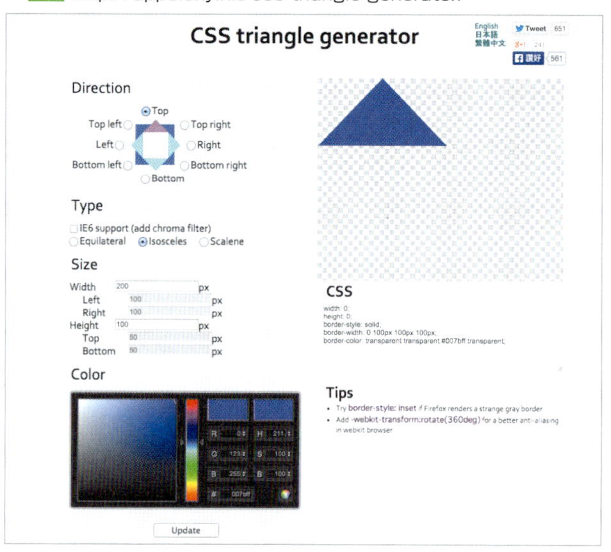

4 Google Fonts を使う

グローバルナビ、見出しのデバイスフォントではない欧文イタリック書体には、無料の Web フォントを使用したいと思います。しかしデザインカンプに使った Lucida Calligraphy は無料 Web フォントの提供が無いため、Google Fonts（https://www.google.com/fonts）の中から似たような印象になるものを選びなおして使用することにします。今回は「Cardo」というフォントを選んでください。

使用するフォントを選択すると、フォントデータを読み込むための記述と、目的の Web フォントを利用するための CSS 記述が表示されますので、これをそれぞれ自分の HTML と CSS にコピー＆ペーストして使用しましょう。

●図 30-6　Google Fonts の使い方

Webフォントが正しく設定されるとこのような表示に変わります。

Webフォントを活用することはWebサイトにとって良いことづくめですが、必ずしも使いたい書体がWebフォントとしてライセンス提供されているとは限らないという問題があります。従って、特にデザイン的に重要な部分にWebフォントを使う予定であれば、あらかじめライセンス上問題のないWebフォント書体を先に決めておき、それを使ってデザインすることをお勧めします。また、日本語フォントについては無料で使用できるものは限られていますので、事前の調査が必要となります。

Memo

見出しテキスト

レスポンシブ・ウェブデザインでは見出しを画像化することは原則としてご法度です。特に本文中の小見出しなど、文字量が多く画面サイズによって自動折り返しが想定されるような箇所は、画像化してしまうと非常に面倒なことになってしまうからです。日本語フォントの場合は無料で使えるWebフォントは少ないですが、コストをかけられないのであれば割りきってデバイスフォント前提でデザインすることをお勧めします。

●主な国内・海外Webフォントサービス

- FONT+（URL http://webfont.fontplus.jp/）
- TypeSquare（URL http://www.typesquare.com/）
- デコもじ（URL http://decomoji.jp/）
- アマナイメージズWEBフォント（URL http://amanaimages.com/font/web/）
- Fonts.com（URL http://webfonts.fonts.com/）
- Google Fonts（URL https://www.google.com/fonts）
- Adobe Typekit（URL https://typekit.com/）

5 アイコンフォントを使う

SNSアイコンのように、Webサイトでよく使われる一般的なアイコンであれば、アイコンフォントを使って画像作成の手間を省くことができます。無料のアイコンフォントをダウンロードできるサービスはいくつかありますが、今回は「IcoMoon」（https://icomoon.io/app/）というサイトのものを利用したいと思います。

利用の手順は以下の通りです。

●図 30-7　IcoMoon の使い方

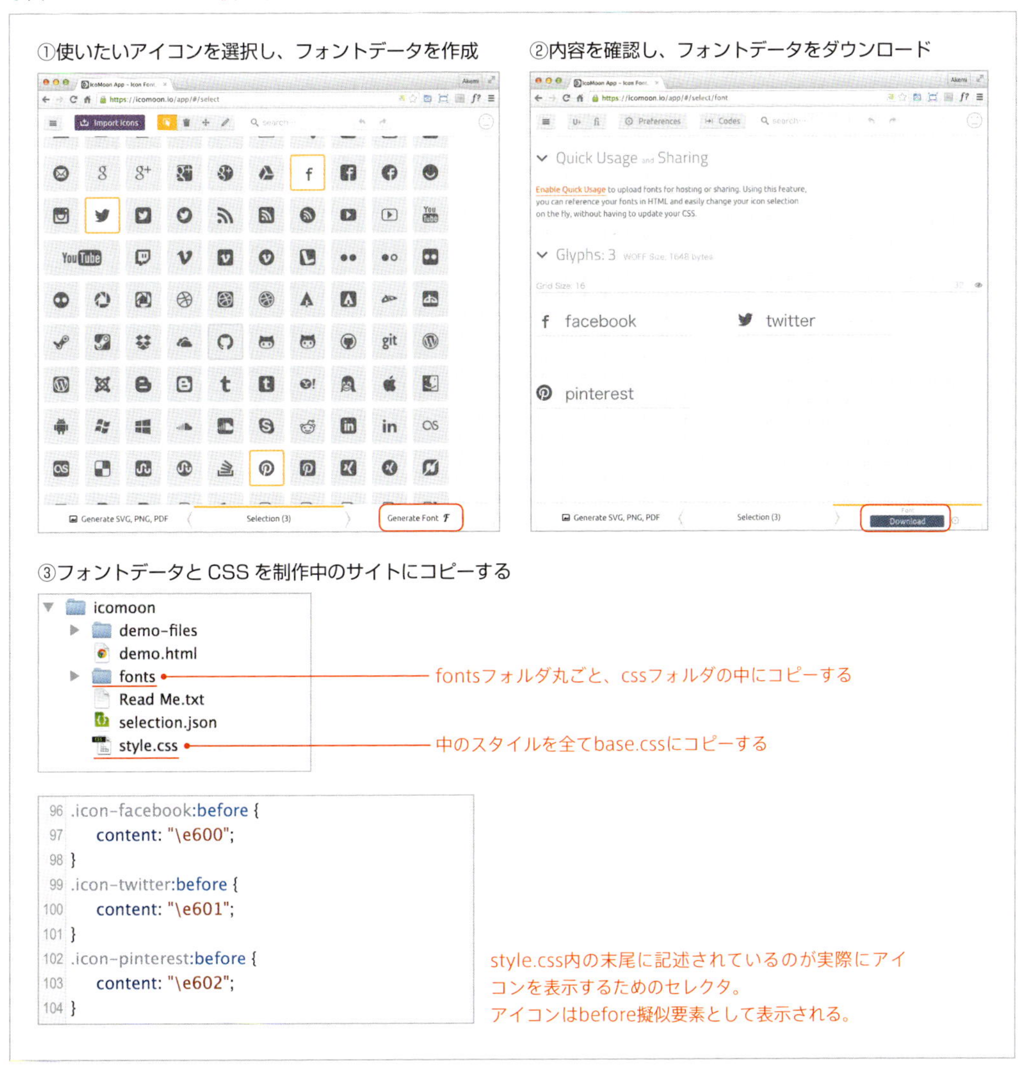

フォントデータをダウンロードしたら、HTML 上の SNS アイコンの a 要素に指定の class を設定します。アイコンフォントは before 擬似要素として表示されるため、テキストデータは削除し、a 要素の title 属性に移しておきましょう。

最後に、アイコンのフォントサイズを設定したら完了です。

【HTML】

```
130         <ul class="sns">
131             <li><a href="#" class="icon-twitter" title="Twitter"></a></li>
132             <li><a href="#" class="icon-facebook" title="Facebook"></a></li>
133             <li><a href="#" class="icon-pinterest" title="Pinterst"></a></li>
134         </ul>
```

【CSS】

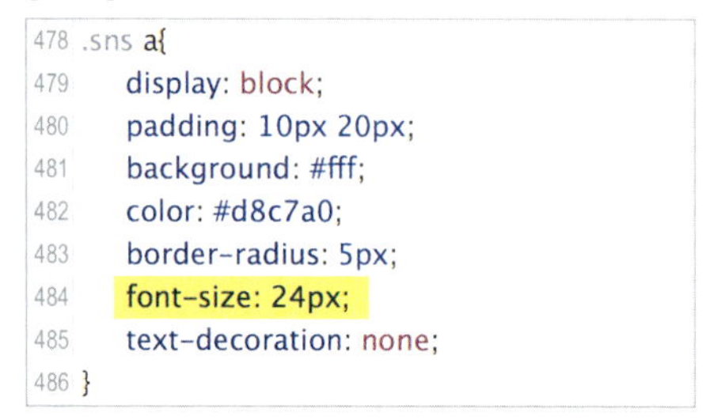

```
478 .sns a{
479     display: block;
480     padding: 10px 20px;
481     background: #fff;
482     color: #d8c7a0;
483     border-radius: 5px;
484     font-size: 24px;
485     text-decoration: none;
486 }
```

Memo

自作アイコンフォント

IcoMoon では自作の SVG 素材をアイコンフォントデータに変換してくれる機能もあります。今回は画像で実装したポットのアイコンなども、Illustrator などで SVG 形式のデータを用意できれば、SNS アイコンと同じ要領でアイコンフォントとして組み込むことが可能です。

以上で今回のレスポンシブサイトのコーディング実装は完了です。あとは各種環境で表示・動作確認をしておかしい所や気になるところがないか確認し、必要があれば修正を加えるという工程がありますが、それについては本書では割愛させていただきます。

※本章で作ったサンプルサイトのデザインは、「960 グリッドシステム」というものを活用してデザインされています。グリッドシステムの概要については、解説 PDF をダウンロード特典として用意していますので、関心のある方は下記 URL からダウンロードしてください。

URL http://www.shoeisha.co.jp/book/download/9784798142203

POINT

- データサイズとクオリティのバランスを考えて Retina 対応の方針を決定しよう
- 背景画像の Retina 対応にはメディアクエリ分岐と image-set() の 2 種類がある
- CSS 描画や Web フォント・アイコンフォントを活用してビットマップ画像を減らそう

SUPPLEMENTARY LESSON 補講

レスポンシブにまつわる各種 TIPS

レスポンシブのコーディングでは作りたいサイトのデザイン・仕様によって実に様々な技術や知識が必要となります。本書の実習で取り上げた内容は、レスポンシブの中でも非常にベーシックで基本的な知識・テクニックだけでしたので、最後に技術的な引き出しを増やせるように、少し掘り下げた知識・テクニックを紹介しておきたいと思います。

メディアクエリの書き方の注意点

Chapter09 ではできるだけシンプルに作るため、ブレイクポイントは 1 箇所のみで作りましたが、実際にはもう少しブレイクポイントを増やして細かくレイアウト調整することが多いと思われます。例えば 480px、640px、940px の 3 箇所にブレイクポイントを設けて段階的にレイアウトを変更していくことを想定した場合、モバイルファースト方式とデスクトップファースト方式ではそれぞれ以下のようにメディアクエリを記述することになります。

●【モバイルファースト方式】

```
/*スマホ&全環境向けの記述*/
～省略～
/*480px以上*/
@media screen and (min-width: 480px){
～480px以上向けの差分CSS～
}
/*640px以上*/
@media screen and (min-width: 640px){
～640px以上向けの差分CSS～
}
/*940px以上*/
@media screen and (min-width: 940px){
～940px以上向けの差分CSS～
}
```

●【デスクトップファースト方式】

```
/*PC&全環境向けの記述*/
～省略～
/*940px以下*/
@media screen and (max-width: 940px){
～940px以下向けの差分CSS～
}
/*640px以下*/
@media screen and (max-width: 640px){
～640px以下向けの差分CSS～
}
/*480px以下*/
@media screen and (max-width: 480px){
～480px以下向けの差分CSS～
}
```

メディアクエリで段階的にレイアウト変更する場合のポイントは、原則として

① モバイルファースト方式では小さいブレイクポイントから順に、デスクトップファースト方式では大さい

ブレイクポイントから順にメディアクエリを記述する

② モバイルファースト方式では「min-width（～以上）」、デスクトップファースト方式では「max-width（～以下）」のメディア特性条件式を使用する

という点です。

このように指定するのは、CSSが持っている「スタイルの継承と上書き」という仕組みをうまく活用することで、最小限の記述で済むようにするためです。基本的に各メディアクエリは「～以上全て」もしくは「～以下全て」という条件分岐で作りますので、複数のブレイクポイントがある場合、画面サイズの大きさに応じて順次スタイルが継承されていくように記述するということに注意をするようにしてください。

ちなみにメディアクエリの文法としては、

```
/* 640px未満*/
@media screen and (max-width: 639px){
～640px未満専用～
}
/*640px以上940px未満*/
@media screen and (min-width: 640px) and (max-width: 939px){
～640px以上940px未満専用～
}
/*940px以上*/
@media screen and (min-width: 940px){
～940px以上専用～
}
```

のように、各レイアウト段階で完全にCSSを切り分けて他のサイズ用のスタイルの影響を受けないように作ることも可能ではあります。ただしこのやり方の場合、よほどそれぞれが全く別のデザインでもない限りスタイル指定の重複が多く発生し、無駄の多いCSSになってしまう恐れが高いのであまりお勧めはできません。

デザインの特性を見極めた上で、部分的にこのような特定の画面サイズ専用のメディアクエリを使用する箇所があるのは構いませんが、基本的には通常のCSS同様にスタイルの継承と上書きという仕組みをうまく利用し、最小限の記述でスタイル指定ができるように工夫することが重要です。

%算出における基準サイズの各種パターン

レスポンシブ・ウェブデザインでは、ほとんどのサイズ指定をpxではなく%単位で指定しますが、%を算出する際の基準となるサイズが、割り出したいプロパティの種類によって若干異なりますので注意が必要です。

① width / height

レスポンシブサイトの構築において一番利用頻度の高いwidth / heightの%を算出する際の基準は、「直近親要素のcontent-boxサイズ」です。また、この時widthの基準は「直近親要素のcontent-boxの横幅」、heightの基準は「直近親要素のcontent-boxの縦幅」とそれぞれ基準とするものが異なります。

なお実習中でも解説した通り、親要素にbox-sizing:border-box;が指定されていたとしても、基準となるのは常にpadding, borderを除いた「コンテンツ領域＝content-box」のみのサイズとなります。

●width / height の % 算出基準

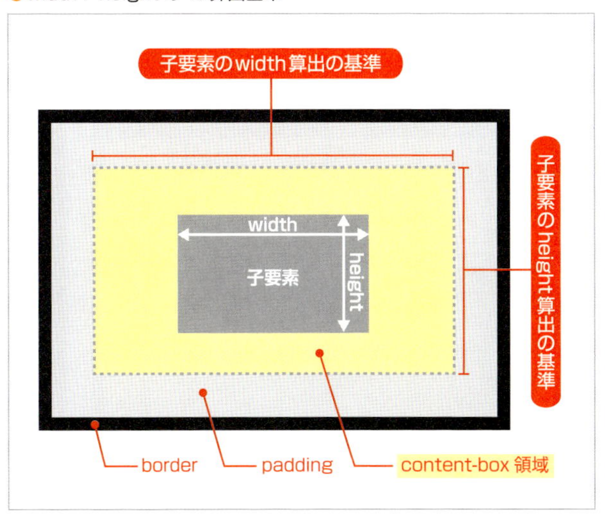

▶ ② margin / padding

margin と padding の % を算出する基準も、「直近親要素の content-box サイズ」です（自分自身のサイズは関係ありません）。親要素に box-sizing: border-box; が指定されていた時の挙動も width/height と同じです。ただし、左右の margin / padding だけでなく、上下の margin / padding の値も、「直近親要素の content-box の横幅のみ」を基準として算出し、親要素の縦幅は関係ない点に注意が必要です。

●margin/padding の % 算出基準

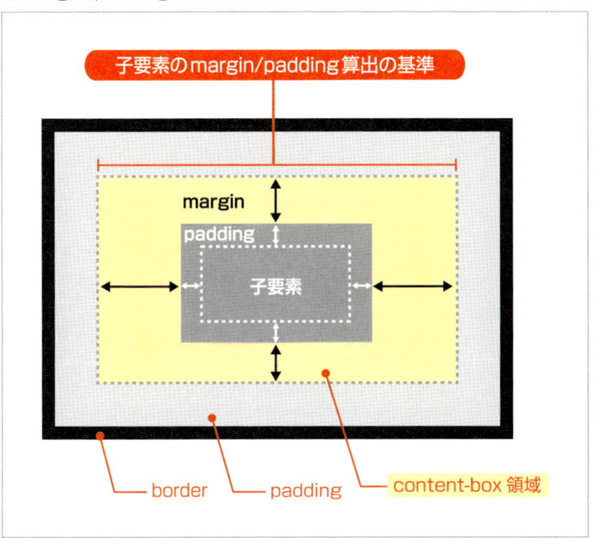

③ left / right / top / bottom（絶対指定の座標）

position: absolute; で絶対配置する場合に使用する left / right / top / bottom の % を算出する基準は、「基準ボックスの padding-box サイズ」です。「基準ボックス」とは、絶対配置をする要素の座標系の基準として指定された要素で、「position: static; 以外の値が指定された直近の先祖要素」が基準ボックスとなります。

絶対配置の座標は border を除いたボックスの内側の領域（padding 含む）を基準として指定する仕様であるため、% 指定をする際にも padding-box のサイズを基準として算出する必要があります。

●left / right / top / bottom の % 算出基準

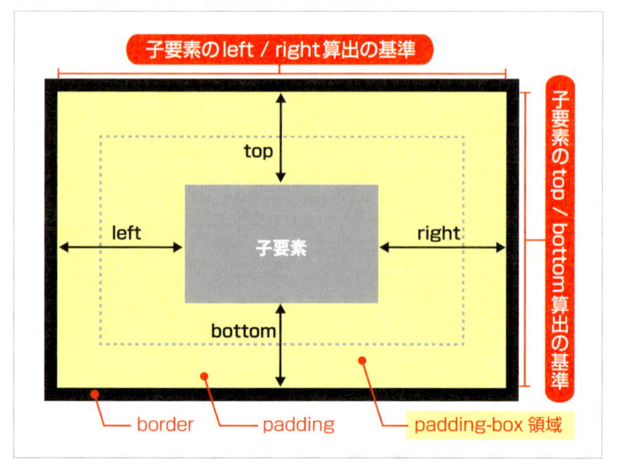

スマホ／ PC で HTML コードを使い分ける必要がある場合

レスポンシブ・ウェブデザインでは、原則として全ての環境で同一の HTML 構造を使います。しかし、ユーザビリティ向上のためにやむを得ずスマホ向け・PC 向けそれぞれに対して独自のパーツが必要となることも実際には多くあります。

このような場合、あらかじめブレイクポイントごとにパーツの表示・非表示を切り替えるための専用の class を用意しておくとコーディングが少し楽になります。

●【表示・非表示を切り替えるスタイル】

```
/*スマホ表示*/
.sp{ display: block; }
.pc{ display: none; }
/*PC表示*/
@media screen and (min-width: 640px) {
  .sp{ display: none; }
  .pc{ display: block; }
}
```

※ 640px でスマホ／PC レイアウト切り替え、モバイルファースト方式の場合

上記のようなスタイルを用意しておけば、スマホレイアウト時だけ表示したいパーツには「class="sp"」、PC レイアウト時だけ表示したいパーツには「class="pc"」と class 指定するだけで後は自動的に指定のブレイクポイントで表示・非表示を切り替えることができるようになります。

この仕組みを乱用して安易にソースコードの二重管理をすることは避けなければなりませんが、例えば「文章の読みやすさに配慮して PC レイアウトの時だけ任意の句点の後ろに改行を入れたい」などといったケースや、PC とスマホで異なるナビゲーションを表示したいケースのように、どうしても必要な場合には参考にしてみてください。

●改行位置の制御に活用した例

```
<p>PCの時だけ<br class="pc">任意の場所で改行</p>
```

●スマホ表示

PCの時だけ任
意の場所で改
行

●PC表示

PCの時だけ
任意の場所で改行

スライダーやモーダルウィンドウなどの動的UIを導入したい場合

本書ではHTMLとCSSだけで対応可能な範囲でのレスポンシブサイト構築を解説しています。しかし実際に作り始めると、どうしてもjQueryプラグインなど、何らかのJavaScriptを使わなければならなくなることが多くなってきます。

特に比較的よく使われるスライダー、モーダルウィンドウ、要素の高さ揃え、レスポンシブメニューなどの動的UIをjQueryプラグインで導入する際に気をつけたいことは、「レスポンシブ対応のプラグインを選択する」という点です。数あるjQueryプラグインの全てがレスポンシブに対応しているわけではないため、最初から「レスポンシブ対応」を謳っているものを選んでおかないと無駄に手間取ることになってしまいます。当たり前のことなのですが、案外見落としがちなポイントですので気をつけましょう。

jQuery本体

簡単な記述で高度なUIが楽に作れることでデザイナーに人気の高いjQueryですが、IE8以下をサポートする「v1.x系」と、IE9以上のモダンブラウザのみをサポートする「v2.x系」の2系統が存在します。レスポンシブに限らず、jQueryを使う場合にはIE8以下のサポートが必要か否かによってどちらの系統を利用するのか選択する必要がありますので注意しましょう。また、プラグインによっては使えるバージョンや系統が限られていることもありますので、使用するプラグインとの相性も考慮する必要があります。

なお次期バージョンの「jQuery3.0」はIE9以上サポートであるv2.x系の後継となります。引き続きIE8以下をサポートするのは「jQuery Compat3.0」となりますのでこちらも注意してください。

レスポンシブ対応お勧めプラグイン

レスポンシブ対応で動作が軽快・安定しており、カスタマイズ性も高いお勧めのプラグインをいくつか紹介しておきます。なお使い方は配布元サイトなどで各自調べるようにしてください。

- スライダー
  「slick.js」（URL http://kenwheeler.github.io/slick/）
- モーダル
  「magnific popup」（URL http://dimsemenov.com/plugins/magnific-popup/）
- 高さ揃え
  「matchHeight」（URL http://brm.io/jquery-match-height/）
- レスポンシブメニュー
  「MeanMenu」（URL http://www.meanthemes.com/plugins/meanmenu/）

IE8 もサポート対象にしたい場合

レスポンシブでサイトを構築する際、もしサポート対象に IE8 を含めるという話が出た場合は、まず「完全サポート」を求めないようにしましょう。固定レイアウトの PC 専用サイトであれば最悪古い技術の組み合わせで後方互換性を保つこともできますが、レスポンシブの場合は IE8 以下が対応していないメディアクエリなどの最新技術の使用が必須となるため、そもそも後方互換性を保つことが困難な手法だからです。

IE8 も今ではかなりシェアも落ちてきていますし、2016 年以降は Microsoft のサポートも切れますので、仮に対応するとしても最小限の労力で最小限の対応のみ行う、という方針とするのが無難です。

> **Memo**
> **レスポンシブの IE8 対応**
> 厳密に言えば「頑張ればできなくはない」のですが、シェアが少なく近い将来使われなくなることが確実なブラウザのためにかなりの時間と労力を割くことがあまりに費用対効果が悪く、そもそも経験の浅い初心者には非常に難しいことが多いことから、筆者は「おすすめしない」という判断に至っています。

HTML ファイルの調整

基本的に DOCTYPE には HTML5 を使っているでしょうから、まずは HTML5 新要素に対応させるための JavaScript を読ませておきましょう。

```
<!--[if lt IE 9]>
<script src="js/html5shiv.js"></script>
<![endif]-->
```

また CSS3 のセレクタを使用している場合には、

① CSS3 セレクタを使わず、CSS2.1 セレクタの範囲内で済むように作る
② Selectivzr.js や IE9.js などで CSS3 セレクタ機能を補完するスクリプトを読み込む

のどちらかの方法で対処しておくとレイアウト崩れの箇所を少なくできます。

> **Memo**
> IE9.js は単体で機能しますが、Selectivizr.js は jQuery.js や prototype.js などの JavaScript ライブラリと併用する必要があります。
> IE9.js　URL https://code.google.com/p/ie7-js/
> Selectivizr.js　URL http://selectivizr.com/

html 要素を条件コメント化

次に IE8 でスタイル調整をしやすくするため、IE のバージョンに応じた特定の class を追加する記述を加えておきます。IE の 8 と 9 には特定の class が付くことになるので、万一 IE のバージョンごとにバグ修正などの差分 CSS を加える必要があった場合、CSS ハックに頼らずに済むので便利です。

```
<!--[if IE 8 ]> <html lang="ja" class="ie8"> <![endif]-->
<!--[if IE 9 ]> <html lang="ja" class="ie9"> <![endif]-->
<!--[if (gt IE 9)|!(IE)]><!--> <html lang="ja"> <!--<![endif]-->
```

例えば :nth-child(3n) などの CSS3 セレクタに非対応の IE8 だけ、CSS3 セレクタを使わずに 3 カラムレイアウトできるように調整したいといったような場合に、次のようなシンプルなセレクタで対処できるようになります。

```
/*IE8用*/
.ie8 .menu-list{
    margin-right: -20px;
}
.ie8 .menu-list li{
    width: 300px;
    margin-right: 20px;
}
```

デスクトップファースト方式で作る

レスポンシブサイトでIE8サポートの必要があるなら、**デスクトップファースト方式を採用することを強くお勧め**します。

IE8はレスポンシブ・ウェブデザインの要となるメディアクエリの機能に非対応であるため、モバイルファースト方式で作ってしまうとIE8で閲覧した時にスマートフォン向けレイアウトとなってしまうからです。デスクトップファースト方式の場合はベースがPC向けの固定レイアウトになりますので、IE8で閲覧した場合には「レスポンシブではない単なるPCサイト」として表示させることができます。IE8はPCでしか動作しませんので、他のブラウザのように「レスポンス」しなくても実害は何もありません。「IE8でも大きくレイアウトが崩れないように」という要望がある場合には費用対効果を考えてこちらの方法をお勧めしておきます。

●IE8でのモバイルファースト／デスクトップファースト比較

【モバイルファースト】

【デスクトップファースト】

デスクトップファーストだとPC向けレイアウトがほぼそのまま表示される

背景フルードイメージへの対応

デスクトップファースト方式にした場合、IE8では固定レイアウトとなりますので、フルードイメージ対応のことは基本的に考えなくても良くなります。ただしIE8ではbackground-sizeが使えませんので、実習のヘッダー領域で使ったような画面幅いっぱいに拡がる背景画像については対応が必要になるかもしれません。この問題はbackground-sizeが使えないとどうにもならないので、IEでは幅いっぱいに拡大しないことを許容するか、「backgroundSize.js」というjQueryプラグインを利用して対応することになります。

```
<script src="js/jquery.1.11.3.min.js"></script>
<!--[if lt IE 9 ]>
<script src="js/jquery.backgroundSize.js"></script>
<script>
$(function(){
    $("#header").css({backgroundSize: "cover"});
});
</script>
<![endif]-->
```

※ jQueryプラグインなので必ずjQuery本体の読み込みが必要となります。
※ jQuery本体には必ずv1.x系を使用してください。v2.x系はIE8以下非サポートです。

メディアクエリに対応させる

モバイルファースト方式で制作するがどうしてもIE8でもレスポンシブにしたいという場合は、IE8以下でもメディアクエリを使えるようにするためのPolyfillスクリプトを使うことで対応させることはできます。代表的なスクリプトは「Respond.js」(https://github.com/scottjehl/Respond) です。

```
<!--[if lt IE 9]>
<script src="js/html5shiv.js"></script>
<script src="js/respond.js"></script>
<![endif]-->
```

※このスクリプトは読み込むだけで機能しますが、サーバ上でしか動作しないため、ローカルでの動作確認はできません。
※レスポンス可能となることで細々としたレイアウトのバグやデザイン再現が難しい場面が発生する可能性がありますので、入念なチェックが必要となります。

Term

Polyfill

Polyfillスクリプトとは、本来そのブラウザに備わっていない機能をjavascript等で機能補完するためのスクリプトのことを指します。IE向けPolyfillが有名ですが、仕様策定途中の最新機能を使えるようにするためのモダンブラウザ向けPolyfillも存在します。Polyfillでの機能補完はあくまで擬似サポートとなりますので、本来の機能と同じように動くとは限りません。

INDEX

索引

R～S

T～Z

あ～か行

さ～た行

な～は行

ま～ら行

草野 あけみ Akemi Kusano

愛知県立高校の世界史教諭から一念発起、20世紀の終わりに専門学校を経てWeb制作の現場へと華麗なる転身を図る。
リクルート関連子会社のデジタル制作部門を経て2003年に独立。
以来HTML+CSSのコーディングだけを武器にフリーランスとして活動中。
近年はサポタント株式会社主催の初心者・中級者向けのコーディングセミナー講師としての活動にも力を入れている。
黒猫の小町と白猫の小夏に囲まれて日々癒やされながらお仕事中。

Twitter：@ake_nyanko
Facebook：https://www.facebook.com/akusano1

★コーディングTips掲載
http://webtant.net/category/column/blog85

★とあるコーダーの備忘録
http://roka404.main.jp/blog/

デザイン：坂本 真一郎（クオルデザイン）
編集：諸橋 卓
DTP：BUCH+

本書の学習用サンプルファイルは、下記URLからダウンロードできます。
http://www.shoeisha.co.jp/book/download/9784798142203

HTML5&CSS3 標準デザイン講座

2015年11月５日　初版第１刷発行
2018年１月10日　初版第４刷発行

著　者　草野 あけみ
発行人　佐々木 幹夫
発行所　株式会社 翔泳社（http://www.shoeisha.co.jp）
印刷・製本　凸版印刷株式会社

＊本書へのお問い合わせについては、002ページに記載の内容をお読み下さい。
＊落丁・乱丁はお取り替えいたします。03-5362-3705までご連絡ください。

ISBN978-4-7981-4220-3　　Printed in Japan